살림의 과학

이재열

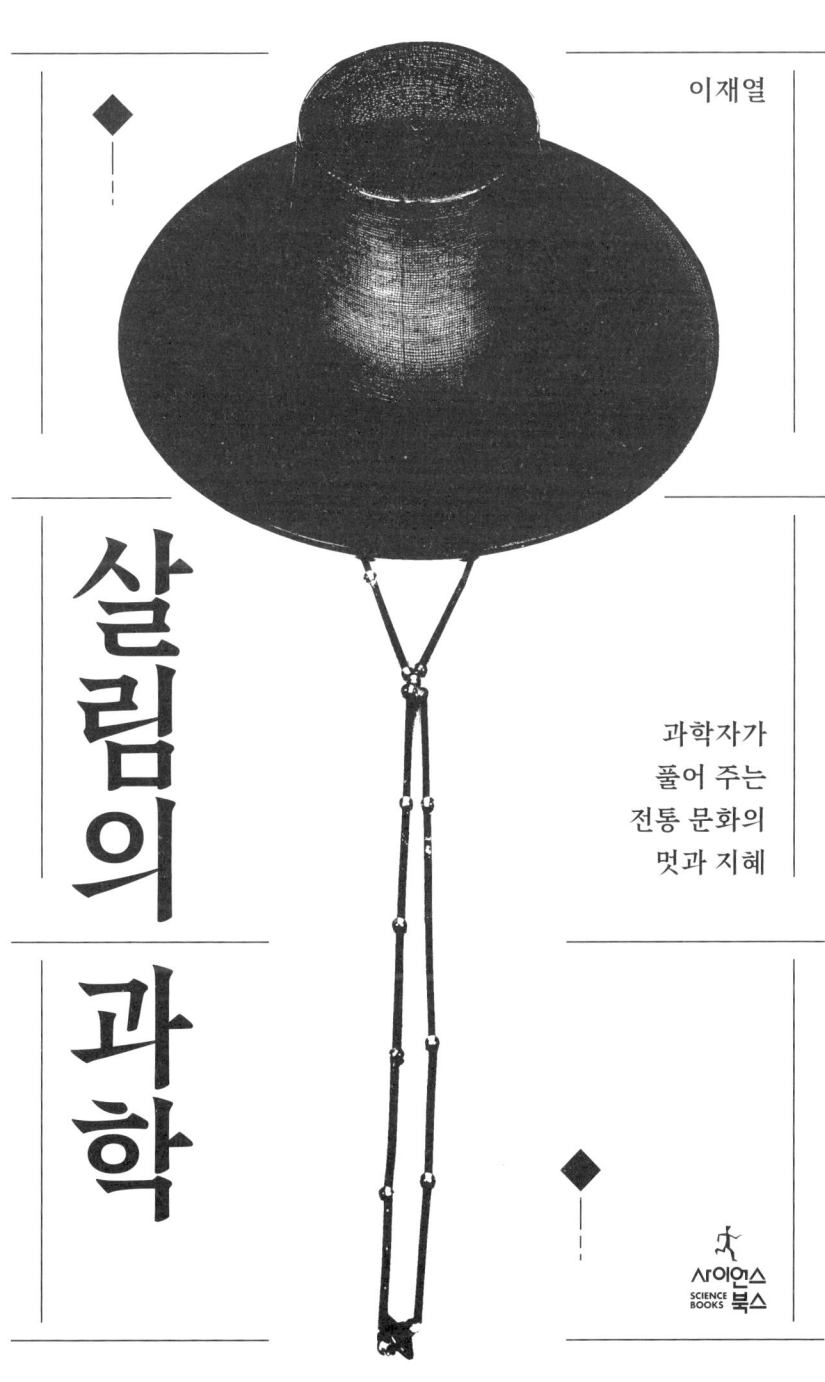

살림의 과학

과학자가
풀어 주는
전통 문화의
멋과 지혜

사이언스
SCIENCE
BOOKS 북스

인문학을 맛보게 해 주신 H. L. 쟁어(H. L. Sänger) 교수님,

오랫동안 먼 길을 함께해 준 내 가족,

그리고 우리 문화와 고미술품을 사랑하는 애호가들에게

들어가며
살림의 과학을 찾아서

우리가 살아가는 동안에 전혀 예상하지 못한 문제와 갑자기 맞닥뜨리게 될 때가 있다. 그럴 때 보통 사람들이라면 놀라 당황한 채로 아무런 생각도 하지 못하고 우왕좌왕하면서 어쩔 줄 몰라 발만 동동 구르는 경우가 많다. 이처럼 우리가 살아가는 동안에 그야말로 대책 없이 사는 것이 너무나 흔한 일이 되어 버렸다. 물론 세상을 살아가면서 어떤 일이 언제 일어날지 미리 알고 준비하며 사는 것이 아니므로 혹시라도 큰일을 마주하게 된다면 그저 맞부딪치며 사는 것이라고 말하기도 한다. 그런데 조금이라도 먼저 알았거나 아니면 미리 생각이라도 해 보았다면 아무것도 모르고 당황하는 것보다는 좀 더 편하게, 좀 더 슬기롭게 대처할 수 있을 것이다.

그러나 슬기로운 대처는 아무나 할 수 있는 것이 아니라 아주 특별한 사람들만 할 수 있는 것이라 믿는 사람들이 많다. 따지고 보면 세상의 모든 일에는 그럴 만한 원인과 이유가 있는데 사람들은 그런 생각을 하지 않고 지나쳐 버리는 경우가 많다. 어떤 일의 원인과 결과를 생각해 보는 것이 마치 책임자를 찾아내어 따져보려는 것이라고 여기고 그냥 대충 넘어가는 것이 편히 사는 방법이라고 생각하는 것이다.

세상의 모든 일은 하나같이 원인과 결과를 밝힐 수 있다. 이처럼 어떤 사물의 이치를 생각해 보는 것을 옛사람들은 격물치지(格物致知)라고 했다. 사물과 현상은 나름의 원인과 결과에 따라 나타난 것이므로, 그 내용과 의미를 찾아보고 이해한다면, 본래의 가치와 능력을 제대로 알 수 있다는 뜻이다. 그러기에 일상 속의 사소한 것들에 대해서도 다시 한번 살펴보고 생각하면서 슬기롭게 살아가는 방법을 찾아보고자 노력해야 한다.

우리의 삶은 말 그대로 자연 속에서 일어나는 것으로부터 비롯된다. 잠자리에서 눈을 뜨고 일어나 맞이하는 아침부터 낮을 보내고 저녁이 되고 밤이 깊어지면서 마무리되는 하루라는 시간은 날마다 되풀이되는 것이기는 하지만, 이 또한 우리가 사는 지구가 하루에 한 바퀴 도는 자전 운동에서 비롯되는 것이다. 물론 이처럼 자전하는 지구가 태양 주위를 한 바퀴 돌아 제자리로 돌아오는 데에 1년이라는 시간이 걸리고, 태양을 도는 동안에 봄, 여름, 가을, 겨울이 바뀌는데, 지구의 중심축이 비스듬히 기울어 있어 북반구와 남반구가 서로 반대인 다른 계절이 되는 것이다.

우리가 눈을 뜨고 바라보는 이 세상에는 하늘과 땅, 그리고 바다와 강이 있다. 또 그 안에는 함께 사는 온갖 종류의 식물과 동물이 있고, 그 사이사이에는 우리 눈에 보이지 않는 미생물까지도 함께 살고 있다.

언뜻 보아도 하늘을 나는 새들과 땅 위에 뛰어다니는 짐승들과 물속을 헤엄치는 물고기 이외에도 풀과 나무 사이에서 이리저리 날아다니거나 폴짝폴짝 뛰어다니는 풀벌레들 같은 생물들이 있다. 이처럼 우리가 사는 이 세상은 물과 흙과 공기뿐만 아니라 그 속에서 함께 사는 생명체들로 이루어져 있다. 이러한 모든 것이 한데 어울려 자연(自然)과 환경(環境)이라는 하나의 공동 운명체를 이루고 있다.

이 공동 운명체에서 이루어지고 있는 모든 움직임과 현상에 대해서 의문을 품고 하나하나 설명해 나가는 것이 바로 자연 과학(自然科學, Natural Science)이다. 즉 자연에서 일어나는 모든 현상을 체계적으로 따져 설명하는 것이라고 말할 수 있다. 예전에는 자연 현상에 대해서 하나씩 따져보는 것보다도 으레 그러려니 생각하며 넘어가 버리는 경우가 더 많았고, 그러기에 굳이 따져보지 않고 모른 채 사는 것이 자연스러운 삶이라고 믿는 경우가 많았다.

살다 보면 처음에는 먹고 입고 사는 집 하나만 있으면 충분한 것으로 알지만, 시간이 지날수록 살림살이가 하나둘 늘어나며 점점 더 복잡해진다는 사실을 알게 된다. 그러다 보니 사람들은 조금이라도 편리하고 넉넉한 살림살이를 원하고 그 가운데에서 재미와 멋과 아름다움까지도 바라게 된다. 그러나 사람마다 가정마다 형편과 상황은 다른 법. 욕심껏 넉넉하게 살림살이를 마련할 수는 없다. 그 형편에 맞게 살림을 꾸려 갈 수밖에 없다. 예전에는 살림에 도움이 될 만한 여러 가지 것들을 경험적으로 찾아내어 이용했는데, 오늘날 돌이켜보면 이들이 바로 '살림의 지혜'라는 것이었다고 말할 수 있다. 이 지혜를 과학적으로 따져보는 것을 자연 과학에 빗대어 생활 과학(生活科學, Life Sciences), 즉 살림의 과학이라고 할 수 있다.

　과학은 말 그대로 모든 이치를 따져보는 학문이다. 자연 과학은 자연 현상의 이치를 따지는 것이고, 생활 과학은 생활과 살림의 이치를 따져 설명하는 것이다. 오래전부터 우리는 자연에서나 생활 속에서 일어나는 여러 가지 것에 대해 호기심을 갖고 생각하기를 좋아했다. 그래서 예전부터 사람들은 미처 생각하지 못한 것을 알려주는 특별한 사람은 슬기롭다고 '현자(賢者)'라고 부르기도 했는데, 요즘에는 많이 공부한 사람이라는 뜻으로 '학자(學者)'라 말하기도 하고, 많이 아는 사람이라는 뜻으로 '박사(博士)'라고도 부른다.

　많은 정보와 지식을 어렵지 않게 얻을 수 있는 과학의 시대인 요즈음에는 박사나 현자가 아니더라도 어려워하는 문제에 대해서도 조금만 깊이 생각하면 해결할 방법이 전혀 없는 것은 아니다. 비록 어려운 문제라고 하더라도 모든 면에서 이치대로 따져보면 문제를 해결할 수 있는 길이 있는 셈이다. 그것이 바로 '과학 하는 마음'이라고 할 수 있다. 예전에는 이처럼 이치를 따져보고 생각하는 것을 '궁리(窮理)'라고 했는데, 이것이 오늘날 우리가 말하는 과학이라고 할 수 있다. 또한 옛사람들이 살림에 대해 이런저런 유용한 방법을 궁리해서 찾아내고 이것을 널리 이용했는데, 이러한 궁리가 바로 살림의 지혜이자 더 나아가 오늘날의 생활 과학이라고 할 수 있을 것이다.

　예전에는 계절의 변화 속에서 무엇을 먹고, 무엇을 입으며, 어디에서 살까 하는 의식주에 관한 문제들이 가장 중요했다. 그러기에 사람들은 부지런히 일하고 노력하여 부족한 부분을 넉넉하게 채우려 애썼고, 여유가 생기면 조금 더 예쁘고 멋지고 또한 아름답고 재미나게 살기 위해 끊임없는 노력했다. 지금도 사람들이 부족함에서 벗어나면 멋과 아름다움을 즐기려는 생각을 가지게 된다. 그래서 사람들은 예나 지금이나 한결같이 생활의 어려움을 극복하려는 노력으로 여러 가지 생활의 지혜를 찾아내어 이용했고, 또한 과학 하는 마음으로 이런저런 해결 방법을 찾으려 노력했으며, 더 나아가 삶의 멋과 아름다움을 즐기고자 생활 속에서 필요로 하는 실용성에 기술과 예술을 더해 발전시켰다. 이처럼 생활 속에서 멋과 아름다움을 이루고자 필요한 기술과 예술이 만나 당연히 '공예(工藝, Craft)' 분야가 발전하게 되었다.

후진국에서 태어나 중진국에서 살다 보니 어느새 선진국에서 은퇴의 삶을 살게 되었다는 농담을 최근 지인들과 자주 주고받게 되었다. 얼마 전까지만 하더라도 조선 말기와 크게 다를 바가 없는 생활을 하고 있다고 생각했지만, 식민지와 전쟁의 폐허 속에서도 경제적 발전을 이루고자 온 국민이 힘을 모아 노력하면서 어느 사이에 슬며시 1인당 국민소득 3만 달러, 5000만 인구라는 벽을 넘어 선진국 사이로 미끄러지듯 들어선 탓이다. 하지만 사람들이 스스로 느끼기에 우리는 아직 중진국 정도의 수준에 머물고 있다고 생각하는 경우가 많다. 선진국이라는 옷을 어색하게 느끼는 사람들이 아직은 많다는 말이다.

그런데 우리는 세계인들이 깜짝 놀랄 만한 일을 많이 해 왔다. 지난 2002년 한일 월드컵 대회에서 그 누구도 예상하지 못했던 4강 신화를 이룩했으며 그와 함께 '길거리 응원'이라는 문화를 만들어 다른 나라에까지 전해 주었다. 그리고는 이를 마치 연습 삼은 듯이 2017년에는 국민의 힘을 모아 '촛불 혁명'을 이루어 평화적인 정권 교체를 이루고 2024년과 2025년 사이에는 친위 쿠데타를 막아 세계를 다시 놀라게 했다. 그뿐만 아니라 최근에는 우리나라 젊은이들이 문화 예술 분야에서도 뛰어난 활약을 보이며 세계를 들썩이게 만들고 있다는 사실은 우리 스스로에게도 가슴 벅차게 다가온다. 누구도 예상하지 못했던 텔레비전 드라마를 시작으로 우리 음식 문화와 함께 K-POP이라 불리는 음악 분야의 성과는 세계의 젊은이들에게 우리 문화의 맛과 멋을 널리 알리고 있다. 더욱이 전 세계가 어려워 한 코로나19 시기를 거치면서도 반도체와 배터리 및 백신 등의 산업 분야에서 괄목할 만한 성장을 이루면서 우리나라는 우리가 모르는 사이에 성큼 선진국으로 올라서 버렸다.

우리 문화의 이러한 힘은 도대체 어디에서부터 나오는 것일까? 이에 대해 여러 분야의 사람들이 갖가지 분석을 통해 이런저런 설명을 하고 있지만, 한마디로 줄이면 우리 문화의 매력이 세계 사람들의 마음을 움직였다고 할 수 있다. 이처럼 사람들의 마음을 움직이는 것은 억지로 꾸미지 않은 순수하고 자연스러운 아름다움에서 우러나온 것이어야 비로소 가능하다고 본다. 그런 만큼 우리 문화의 매력은 자연으로부터 우러나온 것임을 금방 알 수 있다. 자연의 본성과 사람의 마음은 본디 하나라고 할 수 있기에 순수한 아름다움을 가진 자연과 사람은 서로 통하기 마련이다.

그러나 자연이 그대로 문화가 되는 것은 아니다. 지혜와 슬기를 짜내고 짜내 편리함과 아름다움을 만든 인간의 마음이 거기 녹아 있어야 한다. 자연으로부터 거두어들인 온갖 재료로 밥을 짓고, 자연으로부터 얻어낸 재료로 옷을 짓고, 자연에서 가져온 재료로 지은 집안에서 살아온 우리는 슬기롭고 멋진 살림을 이루고자 갖가지 살림의 지혜를 찾아내어 두루 이용하면서 살아왔다. 그러나 이 땅에 살았던 옛사람들 모두가 넉넉한 살림을 하기에는 모든 조건이 충분하지는 않았다. 그래서 옛사람들이 부족한 환경 속에서 찾아낸 갖가지 살림의 지혜는 오늘에 다시 살펴보아도 실용적인 과학 지식과 아름다움이 넘쳐나는 것임을 알 수가 있다.

오늘에 이르러 우리가 전통 문화의 뿌리를 바탕으로 세계 사람들의 관심을 끄는 매력적인 멋과 아름다움을 새롭게 드러내 보이는 것과도 같이, 우리가 찾아낸 살림의 지혜로부터 얼마든지 새로운 멋과 아름다움을 보여 주는 여러 가지 물건들을 찾아내어 널리 자랑할 수 있다. 그러나 아직도 우리는 우리 문화가 가지고 있는 근본적인 멋과 아름다움을 충분히 찾아내지 못하고 있는 형편이다. 우리가 조금만 더 열심히 우리 문화 속에서 '살림의 과학'을 찾아낸다면 훨씬 더 멋지고 아름다운 생활을 이어 갈 수 있을 것이다.

우리가 살아가는 동안에 맞닥뜨리는 사물 대부분이 의식주에 관한 것이므로, 우리 생활 속에서 쓰이는 자그마한 것 하나하나도 허투루 여길 수 없을 만큼 모두가 나름대로 소중한 가치를 가진 것들이다. 지난 2009년에 『담장 속의 과학』이라는 제목으로 과학자의 눈으로 본 의식주라는 주제에 맞추어 우리 생활에 관한 이런저런 이야기를 엮어 책으로 펴냈다. 우리 생활 속에서 주제가 될 만한 의식주에 대한 이야깃거리를 모아 세 부분으로 엮었지만, 주제에 따라 이야기한 분량의 차이가 커서 혹시라도 읽는 사람들에게 삶의 주제에 대한 중요도 순서를 암시하는 것으로 비치지나 않았는지 두고두고 염려했다. 나중에라도 기회가 주어진다면 부족하다고 생각하는 주제에 대해 못 다한 이야기를 보태어 '증보판'을 내는 것이 어쩌면 내 마음속 빚을 조금이나마 덜어내는 것이 아닐까 하고 혼자 생각해 보았다.

한동안 마음의 빚을 진 채로 우리 생활 속에서 수시로 맞닥뜨리는 소소한 것들을 보면서 우리 전통 문화와 예술 그리고 공예에 대해 생각해 보았다. 이렇게 우리 생활 속에서 만나 볼 수 있는 이런저런 소재들은 모두가 한결같이 우리 생활을 멋지고 아름답게 그리고 넉넉하게 만들어 주는 문화와 예술이라는 사실을 새삼스럽게 깨닫게 해 주었다. 다시 말해서 나 스스로 부족하다고 여기는 부분에 대해서 굳이 보충한다고 생각하면서 증보판을 준비할 것이 아니라, 오히려 그 나름대로 멋과 아름다움을 갖춘 하나하나의 이야깃거리를 모으면서 또 다른 하나의 가치 있는 물건을 만드는 것도 괜찮으리라고 생각했다. 이와 같은 생각으로 그동안 살펴보았던 이야깃거리를 한데 엮어 『살림의 과학』이라는 제목으로 이 책을 펴내게 되었다.

이 책의 내용 안에는 우리 생활에서 널리 쓰이는 이러저러한 사물에 관한 이야기가 들어 있다. 먹을거리에 대한 이야기에서부터 그 먹을거리를 담거나 보관하거나 조리하는 데 쓰이는 그릇들, 뿐만 아니라 옷가지와 이부자리, 그리고 그러한 살림살이를 넣어 두는 가구와 그 가구와 그 사물들을 사용할 사람들도 품을 수 있는 집 그 자체까지 여러 가지를 다룬다. 이 온갖 사물들에는 옛사람들이 궁리를 거듭한 끝에 도출해 낸 지혜가 녹아 있고 특별한 기술과 재주를 가진 당대의 전문가, 즉 장인(匠人)의 손길도 남아 있다. 그들은 이 물건들을 도깨비 방망이를 휘둘러 만들어 낸 것이 아니라 오랜 시간에 걸친 궁리와 실천, 온갖 시행착오를 통해 비로소 만들어 냈다. 이처럼 사람들이 잘 살고자 필요한 이런저런 살림살이를 마련해 온 과정에 옛사람들의 '살림의 지혜', 다른 표현으로 하자면 '살림의 과학'이 담겨 있다.

이 책에서는 이 살림의 과학을 가상의 옛 집을 둘러보는 가상의 시간 여행자가 된 것처럼 소개해 갈 것이다. 먼저 우리 조상들의 그리운 옛 집 밖에서 담장을 따라 돌아 보다가, 조심스럽게 슬쩍 열린 문으로 조용히 들어가 집주인에게 들키지 않고 구석구석 살펴볼 요량이다. 집주인이 취향껏 꾸며 놓은 마당도 살펴보고, 안주인이 바쁘게 일하는 부엌도 훔쳐보고, 안방에 곱게 개어진 이불과 옷가지도 둘러보고, 서늘한 바람이 지나가는 대청 마루 구석에 정갈하게 놓인 소반도 구경하고, 먹향 가득한 사랑도 들어갔다 나올 셈이다. 그러면서 옛 집, 옛 살림에 대한 현대 연구자들의 연구 성과도 「하나 더」라는 작은 제목이 붙은 글로 소개할 요량이다. 독자들도 이 여정을 따라오다 보면, 옛사람들의 살림의 과학을 좇는 일이 실은 조금이라도 아름답고 멋진 삶을 살기 위해 크고 작은 여러 문제를 해결하고자 애써 온 옛사람들의 노력과 꿈을 읽을 수 있으리라. 그러기에 옛 살림의 멋과 아름다움과 여유를 찾아 오늘에 되살려 보는 것도 우리 삶을 훨씬 보람되게 만드는 길이라 하겠다.

오늘도 소실봉을 바라보며

차 례

들어가며 ··· 살림의 과학을 찾아서　7

1부 집으로

1장 ··· 자연을 닮은 집　21
2장 ··· 삶의 지혜를 담은 책　45
3장 ··· 음식 장만과 갈무리　71
4장 ··· 여러 가지 그릇　91

2부 부엌으로

5장 ··· 소금밭에 뒹굴어도　111
6장 ··· 이중독과 매병　129
7장 ··· 전통 술과 전통 식초　155

3부 안방으로

8장 ··· 우리 옷 이야기　179
9장 ··· 민화를 찾아서　197
10장 ··· 베갯모 자수　223

4부
대청으로

11장 … 소반 이야기　247

12장 … 반만 닫아 반닫이　277

13장 … 옛날 냉장고 이야기　305

5부
사랑으로

14장 … 모자의 민족　329

15장 … 고려 금속 활자 논쟁　355

16장 … 『훈민정음 해례본』 수난사　401

6부
마당으로

17장 … 돌로 만든 생활 문화　435

18장 … 샘과 우물 그리고 수도　465

19장 … 옛 집 문의 이모저모　487

나가며 … 작은 것이 아름답다　511

참고 문헌　515

찾아보기　520

1부

집으로

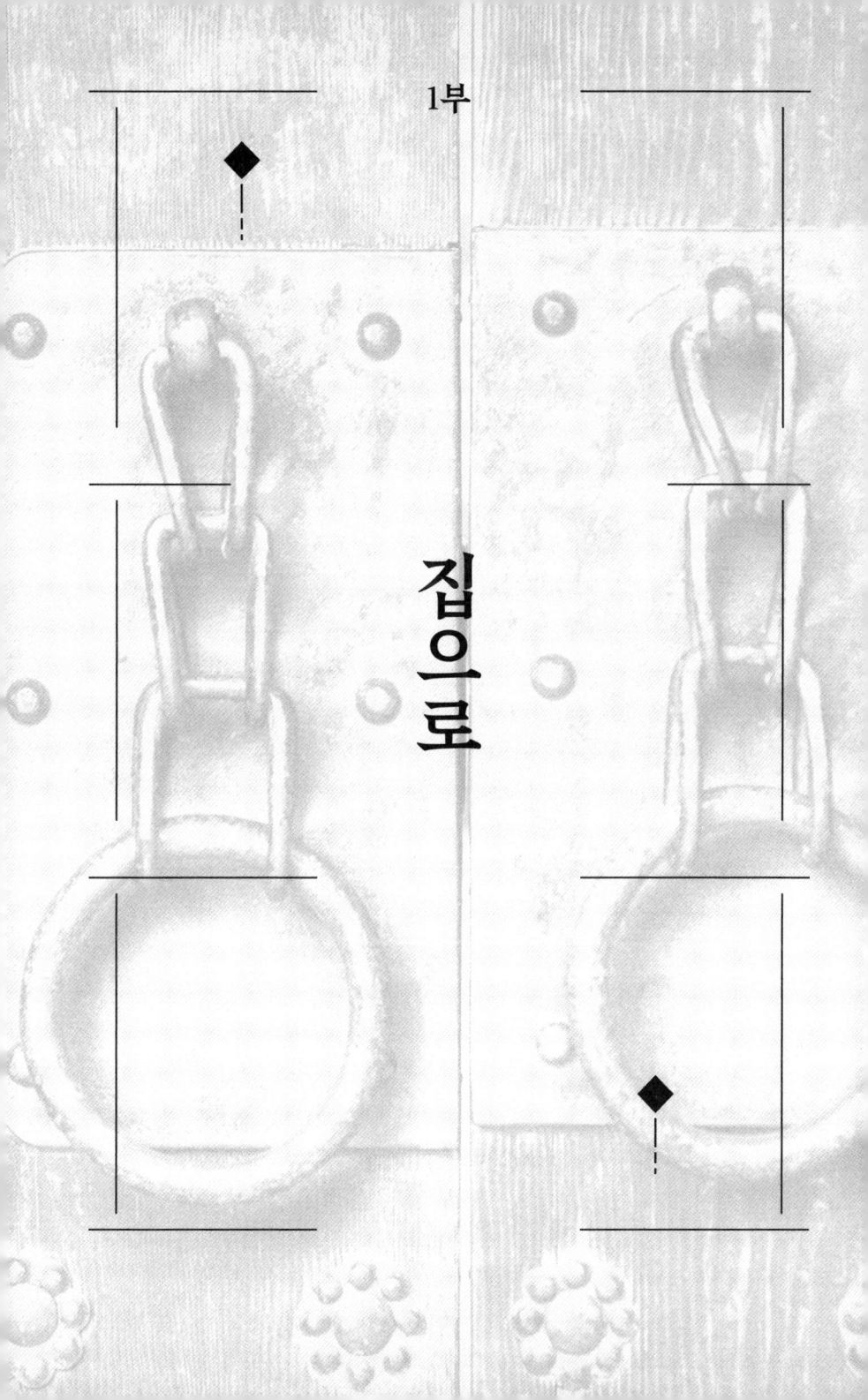

1장
자연을 닮은 집
우리 조상들의 집과 마당

사람이 사는 곳이 집이다. 사람은 집에서 태어나서 자라고 결혼하여 가정을 꾸리고 아들딸을 낳아 식구들이 한데 모여 살므로 집의 생김새도 잘 살펴보면 여러 사람이 모여 살기에 알맞은 구조를 갖추고 있다. 아마도 오래전부터 이 땅에 살던 사람들은 비바람을 피하고자 간단한 모양의 움집을 짓고 살았다. 움집은 가운데에 기둥을 높이 세우고, 여기에 기둥 몇 개를 돌아가면서 덧붙이고, 기둥 사이는 나뭇가지나 기다란 풀잎을 엮어 만든 거적으로 덮어씌운 다음에 그 한쪽만 틔우고 거적 한 조각을 덧붙여 사람들이 드나들게 했다. 물론 맨땅 위에 바로 움집을 세울 수도 있지만, 그러면 비바람과 추위를 충분히 막아내지 못할 것이므로 땅 아랫부분을 좀 더 깊이 파낸 자리에 움집을 세웠다. 이와 같은 움집의 흔적은 고대 유적지에서 어렵지 않게 찾아볼 수 있다.

여러 개의 기둥으로 둘러싸인 움집 한쪽에 틈을 내고 그 위에 기다란 풀잎을 엮어 만든 거적을 내걸어 위로 들췄다가 다시 아래로 내리면서 사람들이 쉽사리 드나들 수 있는 문을 만들었다. 또한 기둥 사이에도 풀잎을 엮어 만든 거적을 둘러 치면 움집의 벽을 만들 수 있다. 이처럼 비교적 간단한 모양을 갖춘 움집은 그야말로 거적으로 둘러친 내부가 바로 집이자 방이고, 풀을 엮어 만든 거적은 문이자 벽이며 또한 담장이 된다. 물론 움집 내부가 비교적 넓다고 하더라도 여러 개의 방으로 나누지는 않았다. 다만 불을 피우는 곳이 아궁이며, 먹을거리를 만들어 먹는 부엌이자 식당이 되고, 불 가장자리의 따뜻한 곳은 사람들이 누워 자므로 거기가 바로 방이 되고 또한 거실이 될 수밖에 없다.

큼지막한 공간 하나로 이루어진 움집에서 방 두세 개가 딸린 커다란 집으로 키우자면 아무래도 기다란 들보를 만들어 집을 늘려야만 한다. 다시 말해서 기다란 지붕 형태를 만들고 내부 공간을 몇 개로 나누면 필요한 만큼의 방을 마련할 수 있다. 그러기에 커다란 집을 지으려면 먼저 기다란 들보를 올려 옆으로 길어진 지붕을 만든 다음에 만들어진 공간을 몇 개의 방으로 나눈 일(一) 자 모양의 넓은 움집을 만들었을 것이다. 물론 넓은 집에서는 지붕을 받치는 네 모서리와 중간중간에 기둥을 세우고 지붕을 얹었을 것이며, 기둥과 기둥 사이에는 흙과 돌로 튼튼한 벽을 만들었을 것이다. 이렇게 해서 사람들은 몇 개의 방과 부엌 그리고 필요한 창고나 헛간이 있는 넓은 집을 만들었다.

집에 있는 몇 개의 방은 식구들이 함께 지내는 가장 친밀한 공간이다. 왜냐하면 방은 식구들이 추운 겨울과 더운 여름을 함께 견디고 이겨 내면서 생활의 어려움과 즐거움을 함께 나누는 공간이기 때문이다. 움집으로부터 시작한 자그마한 집이 시간이 지나면서 사람들의 필요에

도기 기와집. 사진 출처: 국립 중앙 박물관.

따라 조금씩 큰 집으로 바뀌었다. 그러는 동안에 계절에 따른 추위와 더위를 이겨 내는 방법으로 만들어 낸 온돌과 마루는 우리 선조들이 찾아낸 그야말로 혁명적인 발명품이라고 할 수 있다. 부엌 아궁이에 불을 때서 나오는 열기로 구들을 덥히는 온돌방 덕분에 사람들은 당연한 듯 신발을 벗고 방에 들어갔다. 이러한 온돌 생활은 자연스럽게 집안의 청결과 위생을 이끌었고, 나아가 식구들의 건강한 생활을 이끌었다. 또한 아궁이에 불을 때는 온돌은 난방과 요리를 동시에 할 수 있게 했다. 이렇게 아궁이에 땐 불로 난방과 취사를 한꺼번에 해결한 점은 우리 선조들이 찾아낸 생활의 지혜 중에서도 빛나는 사례 가운데 하나이다.

담장, 안과 밖을 구분하다

집 주위에 나지막이 자라는 나무를 심거나, 나뭇가지나 굵은 풀줄기를 엮어 울타리를 세우거나, 흙과 돌을 섞어 담을 쌓으면 집 주위에 공간이 생긴다. 울타리와 집 사이의 공간은 널찍한 빈터이지만, 울타리 안쪽이기에 집에 딸린 마당이다. 사람들은 마당이라는 여분의 공간을 그냥 비어 있는 채로 버려두지 않고 어떻게 해서든지 효과적으로 이용하려 했다. 집 안과 밖을 구분하면서 이어 주기도 하는 마당은 집안에서 마무리하기 어려운 일을 할 수 있는 작업 공간이기도 하다. 다른 한편으로는 마당을 아름답고 편리하게 꾸며 훌륭한 휴식 공간으로 이용할 수도 있다. 따라서 마당은 어떻게 꾸미고 활용하느냐에 따라 살림을 규모 있게 꾸리는 데 도움이 된다.

울타리로 둘러싸인 집의 앞과 뒤에 있는 앞마당과 뒷마당은 그저 한가로이 비어 있는 여분의 공간이 아니다. 앞마당은 필요에 따라 아이들 놀이터가 되며 빨래를 널어 말리는 건조장이 되며 또한 농작물을 거두어 추수하는 타작마당이 되거나 집안에 큰 행사가 있으면 잔치마당이 된다. 뒷마당도 앞마당처럼 이런저런 쓰임새로 쓰이기는 마찬가지다. 우선 햇볕이 잘 드는 뒷마당 한가운데 자리한 장독대는 이런저런 음식물을 저장하는 저장 공간이며 여러 가지 먹을거리를 마련하는 작업 공간이고 또한 아낙네들이 일하다가 잠시 쉬는 휴식 공간이 된다. 집 뒤쪽에 있기에 뒷마당이라는 이름이 붙었지만, 뒷마당은 결코 어둡고 습기 차고 너저분한 공간이 아니다. 그래서 햇볕이 잘 드는 자리에 크고 작은 항아리를 놓은 장독대를 만든다. 장독대의 항아리 안에는 장류와 젓갈류 그리고 장아찌 등의 음식 재료가 정갈하게 보관되어 살림의 밑거름이 된다.

장독대가 자리한 뒷마당에는 이런저런 음식 재료가 많이 있다. 텃밭에서 따온 푸성귀는 물론 밭에서 수확한 마늘과 고추 그리고 가지와 호박도 있다. 처마 밑에는 가을에 말려 놓았던 시래기와 우거지도 촘촘히 매달려 있다. 이들은 모두가 가족을 먹일 음식 재료이기에 어느 것 하나라도 허투루 다룰 수가 없다. 햇볕을 피해 그늘진 곳에 보관하면서도 깨끗하게 다루어야 한다. 또한 바람도 잘 통해야 한다. 그래야만 미생물로 인한 부패를 방지할 수 있기 때문이다. 장독대에 보관하는 대부분의 저장 음식이 미생물을 이용한 발효 식품이기에 관리에 특별히 신경을 써야만 한다.

더운 날씨가 이어지는 여름철에는 집안에서도 장소에 따라 큰 온도 차이가 나타난다. 시원한 산바람이 불어오는 뒷마당은 햇볕이 강하게 내리쬐는 앞마당보다 온도가 낮다. 따라서 무더운 여름철에는 대청의 바라지문을 열어 놓으면 시원한 바람이 뒷마당으로부터 흘러 들어와 나지막한 앞마당으로 흘러내리면서 집안의 더운 공기를 통째로 밀어 올려 집 전체를 시원하게 만들어 준다. 이처럼 앞마당과 뒷마당의 서로 다른 온도 차이를 이용해 흘러 들어오는 시원한 바람은 누구나 그저 가만히 대청마루에 앉아 있기만 해도 느낄 수 있다. 이처럼 한여름에 맛볼 수 있는 시원한 자연의 바람은 열린 집 구조로부터 얻을 수 있는 또 하나의 과학이다.

집의 첫인상은 집주인의 첫인상

집 주위를 둘러싼 담장은 그 집의 첫인상을 말해 준다. 사람들이 바깥에서 바라보는 집의 모습은 우선 대문과 함께 집을 둘러싼 담장과 지붕이 먼저일 수밖에 없다. 대문은 사람들이 들고나는 출입구이므로 열려 있거나 닫힌 모습이다. 다음으로 담장과 지붕이 잘 어울리는 집은 사람들에게 아늑하고 편안한 첫인상을 준다. 그래서인지 집을 짓거나 가꾸는 사람들은 자신도 모르게 자기 생각과 마음을 집 안팎을 꾸미는 데에 담게 된다. 이처럼 집이 보여 주는 모양새는 집주인의 성격이나 성품까지도 미루어 짐작할 수 있도록 해 준다. 그러기에 사람들은 집의 첫인상을 통해서 집주인의 생각이나 마음을 조금이나마 읽을 수도 있다.

바깥에서 본 집의 첫인상과 담장 안으로 들어와서 본 집안의 꾸민 상태가 주는 인상이 다른 경우도 있다. 이것은 집 안팎을 꾸미는 데에 특정한 방법이나 양식이 정해져 있지 않기 때문이다. 그래도 집주인은 바깥보다는 오히려 자기가 사는 집안을 더 중요하다고 여겨 보다 공을 더 많이 들이는 경우가 많다. 다시 말하면 사람들이 외관보다는 실생활에 필수적인 내부를 좀 더 편하게 꾸미려는 경향이 크다고 하겠다. 옛날이나 지금이나 사람들은 자기 생각과 마음을 담은 집에서 자신이 하고 싶은 일을 하며 살고자 한다. 그러기에 사람들은 자기 생각과 뜻에 맞게 집 안팎을 꾸미고 그 안에서 보람을 느끼며 살고자 하는 것이다.

길을 가다가도 대문이 열려 있는 집과 마주하면 자신도 모르게 집안을 들여다보게 된다. 무엇인가 찾아내려는 것처럼 샅샅이 살펴보는 것이 아니라 그저 슬쩍 지나치는 눈길로 가볍게 둘러보는 정도이다. 사

전통 한옥의 문과 마당.

람들이 열린 대문을 통해 집안을 잠시 바라보는 것처럼, 나지막한 담장으로 둘러싸인 집을 만나면 까치발로 담장 너머 집안을 한번 둘러보기도 한다. 그런데 나지막한 담장 대신에 높다란 담장으로 둘러싸인 집과 마주치면 집안을 넘겨다보는 것은 생각조차 할 수 없고, 오히려 위압감을 느끼고 그곳을 벗어나고자 발걸음을 재촉한다.

집안에서 담장 너머로 바깥을 내다볼 때에도 집 바깥에서 집안을 담장 너머로 볼 때와 다른 즐거움이 있다. 높은 담장을 두른 집에서는 바깥 경치를 바라보기가 쉽지 않다. 그 대신에 나지막한 담장을 두른 집이라면 담장 너머로 멀리까지 펼쳐진 자연의 풍경을 언제라도 즐길 수 있다. 자연은 언제나 그렇듯이 넓고 크고 아름답다. 아름다운 자연을 집안으로 끌어들일 수 있다면, 그 집은 그야말로 '사람이 살고 싶은 집'이 된다. 높다란 담장으로 둘러싸인 집에서는 자연을 제대로 바라보기가 어렵지만, 나지막한 담장으로 둘러싸인 집에서는 집과 자연이 하나가 되는 느낌을 받는다. 자연을 자그마한 집안으로 끌어들여 가까이할 수 있게 해 주고 자연의 커다람을 언제나 만끽할 수 있게 해 주기 때문이다.

자연과 더불어 살기 위한 마당 꾸미기

사람들이 바라는 것처럼 자연을 집안으로 들이는 일이 그리 간단하지는 않다. 그러므로 사람들은 가능하면 자연의 모습을 집안에 만들어 놓고 언제든지 보면서 즐기고자 했다. 그래서 삶의 여유가 있는 사람들은 앞뒤 마당이나 비어 있는 뜰을 어떻게 해서든지 자연과 닮은 모습으로 꾸미고자 했다. 그러면서도 앞마당은 앞마당대로 뒷마당은 뒷마당대로 어떻게 하면 자연과 닮은 모습으로 꾸밀 수 있을까 고민했다. 그래서 나온 방법이 바로 자연을 닮은 '마당 꾸미기' 또는 '정원 가꾸기'이다.

    예로부터 우리나라와 중국 그리고 일본 세 나라는 서로 비슷하면서도 한 발짝 안으로 들어가 보면 저마다 다른 독특한 문화를 갖추고 있다. 집의 구조는 물론이고 담장으로 둘러싸인 마당의 생김새나 쓰임새까지도 저마다 다르다. 이런 차이를 느낄 수 있다면 세 나라의 각기 다른 역사와 연관시켜 주거 문화와 생활의 특징도 살펴볼 수 있다. 집의 구조와 쓰임새를 포함한 사람들의 생활상은 오랫동안 그 지역에 살면서 환경에 적응하면서 진화시켜 온 문화적 특징이 녹아 있기 때문이다.

    동아시아 세 나라가 가진 문화의 특징은 정원을 꾸미는 방법에서도 서로가 다르다. 세 나라의 정원 가꾸기를 보면, 우선 중국은 규모가 크고 웅장하다고 할 만큼 자연을 통째로 정원으로 끌어다 놓았다. 그런가 하면 일본은 자연을 집안으로 끌어들일 수 없는 것이라고 보아서인지 아예 자연의 축소판을 집안에 만들었다. 이에 비해 우리나라는 중국 정원처럼 아주 크지는 않고 일본의 정원처럼 자연의 축소판을 만들지도 않으면서도 자연과 사람이 더불어 살아가는 공간을 만든다. 그다지 높지 않은 나지막한 담장, 까치발만으로도 쉽게 안을 들여다볼 수 있고 또한 바깥을 내다볼 수도 있을 정도의 담장 너머로 멀리까지 보이는 바깥 풍경과 집안의 정원 모습이 서로 어울리도록 했다.

    자연과 더불어 사람들이 함께 숨 쉬며 사는 여유로운 공간, 이것이 바로 우리나라의 정원 가꾸기 또는 마당 꾸미기의 목표이다. 그러기에 우리는 옛 집을 보면서 낮에는 햇빛 아래 땀 흘리며 마당에서 일하던 식구들의 모습을 떠올릴 수 있고, 또한 밤에는 달빛을 벗 삼아 마당을 거닐던 집주인의 모습을 떠올릴 수도 있다. 이처럼 자연과 더불어 하나 되는 집에서는 언제 어느 곳에서든지 자연스럽게 사는 사람들의 모습을 상상하더라도 전혀 어색하지 않다. 그것은 집과 사람이 그대로 자연 속에서 살아 숨 쉬는 하나의 생명체로 우리에게 다가오기 때문이다.

자연과 사람이 어우러졌던 전통 주택의 마당

집에서는 항상 식구들끼리만 모여 사는 것이 아니다. 일가친척은 물론 가깝게 지내는 친구가 집에 찾아와 잠시 머물고 갈 수도 있다. 더욱이 집안에 큰잔치가 있으면 사람들이 찾아와 집안에 머무르며 북적대기도 한다. 이때 집이 사람들을 넉넉히 품어 주는 구조라면 더할 나위 없다. 집에 사람들이 모여 방만으로는 일하면서 쉴 수 있는 공간이 부족하다면 어쩔 수 없이 대청마루나 마당을 이용해야 한다. 지붕 아래에 있는 대청은 사람들이 모여 일하기에는 아무래도 한계가 있다. 그렇지만 마당은 대청과 달리 사람들이 많이 모일 수 있으므로 효과적인 대안이 된다. 눈비나 이슬을 피하고자 마당에 차일(遮日)을 치고 그 아래 멍석을 깔면 사람들이 들어갈 장소가 마련되기 때문이다. 이렇게 마당이라는 공간은 필요에 따라 얼마든지 새로운 공간으로 변신한다.

집안의 앞뒤 마당은 부족한 공간을 대신하고, 또한 아름답게 꾸며 놓은 정원은 휴식 공간이 된다. 살림이 넉넉한 집안에서는 넓은 마당에 잘 가꾸어 놓은 정원도 있다. 조선 시대를 대표하는 정원의 하나로 담양에 자리한 소쇄원(瀟灑園)을 꼽는다. 담장 밑으로 흐르는 개울을 통해 계곡의 물줄기를 집안으로 끌어들여 제월당(霽月堂)이라는 작은 집에 앉아서 흐르는 물소리를 듣는 즐거움을 누렸다. 소쇄원은 계곡이라는 자연 지형을 이용했지만, 평지에 집을 지으면 너른 들에 연못을 파고 그 옆에 정자를 지어 자연의 멋을 즐겼다. 강릉 선교장(船橋莊)의 활래정(活來亭)은 연못 안에 정자를 지어 정자에 앉으면 마치 연못 한가운데에 있는 느낌이다. 그런가 하면 넉넉한 집에서는 마당에 연못을 파고 그 안에 섬처럼 동산을 만들어 아름다운 꽃과 나무를 가꾸기도 했다.

조선 시대 족자(簇子) 그림 가운데 특별히 눈에 띄는 것이 있다. 족자는 대부분 폭이 좁은 것으로 길게 늘어뜨린 그림이 많은데, 이 족자는 넓은 폭으로 직사각형 모양에 그림을 그렸다. 그림은 계곡 옆의 널찍한 바위 위에 사람들이 모여 이야기를 나누는 모습이고 아래에 그림 내용을 설명한 글을 달아 놓았다. 비슷한 그림 중에는 계곡이 아니라 집안 정자에 사람들이 둘러앉아 이야기하는 것도 있다. 그림을 한동안 들여다보면 마치 시간이 멈추어선 채로 한 장의 사진을 보는 듯한 착각이 일기도 한다. 이런 그림을 계회도(契會圖)라고 하는데, 예전에는 사진을 찍어 기록을 남길 수가 없었기에 모임에 참석한 사람 숫자대로 그림을 그려 한 장씩 나누어 가졌다고 한다.

계회도는 지나간 역사의 한 장면만 보여 주는 것이 아니다. 계회도를 통해서 당시 사람들이 자연을 집처럼 여기며 살았고 또한 집안을 자연처럼 가꾸었음을 엿볼 수 있으며, 나아가 자연과 집을 하나로 여겼음도 짐작할 수 있다. 이처럼 자연과 집을 하나로 여겼기에 사람들은 집 근처나 집안에 연못을 만들고 정자를 세우며 자연과 함께 살려는 노력을 아끼지 않았다. 집 근처에 연못과 정자를 만들지 못하더라도 멀리 바깥을 바라보고자 사랑채 바깥쪽으로 정자처럼 덧붙인 누마루는 자연과 집을 하나로 묶으려는 옛사람들의 생각을 엿보게 해 준다.

사람들이 나지막한 담장 너머로 바라보는 바깥 풍경은 언제 보아도 시원한 한 폭의 그림이다. 바깥 풍경까지 집안으로 끌어들이려 했던 옛사람들의 생각은 지금 따져보아도 예사롭지 않다. 어쩌면 이러한 생각이야말로 바깥과 집을 잇는 자투리 공간까지도 효과적으로 활용하려는 옛사람들의 의지이며 동시에 자연과 집을 하나로 만드는 생활의 지혜라고 볼 수도 있다. 이처럼 우리가 사는 집에는 자연을 닮고 자연과 함께 살아가려는 사람들의 의지와 지혜가 담겨 있다.

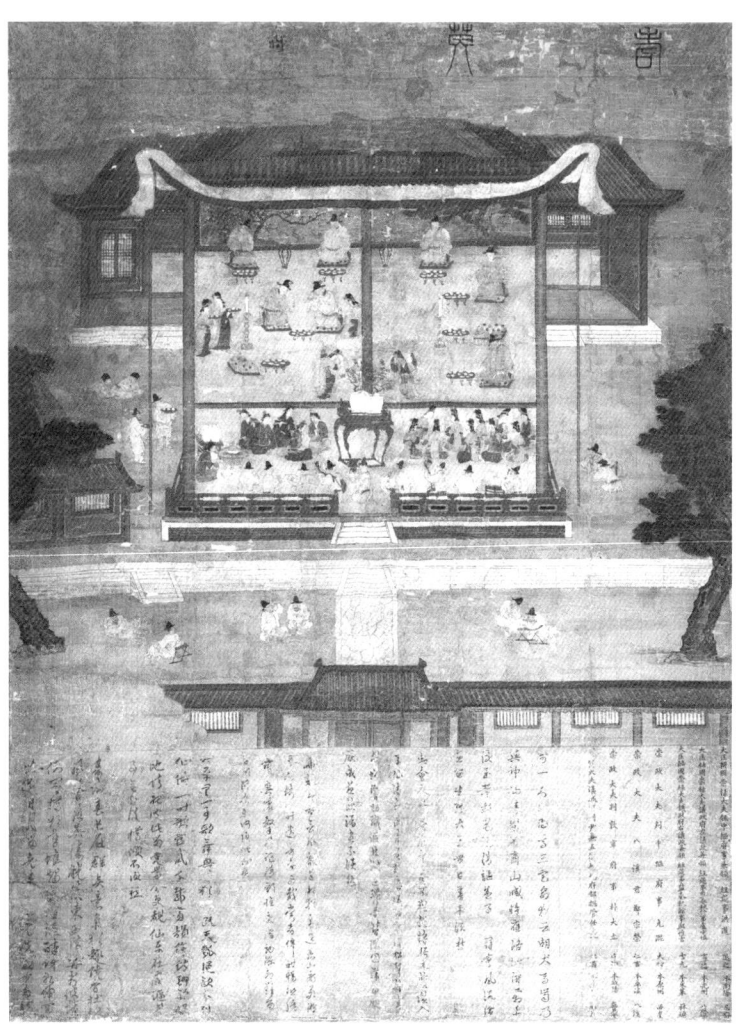

기영회도(耆英會圖). 만 70세 이상의 사대부로 구성된 문인 모임을 그린 그림. 풍류를 즐기고 친목을 다지기 위해 조직된 모임인 기영회 또는 계회의 모습을 화공을 시켜 참가자 수대로 그리게 하고 나누어 가졌다. 그래서 이런 종류의 그림을 계회도라고도 한다. 모임의 이름뿐만 아니라 참가자들의 이름과 자, 호, 본관, 관직 등을 기록해 놓아 당대의 문화를 이해하는 데 좋은 자료가 된다. 사진 출처: 국립 중앙 박물관.

마을에서 집으로

한편 우리가 사는 집의 구조도 시간이 흐르고 시대가 바뀌면서 예전과 다르게 변했다. 예전에는 널따란 들판에 논밭을 일구어 부지런히 농사를 짓고 먹을거리를 마련해야 했으므로 농사를 짓지 못하는 나머지 땅에 사람들이 함께 집을 짓고 마을을 이루어 살았다. 그래서인지 요즈음에는 집을 지을 만한 곳이라면 어디든지 비탈이든 언덕이든 계곡이든 가리지 않고 사람들이 더 많이 그리고 더 높이 집을 지어 살고 있다. 그러다 보니 요즘 집은 예전 집과 모양과 구조가 많이 달라졌다. 가장 대표적인 변화라면 예전에는 지붕은 볏짚이나 기와로 덮고 마당이 담장 안에 있는 집이 대부분이었는데, 요즈음에는 사람들이 위아래로 층층이 포개어 사는 아파트가 대부분이라 어느 집에나 있던 마당이 사라져 버렸다는 점이다.

요즈음에는 아파트 한 동에만도 예전 시골의 한 마을에 모여 살던 인구에 버금가는 사람들이 모여 산다. 이를테면 엘리베이터를 둘 가진 20층 아파트라면 동 하나에 적어도 80가구가 산다. 시골 마을로 치면 제법 큰 마을이 되는 셈이다. 인구 감소 시대에 돌입한 이제는 시골 마을에 그만큼 많은 사람들이 모여 사는 것도 힘든 형편이지만, 그렇더라도 예전에 마을에 살던 사람들이 어떻게 살았는지 살펴보면서 살기에 좋았던 점과 또는 되살릴 만한 점이 있는지 찾아보는 것도 그만한 가치가 있을 것이다.

오래전부터 사람들이 농사를 짓고 살면서 혼자서 모든 일을 할 수가 없으니 여러 사람이 한데 어울려 살아가는 방법을 찾았다. 사람들은 집을 짓고 살면서도 식구들이 많이 모여 사는 것이 농사일에도 보탬이 되었고, 더 나아가 집들이 모여 마을을 이루어 사는 것이 많은 보탬이 되는 것도 알았다. 이렇게 서로 힘을 모으기 위해서는 자연스레 식구들이 한데 어울려 일하는 것은 물론이고, 마을에서도 집집이 힘을 합쳐 서로 도우며 일하는 것을 당연한 것으로 받아들였다. 다시 말해서 내 집 일이 바로 남의 집 일이고 또한 남의 집 일이 바로 내 집 일이라 생각하게 되었다. 그렇게 온 마을 사람들이 서로서로 도우며 힘을 합쳐 살다 보니 몸만 아니라 생각까지도 서로를 돕는 방향으로 발전했다. 그래서 예전부터 한 마을 사람들끼리 서로 돕고 사는 두레 정신이 자리 잡게 되었다.

이렇게 자연스레 자리 잡은 두레 정신은 마을 사람들의 공동체 의식으로 발전했다. 마을 사람들이 힘을 합쳐 일하는 것이라면 그 중심에는 먹을거리를 얻기 위한 농사일이 있다. 농작물을 키워 수확하는 농사일은 물론 모두에게 힘든 일인데, 이처럼 힘든 농사일을 오로지 사람의 힘으로만 해내려면 더욱 어려운 일이 될 뿐이다. 그래서 사람들은 힘들이지 않고 효과적으로 일하고자 여러 가지 지혜를 찾았다. 그렇게 찾아낸 방법은 여러 가지 편리한 도구를 농사일에 이용함으로써 힘든 일을 잘 마무리하는 것이었다. 이렇게 사람들이 지혜를 모아 만들어 낸 도구는 농사일에 도움을 주는 농사 도구이고, 마찬가지로 생활에 편리하게 이용할 수 있는 도구는 생활 도구이다.

생활 도구는 집안에서 살림하는 데 쓰이는 여러 가지 도구를 통틀어 일컫는 말이다. 그렇다면 사람이 살아가는 데 쓰이는 의식주 부분의 모든 도구가 생활 도구이자 살림 도구가 되는 셈이다. 우리가 사는 집은 그저 하나의 커다란 공간으로 만들어진 것이 아니다. 집이라는 공간은 몇 개의 크고 작은 공간으로 나뉘어 있는데, 그 공간 하나하나에는 살림에 필요한 도구들이 자리 잡고 있으며 그러한 각각의 도구들이 나름대로 역할을 충실히 하면서 집안 살림에 보탬을 주고 있다.

사람들이 사는 집은 널따란 들판이나 숲이 우거진 산속에 어쩌다 딱 한 채만 홀로 있는 것이 아니다. 한 집에 식구가 아무리 많다고 하더라도 덩그러니 있는 집과 식구만으로 농사부터 집안 살림에 이르는 모든 일을 쉽게 해결할 수는 없다. 그러기에 사람들이 한데 모여 마을을 이루고 모든 집이 서로 힘을 합치고 도우며 공동체를 이루어 살아가야 한다. 따라서 마을 안에는 여러 채의 집이 들어서기 마련이고, 집집이 서로 다른 살림을 꾸려 나가기에 살림의 규모도 제각기 다를 수밖에 없다. 이처럼 사람들이 한데 모여 사는 마을에는 크고 작은 여러 가지 모양의 집이 있다.

넓은 들판을 가로질러 마을 입구로 들어서면 마음을 포근히 감싸주는 마을 안길이 이어져 있고, 안길을 따라가다 보면 어느덧 집 앞에 다다른다. 산기슭을 돌아 작은 언덕을 넘어 마을로 들어서더라도 아담한 마을 안길인 고샅길이 이어지고 집으로까지 이르는 것도 마찬가지다. 마을 안에 들어선 집은 모두가 같은 모양이 아니라 하나하나가 서로 다른 모양이다. 모두가 서로 다른 마을 안의 집을 크게 나누면 두 가지인데, 지붕에 기와를 얹은 기와집이 그 하나이고 다음으로 지붕을 짚으로 엮은 이엉으로 덮은 초가집이다. 마을 안의 기와집과 초가집은 각각 반가(班家)와 민가(民家)라고도 부른다.

집집마다 다른 살림

어느 집이든 대문을 열고 안으로 들어서면 마당이 있다. 기와집이거나 초가집이거나 모든 집에서는 넓거나 좁은 마당이 있다는 점이 우리가 살던 집의 공통점이다. 마을 안의 모든 집이 서로 다른 모양인 것도 모든 집을 판박이처럼 같은 모양으로 짓지 않아서이다. 널찍하게 자리한 큰 집에서는 크거나 작은 몇 채의 집이 담장 안에 자리 잡고 있다. 이를테면 대문에다가도 지붕을 올려 집처럼 세우고 대문 양옆으로 방을 덧붙인 문간채가 있고, 문간채 옆에 따로 지은 행랑채도 있다. 대문 안쪽 마당에서는 사랑채와 연결된 누마루가 먼저 눈에 들어온다. 그곳에서 바깥 풍경을 바라보고자 누대처럼 높게 지었기에 얼른 눈에 띈다. 사랑채를 지나 집 안쪽으로는 안채가 자리하고 조금 떨어져 별채가 있거나 뒷마당의 사당에 이르기까지 여러 집들이 모여 하나의 큰 집을 이룬다. 물론 살림 규모가 큰 집에서는 여러 채의 집을 지었고, 그다지 넉넉한 살림이 아니라면 한 채만 짓고 그 안을 여러 공간으로 나누기도 했다.

아무리 작은 집이라고 하더라도 살림에 필요한 살림 도구들은 여러 가지인데, 이들을 모두 한군데에 모아 두지는 않는다. 여러 가지 살림 도구들은 쓸모에 따라 집안 곳곳에 각각의 자리를 차지하고 있다. 안방 살림에 필요한 도구는 안방에 있고, 사랑방에서 쓰이는 물건은 사랑방에 있으며, 그 밖에도 부엌이나 헛간이나 외양간 그리고 마당과 장독대 더 나아가 우물과 대문에 이르기까지 집안 곳곳에 쓰이는 용도에 맞게 여러 가지 살림 도구들이 자기 자리를 차지하고 있다.

안채와 따로 떨어진 사랑채가 아니라면 안채에 있는 건넌방이 사랑방 구실을 하기도 한다. 그렇다면 사랑방인 건넌방에서 안방을 가려면 그 사이에 있는 대청마루를 건너야 한다. 또한 부엌에서는 마당으로 나와 대청마루로 올라야 안방으로 들어갈 수 있다. 안채에 있는 안방은 살림의 중심이 되는 곳이라 집안 여러 곳에서 안방으로 들어가는 길이 많다. 그런가 하면 부엌은 뒷마당 장독대와 이어져 있고 가까이에는 헛간이 자리하는데, 이것은 부엌이 식구들의 먹을거리를 만드는 곳이기에 당연히 음식물 저장 공간과 가까이 있어야 하기 때문이다.

대문을 열고 마당에 발을 디뎠다고 해도 바로 집안에 들어가는 것은 아니다. 마당을 건너 안채 마루 앞에 자리한 봉당으로 오르고 그 위에 놓인 댓돌을 딛고 신발을 벗어 마루에 오르고 대청마루 위 서까래 지붕을 본 후에 문지방을 넘어 방안에 들어서면 머리 위쪽에는 나지막이 종이를 바른 반듯한 천장을 볼 수 있다. 이처럼 지붕 밑의 서까래, 방안의 천장, 처마 밑의 마당, 마루 밑의 봉당과 댓돌 그리고 문지방 밑의 부엌 바닥에 이르기까지 집안에는 여러 가지 서로 다른 높낮이가 있다. 높낮이가 다른 집에서는 움직일 때마다 다른 기운을 느낄 수 있다. 이렇게 높낮이가 많은 집안 구조에서 넓으면 넓은 대로 좁으면 좁은 대로 쉬엄쉬엄 걷고 일하고 쉬다 보면 힘든지 모르게 하루하루가 지나간다.

하루를 즐기는 생활 속에서 여러 가지 생활 도구를 써서 힘들지 않게 일하며 시간을 보낸다. 하루 일을 마무리하고 잠시 쉬면서 여유를 가지고 마을 한 바퀴를 돌고 집으로 돌아와 집안 곳곳에 있는 도구들이 제자리에 있는지 살펴본다. 그러면서 여러 가지 도구들이 들려주는 그들의 이야기를 듣는다. 갖가지 도구들 하나하나가 언제 어디에서 어떻게 왔으며 또한 그들의 쓰임새는 어떠한지 여러 가지 생활 도구에 얽혀 있는 갖가지 사연을 들어본다. 이렇게 여러 가지 살림 도구들이 어째서 그 자리에 있고 또한 어떠한 쓰임새를 갖추었으며, 예전에는 누구와 어떤 일을 했는지 옛날 일까지 하나씩 더듬어 찾아보는 것도 퍽 재미난 일이다.

집에 있는 여러 가지 생활 도구가 있는 만큼 그에 얽힌 여러 가지 이야기들이 실타래처럼 이어진다. 우리가 미처 알지 못했고 한동안 잊어버린 의외의 이야기까지도 술술 풀려 나온다. 예전부터 집에서 쓰던 물건은 필요에 따라 만들어 쓰던 것이니 여러 가지 생활 도구가 있는 만큼 이런저런 이야기가 많을 수밖에 없다. 갖가지 생활 도구에 얽힌 이야기가 많은 만큼 생활 속에서 우러나오는 아기자기한 삶의 이야기를 만나는 집이 좋을 수밖에 없다. 집안 곳곳에서 생활에 필요한 여러 가지 도구를 오랫동안 쓰다 보면 하나하나가 손때가 묻어 정겨운 물건이 된다. 오랫동안 정이 든 물건에 담겨 있는 사람과 집의 이야기 그리고 아름다운 모양에 깃들어 있는 오랜 전통과 문화의 아름다움을 찾아보는 재미를 여럿이 모여 함께 나누는 일도 큰 즐거움이 된다.

하나 더, 우리 전통 한옥은 패시브 하우스로 통한다

우리가 흔히 쓰는 집이라는 말에는 건물이라는 뜻과 함께 보금자리라는 뜻이 하나로 어우러져 있다. 다시 말하면 집의 구조를 나타내는 가옥(家屋, house)과 식구가 함께 사는 가정(家庭, home)이 한 단어 속에 합쳐져 있다고 하겠다. 식구들이 모여 사는 집은 말 그대로 즐거운 우리

갖가지 살림 도구가 걸려 있는 전통 한옥의 벽.

집인데, 편하고 따뜻한 집에서 즐겁고 아름답게 살아가는 삶의 모습을 떠올릴 수 있다. 집에서 즐거운 삶을 누리기 위해서는 무엇보다도 우리나라 지형과 기후에 맞추어 지은 집에서 한여름 더위는 물론 한겨울 추위까지도 이겨 낼 수 있는 방법을 찾아야 가능하다.

오랜 역사를 지니며 이 땅에서 살아온 우리 민족은 기후와 지형에 가장 잘 어울리는 집을 지어 살면서 풍요로운 삶을 지켜 왔다. 우리가 사는 동안에 중요한 요소인 의식주 가운데 모든 것을 담을 수 있는 집이라는 구조는 사계절이라는 우리나라 기후를 떠안는 역할까지 해 주었다. 집은 한여름의 더위로부터 한겨울의 추위까지 감싸 안으며 사람들이 쾌적하게 지낼 수 있는 공간을 마련해 주기 때문이다. 여름의 더운 날씨와 겨울의 추운 날씨를 견뎌내며 사람들이 집에서 편하게 지낼 수 있는 것은 집에 필요한 에너지를 다루는 방법을 찾아냈기에 가능했다.

최근에 이르러 사람들은 오래전부터 사용해 온 여러 가지 생활 속의 지혜를 살펴보며 이들에 대한 과학적인 의미를 찾아보려는 노력을 기울이고 있다. 우리 생활 속에서 오랫동안 이어져 내려온 의식주라는 생활 요소에 대해 과학적으로 다시 해석해 보자는 것이다. 여름 더위와 겨울 추위를 이기는 삶의 지혜도 따지고 보면 집의 구조가 가지는 에너지 효율에 관한 이야기인 셈이다. 겨울 추위를 이겨 내기 위해서는 집 밖으로 빠져나가는 에너지를 최대한 줄여야 하는데, 이러한 기술과 방법으로 지은 집을 패시브 하우스(passive house)라고 부른다. 건축 공학 연구자 문선욱은 「한국 기후와 주거 환경에 적합한 패시브 하우스 디자인 방향」이라는 제목의 논문에서 전통 한옥이 가지는 패시브 하우스로서의 가능성에 대해 여러 가지 내용을 우리에게 알려주고 있다.

패시브 하우스는 집을 지으면서 에너지 누출을 최대한 방지하는 방식으로 짓는 것이다. 바깥에서 에너지를 끌어오거나 바꾸는 것이 아니라 에너지가 바깥으로 빠져나가는 것을 막는 방식이기 때문에 '수동적(passive)'이라는 이름이 붙었다. 최근에 우리 생활 속에서 중요한 문제로 떠오르는 탄소 배출량 감축을 이루기 위해 친환경 주택에 대한 관심이 커지고 있다. 집에서 쓰는 에너지를 아끼고 쾌적함을 얻기 위해 기계를 이용하는 액티브 기술을 이용하는 것이 아니라, 햇볕으로 얻는 열을 모으고 더불어 환기와 통기를 이용하는 패시브 기술을 바탕으로 에너지를 절약하는 기술을 찾아내어 건축에 이용하는 것이다. 따라서 패시브 하우스에서는 화석 연료를 사용하지 않고 자연 에너지를 이용함으로써 에너지를 줄이고 쾌적한 내부 환경을 이루고자 하는 것이다.

독일 패시브 하우스 협회에서 정의한 바에 따르면 패시브 하우스란

"전통적인 기계 냉·난방 설비 없이 여름철과 겨울철에 쾌적한 실내 환경을 제공하는 건물"이라고 했다. 다시 말하자면 자연 에너지를 적극적으로 활용하여 에너지 손실을 줄임으로써 에너지를 최대한 절약하는 기술을 이용해 지은 집이라는 뜻이다. 패시브 하우스는 당연히 단열이 잘 되어 있어서 난방을 위한 특별한 설비가 없더라도 겨울을 지낼 수 있는데, 이러한 집에서는 연간 난방 에너지 요구량이 약 1.5리터 이하로 설계해야 한다. 연간 난방 에너지 요구량은 1년 동안에 건축물 1세제곱미터당 사용하는 등유량을 말하는데, 이처럼 적은 양은 건물에서 발생하는 탄소 배출을 90퍼센트 이상 줄이는 효과가 있다.

사람이 사는 패시브 하우스에서 실내 온도 기준은 섭씨 20도로 하는데, 여기에서는 밤중에 실내 온도가 떨어지는 것은 고려하지 않는다. 왜냐하면 단열이 잘되는 집에서는 밤중에 온도가 떨어지는 정도는 무시할 수 있다고 보며, 기준 온도 섭씨 20도는 난방 시스템을 적절히 운영하면 효과적으로 유지할 수 있는 일반적인 온도로 보기 때문이다. 이러한 패시브 하우스에서는 에너지 효율과 쾌적한 환경을 위해 열 회수율이 높은 환기 시스템을 갖추게 되므로, 난방하는 동안에는 쾌적한 공기 질이 유지되어 창문을 열어 환기할 필요가 없다고 보는 것이다.

패시브 하우스를 구성하는 중요한 요소로 단열과 자연 채광 그리고 차양 장치와 자연 환기 등을 꼽을 수 있다. 집의 구조에서 단열은 열의 흐름을 줄이는 에너지 절약의 기본적인 출발점이다. 벽과 바닥 및 지붕 등에서 단열이 안 되면 열 손실이 커서 결로 현상이 나타날 수 있고, 쾌적함에도 영향을 끼친다. 햇빛은 열과 빛으로 건물에 가장 큰 영향을 미치는 자연 요소이다. 겨울에는 햇볕을 이용해 난방 효과를 높이고,

여름에는 햇빛을 막아 냉방 효과를 높이고자 적절한 차양 장치를 갖추어야 한다. 바깥 온도가 섭씨 18~26도인 봄과 가을에는 자연적으로 환기가 잘 이루어진다. 자연 환기는 바람에 의해서나 또는 온도차에 따라 이루어지는데, 집안에서는 더운 공기가 위로 올라가는 굴뚝 효과가 있다. 요즘에는 집에서 일어나는 굴뚝 효과를 이용해 자연스럽게 통풍을 유도하거나 공기를 순환시킴으로써 에너지 사용을 그만큼 줄이는 효과를 거두기도 한다.

그렇다면 우리 전통 한옥이 갖추고 있는 패시브 하우스로서의 가능성은 어떠한지 그리고 그 가능성을 어떻게 이용할 것인지 살펴볼 필요가 있다. 우리 한옥의 가장 큰 특징은 남쪽을 향해 있는데, 이것은 비용을 들이지 않고도 에너지를 줄이는 가장 효과적인 방법으로 오랫동안 살림의 지혜로 이어져 왔다. "건물에서 비용을 들이지 않고 에너지를 50퍼센트나 줄이는 방법은 남향 배치다."라는 오스트리아 건축가 우르술라 슈나이더(Ursula Schneider)의 말처럼 패시브 하우스에서는 남향 배치가 아주 중요한 요소이다.

우리나라는 북위 33~43도에 자리하므로 여름에는 태양 고도가 높고 겨울에는 고도가 낮아지므로 차양 구조를 설치하여 계절에 따라 태양열을 적절히 조절하여 에너지를 줄일 수 있다. 여름철에는 남쪽의 뜨거운 태양열이 집안으로 직접 들어오지 않도록 하여 냉방에 필요한 에너지를 줄이고, 겨울철에는 반대로 햇빛을 툇마루까지 끌어들여 태양열에 의한 난방 효과를 높일 수 있다. 또한 지붕에 연결된 처마가 튀어나와 비가 오더라도 창문을 열어 습도를 조절하는 기능도 갖추고 있다. 더욱이 처마는 열려 있는 완충 공간을 만들어 여름에 바깥의 더운 공기와 겨울에 차가운 바깥 공기가 집으로 들어오는 것을 막아 줌으로써 집 안에서의 온도를 유지하는 우수한 기능이 있다. 우리 한옥의 구조는 칸과 퇴로 이루어지는데, 집의 앞과 뒤 그리고 옆에 '퇴'라는 공간을 만들어 집 안팎을 연결하거나 칸이라는 공간을 보조하도록 한다. 이를테면 처마 밑이나 툇마루 또는 광처럼 난방을 하지 않는 공간은 난방하는 방 주변에 둘러 있으므로, 집 전체의 에너지 효율을 보면 집의 온도를 유지하는 완충 공간으로서의 중요한 기능을 갖추었다고 할 수 있다.

전통 한옥에서는 마당 한가운데를 비워 두고 집을 둘러싼 담장에 붙여 나무와 풀을 심어 햇빛과 바람을 통하게 한다. 겨울에 차가운 바람을 막고자 대나무숲을 만들거나 여러 종류의 나무를 뒤뜰에 많이 심었다. 이에 비해 넓게 비워 둔 안마당의 여름철 온도는 뒤뜰보다도 높을 수밖에 없다. 이러한 한옥의 구조에서는 여름철 한낮에는 안마당의 기온이 올라 상승 기류가 만들어지면서 뒤뜰로부터 대청을 거쳐 안마당으로 시원한 바람이 불어와 누구나 쾌적함을 느낄 수 있다. 또한 마당에 심은 나무는 낙엽수를 심었기에 여름에는 햇빛을 막아 주고 겨울에는 이파리가 떨어져 햇빛이 집안으로 들도록 했다. 또한 한옥에서 열고 들어 올릴 수 있는 가변형 문도 햇빛과 공기 흐름을 조절할 수 있으며 수직형 문은 환기를 쉽게 도와주는 기능도 있다. 이처럼 우리 한옥이 갖는 패시브 하우스로서의 가능성은 여러 가지가 있으므로, 이를 바탕으로 우리나라 패시브 하우스 기능을 찾아 실용화하도록 해야 한다.

2장
삶의 지혜를 담은 책
고서에 담긴 살림과 농사의 과학

꽤 오래전의 일이다. 어느 날인가 책을 좋아하는 친구를 만나 이런 저런 이야기를 나누다가 책이란 적어도 이런 정도의 수준으로 만들어야 읽을 맛이 난다며 『양화소록(養花小錄)』이라는 제목이 달린 책을 펼쳐 보였다. 조선 시대의 고전을 번역한 책이었는데, 우선 책의 크기가 다른 것보다 날렵한 게 새로웠는데, 세로로 조금 길쭉하고 딱딱한 표지를 붙인 양장본(洋裝本)이었다. 그리 두껍지 않게 표지를 만드는 일종의 페이퍼백인 지장본(紙欌本)과 달리 양장본은 어딘지 고급스러워 보이지만, 그보다도 표지에 실린 제목과 사진이 잘 어우러진 디자인 솜씨가 마음에 쏙 들었다. 게다가 책의 크기도 148×233밀리미터 크기로 손안에 꼭 쥐어오는 첫 느낌이 다른 책에 비해 아주 특별하게 느껴졌다.

책 내용을 자세히 살펴볼 틈도 없이 책장을 넘기는데 글씨체와 사진을 조화롭게 배열한 전체적인 디자인 솜씨가 내 눈길을 세게 끌어당겼다. 더욱이 책 후반부에는 옛 책의 영인본을 붙여 놓았는데, 옛 책은 요즘 책과 반대로 오른쪽으로 책장을 넘겨 보게 되어 있으니, 책의 뒤쪽 표지부터 펼쳐 보면 옛 책을 넘겨 보는 것과 같은 즐거움을 느낄 수 있도록 되어 있었다. 판형이 독특한 게 옛 책의 영인본에 맞추어 크기를 잡은 탓임을 뒤쪽에 붙은 영인본을 펼쳐 보고야 비로소 알게 되었다. 원전과 현대의 번역본을 한 권으로 즐길 수 있게 해 주는 책이었다. 뒤이어 이렇게 재미난 책을 만든 곳이 어디인지 살펴보니, 얼마 전에야 비로소 책을 내기 시작한 새로운 출판사라는 사실에 놀라움과 함께 고마운 생각이 일었다. (출판사 이름은 눌와이다.) 그 뒤에도 이 출판사에서 펴낸 책에 관심을 기울이게 되었으며 지금도 반가움과 기대감으로 적지 않은 책들을 만나고 있다. 여기서 시작된 호감은 『양화소록』이라는 책의 원전과 그 내용으로까지 자연스럽게 이어지게 되었다.

옛 정원을 장식한 아름다운 화초를 책 하나에 담다

『양화소록』은 조선 초기 문신이자 서화가 강희안(姜希顔, 1417~1464년)이 꽃과 나무를 보살피면서 관찰한 기록을 담아 놓은 책이다. 지금도 사람들은 화초를 가꾸면서 볼 수 있는 화초의 특성과 재배법을 기록하기가 쉽지 않다. 그런데 강희안은 그 옛날에 벼슬길에 있으면서 직접 화초를 키우며 알게 된 화초의 특성과 재배법은 물론이고 꽃과 나무가 지닌 품격과 상징을 자연의 이치와 나라를 다스리는 뜻에 맞추어 생각하면서 자신의 느낌을 덧붙여 꾸밈없이 담아냈다. 지금까지 알려진 그의 성

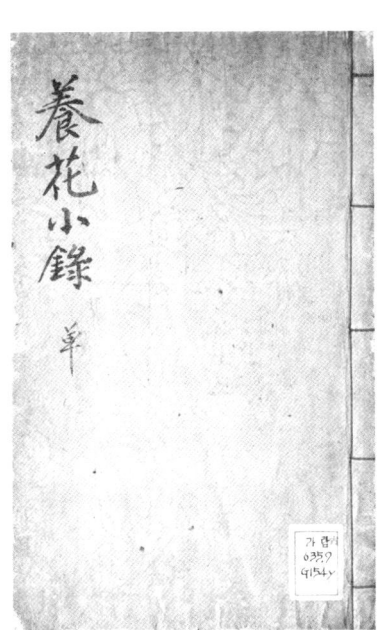

『양화소록』 표지와 서문.
사진 출처: 한국 민족 문화 대백과사전.

품은 온화하고 조용하여 말수도 적었고, 소박하고 청렴하여 출세도 원하지 않았다고 한다. 또한 그는 시와 그림 및 글씨에 뛰어나 15세기 전반의 안견(安堅) 그리고 15세기 후반의 최경(崔涇)과 더불어 삼절(三絶)이라 불린다. 지금까지 남아 있는 그의 유명한 그림으로 '물을 바라보는 선비'라는 뜻을 가진 제목이 달린 「고사관수도(高士觀水圖)」가 있는데, 이 그림을 보면 그의 마음과 성품을 그대로 느낄 수 있다.

『양화소록』은 지금까지 여러 판본이 남아 있는데, 그 가운데 규장각 소장본은 『진산세고(晉山世稿)』로 4권 1책 중 권4에 수록된 것이며, 국립 중앙 도서관 소장본은 사본(寫本)으로서 30매 정도이다. 원본의 분량이 30매 정도이니 내용이 그리 많지 않겠지만 지금까지 알려진 몇 안 되는 원예에 관한 전문 서적으로 평가되며, 조선 후기에 서유구(徐有榘, 1764년~1845년)가 펴낸 농업 정책과 자급자족의 경제론을 다룬 실학적 농촌 경제 정책서인 『임원경제지(林園經濟志)』에도 인용되는 등 중요한 자료로 평가되어 왔다. 게다가 일찍이 일본에까지 전해져 오래된 필사본으로도 남아 있으며, 이 책에 관한 해석도 후세에까지 전해 오고 있다.

『양화소록』에서 강희안은 자신이 직접 화초를 키우면서 알게 된 화초의 특성과 함께 여러 가지 재배 기술과 그 이용법까지 설명하고 있다. 이 책에서 다루는 꽃과 나무는 노송(老松), 만년송(萬年松), 오반죽(烏班竹), 국화(菊花), 매화(梅花), 혜란(惠蘭), 서향화(瑞香花), 연화(蓮花), 석류화(石榴花), 백엽(百葉), 치자화(梔子花) 등이 있다. 또한 사계화(四季花), 월계화(月桂花), 산다화(山茶花, 冬柏), 자미화(紫薇花, 百日紅), 일본 척촉화(躑躅花), 귤수(橘樹), 석창포(石菖蒲) 등도 다루고 있다. 아름다운 장정의 책을 읽으며 이 다양한 화초들로 꾸며진 옛사람들의 정원과 마당을 상상해 보라.

550여 년 전의 요리책이자 농업책

『양화소록』이 조선 초기의 대표적인 양화서(養花書)라면, 1459년 무렵에 어의(御醫) 전순의(全循義)가 지은 『산가요록(山家要錄)』이라는 재미난 책도 있다. 이 책은 가장 오래된 요리책이자 농업책이다. '농촌에 필요한 기록'이라는 뜻을 가진 이 책은 한문 필사본(筆寫本)으로 전해졌는데, 2001년에 청계천 고서점에서 우연히 발견되어 우리 전통 문화의 원형을 연구하는 사람들에게 큰 기쁨을 안겨 주었다.

    이 책은 술빚기와 술맛 다스리기로부터 장맛 다스리기와 식초 빚기까지 다루고 있고, 동치미, 오이지, 가지김치 등의 김치 담그기도 소개하고 있다. 그 밖에도 식해 만들기와 음식물 저장법 및 말리기, 삶기 방법 이외에도 죽, 떡, 국수, 만두, 전, 탕 등의 음식 만들기에 이르기까지 모두 229가지 음식 조리법을 적어 놓았는데, 지금까지 남아 있는 가장 오래된 요리책이라 할 수 있다. 이 책에서 소개하는 조리법은 지금 활용해도 손색이 없거니와 더 나아가 15세기 무렵의 우리 식생활을 살펴볼 수 있는 매우 귀중한 자료이다.

    더욱이 이 『산가요록』에는 누에치기, 과수 재배, 채소와 작물 재배, 물고기와 꿀벌을 비롯한 가축 사육 방법 등도 들어 있어 귀중한 농서(農書)이기도 하다. 뿐만 아니라 특이하게도 한겨울에 채소 가꾸기라는 뜻의 「동절양채(冬節養菜)」 부분이 따로 있어 그 의미가 특별하다. 도대체 500여 년 전 사람들이 추운 겨울에 채소를 길러 먹었다니, 상상하기조차 어려운 일이다. 더구나 그렇게 할 수 있는 방법을 기록으로 남겼다니, 쉽게 믿어지지 않는다. 「동절양채」 부분에서 소개하는 내용은 오늘날의 온실 재배법이라고 할 수 있는데, 아무래도 궁중에서 시작된 것으로 보이며 민가에까지 아주 보편적으로 보급되기는 어려웠을 것이다. 어쨌거나 전순의가 소개하는 온실에서의 채소 재배는 세계 최초로 알려진 1619년 독일 하이델베르크의 온실보다도 170년이나 앞섰다. 그만큼 중요한 내용이라 할 수 있다.

우리나라에서 이미 오래전에 겨울철에 온실에서 키운 채소를 먹었다는 사실을 아직도 모르는 사람이 많을 것이다. 그래서 연구자들과 지자체들이 힘을 합쳐 동절양채의 방법을 사람들에게 널리 알리고자 노력하고 있다. 예를 들어, 『산가요록』의 내용대로 만든 온실이 경기도 남양주시 조안면 삼봉리와 경기도 양평군 양서면의 상춘원에 각각 하나씩 있다. 또한 2013년 순천만 국제 정원 박람회에서 이 전통 온실 모형을 만들어 많은 관람객에게 보여 주었고, 농업 박물관을 비롯한 여러 곳에서도 온실 모형을 만들어 사람들에게 우리 과학 기술의 우수성을 널리 알리는 노력을 기울이고 있다. 『산가요록』의 "추운 겨울에 채소를 먹으려면 새로운 재배법이 필요한데, 겨울에도 채소가 자랄 수 있는 온실을 만들어야 한다."라는 기록만으로도 우리나라에서 온실을 이용한 겨울 채소 기르기를 세계에서 가장 먼저 시작했다고 말할 수 있다.

우리는 오래전부터 많은 기록을 남겼고 또한 많은 기록 문화 유산을 갖고 있는데도 사람들이 그러한 사실을 잘 알지 못하고 있다. 유네스코에서 지정한 세계 기록 문화 유산인 『조선왕조실록』에 여러 차례 언급되었던 것처럼 겨울철에도 꽃을 피우고 채소를 길러 먹는다는 기록에 따르면 이미 조선 시대에 오늘날의 온실과 같은 시설이 있었을 터인데 그것이 어떤 모습이었는지 정확히 알지 못했다. 그러던 차에 이 『산가요록』의 기록은 그 구체적인 증거가 된 셈이다.

『산가요록』은 18×26센티미터의 크기로 31장의 저지(楮紙)라고도 하는 닥종이에 붓글씨로 옮겨 놓은 필사본이다. 그야말로 폐지 더미에서 발견되었기에 매우 낡아 앞부분은 많이 훼손되었고 뒷부분은 많이 떨어져 나갔다. 책의 마지막에 "『산가요록』 마침"이라는 기록이 있고, "전순의찬(全楯義撰) 최유준초(崔有濬抄)"라고 적혀 있어 지은이와 옮겨 쓴 이를 확인할 수 있었다. 벼농사 등을 다룬 앞부분이 훼손된 것과 문집으로 보이는 뒷부분이 떨어져 나간 것은 아쉽지만, 여러 종류의 술을 빚는 법과 장을 담그는 법을 비롯하여 김치, 죽, 떡, 국수, 탕을 만드는 법을 확인할 수 있어 당시의 음식 문화와 기술 그리고 조리법을 알 수 있는 귀중한 자료이다.

세계 최초의 온실, 겨울에도 채소를 먹던 조선 사람들

『산가요록』은 조선 시대 초기의 농사와 음식 조리를 한꺼번에 알 수 있는 농서이자 요리서라고 할 수 있다. 동시에 온실을 짓는 방법이 구체적으로 설명되어 있어서 아주 귀중한 자료이기도 하다. 언뜻 생각하면 당시의 온실을 토우(土宇, 움집)라 불렀기에 '움집 짓기'라는 뜻으로 이 부분의 제목을 '토우조실(土宇造室)'쯤으로 붙였을 만도 한데, '겨울철에 채소 길러 먹기'라는 뜻의 '동절양채'라고 붙이며 말을 돌렸다. 그래서 글을 읽는 사람에게 어떻게 겨울철에 채소를 길러 먹을 수 있을까 하는 의문을 떠올리게 하고, 뒤이어 그 이유를 나름대로 생각하게 만드는 제목이 되었다.

어쨌거나 이 『산가요록』의 「동절양채」부분에서 전순의는 당시로서는 새롭고 획기적인 농사법으로 흙으로 만든 움집, 즉 오늘날의 온실을 만들어 이용하는 방법을 설명하고 있다. 이 책에서 설명한 방법을 그대로 옮기면 다음과 같다.

먼저 적당한 크기로 온실을 짓되, 3면을 막고 종이를 발라 기름칠한다. 남쪽 면도 살창을 달고 종이를 발라 기름칠한다. 구들을 놓되 연기가 나지 않게 잘 처리하고 온돌 위에 한자 반 높이의 흙을 쌓고 봄채소를 심는다. 저녁에는 바람이 들어오지 않게 하되, 날씨가 몹시 추우면 반드시 두꺼운 날개(飛介, 오늘날의 거적과 같은 농사용 도구)를 덮어 주고 날씨가 풀리면 바로 벗겨 준다. 날마다 물을 뿌려 주어 방안에 항상 이슬이 맺혀 흙이 마르지 않게 한다. 담밖에 솥을 걸고 둥글고 긴 통을 만들어 그 솥과 연결해 아침, 저녁으로 불을 때서 솥의 수증기로 방을 훈훈하게 해 주어야 한다.

이 설명을 읽으면 누구나 요즈음에 온실을 만드는 방법과 크게 다르지 않음을 알 수 있다. 다만 조선 시대에는 문에 끼우는 판유리가 없었기에 기름 먹인 창호지로 유리를 대신했고, 벽에도 기름 먹인 창호지

『산가요록』에 따라 만든 온실 모형. 사진 제공 농업 과학관.

를 발라 햇빛의 반사 효과를 높이는 지혜를 발휘한 것이라 할 수 있다. 더욱이 방안의 습도를 높이고자 물을 뿌리고 수증기를 들여보내 효과를 높인 점도 돋보인다. 그러나 무엇보다도 중요한 점은 온돌을 이용했기에 바닥에 식물을 심을 수 있었다는 점이다. 서양의 온실에서는 난로를 이용한 대류 작용으로 온도를 높였으므로 식물을 화분에 심거나 아니면 받침대 위에 심어야 했지만, 우리 온실은 편리하게도 바닥에 바로 식물을 심을 수 있었다.

이처럼 실용적이고 특별한 겨울 채소 기르기 기술이 왜 일반에게까지 널리 보급되지 않고 겨우 문헌에만 남고 사라져 버렸는가 생각해 볼 필요가 있다. 우선 추운 겨울에 싱싱한 채소를 먹기 위한 뛰어난 기술이고, 온실을 만들어 겨울에 채소를 기르는 것이 가능하기는 하지만, 일반 농가에서 만들어 유지하고 관리하는 일을 감당하기 어려웠을 것이다. 온실을 크게 만들지 않아도 온돌을 따뜻하게 하고 물을 끓이려면

2장 삶의 지혜를 담은 책

연료가 많이 들었을 것이다. 조선에서는 난방에 필요한 나무가 부족해 백성들의 온돌 사용을 금하자는 신하들의 상소가 여러 번 있었다는 기록이 있다. 그러기에 겨울 채소를 기르는 시설을 만들어 유지하는 것은 궁궐에서나 가능한 일이었을 것이다.

    그렇다고 조선 시대에는 백성들이 겨울철에 채소를 전혀 먹지 못하고 살았던 것은 물론 아니다. 이가 없으면 잇몸이 대신한다고 백성들은 나름대로 겨울 채소를 대신할 만한 방법을 찾아 이용했는데, 그것이 바로 옛사람들이 생각해 낸 살림의 지혜인 것이다. 사계절이 뚜렷한 우리나라에서는 사람들이 추운 겨울에도 푸성귀를 먹어야만 했는데, 가장 손쉬운 방법은 채소가 넉넉한 때에 말려 두거나 절여 두었다가 겨울에 필요한 만큼 꺼내 먹는 것이었다. 아마도 그러한 삶의 지혜 가운데 대표적인 방법이라면 시래기와 우거지를 만들어 낸 건조법이고, 다음으로는 우리의 대표적인 음식으로 알려진 여러 종류의 김치류와 절임류를 만든 발효법이었다. 비록 싱싱하지는 않더라도 아주 간단한 방법으로 푸성귀를 말려 두었다 먹거나 김장 김치를 담가 먹는 현명한 지혜를 찾아냈다. 그러기에 굳이 비용이 많이 드는 온실용 움집을 만들지 않더라도 얼마든지 겨울을 날 수 있는 방법을 찾아내어 이용한 것이라고 할 수 있다.

    옛날부터 우리 선조들은 이처럼 자연과 환경에 맞추어 살아가는 방법을 찾아내어 삶에 이용했다. 이렇게 찾아낸 살림의 지혜는 자연과 어울리는 친환경적인 문화로 발전했다. 더욱이 권력을 가진 통치자도 필요 이상의 사치를 고집하지 않는 것이 임금의 도리라 여겼으니 우리가 간직한 삶의 지혜와 문화가 지금까지 이어 온 것이라 할 수 있다. 조선 시대 온실 역할을 한 움집을 세계 최초의 온실이라고 강하게 주장하기는 어렵다고 하더라도, 『산가요록』의 기록에 따라 복원한 시설이 요즈음 온실의 기준에 맞추어 보아도 손색이 없다는 사실 앞에서 누구나 우리 문화에 대한 보람과 함께 자랑스러움을 느낄 수 있을 것이다. 지금까지 우리가 온전히 밝혀내지 못한 옛사람들의 삶의 지혜와 전통 문화 속의 과학적인 사례가 아직도 우리 손길을 기다리고 있다. 옛사람들이 만들어 낸 삶의 지혜와 과학 기술을 오늘날 보존하고 되살리는 것은 물론이고, 이러한 우리 문화의 장점을 찾아내어 실생활에 이용하는 것이 우리에게는 더욱 보람되고 자랑스러운 일이다.

체온이 올라가면 병에 걸리듯, 기온이 올라가면 생태계도 병든다

움집 온실 이야기를 하다 보니 온도 변화 이야기를 하나 하고 가려고 한다. 영남 지역의 중심 도시인 대구 지역에서 오래전부터 재배되던 유명한 작물로 사과가 있다. 그러나 지금 대구 지역에 남아 있는 사과 과수원은 한두 곳에 불과하다. 옛날 대구 지역의 과수원집 주인은 수입이 넉넉해서 '사과 농사를 지어 자녀들을 서울에 유학시켰다.'라는 말이 있다. 마치 제주도의 밀감 과수원 주인이 '귤을 팔아 자녀들을 서울로 공부시켰다.'라는 말과도 같은 맥락이다. 그러나 이제는 대구 지역에서는 사과를 재배하는 사람을 찾아볼 수 없다. 사과는 서늘한 기후에서 재배되는 과수인데, 최근에 이르러 대구 지역의 연평균 기온이 점차 올라 사과를 재배할 수 없게 되었기 때문이다. 그나마 한두 곳 사과밭이 남아 있는 곳도 골바람이 부는 팔공산 자락에 자리 잡고 있다. 대구 지역의 연평균 기온이 서서히 오르면서 이전보다 섭씨 1.5도 정도가 올랐기 때문이다. 이제 사과 재배 지역은 경북 내륙의 청송을 거쳐 강원도 홍천까지 올라갔다. 2005년 0.5퍼센트에 불과하던 강원 지역의 사과 재배 면적 비율(전국 대비)은 2023년 5퍼센트로 상승했다. 그리고 대구 지역에서는 사과 대신에 포도나 자두가 그 자리를 대신했다. 대구와 붙어 있는 영천은 이미 오래전부터 포도 재배로 이름을 알리고 있다.

오래전부터 대구의 특징이 섬유 도시와 소비 도시로 알려진 것처럼 산업과 소비를 바탕으로 하는 경제적 여유가 넉넉했다. 또한 대구에서는 사과 재배와 더불어 맛있는 음식으로 따로국밥과 꾸이(고기 구이)가 유명했는데, 세월이 흐르면서 이제는 이러한 대구의 특징이 더 이상 힘을 내지 못하고 옛날의 기억 정도로 남아 있는 형편이다. KTX가 놓이면서 도심에서 조금 벗어난 곳에 있던 동대구역을 확장하여 고속철이 드나드는 KTX역으로 삼았다. 시간이 흐르면서 동대구역 근처가 대구 전체의 교통과 상업의 중심지로 바뀌었다. KTX와 지하철이 한데 모이고 고속 버스 터미널과 시외 버스 터미널은 물론이고 대규모 백화점까지 한데 결합한 거대한 건물도 생겼다. 이전의 동대구역이라 생각하고 안으로 들어간 사람들이 밖으로 나가는 길을 찾는 것조차 힘들 정도가 되어 버렸다.

거대한 상업 교통 복합체로 바뀌어 버린 동대구역 근처에 오래전부터 특이한 이름을 가진 건물이 있었다. 그 건물이 바로 '대구 능금 조합' 건물이다. 간판을 처음 본 사람들은 도대체 무슨 말인지 의아해한다. '능금'이란 말이 선뜻 와닿지 않기 때문이다. 어디에선가 들어본 것도 같지만, 뜻이 분명하지 않기 때문이다. 도대체 능금이란 무엇인가? 경상도 사투리인가 하고 생각하기도 한다. 능금이란 말은 국어 사전에도 나와 있는 사과의 다른 말이다. 그렇다면 대구 사과 조합이라고 하면 되지 왜 하필이면 대구 능금 조합이라고 하여 헷갈리게 할까? 이것은 우리나라에서 표준어 기준을 기호 지방에서 일반인들이 사용하는 말로 잡았기 때문에 생긴 일이다.

1933년 10월 29일에 조선어 학회에서 제정한 한글 맞춤법 통일안을 근거로 1988년 한글 맞춤법이 제정되었다. 그때까지만 해도 사과라는 말은 기호 지방을 중심으로 한 중부 지방에서 널리 사용했고, 능금은 사과를 많이 재배하던 대구에서 주로 사용했다. 물론 사과는 중국에서 재배하던 사과 품종이 황해도와 경기도 지역으로 먼저 들어와 재배되면서 부르는 이름이었고, 그 전에 우리나라에서는 사과를 능금이라 부르고 있었다. 그러한 사실을 제대로 알지 못한 채 기호 지방에서 쓰던 이름이 표준어가 되면서 사과는 표준어, 능금은 사투리가 되어 버렸다. 물론 능금도 복수 표준어로 대접받기는 하지만, 사람들이 더 이상 쓰지 않으면서 점점 사라져 가는 말이 되었다. 마치 열이면 아홉 사람이 계란이라고 부르기에 순수한 우리말인 달걀이 점점 사라져 가는 것처럼 말이다.

어쨌거나 능금과 사과라는 낱말 이야기는 이쯤에 마무리하고 다시 온도 이야기로 되돌아가자. 대구 지역의 연평균 기온이 겨우 섭씨 1.5도 올랐을 뿐인데 뭐 그리 대단한 변화가 일어나겠느냐 하고 생각하는 사람도 있을 것이다. 우리 몸의 온도는 정상인의 경우에 섭씨 36.5도를 유지한다. 그런데 만약 섭씨 1.5도가 올라 체온이 섭씨 38도에 이르면 우리는 어떤 영향을 받는가 생각해 보면 그 변화를 조금이나마 이해할 수 있다. 체온이 섭씨 38도라면 몸을 이루는 세포들의 단백질이 변형되어 사람은 정상적인 활동이 어려워지고 누워 있어야 하는 환자가 되고 만다. 더욱이 체온이 섭씨 1.5도 정도 떨어져 섭씨 35도라면 저체온증으로 심각한 위험에 빠질 수도 있다. 체온이 아닌 기온의 변화는 크게 걱정할 것이 아니라고 생각할 수도 있다. 여름과 겨울의 기온 차이가 섭씨 50도쯤 나는 게 한반도의 일상 아니냐고 반문할 수도 있다. 그러나 지구라는 거대한 존재의 평균 체온이 섭씨 1.5도 정도 변했다고 생각해 보자. 그렇다면 아마도 심각한 변화가 일어날 거라고 생각할 수 있지 않을까? 게다가 이 섭씨 1.5도는 기후 변화에 관한 정부 간 패널(IPCC)에서 2022년 발표한 지구 온난화 저지 한계선이기도 하다. 산업 혁명 이전보다 지구 평균 기온이 섭씨 1.5도 이상 상승한다면 지구 온난화를 저지하기는 불가능해질 것이라는 이야기이다.

 자연과 환경 속에서 자라는 작물의 생육도 당연히 계절의 영향을 받을 수밖에 없다. 따라서 계절의 온도 변화에 따라 특정한 지역에서 자라는 작물의 종류도 바뀌기 마련이다. 남해안 지역에서만 자랄 수 있다던 밀감도 대구 지역에서도 자랄 수 있기에 이제는 대구 지역에서도 밀감을 재배한다. 물론 추운 겨울에는 작물 스스로 살아남지 못하기에 사람들은 비닐하우스라는 시설을 만들고 그 안에서 겨울을 나게 해 준다. 이러한 재배 기술은 사람들이 생각해 낸 새로운 방법으로 자연과 환경의 변화에 맞추어 사람들의 지혜를 더해 발전시킨 것이다. 제주에서 재배하는 밀감은 제주도의 상징인 한라산 이름을 따와 '한라봉'이라는 이름으로 판매하고 있다. 한편 대구에서 재배하는 밀감은 대구의 상징인 팔공산 이름을 따서 '팔공봉'이라는 이름으로 판다. 그런가 하면 대구 지역의 연평균 온도가 올라간 것을 기회로 삼아 망고나 파파야 등의 열대 과일까지 재배할 수 있는 생산 체제를 갖추었다. 아마도 예전에 없던 열대 과일의 생산 기술을 확보해 외국으로부터 수입하는 열대 과일의 대체 효과를 노리는 모양이다.

한중일 3국 제일의 농서

『산가요록』이 손글씨로 씌어진 필사본이라면 조선 최초의 활자인 계미자(癸未字)로 찍은 농서도 있다. 지난 2017년 6월 15일 조선 시대에 만들어진 첫 금속 활자인 계미자로 찍은 농서인 『사시찬요(四時纂要)』가 경상북도 예천군 남악 종택에 남아 있던 책 속에서 발견되었다는 기사가 언론 지면을 덮었다. 남악(南嶽)은 임진왜란 전에 일본을 다녀온 학봉(鶴峰) 김성일(金誠一, 1538~1593년)의 동생인 김복일(金復一, 1541~1591년)의 호이며, 선조는 그의 강직한 성품을 알고 많은 서책을 하사했다고 한다. 남악의 후손이 사는 의성 김 씨 종갓집에서는 남아 있는 고서를 예천 박물관에 기증하면서 예천군 의뢰로 경북 대학교 BK플러스21 사업팀(팀장 남권희 문헌 정보학과 교수)이 주관하여 정리하는 중에 이처럼 뜻밖의 성과를 얻은 것이다.

『사시찬요』는 말 그대로 사계절에 따라 달라지는 농사법들을 설명한 책으로 원래는 조선 시대보다도 오래전인 996년 중국 당나라 때에 한악(韓鄂)이 편찬한 농서이다. 중국은 물론이고 우리나라와 일본에서도 당시의 초간본은 전해지지 않고 있다. 이 책은 중국 최초의 농서라고 알려진 북위 시대의 『제민요술(齊民要術)』(532~549년)과 송나라 진부(陳旉)의 『농서(農書)』(1149년) 사이에 편찬된 책으로 농업사에서도 그만큼 중요한 가치를 지닌 것이라 알려져 왔다. 그러다 1590년에 경상 좌병영(울산)에서 목판본으로 『사시찬요』를 복간했는데, 이 책이 1960년에 일본에서 발견되었고 이듬해에 일본 출판사 야마모토쇼텐(山本書店)에서 이를 영인본으로 발간했으며, 1981년에는 중국에서도 이를 영인했다. 뒤이어 2015년에는 17세기에 필사한 책이 추가로 발견되어 지금까지 『사시찬요』는 목판본과 필사본 단 2종만 알려져 왔을 뿐이다. 그래서 경북 대학교 연구진의 이 발견은 중요한 의미를 담게 되었다.

『사시찬요』는 한 해를 봄, 여름, 가을, 겨울 사계절로 나누고, 봄 부분은 2권으로 구성해 전체적으로 5권 1책의 체재를 갖춘 200여 쪽의 책이다. 책의 내용은 정월부터 섣달까지 열두 달과 24절기에 따라 필요한 농업 기술과 금기 사항, 가축 사육 방법, 월령(月齡)을 어기면 생기는 재앙 등을 담았다. 이번에 발견된 판본의 특이한 점은 1590년에 발간한 목판본의 3월 말 편에 실린 종목면법(種木綿法, 목화 재배법) 부분이 이 책에는 없다는 것이다. 이것은 아마도 중국에서 들어온 원래의 농서에는 없는 내용인데, 1590년에 경상 좌병영에서 발간하면서 조선 실정에 맞도록 이 부분을 추가해 편집한 것으로 볼 수 있다.

계미자본 『사시찬요』가 중요한 이유는 몇 가지 있다. 우선 앞에서 언급한 것처럼 아주 오래된 농업 전문 서적이라는 점이 중요하다. 당나라 시대에 편찬된 오래된 농업 전문 서적이므로 당시의 농업 기술을 살펴볼 수 있는 중요한 자료이기 때문이다. 다음으로는 지금까지 남아 있

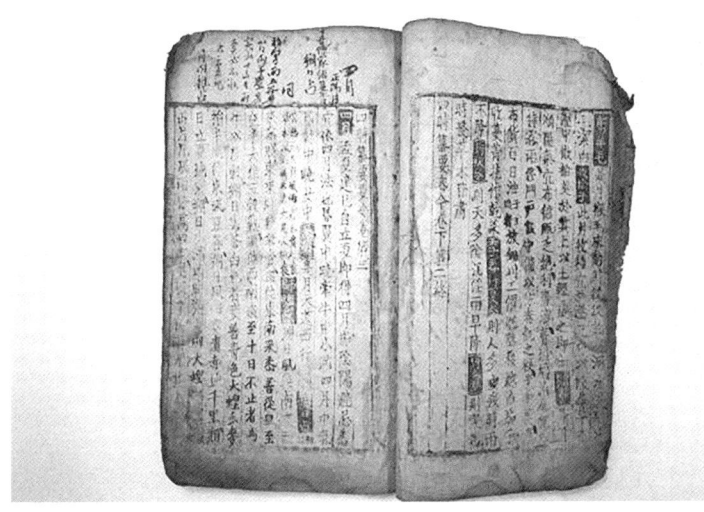

가장 오래된 계미자본, 『사시찬요』, 사진 제공: 예천 박물관.

는 실물이 2점밖에 없는 희귀한 책이라는 점이다. 여기에 더해 조선 최초의 금속 활자로 발간된 책이라는 점이 특별하다. 일본에서 발견된 『사시찬요』는 1590년에 경상 좌병영에서 발간한 목판본인 데 비해 이 책은 그보다 훨씬 앞선 1403년과 1420년 사이에 인쇄된 활자본으로 한중일 3국을 통틀어 가장 오래된 책이기 때문이다.

조선 태종 3년인 1403년 계미년에 처음 만든 구리 활자를 계미자라 하는데, 이 금속 활자로 찍은 책은 거의 남아 있지 않아 매우 귀하다. 계미자로 찍은 책이 귀한 것은 책을 많이 찍지 않았기 때문이다. 1420년 경자년에 새로운 금속 활자인 경자자(庚子字)를 만들면서 그동안 사용하던 계미자 활자를 녹여 새 활자의 재료로 사용했기 때문이다. 따라서 조선 시대 최초의 금속 활자인 계미자를 이용해 책을 발간할 수 있는 기간은 17년 정도에 불과했다. 그래서 계미자로 찍어 낸 책은 낱장만

남아 있더라도 희귀하고 비쌀 수밖에 없다. 서울 대학교 규장각에 소장된 국보 148호인 『십칠사찬고금통요(十七史纂古今通要)』 권6과 간송 미술관에 소장된 국보 149호인 『동래선생교정북사상절(東萊先生校正北史詳節)』 권4, 5 등이 모두 계미자로 펴낸 국보이다. 더욱이 국보로 지정된 이 책들은 각각 10장 안팎에 불과한데, 계미자본 『사시찬요』는 100장 분량인데다 보존 상태도 매우 좋은 편이니, 그 가치는 그야말로 '국보급'이라 할 수 있다. 그래서 2022년 국가 지정 문화재 '보물'로 지정되었다.

이 책이 계미자 활자본임을 밝혀낸 경북 대학교 연구진에서는 이 책이 조선 시대 농업사 연구와 서지학 연구에서 귀중한 자료가 될 것이라 보고 연구하고 있다. 계미자 서체는 독특한 송나라 시대의 서체를 이용한 것으로 계미자본 대부분이 중국 역사서와 문집 등을 인쇄한 것인데, 『사시찬요』는 실생활에 중요한 농업 기술에 관한 내용을 담았다는 점도 특별하다. 더욱이 이 책에서는 계미자만이 보여 주는 독특한 글자 모양을 확인할 수 있고, 서체는 물론 종이의 재질과 조판에 이르기까지 여러 가지 면을 종합해 보아 계미자 인쇄본이 확실하다고 남권희 교수는 밝히고 있다. 따라서 이 책에 담긴 여러 가지 특징을 살펴보면 조선 초기의 금속 활자에 관한 여러 가지 특징과 활자의 서체 및 조판법에 이르기까지 중요한 연구 자료로 활용할 수 있다.

이처럼 중요한 자료인 『사시찬요』의 발견은 남악 김복일 후손의 뜻깊은 문화재 기증에서 비롯되었다. 아직도 우리 주변에는 아름다운 마음이 있고, 그 속에 귀중한 문화재까지 있다는 것은 우리 문화가 그만큼 뿌리가 깊고 폭이 넓다고 하겠다. 우리는 지금도 우리 역사와 문화 속에 들어 있는 지식과 기술 그리고 삶의 지혜까지 제대로 알지 못하는 형편이다. 비록 지식과 능력이 조금은 부족하다고 하더라도 끊임없는 관심과 노력을 기울이면 조금씩 새로운 사실이 밝혀질 것이다. 우리 문화의 깊이와 넓이는 그만큼 깊고 넓기에 우리의 노력에 따라 새로운 삶의 지혜가 아름답게 꽃피리라 믿는다.

국보급 책들을 가능케 한 명품 한지

한지는 선조들의 뛰어난 기술과 솜씨 위에 독창적인 장인 정신까지 더한 우리의 훌륭한 문화 유산이다. 그리고 우리나라 자연 환경은 한지 제작에 필요한 조건을 고루 갖추고 있다. 한지의 재료인 닥나무는 전국 어느 곳에서나 잘 자라기에 우리 선조들은 닥나무로 환경 친화적이면서 보존성까지 뛰어난 명품 한지를 만들었다. 한지를 살림살이에도 다양하게 활용했고 더 나아가 중요한 문화 유산을 만드는 재료로까지 이용했다. 뛰어난 보존성을 가진 한지를 나라에서는 귀하게 여기는 기록을 적는 재료로 활용했고, 그 덕분에 우리는 훌륭한 기록 문화 유산을 가진 나라가 되었다.

전통 한지는 뽕나뭇과에 속하는 낙엽 관목인 닥나무를 원료로 하는데, 겨울철에 물이 마른 일년생 가지를 2~3미터 길이로 잘라 원료로 이용한다. 한지를 만들려면 닥나무 가지의 껍질에 많이 들어 있는 섬유소를 물에 잘 풀어야 하는데, 그러기 위해 닥나무 가지를 염기성 용액인 전통 잿물에 넣고 삶아 섬유소만 뽑아 닥 섬유 용액으로 만들어 이용한다. 닥 섬유는 상당히 안정된 물질이지만 산성에 다소 약하고 염기성에 대해서는 강하므로 염기성 용액인 잿물에 삶아 닥 섬유를 모은다. 이렇게 모은 닥 섬유를 물에 헹구어 닥돌 위에 놓고 방망이로 두들겨 물에 푸는데, 이것이 수타고해(手打叩解)이다. 두드린 닥 섬유를 통에 넣고 저어 섬유가 잘 풀리면 물을 빼서 닥죽으로 만든다. 종이 뜰 준비가 되면 지통에 물을 채우고, 닥죽과 바로 만든 닥풀을 함께 섞어 잘 퍼지도록 한다. 마지막에 지통에서 대나무 발을 깐 뜰채로 한 장씩 떠서 물을 빼고 말려 종이를 만드는데, 이것을 '흘림뜨기 초지' 방법이라 한다.

    한지 제작에 쓰는 닥풀이 황촉규(黃蜀葵)인데, 이것은 아욱과에 속하는 일년생 초본 식물로 뿌리에 있는 끈끈한 점액 성분을 분산제로 이용한다. 닥풀의 점액 성분은 닥 섬유 용액이 풀어진 지통에서 섬유가 가라앉지 않고 고루 퍼지게 해서 섬유 접착이 잘 되게 한다. 또한 닥풀의 점액 성분은 지통의 닥 섬유 물을 뜰채로 뜰 때 발에서 물이 빠지는 속도를 조절하므로 한지를 고르게 뜰 수 있게 해 준다. 닥풀의 농도는 한지가 두꺼워지거나 얇아지는 원인이 되므로 한지 제작에서 매우 중요하다. 한지는 장인들의 오랜 경험과 공들인 솜씨로 만드는데, 닥나무 가지를 베고, 찌고, 삶고, 말리고, 벗기고, 다시 삶고, 두들기고, 고르게 섞고, 뜨고, 말리기를 수십 번씩 반복하고 많게는 아흔아홉 번까지 그리고 마지막으로 100번까지 채운다고 해서 사람들은 한지를 '백지(百紙)'라 불렀다고 한다. 게다가 한지는 고려 시대에도 이름이 나서 중국인도 제일 좋은 종이는 '고려지(高麗紙)'라 했다고 한다.

    우리 전통 한지를 '지천년견오백(紙千年絹五百)'이라고 하는데 한지의 보존 수명이 1,000년이란 말이다. 한지의 우수한 보존성은 유네스코 지정 세계 기록 유산으로 등재된 우리나라 기록 유산들이 말해 주고 있다. 우리나라 국보 제70호인 『훈민정음 해례본』을 비롯하여 국보 제151호 『조선왕조실록』, 국보 제303호 『승정원일기』, 『직지심체요절』, 조선왕조 의궤, 보물 제1085호 『동의보감』, 국보 제76호 『난중일기』 등 8건은 한지로 만든 귀중한 기록 유산이다. (국보 지정 번호는 2021년 문화재 보호법 시행령 개정과 함께 폐지되었다. 그러나 필자 입에 오랫동안 붙은 것이라 이 책에서는 군데군데 사용했다. 독자들의 양해 바란다.) 한지가 없었다면 남을 수 없었을 것이다. 주어진 자연 환경과 기술을 이용한 조상들의 지혜가 오늘날 우리만이 아니라 세계인이 누릴 수 있는 중요한 문화 유산이 된 셈이다. 이제 우리는 전통 한지에 대해 많은 관심을 기울이고 자랑스러운 유산을 지키는 데에 힘을 모아야 하겠다.

하나 더, 조선 초기에 우리 농사 기술은 어떠했을까?

'이 시대의 진정한 과학자는 농부이다.'라는 말이 있다. 농사를 짓는 사람이 농부이고, 농부는 논과 밭에 씨를 뿌리고 싹을 틔운 농작물이 잘 자라도록 보살펴서 열매가 익으면 거두어들이고 저장하여 사람들이 날마다 밥을 먹고 살 수 있도록 도와주는 사람이다. 우리가 언뜻 생각하면 땅에 뿌린 씨앗은 저절로 싹이 트고 자라는 것으로 알기 쉬운데, 사실은 농부가 1년 내내 쉬지 않고 열심히 일해야 얻을 수 있는 결과임을 알아야 한다. 더욱이 농부는 무턱대고 일만 하는 것이 아니라 언제 어떤 일을 어떻게 해야 하는지를 잘 살피고 계획을 세워서 체계적으로 일한다. 그러자면 농부는 농사에 필요한 기후와 계절 및 지리는 물론이고 작물의 종류와 재배 방법 및 재해 방지 등에 관한 여러 가지 지식과 정보를 알아야 한다. 그러기에 농부는 진정한 자연 과학자라는 말이 결코 허튼 말이 아님을 알 수 있다.

이처럼 농사는 결코 쉬운 일이 아니기에 예전부터 어른들은 어떻게 농사를 지을 것인지 여러 가지 방법을 찾았으며 또한 그렇게 모은 지혜를 다음 세대에 전해 주고자 노력했다. 그런 노력의 결과로 우리나라에서는 오래전부터 농사에 관한 기록을 적은 책이 나왔고, 사람들이 시기에 맞추어 잊지 않고 농사를 지을 수 있도록 절기를 기억하게 한「농가월령가(農家月令歌)」같은 노래가 나왔다. 또한 조선 초기에 발간된 농서로 몇 가지가 알려져 있으나 최근에 새로이 발견된『산가요록』에 대해 농업사 연구자 염정섭은 그 내용을 검토하여 몇 가지 내용을 다음과 같이 보고했다.

2001년에 폐지 더미에서 위기를 넘기고 되살아난『산가요록』은 채소와 수목 그리고 약초 등의 재배법과 더불어 가축과 물고기 및 벌 등의 사육에 관한 내용을 담고 있다. 더 나아가 이 책은 여러 가지 음식을 장만하는 조리법까지도 설명해 놓은 농서이자 조리서이다. 그래서인지 이 책이 세상에 알려지고 얼마 지나지 않은 2004년에 번역서가 출간되었으며, 이를 바탕으로 연구자들이 조선 초기의 농사 기술을 살펴보고 연구하기 위해서는 반드시 참조해야 할 중요한 책이라고 할 수 있다.

조선 초기에 출간된 농서는 생각보다 많지 않다. 태종 때에『농서집요(農書輯要)』, 세종 때에『농사직설(農事直說)』, 성종 때에『금양잡록(衿陽雜錄)』이 편찬되었는데,『산가요록』은 내의였던 전순의가 1450년대에 편찬한 것으로 추정되어 조선 초기의 농사 기술을 좀 더 자세히 살펴볼 수 있게 되었다.

조선 초기 농서로 알려진 『농서집요』는 고려 말에 중국 원나라에서 편찬한 『농상집요(農桑輯要)』에 기록된 내용을 태종 때에 조선에서 활용하고자 초록집으로 편찬한 것이다. 세종 때는 남쪽의 삼도 관찰사가 올린 지역별 농사법에 대한 책자를 정초(鄭招, ?~1434년)와 변효문(卞孝文, 1396~?년)이 그 내용을 세목별로 분류하고 정리하여 종합한 것이 『농사직설』이다. 또한 강희맹(姜希孟, 1424~1483년)이 관직에 있으면서 보고 들었던 것과 그 후에 금양에 물러나 지내면서 경험한 내용을 모아 편찬한 책이 『금양잡록』이다.

이처럼 조선 초기에 나온 농서는 농사 기술에 관심을 가진 관료와 향촌의 사대부들이 편찬한 것으로 지역적인 특색이 담겨 있는 농사법을 정리한 것이다. 처음에는 국가에서 관료들에게 농서를 편찬하도록 했으나, 시간이 지나면서 점차 개인이 중심이 되었고 또한 지역적인 농사법을 중심으로 하는 농서를 펴내는 방향으로 바뀌었다. 그러다 보니 농사에 관련된 세세한 내용은 물론이고 여러 종류의 작물을 포함하는 방향으로 농서를 편찬하게 되었다. 『산가요록』에 실린 차례를 살펴보더라도 양잠(養蠶), 과실(果實), 죽목(竹木), 과채(瓜菜), 약초(藥草), 자축(孳畜), 금어(禽漁)와 같은 농업 생산을 다루는 부분이 들어 있고, 술과 장, 식초와 김치 등의 식품 조리 부분과 옷 짓기 및 염색 방법을 설명하는 부분까지 들어 있다. 물론 일부가 없어진 앞부분에서는 아마도 곡물의 경작법에 관한 내용이 있었을 것으로 짐작해 볼 수 있다.

『산가요록』에 적힌 내용을 살펴보면 당시 조선에서 실행되던 농사 기술을 조금이나마 엿볼 수 있다. 이를테면 나무 심기를 '재목(裁木)',

'재수(栽樹)'라고 말하는 대신에 '종수(種樹)'라고 했고, 과채(瓜菜) 부문의 설명에서 조선에서 당시 재배법으로 알려진 구종법(區種法)을 따른다는 등의 설명이 있다. 또한 『농상집요』에 실린 내용을 가져와 설명하면서 앞뒤 내용의 순서를 바꾼다거나 또는 소(牛) 항목에서는 조선에서 퇴비를 만드는 방법과 비슷한 내용만을 가져와 설명하는 것도 같은 맥락이라고 볼 수 있다. 이와 더불어 조선에서 빚는 술에 대한 설명을 덧붙이면서 술과 관련된 계량 단위를 정리하여 제시하는 것은 조선에서 이루어지는 술 빚는 방법을 기본으로 술에 관한 내용을 설명하는 것이라고 볼 수 있다.

『산가요록』에서 설명한 내용 가운데 어쩌면 가장 중요한 부분이라고 할 수 있는 부분은 '동절양채'일 것이다. 집을 짓는다는 조가(造家) 부분에서 삼면(三面)에 종이를 발라 기름칠하라는 내용은 잘못 기재된 구절로 보인다. 남쪽 면에만 기름 바른 종이를 붙인 창을 만들어 햇빛이 투과하도록 하면서 방수 효과를 높여 집안, 즉 방안의 온도를 유지할 수 있도록 해야 한다는 것이다.

온돌을 놓는 조돌(造突) 작업에서도 한두 가지 보충할 요소를 생각해 볼 수 있다. 당시에 온돌은 누에를 치는 양잠(養蠶)에서도 활용하고 있었고, 배고픔을 벗어나기 위한 구황(救荒) 활동으로 죽을 끓이는 작삼(作糝)에도 쓰이고 있었기에, 온돌은 겨울에 채소를 기른다는 동절양채 기술에 쓰이는 것은 당연한 일이었다고 본다.

여기에서 한 발짝 더 나가 '양채(養菜)'라는 말을 생각해 보면 아마도 꽃을 기르고 씨를 받는다는 '양화종채(養花種菜)'를 떠올릴 수 있다. 그렇다면 당시에 궁궐에서 꽃을 기르던 사포서(司圃署)나 장원서(掌苑

署)라는 관청이 온실을 만들어 겨울철에도 채소를 길러 먹은 동절양채와 깊은 관련이 있었을 것으로 생각해 볼 수 있다.

3장
음식 장만과 갈무리
전통 음식 문화는 어떻게 발전해 왔을까?

🛕 음식(飮食)은 말 그대로 사람이 먹고(食) 마시는(飮) 모든 것을 이르는 말이다. 우리말의 순서에 따르면 먹고 마시는 것이니 식음이 되어야 할 터인데, 순서를 바꾸어 음식이라고 하는 것은 어째서일까? 사람이 먹는다는 것은 어느 것이든 그대로 삼킬 수 없고 먼저 씹은 다음에 삼키는 법이다. 이처럼 무엇인가를 씹어 삼키려면 씹을 수 있는 이가 있어야 한다. 그런데 마시는 것은 굳이 씹을 필요가 없으므로 그대로 삼킨다. 이가 없는 갓난아이가 맨 처음 젖을 빨더라도 젖을 씹지 않고 삼킨다. 이처럼 갓난아이에게 젖을 줄 때에 씹는 움직임이 없더라도 우리는 그냥 젖을 빤다고 하거나 젖을 먹인다고 말한다. 갓난아이가 젖을 빠는 것은 먹는다기보다 마시는 행위에 더 가까우므로 빨아 마신다고 할 것이지만 그냥 빨아먹는다고 말한다. 이처럼 우리가 먹는 음식은 마시는 것을 먼저 시작하는 것이기에 마실 음(飮) 자를 앞세워 음식이라고 말

하는 것인가 보다.

음식이란 먹고 마시는 모든 것을 뜻하지만 일반적으로 음식물이라는 말과 같은 뜻으로 쓰인다. 음식물(飮食物)은 음식이라는 말에 '거리'라는 뜻을 가진 물(物) 자를 덧붙인 말이다. 음식물은 사람이 살아가는 데에 없어서는 안 되는 꼭 필요한 것으로, 매일매일 섭취하여 몸을 움직이게 하는 힘을 만드는 영양 공급원이다. 음식물은 동물의 경우에는 '먹이'라고 하지만, 사람과 동물에게 똑같이 필요한 영양 공급원이다. 또한 음식물은 재료를 가공하거나 조리해서 사람이 먹을 수 있는 상태로 만든 것이라는 뜻도 포함한다. 이렇게 음식이나 음식물은 어느 틈엔가 사람의 식생활을 이끄는 중요한 의미를 나타내는 말이 되어 버렸다. 음식물은 식물에서 얻는 식물성 식품과 동물에서 얻는 동물성 식품 그리고 미생물로부터 얻는 식품까지 모두를 포함하는 개념이다. 또한 이 말은 사람이 바로 먹을 수 있는 음식이라는 뜻으로도 함께 쓰인다. 어쨌거나 음식물 또는 음식이라는 말의 본래의 뜻에서는 조그마한 차이가 있더라도, 음식물이나 음식은 사람이 바로 먹을 수 있도록 준비한 것이라는 뜻으로 함께 쓰이는 만큼 여기에는 음식 재료를 뛰어넘어 조리 과정을 거쳤기 때문이라는 뜻이 이미 그 안에 들어 있다고 보아야 한다.

우리 음식 문화의 특징들

우리나라는 대륙과 이어진 동시에 바다도 접하고 있는 반도에 자리 잡고 있고, 사계절이 뚜렷한 기후적 특징으로 북쪽에서 남쪽까지 지역마다 서로 다른 여러 종류의 풍부한 음식 재료가 생산된다. 따라서 우리나라 각 지역에서는 특색 있는 여러 음식이 발전했으며, 오랜 역사와 전통 속에서 풍성한 음식 문화를 이루었다. 더욱이 궁궐에서 발전한 궁중 음식과 사대부 집안의 반가 음식 및 일반 서민들의 음식이 서로 다르게 진화했고, 각 지방에서는 특색 있는 향토 음식이 발전했다. 오래전부터 발전해 온 여러 가지 전통 음식 속에는 과학적이고도 지혜로운 음식의 내용이 풍성하게 담겨 있을 수밖에 없다.

    사람들은 건강을 위해 다양한 영양분이 포함된 음식을 먹어야 하고, 음식 문화가 발전하기 위해 맛있고 위생적인 조리 과정이 뒤따라야 한다. 이를 위해 다양한 음식 종류를 마련하고자 힘썼을 것이고, 조리 과정에서도 필요한 조건들을 갖추고자 노력했을 것이다. 조리 과정에서 필요한 조건이라면 무엇보다도 좋은 음식 재료를 마련해야 하고, 다음으로는 여러 가지 양념을 갖추어야 하며, 이 밖에도 부엌 살림과 함께 음식을 익히는 불까지 마련해야 한다. 음식을 조리하려면 이러한 네 가지 조건을 잘 갖추어야 비로소 맛있는 음식을 마련할 수 있다. 여기에 한 가지 더 필요한 것으로는 음식을 장만하는 사람의 마음가짐이다. 아무리 음식에 필요한 물질적인 조건이 갖추어졌다고 하더라도 음식을 만드는 사람의 정성과 사랑 그리고 봉사하는 마음이 없이는 맛있는 음식을 조리할 수가 없다. 우리나라의 음식 문화는 다른 나라에 비해 음식 종류도 많고 특별히 조리 과정이 까다로운 것은 어쩌면 음식의 조리는 물질로만 끝나는 것이 아니라 정신적인 부분까지도 함께하는 독특한 문화이기에 그런가 보다.

먹을거리를 마련하다

옛날이나 지금이나 사람들이 필요한 음식을 마련하기는 스스로 세상을 사는 것처럼 중요한 일이다. 맨 처음에는 사람들이 이 땅에 살면서 사냥과 채집으로 먹을거리를 얻었을 것이다. 그리고 사람들은 먹을 것을 얻었어도 조리 과정이 없이 그냥 날것으로 먹었을 것이다. 물론 먹을거리가 많아 배부르게 먹지는 않았겠지만, 사냥한 고기나 채집한 열매를 먹고 남으면 한 군데에 남겨두었다가 다음에 먹기도 했을 것이다. 남은 먹을거리를 먹을 때는 분명히 처음과 달리 변했다는 것을 알았을 것이고, 더 나아가 그것을 먹고는 몸이 아프기도 했을 것이다. 그렇다면 사람들은 남기는 음식은 어떻게든 깨끗하고 정성스럽게 보관하는 방법을 찾았을 것이다.

선사 시대 사람들이 살아남기 위해서는 먹을거리를 확보하는 것이 가장 중요했기에 이를 위해 갖은 노력을 기울였을 것이다. 사람들은 한동안 먹을거리를 날것으로 먹었지만, 돌칼이나 갈돌을 사용한 것을 보면 잘게 자르거나 부스러뜨려 먹었을 것이다. 물론 사람들이 불을 찾아낸 이후에는 먹을거리를 불에 익혀 먹었을 것이다. 물론 먹을거리를 날로 먹는 것보다도 불에 익혀 먹을 때에 소화와 흡수는 물론 사람들의 건강까지 좋아지는 효과를 얻었을 것이다. 구석기 시대의 유적으로부터 드러난 자료를 살펴보면 당시 사람들이 불을 이용했다는 사실은 어렵지 않게 추측해 볼 수 있다.

신석기 시대 집터 유적에 불을 피웠던 화덕 자리가 있고, 그 주변에서는 여러 종류의 곡물들이 타다 남은 흔적도 있다. 더욱이 화덕 주변에는 그릇 조각들이 있는 것으로 보아 당시 사람들이 곡물을 그릇에 담아 익혀 먹었던 흔적임을 알 수 있다. 그렇다면 이들이 어떤 음식을 조리해 먹었는지 찾아보는 것도 어렵지 않다. 집터 유적에서 깨진 그릇 조각과 함께 갈돌과 갈판도 나오는 것으로 보아 곡물이나 열매를 갈아 먹었다는 것을 알 수 있다. 갈판에서 간 곡물을 물과 함께 그릇에 담고 불에 익히면 오늘날 우리가 먹는 '죽(粥)'이 될 것이다. 어쩌면 옛사람들은 곡물을 갈아 불에 익힌 죽이라는 음식으로 옛 음식 문화를 시작했을 것이라고 상상해 볼 수도 있다.

죽 같은 음식과 함께 시작한 옛날 음식 문화에서는 음식물을 어떻게 저장했는지 궁금하다. 옛날에 음식물을 저장하는 특별한 방법이 있었는지 알 수는 없지만, 먹고 남은 음식이나 음식 재료를 오랫동안 보관하고자 애썼을 것이다. 아마도 어느 한구석에는 먹고 남은 음식이나 먹을거리가 쌓여 있다 시간이 지나면서 상하거나 말라 갔을 것이다. 물론 음식이 상하거나 썩으면 더 이상 먹을 수 없지만, 음식이나 열매가 시간을 견뎌내면 자연스레 발효가 이루어질 수 있다. 어쩌면 이렇게 만들어진 자연적인 발효 음식이야말로 옛사람들이 생활 속에서 우연히 찾아낸 살림의 지혜이다. 그리고 이것은 옛사람들이 찾아낸 음식물 저장법이기도 하다. 나중에 밝혀진 것이지만 옛사람들은 이런 방법으로부터 시작하여 술을 담그는 알코올 발효(alcohol fermentation)를 발전시키기도 했다.

한편 구석에 쌓아 두었던 먹을거리가 시간이 지나면서 바짝 마르면 썩지 않고 오랫동안 견딘다는 것을 알고는 사람들이 일부러 먹을거리를 말려서 보관하는 방법으로 이용했다. 곡물은 물론이고 나무 열매 및 짐승의 고기나 물고기까지 말려서 보관해 두었다가 필요한 때에 조금씩 꺼내먹으며 어려운 생활을 견뎌 냈다. 또한 신석기 시대 집터에서는 가끔 먹을거리를 저장해 두었던 구멍의 흔적을 찾아볼 수 있다. 우리는 이런 흔적을 저장혈(貯藏穴)이라 부르는데, 때로는 이 안에서 곡물이나 나무 열매가 있는 것으로 보아 그 당시에 먹을거리를 땅속에 묻어 저장했다. 더욱 흥미로운 사실은 조개를 보관한 흔적까지 발견되는데, 옛사람들은 아마도 추운 겨울에는 얼음 속에 물고기나 조개 등을 저장하는 방법까지도 이용했던 것 같다.

음식을 조리하다

시간이 지나면서 옛사람들의 음식 문화도 조금씩 발전했다. 석기 시대부터 청동기 시대를 거쳐 철기 시대에 이르는 동안에 집터에서 발견되는 유물 가운데 바닥에 구멍 뚫린 시루가 있는데, 시루 밑바닥에 붙어 있는 거무스레한 딱지는 불에 그을린 흔적임을 알 수 있다. 바닥에 구멍 뚫린 시루라는 그릇을 사용하여 곡물 가루를 익힌 음식이라면 이것은 떡과 같은 것이다. 갈판에서 가루로 만들어 시루에 넣고 쪄낸 것이라면 옛사람들이 죽 같은 음식에서 '떡'이라는 음식까지 만들어 먹었을 터이다. 더욱이 떡은 하늘에 제사 지내는 특별한 음식으로 그 영향은 지금까지도 우리 생활에서 볼 수 있는 고사떡으로 남았다고 하겠다.

굳이 떡만이 아니라 고기도 그냥 잘라 먹은 것이 아니라 알맞은 크기로 잘라 그릇에 넣고 찌거나 삶아 먹었고 구이로도 요리해 먹었다는

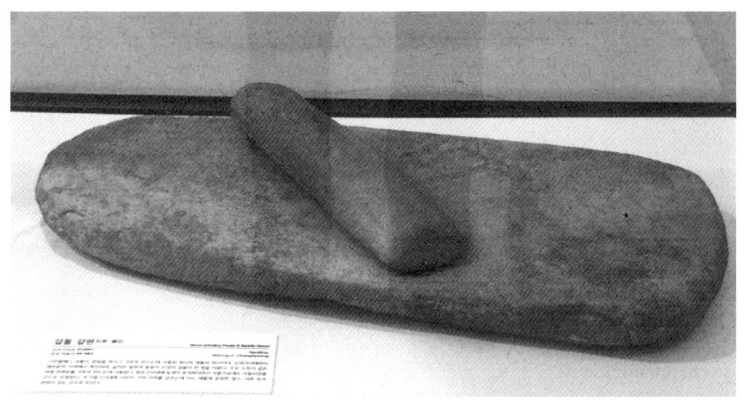
옛사람들이 사용한 갈판과 갈돌. 김해 박물관에서 촬영한 사진.

기록이 있다. 최남선의 『고사통(古事通)』에 저(煮)라는 고기찜과 적(炙)이란 고기 구이 음식이 나오며, 부여를 뜻하는 맥(貊)이란 글자를 더해 부여식 고기 구이라는 맥적(貊炙)이란 말과 부여식 상차림을 뜻하는 맥반(麥飯)이라는 말도 나온다. 중국 서북쪽에서 사는 유목 민족을 갱(樬)이라고 하며 이들이 먹는 음식으로 갱저(樬鴸)가 있다고 하는데, 이것은 요즈음 우리가 먹는 고기찜을 뜻하는 것이라고 할 수 있다.

사람들은 먹는 음식을 조리하는 방법을 발전시키면서 동시에 만든 음식을 오랫동안 두고 먹는 방법을 찾았다. 이것은 음식을 보관하는 저장법이라 할 수 있는 것으로, 음식 재료를 띄우는 방식인 발효법을 이용한 것이다. 오래전에 사람들이 찾아낸 술(酒)이나 장(醬)은 이러한 저장 음식의 대표적인 예이다.

옛사람들이 술이나 장을 만들어 오랫동안 저장했다는 사실은 당시 유적에서 항아리 모양의 질그릇이 나오므로 이들이 저장용 그릇이었음을 짐작해 볼 수 있다. 음식을 조리하여 저장하는 방법과 더불어 불에 굽거나 그슬려 저장하는 방법도 함께 이용했을 터인데, 유적이나 고분에서 발견되는 탄화미(炭化米)가 이러한 사실을 말해 준다. 어쨌거나 사람들이 음식 문화를 발전시키면서 음식의 조리와 저장이 서로 다르지 않은 하나라는 사실을 알고, 이후에도 이것을 더욱 발전시켜 새로운 음식 문화로 만들었다.

음식을 저장하다

역사 시대로 넘어가면서 옛사람들의 음식 문화는 더욱 큰 발전을 이루었다. 오래전부터 시루를 이용해 떡을 만들었지만, 삼국 시대 이후 벼 재배가 확실히 자리 잡으며 쌀을 재료로 떡을 만들었다는 기록이 여러 자료에 나타난다. 예전부터 떡은 주로 제사 음식으로 쓰였지만, 시간이 흐르면서 명절 음식과 같은 특별한 음식으로 많이 쓰였다. 이 시기에는 사람들이 떡과 함께 김치를 본격적으로 먹기 시작했다. 물론 당시의 김치는 지금처럼 고추를 사용하지 않았으므로 소금물에 그냥 절인 짠지 정도였거나, 또는 장이나 젓갈을 이용해서 담근 장아찌와 비슷한 정도였다. 이외에도 『삼국사기(三國史記)』에 신문왕의 결혼 예물로 포(脯)가 들어 있다는 기록을 보면, 당시에도 요즈음의 육포처럼 고기를 얇게 저며 말린 포가 있었음을 알 수 있다. 물론 그 이전에도 고기를 말려 저장했지만, 그때는 고기를 통째로 말려 저장했으므로 그보다는 분명히 발전한 조리법이라고 할 수 있다.

 음식 조리는 사람들이 맛있게 먹고자 하는 것이지만, 다른 한편으로는 오랫동안 음식을 저장하는 새로운 기술이기도 하다. 이 시기에 사람들이 즐기던 기호 식품으로는 술과 함께 차를 꼽는다. 오래전부터 사람들이 개발한 술도 두고두고 마시는 것이기에 따지고 보면 저장 음식의 하나라 할 수 있다. 차 역시 한 번으로 그치지 않고 생각날 때마다 조금씩 우려 마시는 것이기에 말린 찻잎도 당연히 저장 음식이라고 할 수 있다. 이렇게 따져보면 김치는 물론이고 양념으로 쓰이는 여러 종류의 장과 젓갈에 이르는 발효 음식이 오랫동안 저장할 수 있는 저장 음식이라고 할 수 있다. 그렇다면 오랫동안 저장해 두고 조금씩 먹을 수 있는 여러 종류의 장과 젓갈과 김치 및 술까지 모든 발효 음식이 다 저장 음식이 되는 셈이다.

이와 함께 고대의 특별한 저장 방법을 삼국 시대에 무덤에 부장품(副葬品, 껴묻거리)으로 넣은 그릇에서 확인할 수 있다. 사람들은 이 그릇을 토기(土器)라 부르는데, 이것은 우리가 예전에 쓰던 질그릇과 같으니, 예전처럼 질그릇이나 도기(陶器)라 부르는 것이 더 맞다. 부장품 가운데 크고 작은 항아리가 많은데, 이 항아리들이 어떤 용도로 쓰인 것인지 궁금하기도 하다. 아무래도 그릇으로 쓰인 항아리에는 이런저런 음식을 담았을 것이니 그만큼 그릇에 담아 저장할 만한 음식은 아무래도 여러 종류의 발효 음식이었을 것이다. 예전부터 발효 음식은 먹는 음식이라는 중요성과 더불어 저장 음식으로서의 중요성도 그만큼 높았다고 할 수 있다.

삼국 시대에 이미 그릇에 음식을 담아 저장한 기술과 오랫동안 얼음덩이를 보관하는 방법이 있었다는 것은 아주 독특하다. 겨울에 언 얼음을 잘라 돌로 지은 창고에 넣어 두고 다음 여름까지 보관했다는 석빙고(石氷庫)를 그 옛날 이미 만들어 운영했다. 신라에서는 505년(지증왕 6년)에 석빙고를 설치해 겨울에 얼음을 보관했다가 여름에 나누어주어 음식의 부패를 방지하고 시원한 음식을 즐겼다는 기록이 있다. 이렇게 얼음을 이용한 저장법, 이른바 장빙(藏氷) 제도는 고려와 조선 시대로 이어졌으며, 삼국 시대에 시작된 얼음 저장법인 장빙 기술의 개발은 아마도 당시 저장 기술의 백미라고 할 수 있다.

음식 문화가 발전하다

삼국 시대에 이은 고려 시대에는 또 다른 음식 조리법이 발전했고, 더불어 음식의 저장 기술도 한층 세련되었다. 고려 시대에는 곡물을 중심으로 하는 식생활이 발전하면서 잡곡밥과 국수를 비롯하여 여러 종류의 떡과 다식 및 만두에 이르기까지 다양한 음식을 만들어 먹었다. 이미 삼국 시대부터 만들어 먹기 시작한 국(갱(羹)이라고 했다.)은 이 시기에 더욱 발전했다고 한다. 이때의 된장국은 곤포(昆布, 다시마)로 국물을 우린 다음에 된장을 넣고 끓이다가 파와 마늘 등의 양념을 넣은 것으로 요즈음 조리법과 거의 비슷하다. 국의 종류도 토란, 조개, 아욱, 다시마, 미역 등 여러 가지를 넣은 국 이외에도 몽골의 영향을 받은 설렁탕까지 있었다. 주식과 부식 이외에도 기호식으로 잣술, 솔술, 댓잎술, 배술, 오가피술 등 여러 가지 술을 빚었고, 술과 함께 먹는 안주도 당연히 발전했다. 이 시기에 특별히 우유도 있었는데 우유는 주로 타락죽(駝酪粥)의 원료로 사용했다. 타락죽은 물에 불린 쌀을 맷돌에 갈아 체로 밭아 끓이다가 여기에 우유를 넣고 다시 끓여 단맛을 추가한 죽이라는 음식이다.

고려 시대에 이르러 다양한 음식 종류가 마련되면서, 음식을 만드는 재료의 저장법까지 다양하게 발전했다. 우선 주식으로 삼는 쌀의 생산량이 늘면서 이를 저장하고자 가마니를 이용했다. 높이 돋운 흙바닥에 쌀가마를 포개어 올리고 그 위에 풀을 덮어 비바람을 막았는데, 이렇게 하면 쌀가마 사이로 바람이 잘 통해 여러 해가 지나도 변하지 않는 훌륭한 저장법이다. 한편 단단한 열매인 밤은 질그릇 항아리에 담아 땅속에 묻었는데, 이듬해 여름에도 맛이 변하지 않았다고 한다. 또한 음식을 마련하는 중에 바로 쓰는 재료는 달리 저장했는데, 절이거나 말리는 등의 방법을 이용했다. 물고기는 소금에 절이고, 고기는 향신료를 첨가해 절이거나 말려 저장했다. 채소 가운데 흔한 무는 소금에 절였고, 무청은 따로 장(醬) 속에 넣어 저장했다가 먹는 절임류 비슷한 발효 음식을 만들었다. 다른 채소는 소금에 절였다가 양념을 보태 버무렸다가 나중에 먹는 김치를 만들었다. 발효 음식의 발달은 음식 문화를 발전시키는 데 앞장섰으며, 이와 함께 여러 가지 음식을 저장하는 그릇의 발전이 있었기에 가능한 일이었다.

조선 시대에도 사람들은 여러 가지 음식을 만드는 조리법을 계속 발전시켰으며, 당시에 발전한 조리법은 요즈음 우리가 만드는 방법과 크게 다르지 않다. 몇 가지 대표적인 조리법을 보면, 우선 김치와 젓갈 및 장을 비롯하여 술과 식초 따위를 만드는 발효법이 있고, 물고기나 고기를 불에 굽는 방법 이외에도 고기나 떡처럼 그릇에 담아 찌는 방법이 있고, 고기나 뿌리채소에 양념을 더해 졸이는 법이나, 고기나 여러 가지 채소와 나물을 그릇에 담아 볶거나 지지거나 무치거나 끓이거나 삶거나 하는 등의 불을 이용하는 방법이 있으며, 그 외에도 즙액이 빠져나오게 짜거나 아니면 잘게 부스러뜨리거나 갈아서 가루를 만드는 등의 물리적 방법도 조리법으로 이용했는데, 이러한 방법은 요즈음 사람들이 요리에 이용하는 방법과도 같다.

다양한 조리법을 이용하던 조선 시대에 음식 저장은 어떠했는지 보면 조리법만큼이나 저장법도 많았다고 할 수 있다. 물고기는 그냥 햇볕에 말렸거나 소금에 절여 저장했지만, 항아리에 물고기를 담고 소금을 켜켜이 뿌린 다음에 땅에 묻어 저장하기도 했다. 고기도 햇볕에 말리는 방법 이외에도 연기를 쪼이거나 술을 뿌리고 삶아 장 등에 파묻는 방법까지 이용했다. 감, 밤, 대추는 주로 햇볕에 말려 저장했는데, 이들의 모습과 맛이 본래의 것과 다르다고 이름을 곶감(건시(乾枾) 혹은 시저(枾諸)라고 했다.), 율저(栗諸), 조저(棗諸)라고 다르게 불렀다.

조선 시대의 조리법과 저장법을 가장 잘 보여 주는 대표 음식으로 김치를 꼽을 수 있다. 채소를 소금으로 절여 젓갈과 양념을 넣고 버무려 겨우내 먹는 김장 김치가 겨울 음식의 백미라 할 수 있는데, 여기에 고춧가루라는 양념이 새롭게 쓰이면서 요즈음 우리가 담그는 김장 김치 모습이 이때 비로소 자리 잡은 것이다. 게다가 김장 김치를 항아리에 담아 땅속에 묻고 겨우내 조금씩 꺼내 먹는 것은 획기적인 저장법이라 평할 수 있다. 요즈음의 김치 냉장고도 이 살림의 지혜를 잘 활용한 결과 나온 것이다.

조선 시대 이후로 지금까지 각 지방과 여러 집안에서는 대대로 전해 오는 특별한 음식이 더해져 우리 음식 문화를 풍성하게 만들었다. 또한 여러 가지 음식과 더불어 이를 저장하기 위해서 더욱 효과적인 방법과

도대체 이 많은 도기 항아리에는 무엇을 담았을까? 국립 경주 박물관에서 촬영한 사진.

기술을 발전시켰다. 한마디로 주식과 부식은 물론이고 별식과 후식에 이르기까지 수많은 종류의 음식이 각각의 자리를 차지하며 우리 음식 문화를 더욱 풍성하게 했다. 물론 근대에 이르러 우리는 다른 나라와도 많은 교류를 하게 되었고, 이에 따라 자연스럽게 다른 나라의 음식 문화가 들어오면서 우리 음식 문화도 새롭게 변했다. 예를 들자면 우리 음식과 다른 나라 음식이 조금씩 서로 합쳐지는 이른바 퓨전 음식이라는 것이 나타났으며, 다른 나라 음식이 그대로 우리나라에 들어와 새롭게 자리를 차지한 경우도 있다. 아마도 우리나라에 자리 잡은 대표적인 서양 음식이라면 햄버거로부터 시작하여 피자와 스파게티 등을 꼽을 수 있다. 그러한 틈새에서 우리나라 음식이 외국으로 나가기도 했는데, 만두나 라면, 냉동 김밥 같은 포장 음식과 치킨과 맥주를 함께 즐기는 '치맥 파티'라든가 주문한 음식을 빠르게 배달해 주는 배달 문화까지도 어쩌면 우리가 시작한 새로운 음식 문화의 하나로 자리를 잡아 가고 있다고 하겠다.

음식의 조리와 저장은 한 뿌리에서 나와

음식은 사람이 먹는 것이니 당연히 맛있는 것이 기본이다. 음식 맛이 없으면 누구나 먹기 힘들다. 그렇다면 맛있는 음식을 만들기 위해서는 어떻게 해야 하는가? 이에 대한 답은 의외로 간단하다. 좋은 재료를 가져와 솜씨를 발휘하는 것이다. 그리고 음식을 맛있게 먹는 것이다. 이처럼 간단한 일이기에 맛있는 음식은 그 자리에서 하나도 남김없이 모두 먹어 버린다. 여기에서 한 가지 생각할 점은 맛있는 음식을 한자리에서 모두 먹는 것이 그럴듯하지만, 음식을 앞에 두고 식탐을 부리지 않고자 스스로 참거나 조금 남기기도 한다. 이렇게 먹다 남거나 혹은 일부러 덜어 놓은 음식은 어떻게 처리할지 문제이다. 이 문제가 바로 음식의 갈무리이다.

 음식은 사람이 먹고 힘을 얻는 재료이므로 당연히 영양분이 들어 있다. 영양분이 포함된 음식은 우리가 먹는 것처럼 다른 생물도 먹어야 하는 삶의 재료이다. 그러기에 우리 눈에 보이지 않는 미생물도 살기 위해 먹어야 하는 똑같은 영양분이다. 따라서 사람이 남겨놓은 음식이니 분명히 사람만 먹어야 하겠지만, 우리 눈에 보이지 않는 미생물이 호시탐탐 기회를 노리다가 틈만 보이면 체면치레도 없이 달려들어 게걸스레 먹는다. 그런데도 우리 눈에는 보이지 않아 모른 채 넘어가 버리고, 그 뒤에 사람들이 모르고 먹었다가 큰 고통을 당하거나 심지어 목숨까지도 잃는다. 이처럼 무서운 일이 오랫동안 반복되면서 사람들은 어려움과 고통을 당했기에 다음부터는 음식 보관에 특별히 조심했다. 따라서 우리는 음식 조리에서부터 음식 저장까지 위생을 생각하지 않을 수 없다. 그러므로 음식 조리의 역사는 음식 저장의 역사와 함께 어우러지기 마련이다.

음식의 저장은 음식 안에서 미생물의 분탕질을 피하려는 우리의 노력이다. 그렇다면 미생물의 존재를 알지 못했던 옛날에는 어떻게 음식을 저장했을 것인가 궁금하지만, 그 답은 그리 어려운 것이 아니다. 왜냐하면 우리가 음식을 조리하는 모든 과정은 모두가 미생물의 생존을 위협하는 요소이기에 조리하는 동안에 미생물이 달려들지 못한다. 다만 조리한 음식에서 열이 빠져 식으면 그때에는 다시 미생물이 달려들 수가 있으므로 이때를 조심해야 한다. 우선 뚜껑을 덮어 미생물의 침입을 막고, 미생물 수가 적을 때에 다시 열을 가해 없애면 된다. 미생물이 침입하더라도 더 이상 살지 못하도록 물기를 빼거나, 음식을 짜거나 시게 만드는 등 다른 방법도 있다. 이처럼 음식에서 미생물의 침입을 막으려는 여러 가지 방법은 옛날부터 음식을 조리했던 방법과 같으므로 옛사람들은 이러한 방법을 음식을 저장하는 데에 알맞게 이용했다. 이처럼 음식을 익히기 위한 조리 방법과 미생물의 침입을 막기 위한 저장 방법은 따지고 보면 한 뿌리에서 시작한 하나의 나무라고 볼 수 있다.

하나 더, 음식 문화는 항상 마무리가 깨끗해야 한다

음식 문화는 역사와 함께 발전했다. 더욱이 사람들이 살아가는 데에 필수적 조건인 음식은 단순히 배불리 먹는 것으로 그치는 것이 아니다. 사람마다 어떻게 먹을거리를 장만할 것인지, 어떻게 하면 음식을 더 맛있게 조리할 수 있는지, 이렇게 장만한 음식을 가져다 어디에 자리를 펴고 마음 편하게 먹을 수 있는지, 그리고 먹고 남은 음식은 어디에 어떻게 보관해야 하는지 등의 여러 가지 조건들이 하나로 모여 음식 문화를 이룬다.

사람들의 생활과 잠시도 떨어질 수 없는 음식 문화는 사람들이 모여 사는 지리적인 환경 속에서 오랫동안 이어 온 역사와 더불어 사회적 변화를 겪으며 이루어진 공동체 의식과 함께 사람들의 살림살이까지도 한데 어울려 서로 영향을 주고받는 관계로부터 만들어졌다. 이렇듯 긴 역사 속에서 태어나 꽃 피운 우리 음식 문화에서는 사람들이 그저 배고픔을 면하고자 먹을거리를 장만하지 않았다. 사람들이 기본적으로 원하는 먹을거리는 사람들에게 필요한 에너지원으로 끝나지 않고, 사람들에게 기쁘고 즐거운 마음으로 음식을 먹는 재미를 맛보게 해야 한다.

사람들이 살아가는 동안에 기쁨과 즐거움을 맛보려면 몸과 마음이 편해야 한다. 그래서 사람들은 우스갯소리이지만 살아가는 동안에 즐거움을 얻자면 세 가지가 편해야 한다고 말하는데, 그 세 가지로 쾌식(快食)과 쾌면(快眠) 그리고 마지막으로 쾌변(快便)을 꼽는다. 한마디로 잘 먹고 잘 자고 잘 싸야 하는 것이다. 사람들이 매일매일 음식을 먹고 마시며 즐긴 다음에는 항상 소변(小便)과 대변(大便)으로 마무리하게 된다. 그러기에 음식 문화의 끝자락에는 사람들이 굳이 말하지 않더라도 깨끗한 변소가 자리하는 것이라 할 수 있다. 그래서인지 사람들은 변소를 다른 말로 깨끗이 마무리하는 장소라는 뜻으로 화장실(化粧室)이라 부르고, 다른 말로는 사람들의 근심을 없애 주는 곳이라는 뜻으로 해우소(解憂所)라 부르기도 했다.

지금 우리가 알고 있는 화장실과 달리 옛사람들은 과연 음식 문화의 끝자락에 자리한 화장실에 대해 어떤 생각을 가졌고, 또한 어떻게 처리했을지 궁금한 생각이 든다. 아마도 오래전의 우리 역사 속에 화장실에 대한 자료가 남아 있다면 한 번쯤 살펴보는 것도 흥미로운 일일 것이다. 여기에 역사학자 전용호는 「익산 왕궁리 유적의 화장실에 대한 일고찰」이라는 제목의 논문에서 사람들이 궁금해하는 문제를 끌어내어 친절히 설명해 주고 있다.

전라북도 익산에 자리한 왕궁리 유적(사적 제408호)은 전체 면적이 약 12만 제곱미터인 백제의 왕궁터로 1989년부터 국립 문화재 연구소에 의해 연차적으로 발굴 조사가 진행되었다. 발굴 조사 자료에 따르면 돌로 축대를 쌓은 성벽의 규모가 남북으로 490여 미터이고 동서로 240여 미터에 이르는 대규모의 궁성과 사찰에 관련된 시설이라는 것이 확인되었다. 백제 시대의 성벽, 석축, 화장실, 정원, 건물, 공방 등의 여러 가지 궁성과 관련된 유적과 왕궁리 5층 석탑(국보 제289호)과 관련된 금당, 강당 등의 통일신라 사찰과 관련된 유적이 확인되었다. 또한 "왕궁사(王宮寺)", "대관관사(大官官寺)" 명문이 찍힌 기와와 수부(首府) 도장이 찍힌 기와 및 연화문 기와가 나왔고, 여러 종류의 도가니, 금제 영락, 유리

구슬, 뒤처리용 나무막대, 여러 가지 도기편 및 중국제 청자편 등으로 총 5,000여 점의 중요한 유물이 나왔다.

지금까지 왕궁리 유적에서 찾아낸 자료를 바탕으로 유적의 규모와 시설 및 당시의 운영 상황을 살펴보아 다음과 같은 내용을 알게 되었다. 우선 왕궁리 유적은 백제 30대 무왕 때에 넓은 직사각형 모양의 땅에 성벽을 쌓고 그 안에는 경사면을 따라 돌로 단을 쌓아 만든 편평한 땅 위에 기와를 얹은 여러 건물을 세워 궁성과 관련된 시설로 썼다. 그러다가 시간이 지나면서 탑과 금당 그리고 강당으로 이어진 1탑 1금당의 가람 배치를 가진 사찰로 이용했거나 그와 관련된 시설로 변한 것이라고 볼 수 있다.

왕궁리 유적과 같은 대규모 시설 안에서는 당연히 사람들이 많이 모여 살았으므로 이들에게 필요한 화장실 시설을 어딘가에 만들어 이용했을 것이다. 오랜 기간 발굴 조사를 하면서 왕궁리 유적의 서북편 지역의 성벽 근처에서 대형 화장실 터가 발견되어 2003년과 2004년에 조사가 이루어졌다. 대형 화장실은 동서 방향으로 돌을 쌓아 석축을 만든 배수로를 따라 나란히 3채를 지었다. 화장실은 대체로 기다란 사각형 구덩이를 파고 안쪽에 나무 기둥을 박아 만들었고, 서쪽에서 동쪽으로 갈수록 그 크기가 작아지는 모양으로 만든 흔적이 드러났다. 화장실은 모두가 한쪽 부분에 좁은 수로가 비스듬히 놓여 동서 방향으로 깔린 배수로와 연결된 모양이었다.

왕궁리 유적에서 찾아낸 화장실 유적은 이제까지 우리나라에서 처음으로 발견된 확실한 백제 시대 유적으로 중요한 역사적 가치와 의미를 지닌다. 더욱이 화장실 유적이 자리한 위치는 지형적인 조건에 맞추어 알맞게 자리를 잡았고, 그 구조와 조성 방법도 당시의 지혜를 모아 세운 것임을 알 수 있다. 요즈음 우리가 말하는 화장실은 예전에는 '뒷간'이라는 이름으로 불렸는데, 뒷간의 의미는 뒤쪽 즉 북쪽에 세운 집을 나타내면서 '더럽고 부정하다.'는 의미를 포함한다. 더욱이 해가 뜨는 동쪽에 반대되는 서쪽은 해가 져서 어두운 '음(陰)'이라는 의미이다. 이런 점에서 궁성 안에서 화장실 위치를 북서쪽에 마련한 것은 궁성 안의 공간 활용을 그만큼 중요하게 여긴 것이라고 볼 수 있다. 그러므로 다른 유적지에서도 이런 점을 고려하면 또 다른 화장실 터를 찾아볼 수 있을 것이다.

왕궁리 유적의 화장실 터 주변 환경은 궁성의 북동쪽 구릉에서 서쪽으로 약간 경사진 곳의 끝자락 평평한 곳에 자리했다. 화장실은 직사각형 구덩이와 좁고 긴 수로로 이루어졌는데, 구덩이 수가 각각 5개, 3개, 2개인 화장실이 동서 방향으로 나란히 3채가 자리 잡은 특이한 구조이다. 이처럼 내부 구조는 같으면서 규모가 각기 다른 화장실 3채가 나란히 있다는 것은 사용자 사이에 어떤 차이가 있는 것인지 살펴볼 필요가 있다.

화장실 분뇨에서 고형물인 인분은 구덩이에 쌓이고 액상인 오수는 수로를 따라 배출된다. 그래서 화장실 구조는 분뇨를 구덩이에 모으는 저류식(貯留式)과 물을 부어 수로로 흘려보내는 수세식(水洗式)으로 나눈다. 왕궁리 유적의 화장실 구조는 구덩이와 함께 배수로로 연결된 수로로 구성되었는데, 수로의 기울기가 너무 낮아서 인분과 오수가 수로를 통해 성벽 밖으로 나가는 것은 매우 어렵다. 더욱이 배수로와 연결된 화장실 수로 바닥은 화장실 구덩이 깊이의 중간에 연결되었으므로, 구덩이 안의 고형물이 어느 정도 차오르면 바가지로 퍼내고 오수는 수로를 거쳐 성벽 밖으로 빠져나갔을 것이다. 이처럼 왕궁리 유적의 화장실 구조는 저류식과 수세식을 결합한 형식이므로 '왕궁리식 백제 화장실'이라고 말할 수 있다.

    화장실의 오수는 몇 단계의 정화 과정을 거쳐 밖으로 빠져나간다. 우선 분뇨는 구덩이 안에서 어느 정도 머무르면서 자연적인 정화 과정을 거치고, 수로 높이까지 차오르면 수로를 거쳐 석축 배수로로 나가기까지 천천히 지나가는 동안에도 정화가 이루어진다. 뒤이어 성 바깥 배수로로 나가는 동안에도 다시 정화 과정을 겪는다. 또한 구덩이에 쌓인 분뇨가 정화되는 동안에 지하로 스며들거나 벽면이 부서지지 않도록 구덩이 주위로 나무 기둥을 박고 그 사이에 점토를 덧발라 처리하는 지혜를 발휘했다.

    한편 '왕궁리식 백제 화장실' 유적에서 뒤처리용 나무막대도 나왔는데, 이것은 요즈음 사람들이 사용하는 화장지 대신이었다고 할 수 있다. 또한 배수로 근처에서 변기 모양의 도기도 발견되었는데, 이것은 마치 손잡이가 달린 자배기를 양쪽으로 오므려 길쭉하게 만들었고 한쪽을 약간 높이면서 위를 살짝 덮은 모양이다. 이것은 아마도 신분이 높은 사람이 사용한 오물을 화장실에 가져와 버리는 용도로 사용한 것으로 볼 수 있다. 이와 더불어 화장실 구덩이 바닥 흙에서 회충과 편충 및 간흡충의 기생충 알을 확인한 결과는 이 유적이 처음 찾아낸 백제 시대 화장실 터임을 더욱 분명히 밝혀 주고 있다.

4장
여러 가지 그릇
그릇은 그릇으로만 쓰이는 게 아니다

♟ 아주 오래전에 동해안 국도를 따라 바다를 구경하고자 포항에서 속초까지 해안가를 따라 자동차를 타고 올라간 적이 있다. 영덕 근처에서 잠시 쉬어 가는 동안에 근처에 있는 고미술상에서 특이하게 생긴 큰 항아리 하나를 보았다. 고미술품은 지역마다 색다른 특징을 보이는데, 동해안 해안가에서는 다른 곳에서 보기 드문 검은색의 자그마한 질그릇이 많다. 사장님과 이런저런 이야기를 나누다가 눈에 띄는 커다란 옹기 항아리가 어떤 것인지 물어보았더니, 우리나라에서 하나뿐인 물건이라며, 자랑이 한참 동안 그칠 줄 몰랐다. 사장님의 이야기를 간단히 줄이자면 예전에 고깃배에서 물을 담아 싣고 다녔던 물 항아리라는 것이었다.

고깃배에 실었던 물 항아리

항아리는 옛날 양조장에서 술 담글 때 사용하던 것처럼 큼지막했는데, 항아리 입에 원뿔의 꼭지가 잘린 깔때기 모양이 뒤집혀 붙어 있는 아주 특이한 모양이었다. 게다가 항아리 어깨 부분에는 줄을 끼울 수 있는 고리가 3개나 붙어 있어 아마도 다른 곳에 줄로 묶어 맸을 것이다. 어쨌거나 배 안의 물 항아리는 아무리 잘 붙잡아 맸어도 파도에 흔들리다 보면 내용 물이 튀어나오기 마련이므로, 커다란 깔때기를 항아리 입에 붙여 놓아 내용물이 쏟아지는 것을 막았으리라. 처음 이 말을 듣는 사람은 그저 믿거나 말거나 지나칠 수도 있겠지만, 항아리 자체도 오래되어 보이고 남아 있는 장소가 해안가인지라 그럴 만도 하겠거니 생각했다. 사장님의 자랑이 사실이라면 분명히 자랑할 만한 물건이고, 그렇지 않다고 하더라도 이름 있는 옹기 박물관의 한 자리를 차지할 만한 가치가 있으리라 생각했다.

요즘 사람들이 쓰는 물통은 플라스틱으로 만들므로, 예전에 배에 싣고 다녔던 옹기로 만든 물 항아리는 그만큼 귀한 가치를 지닌 물건이라는 점에 동의할 수밖에 없었다. 사장님이 하도 자랑하는 것 같아 가격은 얼마나 하겠느냐 물었더니, 팔고 싶지 않다면서도 옛날에 누군가 엄청난 금액을 주겠다고 했지만 안 팔았는데 자리를 옮기는 중에 그만 몸통에 금이 가 버려 그 가격의 반만 주면 팔겠다고 했다. 물론 그 가격도 월급쟁이에게는 만만치 않은 금액이었기에 다음을 기약하고 돌아설 수밖에 없었다. 그래도 아쉬운 마음에 동해안 특색이 드러나는 검은색 단지 하나를 가져왔다. 자그마하지만 똘망똘망해 보이는 모습이 어

동해안 고미술상에서 보았던 물 항아리. 필자 촬영 사진.

느 곳에 두더라도 한 자리를 차지할 만한 것이기에 두고두고 보기에도 좋을 듯했다.

그런 일이 있고 한참을 지나 우연한 기회에 자그마한 자기 주전자 하나를 보았다. 그저 평범한 주전자인데, 조금은 투박해 보이고 몸통도 두껍게 빚어낸 것이 아무리 보아도 우리 물건이라기보다는 중국 물건처럼 보였다. 그런데 특이한 점은 주전자 뚜껑을 열고 속으로 손가락을 넣으면 몸통에 전이 둘러 있는 것이었다. 보통의 주전자라면 안쪽도 깨끗이 닦을 수 있도록 막힘이 없이 매끈한 벽이어야 하는데, 안쪽으로 전을 둘러 씻기도 어렵게 만든 것은 무엇 때문인지 알 수 없었다.

이처럼 별난 주전자를 보고 혼자서 이런저런 생각을 해 보다가 영덕에서 보았던 물 항아리를 떠올리고 어쩌면 이 주전자도 배에서 사용하던 것이 아니었을까 생각해 보았다. 흔들리는 배 안에서 주로 사용하는 주전자라면 아무래도 넘어지기 쉬울 터이니, 혹시나 넘어지더라도 안의 내용물이 조금이라도 적게 흘러나오도록 안에 막을 두른 것처럼 전을 붙이지 않았나 싶었다. 더욱이 주전자 몸통은 얇게 빚어낸 것이 아니라 오히려 조금은 투박해 보일 정도로 두껍게 빚은 것도 혹시나 주전자가 쓰러지더라도 쉽게 깨지지 않도록 배려해서 그만큼 투박하게 만든 것이 아닌가 생각해 보았다.

우리보다도 중국 사람들이 차를 더 많이 마시므로 아무래도 찻주전자는 우리보다도 중국에서 더 많이 사용했을 터이고, 더욱이 배를 타는 뱃사람이라도 찻주전자는 필요했을 터이니, 배 안에서 쓰는 찻주전자를 특별하게 만들었을 가능성이 있었다. 우리나라에는 배에서 사람이 생활하는 수상 가옥이 없지만, 중국 남부에는 배에서 사는 사람도 있으니 그들이 이용한 찻주전자는 이처럼 안쪽에 전을 두른 것이 아닐까 생각해 보았다. 나름 그럴듯해 보여 전문가에게 이런 내용을 문의해 보았지만 쉽게 동의하지 않았다. 실제로 사용하는 물건을 직접 보지 않고 상상만으로는 확인하기 어렵기 때문이었다. 어쨌거나 독특한 모양의 유물이 어떤 용도로 쓰인 것인지 확인하는 것은 그만큼 어려운데, 실제로 유물을 보지 않고는 판단하기 어려우므로 정확한 내용을 알아내기까지는 많은 아쉬움이 남기 마련이다.

독살로 물고기를 잡다

세계 고대 문명은 거의 모두가 강을 끼고 발달했다. 해마다 강물이 넘치면서 강가에 넓은 땅을 만들어 주므로 넓은 들에 농사를 지을 수가 있었고, 농사를 지으려면 물이 필요했으니 강가에서는 당연히 풍요로운 삶의 조건이 고루 갖추어졌다. 또한 강물에는 많은 물고기가 있으므로 먹을 만큼 잡아 배고픔을 넘기기 좋은 장소인 셈이다. 그래서 옛사람들은 오래전부터 강가에 움집을 짓고 살았을 것이다. 그곳에 살던 사람들은 어떻게 하면 물고기를 쉽게 잡을까 궁리를 거듭했다. 옛날에는 흐르는 강물도 샘물처럼 맑고 깨끗해 사람들이 마음 놓고 마실 수 있었다. 비가 많이 와서 위로부터 흙탕물이 내려오면 강물이 탁해지기는 했겠지만, 흙가루만 가라앉으면 이용하기에 어려움이 없었다. 더욱이 오염이 없는 깨끗한 물에서 잡은 물고기라면 사람들은 아무런 걱정 없이 먹을거리로 이용했다.

강물에서 물고기를 잡는 데 있어 가장 먼저 고안된 방법은 물속으로 들어가 헤엄치는 물고기를 맨손으로 잡는 것이었다. 그야말로 '물 반 고기 반'이라고 할 만큼 많은 물고기가 있더라도, 물고기의 몸놀림은 우리가 생각하는 것보다 빨라 종일 노력하더라도 한 마리 잡기조차 쉽지 않은 일이다. 사람마다 운동 신경이 다르므로 움직임이 재빠른 사람은 물고기 한두 마리쯤은 잡았을 터이지만, 대부분은 허탕만 쳤을 것이다. 눈앞에 보이는 물고기를 잡지 못해 아쉽다는 생각에 물고기 떼를 향해 돌팔매질이라도 했다면 한두 마리 정도 잡을 수도 있었을 것이다. 그러나 돌을 던져 물고기를 맞추기도 결코 쉬운 일이 아니었을 테고, 혹시나 물고기가 돌에 맞았어도 치명적이 아니라면 그냥 도망쳐 버렸을 것이다. 그렇다면 좀 더 적극적인 방법으로 막대 끝을 날카롭게 깎아 만든 창으로 물고기를 찍어 잡는 방법도 있다. 이런 식으로 사람들이 물고기를 잡으려 열심히 노력한다면 점차 시간이 지나고 경험이 쌓이면서 날랜 솜씨를 발휘하게 되었을 것이다. 그렇다고 누구나 익숙한 사냥꾼이 되는 것도 아니고 어디서나 물속이 훤히 들여다보이는 것도 아니다. 그래서 사람들은 물고기를 좀 더 쉽게 잡는 방법을 찾으려 노력했다.

그래서 사람들이 찾아낸 방법은 물고기를 한 곳에 가두어 잡는 것이었다. 물고기가 모이는 곳 주변에 돌멩이로 둑을 쌓아 두면 둑 안에 든 물고기가 쉽게 도망가지 못하므로 손쉽게 잡을 수 있다. 둑을 만드는 일은 혼자서는 힘에 부치므로 여러 사람이 힘을 모았을 것이다. 지금도 이런 시설이 물이 들고나는 해안가 곳곳에 남아 있는데 이를 '독살'이라 부른다. 물이 매일 들고나는 바다와 달리 강에서는 높이가 일정하므로 독살만큼 큰 시설을 마련할 수 없고, 오히려 물고기가 이동하는 길을 돌리거나 몰아가는 방법으로 물고기를 가두어 잡는 방법을 찾았다.

지금도 강가에서는 웅덩이를 파고 물고기를 끌어들이는 방법으로 손쉽게 물고기를 잡는다. 물이 흐르는 강 옆에 자그마한 구덩이를 파면 물이 스며들어 웅덩이를 이룬다. 이 웅덩이로부터 강물까지 그리 길지 않으면 굵은 관을 연결해 물이 통하게 한다. 다음에 웅덩이 위에는 나뭇가지를 덮어 그늘지게 해 둔다. 이것이 물고기를 잡는 시설 전부이다. 다음날 웅덩이를 덮어 둔 나뭇가지를 거두면 웅덩이 안에 물고기가 밤사이에 들어왔다가 나가지 못하고 갇혀 있다. 그야말로 손쉽게 물고기를 잡는 것이다. 물론 웅덩이 안에 물고기가 좋아하는 먹이를 미끼로 삼아 끌어들일 수도 있지만, 웅덩이라는 조건이 물고기를 끌어들이는 충분한 조건이 되므로 언제든지 원하는 때에 물고기를 잡을 수 있는 것이다. 강물이 깨끗하고 물고기가 많으면 충분히 가능한 방법이지만, 요즘처럼 강물이 오염되어 물고기가 귀한 때는 쉽게 생각하기 어려운 방법이기도 하다.

드디어 그물을 만들다

둑을 쌓거나 독살을 만들거나 아니면 강물 옆에 웅덩이를 파고 물고기를 잡는 방법이 쉬운 방법이기는 하지만 크거나 작은 자리를 차지하는 시설이므로 물고기 떼가 이동하면 쓸모없어진다. 그래서 사람들은 자리를 옮겨 가며 물고기를 잡는 방법을 생각해 냈다. 그것이 바로 그물이다. 가느다란 실을 가로세로로 엮은 그물을 만들어 크고 작은 여러 가지 모양으로 쓰기에 편하게 만들어 물고기를 잡았다. 물속에서 그물이 퍼지는 것을 막으려면 그물을 세워야 하는데, 그물 아래쪽에 무게가 나가는 추를 달아 물속에서도 그물이 세로로 설 수 있도록 했다. 이 추가 바로 '그물추'이다. 지금도 박물관에 가면 오래전부터 사람들이 그물에 달아 썼던 그물추 유물을 볼 수 있다.

물속의 물고기를 잡는 그물도 여러 가지가 있다. 강물을 가로질러 길게 펼쳐 놓은 그물이 있는가 하면, ㄷ자 모양으로 가두는 그물도 있고, 기다란 그물 양쪽을 붙잡고 끌어 가면서 물고기를 몰아 잡기도 한다. 이런 그물은 크기가 비교적 큰데, 혼자 힘으로 물고기를 잡기 위한 작은 그물도 있다. 이른바 '투망'은 둥그런 멍석만큼이나 큼지막한 그물로 그물 끝자락에 추를 달았는데, 힘껏 팔을 휘두르며 추슬렀던 투망을 물에 던지면 둥그런 모양으로 펼쳐져 그물 안에 물고기를 그러모아 잡는다. 이것도 쓰는 사람마다 힘과 기술이 다르므로 경험을 쌓아 솜씨를 다듬어야 좋은 결과를 얻을 수 있다.

투망보다도 누구나 쉽게 이용할 수 있는 그물이 '반두'이다. 반두는 직사각형 그물 양쪽에 막대를 붙인 것으로 양손에 막대를 하나씩 잡고 물고기가 있을 만한 곳을 반두로 훑어 떠올리는 방법으로 물고기를 잡는다. 누구나 한 번쯤 눈여겨보면 곧 따라 할 수 있지만, 이것도 물고기가 있을 법한 곳을 찾아내야 하고, 또한 당연하게도 경험이 있어야 효과를 볼 수 있다. 물고기를 잡는 투망이나 반두는 크기가 비교적 작은 그물이다. 사람들이 이처럼 작은 크기의 그물을 만든 것은 여기저기 장소를 옮겨 가며 물고기를 잡으려는 생각에서 비롯되었다. 사람들이 원하는 곳으로 쉽게 가져가 언제든지 이용할 수 있다는 것이 얼마나 편리한 일인가! 또한 투망을 던지거나 반두를 들어 올리며 그 결과를 눈으로 바로 확인하는 것도 즐거움이다.

사람들은 누구나 노력을 기울인 만큼 충분한 보상을 받는다면 당연히 기뻐한다. 적은 힘을 들이고도 많은 결과를 얻으면 더 즐거워한다. 인간의 본성일게다. 사람들은 이런저런 경험과 자연적인 조건을 이용하여 조금이라도 힘을 덜 들이는 방향으로 지혜와 기술을 모았다. 힘껏 그물을 던져 눈앞에서 결과를 확인하는 기쁨 대신에 그물을 쳐놓고 물고기가 걸려들기를 기다리는 느긋한 방법을 썼다. 심지어는 쳐놓은 그물 안으로 물고기를 끌어들이는 유인법까지도 찾아냈다. 그물을 얼개 모양으로 엮어 물고기를 그 안으로 끌어들이고, 한번 들어온 물고기가 쉽게 빠져나가지 못하게 만든 것이 바로 '통발'이다. 물고기가 모이는 곳이나 지나가는 길목에 통발을 갖다 놓으면 물고기들이 자신도 모르는 사이에 안으로 들어갔다가 빠져나오지 못하고 잡힌다. 이러한 방법은 그물을 이용해 물고기를 한꺼번에 많이 잡는다기보다는 물고기가 사는 모습과 환경이라는 조건을 이용하여 사람들이 찾아낸 지혜라고 생각할 수 있다.

또 다른 그물, 옹기 통발

조선 시대 사람들이 옹기로 여러 가지 생활 도구를 만들어 썼다. 요즈음에는 옹기로 만든 생활 도구들이 이미 오래전에 쓰던 옛 물건이 되어 버렸고, 지금은 더 이상 쓰지 않는 옛것으로만 사람들의 생각 속에 남아 있다. 그래서인지 특이한 모양의 옹기를 보더라도 그것이 어떻게 쓰인 것인지 알 수 없는 것들도 많다. 꽤 오래전에 옹기로 만든 특별한 물건을 본 적이 있다. 지름이 한 자(尺) 정도로 나지막한 맷돌 모양의 불그스레한 색깔의 옹기인데, 높이는 약 10센티미터밖에 되지 않았고 앞과 뒤로 지름이 5센티미터의 구멍이 뚫려 있었다. 구멍이 앞뒤로 하나씩 뚫려 있기에 통 안을 들여다볼 수는 있는데 구멍 앞에 기다란 가로막이 세워져 있어 안을 살펴보기가 쉽지 않았다. 가로막은 벽처럼 천장까지 붙어 있지 않고 윗부분은 천장으로부터 손가락이 들어갈 만큼 떨어져 있었다. 물론 뒤쪽에도 구멍이 있어서 빛이 들어 안을 살필 수가 있는데, 통 안에는 3, 4개 가로막이 지그재그로 세워져 있다는 것을 알 수가 있었다.

    누가 보더라도 옹기이고 생김새도 요모조모 살펴볼 수 있지만, 도대체 어떤 용도로 쓰인 것인지 알 수가 없었다. 한참 궁금해하던 차에 나이 지긋한 어르신이 '미꾸라지 통발'이라고 가르쳐 주었다. 그러고 보니 정말로 그렇게 보였다. 더욱이 아래쪽 바닥에는 지름이 1센티미터 되는 4개의 구멍이 나란히 뚫려 있어서 물속에 담가 두었던 그 옹기를 조심스럽게 들어 올리면 아래 구멍으로 물이 빠져나가도록 만들어져 있었다. 어떻게 옛사람들이 이런 물건을 만들 생각을 했을까? 어느 것 하나라도 허투루 볼 수가 없다는 생각으로 오랫동안 마음에 남은 물건이었다.

가뭄이 심해도 모심기 철에는 농부들이 어떻게든 논에 물을 대어 모를 심어야 하는데, 봄 가뭄이 심하면 농부들이 모심기하기가 힘들다고 아우성친다. 그나마 어렵사리 모를 심었다고 하더라도 물이 부족해 모가 제대로 자라지 못한다고 걱정이다. 우리는 대대로 논농사를 짓고 쌀을 주식으로 하는 민족이고, 아직 쌀이 우리의 주식이다. 그러니 한여름에 보는 우리나라 모습은 말 그대로 'green field'이다.

벼는 논에 심는 수경 재배 식물이다. 쉽게 얘기하면 벼는 물밭(논을 뜻하는 답(畓) 자는 물(水)과 밭(田)의 합성어이다.)이라는 논에서 자라는데, 물은 항상 수평을 이루므로 물이 있는 논에서 자라는 벼는 당연히 평평한 상태에서 자라며, 우리나라 들판은 평평한 논에서 자라는 벼가 단일 작물로 자라기에 'green field'라는 말이 틀린 말이 아니다. 벼는 물밭에서 자라는 작물이기에 물이 없이는 자랄 수가 없다. 그래서 사람들은 벼를 키우기 위해서 어떻게 해서든지 물을 끌어오는 방법을 찾았다. 요즈음에는 논농사를 위해 저수지를 만들어 물을 확보하고 높고 낮은 경지를 편평하게 정리해 넓은 면적에 쉽게 물을 공급하는 관개 시설을 마련했다. 그리고 넓은 논에서는 사람보다 기계를 이용해 힘을 덜 들이

미꾸라지 옹기 통발. 필자 촬영 사진.

고 농사짓는 방법을 발전시켰다. 이처럼 대단위 면적에서 기계를 이용해 편리한 방법으로 농사짓는 방법이 시대에 맞추어 발전되었다.

  사람의 손길이 많이 갔던 옛날 방식의 논농사는 논갈이로부터 써레질과 모심기 그리고 한여름의 피사리 및 가을 추수에 이르기까지 거의 모든 작업이 사람의 손으로 이루어졌다. 농사는 가축과 사람의 힘으로 하는 것이라고 하지만, 논에 물을 대는 것은 자연의 도움이 없으면 불가능하다고 생각했다. 그래도 사람이 할 수 있는 모든 노력을 다해야 한다고 생각했다. 예전에는 지금처럼 기계의 힘을 이용해 넓은 면적을 평평하게 고를 수가 없었기에 높으면 높은 대로 낮으면 낮은 대로 자연에 있는 모양 그대로 논을 만들어 농사를 지었다. 그러다 논 한쪽에서 지하수라도 흘러나오거나 샘이라도 솟으면 얼마나 고마운 일인지 감사하는 마음으로 물을 모아 알뜰하게 이용했다.

산자락에서 흘러나오는 지하수는 물론이고 들판에서 솟아나는 샘물은 한여름에도 시원하게 느껴지는 차가운 물이다. 차가운 물을 그대로 논에 대면 차가운 기운에 벼가 잘 자라지 못한다. 그래서 땅에서 솟는 샘물은 한 곳에 가두어 알맞은 온도가 되기까지 기다렸다가 알맞은 온도가 되면 비로소 논에 흘려보낸다. 이처럼 샘물을 가두는 곳은 논 한편에 조금 깊게 판 웅덩이나 연못처럼 보이는 곳이다. 예전에 논 한군데에서 쉽게 볼 수 있는 물웅덩이나 연못처럼 보이는 곳을 '둠벙'이라 불렀다. 둠벙 안에는 수초는 물론이고 여러 종류의 물고기까지 모여 살았다. 둠벙의 물은 논농사에 도움이 되는 것은 당연한 일이고, 둠벙이 있으면 그만큼 가뭄 걱정을 덜 수 있으므로 그 논의 가치도 높았다.

예전의 논농사에서는 비료와 농약을 거의 쓰지 않아 지금으로 본다면 친환경 농법으로 여러 가지 생물들이 함께 살고 있었다. 아주 어렸을 때의 기억이지만, 아래쪽 논으로 물을 빼면서 촘촘히 짠 발을 물꼬 앞에 세워 두면 물이 거의 빠지면서 물꼬 앞에서 '징거미'라는 이름의 민물새우를 한 바가지 담아 오셨던 할머니의 모습이 떠오른다. 그뿐만 아니라 한여름이 지나면서 논에 많은 물이 더 이상 필요하지 않으면 둠벙의 물을 빼내고 그 안에 숨어 있는 미꾸라지며 붕어 등의 여러 가지 물고기를 잡았던 모습이 어렴풋이 생각난다. 그 안에서도 꼬리지느러미가 유난히 넓고 붉은색이 감도는 예쁜 물고기를 "각시붕어"라고 하면서 내 작은 고사리손에 잡아 주셨던 일은 아직도 남아 있는 기억 가운데 하나이다. 어렸을 때의 기억을 바탕으로 더듬어 보면 옛사람들이 만들어 사용한 미꾸라지 옹기 통발은 이제 우리 곁을 떠나 사라진 물건이지만, 자연과 함께 살아온 옛사람들의 생활 속에서 여유와 즐거움을 가져다준 흐뭇한 선물 가운데 하나라고 생각해 본다.

뱀발. 나중에 확인한 바로는, 이 장 서두에서 이야기한 배에서 쓰던 물 항아리는 서울에서 누군가가 가져갔다고 해서 다시는 볼 수 없을 것이라고 아쉬워했는데, 2012년에 고양시 호수 공원에서 열렸던 "꽃과 옹기전"이라는 이름의 전시회에 나와 자랑스럽게 그 모습을 뽐내며 한 자리를 차지하고 있었다. 미꾸라지 옹기 통발도 똑같은 것은 아니지만, 전시장에 함께 나타나 우리 생활의 멋과 지혜를 보여 주고 있었다.

하나 더, 옹기가 숨을 쉰다

사람들은 옹기를 '숨 쉬는 그릇'이라고 부른다. 숨을 쉰다는 것은 살아 있는 생물만이 할 수 있는 생명 활동으로 숨을 들이마셔 공기 중의 산소를 몸 안으로 받아들여 에너지를 만드는 데에 이용하고 필요 없는 이산화탄소를 몸 밖으로 내놓는 일이다. 이처럼 생물이 들숨과 날숨을 통해 공기를 들이마시고 내뱉으며 숨을 쉬는 것은 어떻게든 공기가 통하는 구멍이 있어야만 가능하다. 그렇다면 숨을 쉰다는 옹기에도 구멍이 있다는 말이 아닌가? 간단히 답하자면 그렇다고 할 수 있다. 다만 옹기에 있는 구멍은 우리가 눈으로 볼 수 있을 만큼 크지 않은 아주 작은 크기라는 것이 다른 점이다.

어쩌다가 항아리에 물을 담으면 항아리 겉에 축축하게 물기가 스며 나오거나 아니면 아주 가느다란 물줄기가 스멀스멀 흘러내리는 경우가 있다. 그러면 사람들은 생각하기를 '아하, 이 항아리는 물을 담을 수 없으니 곡식이나 아니면 다른 물건을 담아 두어야겠구나.' 하며 쓰임새를 달리한다. 물론 어느 한 곳에서만 물이 스며 나오면 밥알을 으깨어 급한 대로 막아 썼지만, 다시 또 되풀이되면 다른 용도로 사용할 수밖에 없었다. 예전에 어른들도 장독대에서 장 항아리 곁에 소금기가 많이 우러나오는 것은 따로 곳간에 두고 곡식이나 마른 물건을 넣어 사용했다. 이처럼 항아리는 우리가 미처 알지 못하는 사이에도 여전히 숨을 쉬고 있다. 김석호가 발표한 「한국 전통 옹기의 통기성」이라는 논문에서는 이제까지 알려진 숨 쉬는 그릇인 옹기에 대한 세세한 이야기를 우리에게 알려주고 있다.

옹기는 우리 생활 속에서 음식을 담는 그릇으로만 쓴 게 아니라 집 안에서 여러 가지 생활 용기로 다양하게 썼다. 우리나라가 발효 식품의 종주국이라 불릴 수 있는 것도 식품의 저장을 발달시킨 옹기라는 저장 용기가 있었기에 가능했다. 발효 식품을 중심으로 하는 음식 문화가 발전한 우리나라에서는 집집마다 장독대를 마련했다. 오랜 전통을 이어온 우리 생활 속에서 옹기는 통기성과 발효성 그리고 저장성이라는 우수한 기능을 가진 덕분에 그 쓰임새가 오랫동안 유지되었으나 최근에 이르러 생활 환경이 빠르게 바뀌면서 옹기 사용이 점점 줄어들고 있다.

우선 옹기는 간단히 말해서 진흙을 재료로 구운 질그릇과 오지그릇을 통틀어 이르는 말이다. 질그릇은 그릇에 유약(釉藥, 잿물)을 입히지 않고 구워 겉면이 윤기가 없어 푸석푸석해 보이는 그릇으로 오래전부터 우리는 도기라 불렀다. 오지그릇은 질그릇과 달리 유약을 입혀 구웠기에 겉이 반들반들하다. 오래전부터 사람들은 겉이 반들반들한 오지그릇으로 독이나 항아리를 많이 만들어 사용했기에, 독이나 항아리를 옹기라고 부르는 경우가 많다. 따라서 조금 더 정확히 말하자면 옹기는 토기에서 한 걸음 더 나아가 유약을 바르고 구워낸 도기라고 할 수 있다. 이처럼 자연적이며 소박함이 우러나오는 옹기는 질그릇과 오지그릇을 통틀어 말하는 것으로 한자로는 옹(瓮 또는 甕)으로 쓰고, 외국어 표기로는 'onggi'로 적는다.

우리나라에서 옹기가 언제부터 쓰이기 시작했는지 정확히 기록으로 알려진 바는 없지만, 옹기로는 유약을 바른 오지그릇과 함께 유약을 바르지 않은 질그릇인 도기를 포함한다는 점으로 보면 당연히 삼국 시대는 물론이고 그 이전까지로 사용 시기를 넓혀서 생각해 볼 수 있다. 이렇듯 우리나라에서 오래전부터 사용했던 옹기는 그 역사에 걸맞게 지역적으로 보아도 특징적인 모양을 만들어 사용했다.

대체로 서울을 포함한 경기 지역에서 사용했던 옹기, 즉 항아리 또는 독은 배가 덜 부르고 전이 큰 형태로 되어 있고, 충청도 지역의 옹기는 조금 둔탁한 모양을 하고 밑지름과 입지름이 비슷하며 색깔은 진한 적갈색과 자색이 많다. 경상도 지역의 옹기는 다른 지역의 옹기에 비해 가장 배가 불룩하면서 어깨가 튼튼해 보이며 입지름과 밑지름이 좁은 편이다. 옹기 겉면의 무늬는 많이 없어지고 대신에 물레를 돌리면서 손이나 근개로 무늬를 만들어 낸 손띠와 근개띠가 그려져 있다. 전라도 지역의 옹기에는 다른 지역에 비해 농사짓는 모습이 많이 남아 있는데, 달덩어리 항아리라고도 불리며 예술적인 가치를 높게 보기도 한다. 또한 이 지역의 옹기 무늬에도 손띠와 근개띠가 많이 남아 있다. 강원도 지역의 옹기 특징은 다른 지역의 옹기보다는 작은 편인데, 이것은 산악 지형이 많으므로 이동이 편리하게 만든 것이라고 본다.

우리나라의 기후 조건이 지역마다 다른 옹기 모양에 영향을 주었다. 북쪽 지방은 남쪽 지방에 비해 햇빛이 적게 들므로 굳이 햇빛을 차단할 필요가 없다. 그래서 옹기의 입이 넓은 편이며 또한 남쪽 지방보다 온도가 낮으므로 튼튼히 만들고자 전과 굽을 크게 만들었다. 서울과 경기 지역의 옹기는 다른 지역의 옹기보다 배가 덜 부르고 전이 커서 햇빛이 적은 곳에서 빛을 많이 모으도록 한 것도 같은 이유라고 할 수 있다. 남쪽 지방의 옹기는 어깨가 넓고 입은 약간 좁게 만들었는데, 그 이유는 우선 옹기 안에서 내용물의 부패를 막기 위해서이고, 다음으로 오랫동안 보관할 때 옹기 안에서 대류 현상으로 빨리 순환하는 것을 막기 위해서이다. 그리고 옹기를 땅에 묻었을 때 이물질이 들어가는 것을 막기 위해서이다. 마지막으로 북쪽 지방보다 햇빛이 강하지만 습한 기후에 벌레가 끼는 것을 막고자 뚜껑 깊이를 깊게 만들고 이가 잘 들어맞게 했다. 이처럼 지역에 따라 옹기 모양이 다른 것은 기후와 자연 환경에 영향을 받은 것이라고 할 수 있다.

옹기 조각의 단면을 전자 현미경을 이용해 1,500배 이상으로 확대해 보면 아주 작은 구멍이 매우 많았다. 유약을 바른 겉면에도 흙의 모래 성분 영향으로 유약이 함몰되거나 밖으로 튀어나온 사이에도 작은 구멍이 많았다. 편광 현미경과 엑스선 회절 장치로 살펴본 결과도 잘 구워진 옹기에는 작은 통로들이 옹기 겉까지 많이 연결되었다. 옹기 구멍의 크기는 1~20마이크로미터이므로 이보다 훨씬 작은 0.00022마이크로미터 크기의 산소는 쉽게 드나들지만, 구멍보다도 2,000배 이상이나 되는 물방울은 옹기 안으로 들어갈 수 없다. 이처럼 옹기 안팎으로 공기가 통할 수 있기에 옹기가 숨을 쉰다고 표현하는 것이다. 그래서 옹기는 자연적인 환원성, 통기성, 방부성, 견고성, 경제성 등의 특성을 갖는다고 본다.

옹기가 숨을 쉰다는 사실을 몇 가지 실험을 통해 확인했다. 먼저 같은 크기인 옹기 그릇과 유리 그릇에 물을 부어 각각 금붕어 2마리씩 넣고 입구를 랩으로 씌웠는데, 유리 그릇은 사흘째에 물이 뿌옇게 흐려졌고 나흘째에 금붕어가 죽었으나 옹기 그릇에서는 변화가 없었다. 또한 전자 현미경을 이용하여 옹기 단면을 직접 관찰했는데 1,500배 이상 확대하면 크고 작은 수많은 구멍이 보였다. 다음으로 옹기의 작은 구멍을 통해 공기가 통하는지 보고자 옹기 조각을 밀봉하고 그 양쪽으로 호스를 연결하여 공기를 불어넣었다. 어느 일정한 수준 이상의 압력으로 불어넣으니 물속에 잠겨 있던 호스에서 물방울이 떠오르는 것으로 보아 공기가 통한다는 것을 알 수 있었다.

공기가 통하는 옹기에 보관한 김치는 다른 그릇에 보관한 김치보다도 씹히는 맛을 결정하는 경도가 높은 것으로 보아 옹기에 보관한 김치는 오랫동안 신선함을 유지하는 것을 알았다. 또한 수소 이온 농도(pH)의 변화를 보면 pH 4.5에서 가장 좋은 김치 맛을 보였다. 그리고 김치 맛을 결정하는 산도 변화를 조사한 결과에서도 옹기가 다른 그릇에 비해 빼어난 결과를 나타내는 것으로 보아 옹기가 가진 과학적 우수성이 실험 결과로 알 수 있었다. 이처럼 잘 구워진 옹기는 통기성이 우수하여 우리나라 전통 음식인 김치를 보관하고 익히는 데에 아주 좋은 저장 용기인 것을 알 수 있었다. 한편 숨 쉬는 옹기를 필터로 이용한 정수기를 만들어 전기도 부족한 제3세계에 보급하고자 그 가능성을 조사했다. 조사 결과를 보면 세균까지 제거할 수 있고 탁도를 크게 줄일 수 있으나

다가(多價) 이온까지 거를 수 있는지는 더 조사해야 한다고 했다. 어쨌든 옹기 필터를 이용한 정수기는 중간 기술로 활용할 만한 충분한 가치를 지니고 있다.

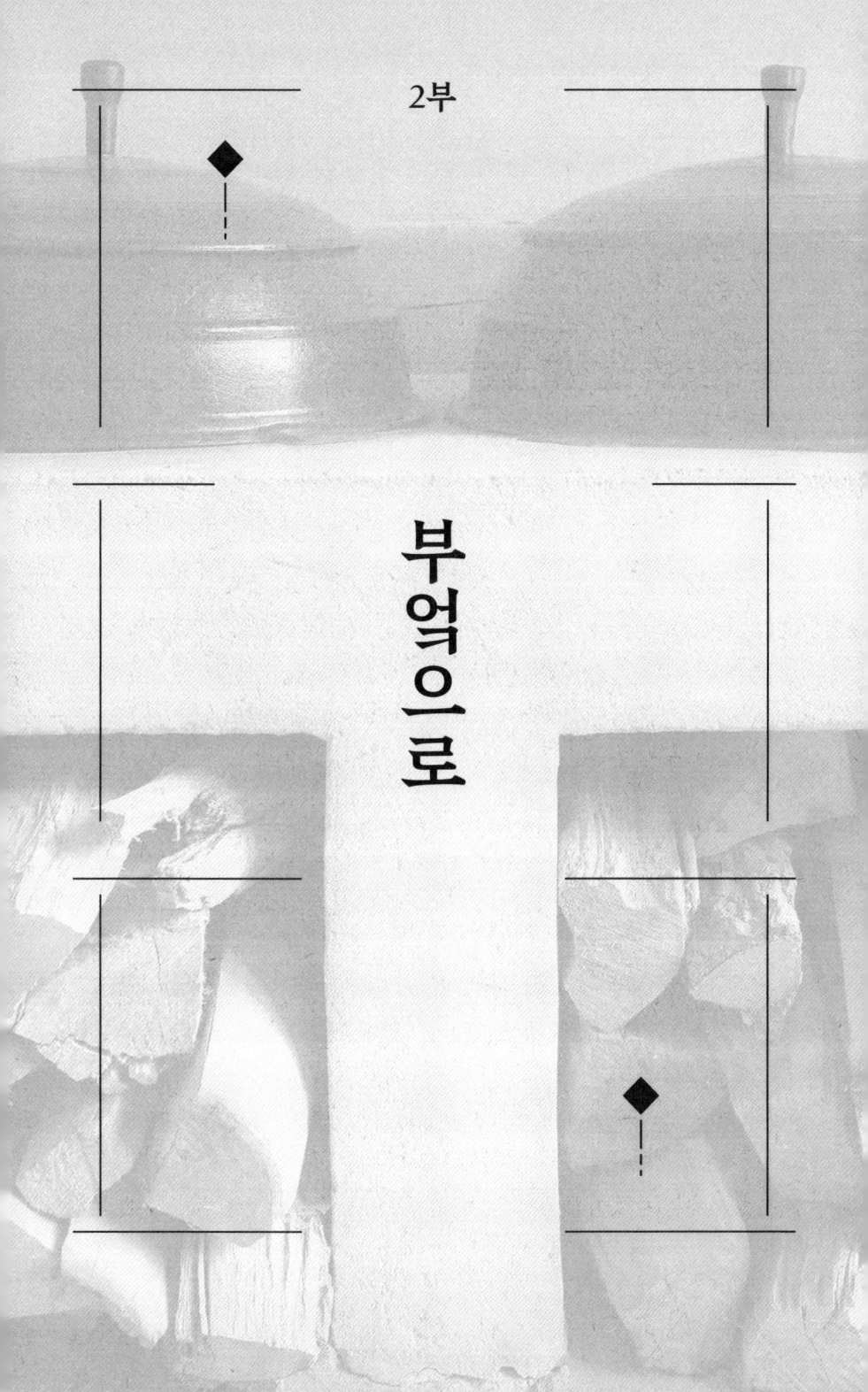

2부
부엌으로

5장
소금밭에 뒹굴어도
우리 음식 문화의 중심에 자리 잡은 소금

요즈음 우리나라의 위상이 국제적으로 높아지면서 세계 여러 나라에서도 우리 문화에 관심이 높아지고 이와 함께 우리 문화에 대한 세계인들의 인식도 많이 바뀌고 있다. 우리 문화의 한 부분을 차지하는 음식 문화도 웰빙 바람을 타고 세계 곳곳에서 각광을 받고 있다. 미국에 진출한 한 한국 음식점에서 우리 음식인 순두부 요리를 가져다 미국 사람들에게 순두부의 맛을 알리려고 했다. 하지만 그 음식점에서는 처음부터 한국에서 맛보던 순두부 본래의 맛을 재현하기가 어려웠다고 한다. 이런저런 재료와 방법을 점검하고 교체하면서 순두부 본래의 맛을 찾고자 노력했지만 쉽지 않았다. 그러던 끝에 요리에 쓰던 소금을 우리나라 소금으로 바꿔 보았다고 한다. 마지막이라 생각하고 선택한 소금이었는데 다행히 그것으로 한국 순두부 고유의 맛을 재현할 수 있었다고 한다. 아주 작고 작은 소금이 그만큼 중요하다는 이야기이다.

소금은 소금밭에서

인류는 야생 동물을 잡아다가 가축으로 사육하기 시작하면서부터 가축들에게 염분이 들어 있는 먹이를 주어야 한다는 것을 알았다. 야생 동물들은 살아남기 위해 어떤 방법으로든지 염분을 섭취해야 한다. 사람도 마찬가지로 소금이 필요하지만, 사람은 동물을 사냥해서 먹었기에 동물이 자연에서 찾아 먹고 몸 안에 담아 놓은 소금기를 그대로 얻을 수 있었다. 그렇지만 인류가 한곳에 자리 잡고 농사를 짓기 시작하면서 상황이 달라졌다. 농사를 지어 수확한 농작물을 먹으면서부터 부족한 소금기(염분)를 다른 방식으로 보충해야 할 필요가 생겼고, 더욱이 음식물을 오랫동안 저장하기 위해서 더 많은 소금이 필요해졌다. 어떻게든 소금을 확보하는 일이 사람이 살기 위해 꼭 필요한 일이 되었다.

아마도 지구 생명체 가운데 사람만이 스스로 소금을 만들어 먹을 수 있는 유일한 존재일 것이다. 오래전부터 사람들은 바닷물을 증발시켜 소금을 얻는 방법을 깨우쳐 활용했지만, 바다에서 멀리 떨어진 내륙에 살았던 사람들은 다른 방법으로 소금을 찾아야만 했다. 동물들이 소금기가 많은 흙이나 바위를 찾아다니며 핥아먹었을 터이니 사람은 동물의 감각을 믿고 그 뒤를 따르며 소금을 얻었을 것이다. 예를 들자면 짠물이 흘러나오는 소금 샘터에서 동물들이 짠물을 먹는 것을 보고 짠물을 단지에 담아 놓았다가 수분이 날아가면 그 안에 남은 소금을 얻는 방법을 찾아내기도 했다. 실제로 세계 곳곳에서 옛날 사람들이 소금을 얻었던 지역에 수많은 단지 조각들이 흩어져 있는 유적지를 찾아볼 수 있다.

그러다 사람들은 짠물이 고이는 곳에 우물을 파고 그 물을 두레박으로 길어 올려 그릇에 담아 불을 때서 물기를 날려 보내고 소금만 남기는 방법을 알았다. 이런 방법을 통해 더 많은 소금을 얻을 수 있었다. 그리고 이러한 곳을 소금을 만드는 곳이라고 해서 제염소(製鹽所)라 불렀다. 물론 지역에 따라 바위처럼 단단한 소금이 땅속에 묻혀 있기도 하므로, 사람들은 광석을 캐듯 땅속에 굴을 파고 암염(巖鹽, 돌소금)을 캐내어 이용하기도 했다. 그런가 하면 옛날에 바다였던 곳이 솟아올라 호수가 되었다가 그 물이 마르고 소금만 남아 하얀 소금이 넓게 펼쳐진 소금 호수에서 소금을 채취하기도 했다.

예로부터 우리나라에서 소금을 생산하는 지역은 서해와 맞닿은 해안가이다. 우리나라 연근해 바닷물에는 많은 양의 무기염이 들어 있기에 질 좋은 소금을 만들 수가 있다. 물론 모든 바다는 하나로 연결되어 있기에 바닷물은 어디서든지 모두 같다고 생각할 수 있다. 그러나 자세히 살펴보면 지역에 따라 바닷물이 모두 같은 것이 아니다. 지역에 따라 염분도 조금씩 다르고 녹아 있는 광물도 다르기 때문이다. 또는 바닷물을 낀 지형의 넓고 좁음에 따라 바닷물에 들어 있는 염류나 무기염이 다르다. 이에 따라 잡히는 물고기도 다를 수밖에 없다. 우리나라에서 잡히는 물고기가 풍부한 것은 바닷물에 많은 무기염이 들어 있기 때문이라 할 수 있다.

옛날부터 염전(鹽田, 소금밭)에서 생산되는 우리 소금은 품질이 좋다고 한다. 지금처럼 육지에서 많은 것이 바다로 흘러들어 오염시키기 이전의 바다는 당연히 깨끗해서 맛있는 소금을 만들었을 것이다. 『동의보감』과 『본초강목(本草綱目)』 등의 의서에도 소금은 독이 없다고 했다.

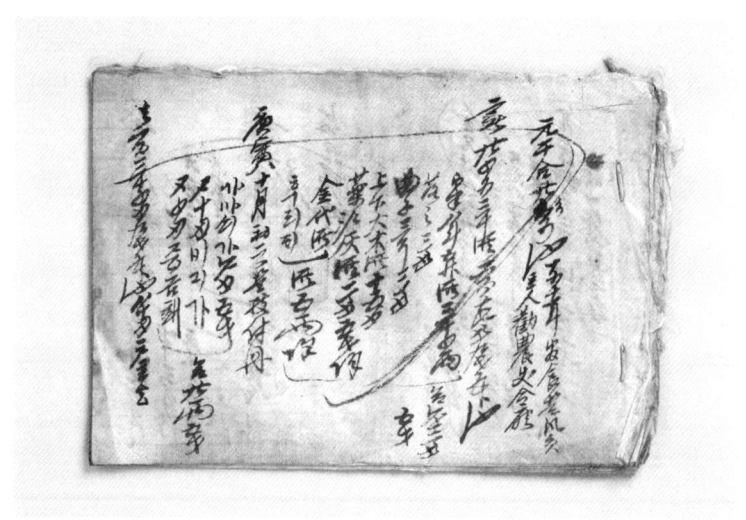
조선 시대에 사용된 소금 거래 장부. 사진 출처: 국립 민속 박물관.

햇볕이 좋을 때는 만드는 데 일주일 정도 시간이 걸리는 천일염도 어디에서 만드느냐에 따라 소금의 모양과 맛이 차이가 난다고 한다. 같은 지역의 소금밭이라도 잘 다져진 흙바닥 위에서 긁어모은 '토판염'이 긁어모으기 쉽게 바닥에 장판을 깔고 모은 '장판염'보다 질이 좋다고 한다. 그래서인지 사람들은 토판염을 장판염보다도 값을 3배나 더 많이 쳐준다. 이처럼 값에서 차이가 나는 토판염이지만 사람들은 맛있는 음식을 위해 아낌없이 비싼 값을 치른다.

더욱이 우리나라에서 생산되는 소금은 굵직굵직한 정육면체 모양을 하고 그 맛도 고소하다고 한다. 아마도 소금에 들어 있는 칼슘, 마그네슘, 규소, 철, 인 등을 포함한 염류가 알맞게 들어 있기에 고소한 맛을 내는 것이라 하겠다. 그런가 하면 우리 소금에 비해 중국에서 생산된 소금은 많이 깨진 육면체에 맛 또한 더 쓰다고 한다. 우리 소금과 중국 소금을 비교해서 우리 소금이 더 좋다고 강조하려 한다기보다 대체로 그러하다는 경향을 말하려는 것이다. 우리 소금이 맛 좋고 비싸기에 이보다 품질이 덜한 중국산을 가져와 우리 소금이라 거짓말하며 파는 나쁜 사람들도 있다.

사람들이 소금은 짠맛을 내는 재료이고, 짠맛이 달라야 얼마나 다르겠냐고 생각한다. 게다가 우리나라 소금 가격이 중국이나 동남아시아 소금보다 비싼 것은 임금을 비롯한 생산 가격이 높기 때문이라고 생각하는 사람들이 많다. 해마다 부산 기장의 대변항에서는 봄을 맞이해 멸치 축제를 벌인다. 그곳에 가면 싱싱한 멸치로 담은 멸치젓이 전국 각지로 팔려 나간다. 우연한 기회에 축제에 참여했다가 멸치젓 한 통을 담아 왔는데, 소금은 베트남 산을 쓴다고 했다. 상인의 입장으로는 짠맛을 내는 소금이니 어느 것이나 다를 바 없다고 생각했으리라. 그래도 축제의 품격을 높이려면 별것 아닌 것 같은 소금이라도 우리 것을 사용해 제대로 했다면 좋았을 것이라는 생각이 들었다.

요즘에는 소금을 생산하는 수고를 덜고자 기계를 이용해 소금을 만들기도 한다. 바닷물에 포함된 소금기 성분은 30~35퍼밀(‰)로 이를 백분율로 바꾸면 3~3.5퍼센트(%)이다. 사람들이 쓰는 생리 식염수의 염분 농도가 0.7~0.9퍼센트이니 바닷물의 염분 농도가 4~5배나 높은 것이다. 이러한 바닷물을 기계에 넣고 끓여 만든 소금을 '기계염'이라 하는데, 이 기계염은 햇볕을 이용한 천일염보다 입자가 작아 사람들이 이용하기에 좋다고 한다. 그래서 사람들은 기계염에 조미료를 더해 식탁에 내놓는데 이를 '식탁염'이라고 한다. 사용하기 편하다는 기계염보다 천일염의 맛과 영양이 더 낫다고 해서 요즘에는 기계염보다 천일염을 찾는 사람들이 늘어나고 있다.

　소금은 짠맛이 기본이므로 사람들이 소금을 짠맛 재료로 이용하는 것은 지극히 당연하다. 그래도 사람들은 더 맛있고 질 좋은 소금을 찾으면서 소금을 가공하는 방법까지 알아냈다. 소금의 맛과 품질을 더욱 좋게 만들고자 소금을 굽기도 한다. 이른바 '구운 소금'이라는 것인데, 천일염을 가마에 넣고 섭씨 700도 이상에서 구워내면 중금속을 포함한 불순물이 날아간다고 한다. 물론 소금의 화학적인 변화도 나타나는데, 실험 결과에 따르면 수소 이온 농도(pH) 8.75이던 천일염이 구운 소금에서는 pH 10.53으로 바뀐다. 다시 말해서 소금을 구우면 강한 염기성으로 바뀐다는 것이다. 정제염의 수소 이온 농도가 pH 6.43인 것과 비교하면 아주 큰 차이가 난다. 산성 식품을 피하라는 의사들의 권고를 고려하면 구운 소금을 식재료로 쓰는 것도 나쁘지 않을 것 같다. 대나무 통에 소금을 넣고 불에 구워낸 '죽염'을 몸에 좋다고 하는 것도 모두 같은 생각에서일 것이다.

소금이 오가던 소금길

중앙아시아 초원에 유럽과 중국을 잇는 비단길(silk road)이 있었듯이 고비 사막에는 서역과 중국 내륙을 잇는 소금길(salt road)이 있었다. 비단길은 유럽 사람들이 멀리 떨어진 중국에서 비단과 도자기 같은 귀한 물건을 가져다 팔기 위한 교역로였다. 이에 비해 소금길은 사람들이 살아가는 데 꼭 필요한 소금을 나르는 생명길이었다. 고비 사막을 비롯한

일제 강점기에 발행된 소금 장수 사진 엽서. 사진 출처: 국립 민속 박물관.

아시아 내륙 지방에서도 사람들은 살아가기 위해 소금을 먹어야만 한다. 그런데 내륙에는 바다가 없어 바닷물로 만드는 천일염을 생산할 수가 없다. 그러기에 내륙 지방에 사는 사람들은 다른 방법으로 소금을 구해야만 한다.

바다에서 멀리 떨어진 내륙 지방에 사는 사람들은 돌소금(암염)을 캐내어 이용한다. 이는 오래전에 바다였던 곳이 솟아올라 육지가 되면서 바닷물이 빠지고 남은 염분이 덩어리로 굳어진 것이다. 땅속의 돌소금은 소금 결정이 모래처럼 자잘하게 모여 있는 천일염과 다른 모습이다. 돌덩어리 모습 그대로다. 암염은 얼음처럼 투명하지는 않지만 우윳빛의 반투명이니, 큼지막한 암염 덩어리에 구멍을 뚫고 전구를 넣어 불을 밝히면 훌륭한 장식이 된다. 일종의 설치 미술이라 할 수 있는 소금 램프를 집안에 두면 벌레가 없어진다는 이야기도 있다. 어쨌거나 바다를 보기조차 어려운 내륙 지방 사람들에게 돌소금은 귀하디 귀한 자원이었을 것이다. 돌소금을 '하얀색 황금'이라고 했던 이유를 조금이나마 이해할 수 있다.

광산에서 광석을 캐듯이 소금 광산에서 소금을 캔다는 것이 쉽지 않겠지만, 내륙 지역에서는 소금 채굴이 아주 중요한 산업일 수밖에 없다. 러시아는 유럽과 아시아에 걸친 넓은 땅을 가리고 있지만 바다를 낀 곳이 북극해를 포함한 추운 지역이라 염전을 만들 수가 없다. 이런 러시아에서는 염전 대신 광산에서 소금을 채굴하는 돌소금 채굴 산업이 발달해 있다. 더욱이 묻혀 있는 소금의 양도 아주 많으니 러시아 사람들은 소금 걱정을 덜 수 있다. 겨울에 얼지 않는 바다를 확보하고자 전쟁도 불사했던 러시아에 이처럼 돌소금이 풍부한 것은 추운 겨울을 살아가는 러시아 사람들에게는 그나마 다행스러운 일이다.

벌레도 소금을 찾는다

소금이 필요한 것은 사람만이 아니다. 말 못 하는 동물은 물론이고 하찮아 보이는 벌레들도 소금이 필요하다는 것은 굳이 말할 필요조차 없다. 여름철 산에 오르다 보면 검은색의 커다란 나비를 만날 수 있다. 검은색의 커다란 날개 아래쪽에 선명한 붉은 점이 박혀 있기에 사람들 눈에 더욱 잘 띈다. 큼지막한 날개를 펄럭이며 물방울이 튕기는 계곡에서 날아다니는 나비를 보노라면 누구라도 잠시 발길을 멈출 수밖에 없다. 그리고 도대체 어떤 종류의 나비인지 궁금해한다. 누구나 한 번만 보아도 그 모습이 쉽게 잊혀지지 않는 나비인데, 우리나라 최초의 나비 박사인 석주명 선생은 이 나비를 '산신령나비'라 부르자고 했다. 이 나비의 이름은 산제비나비(*Papilio maackii*)이다. 산제비나비의 피 안에는 무기염을 포함하는 염분이 있다. 그래서 이 나비는 염분을 얻고자 동물의 배설물 주위를 날기도 하며, 피의 염 농도를 맞추기 위해 물가를 찾아 물을 빨아 먹기도 한다.

요즘에는 생활 공간 주변에서 풀벌레 소리를 들어보기가 점점 어려워지고 있지만, 예전에는 어디를 가나 쉽게 풀벌레를 볼 수 있었다. 봄부터 가을까지 어디를 가더라도 풀밭에서 풀쩍거리는 여러 종류의 풀벌레를 만날 수 있었다. 옛날에는 국민학교(지금의 초등학교) 학생들에게 여름 방학 과제의 하나로 곤충 채집을 해 오도록 했다. 어린 학생들은 모기장을 잘라 만든 포충망을 들고 풀밭을 뛰어다니며 풀벌레를 잡아 이름을 찾아 적고 과제물로 제출했다. 어린 학생들은 이왕이면 더 멋있고 예쁜 곤충을 잡으려 했기에 풀밭에서 잡는 풀벌레보다도 하늘을 나는 나비나 잠자리를 잡고자 했다. 그래서 사람들은 지금도 곤충 채집이라는 말만 들으면 포충망을 머리 위로 세우고 이리저리 뛰어다니는 어린이들의 모습을 상상하게 된다.

요즈음에는 생물 종의 다양성을 중요시하고 자연을 보호하자는 뜻에서 학생들에게 곤충 채집을 방학 과제로 내지 않는다. 연구 자료로 곤충 채집을 할 때도 포충망을 세우고 이리저리 뛰어다니지 않는다. 아니 전혀 그럴 필요가 없다. 필요하지 않은 벌레를 무조건 많이 잡을 이유가 없기 때문이다. 그러나 특별히 원하는 어떤 나비 종류를 잡고자 한다면 그 나비가 좋아하는 꽃이나 먹이로 하는 식물 근처에서 그 나비가 오기를 기다리면 된다. 다시 말해서 특정한 벌레를 잡으려면 그 벌레의 생리적 특성에 맞춘 채집 방법을 고안하면 된다. 이처럼 전문가의 곤충 채집은 생각부터 다르다. 마찬가지로 산제비나비의 독특한 생리 작용을 이해한다면 어째서 이들이 계곡 물가를 자주 찾는지 그리고 물가 근처에서 맴도는지 그 이유를 알 수 있다.

작은 곤충만이 아니라 소금을 찾는 동물들은 우리 주위에서 흔히 볼 수 있다. 농가에서 소를 기를 때에도 쇠죽에 소금을 넣어 주었던 기억을 가진 사람들도 있다. 요즈음에는 쇠죽 대신에 사료를 먹여 키우지만, 사료 안에도 어김없이 소금이 들어 있다. 어디 소뿐인가? 동물원의 동물들도 때때로 소금을 먹여야 생기를 보인다. 침팬지로 대표되는 유인원도 일주일에 한 번쯤은 먹이에 소금을 넣어 주거나 아예 소금 덩이나 돌소금을 넣어 주어야 활발하게 움직이고 생기를 보인다. 우리 안의 동물만이 아니라 자연에서 사는 코끼리나 기린도 무기염을 먹으려고 때때로 바위를 핥기도 한다. 스스로 양분을 만들지 못하는 동물이 살아남기 위해서는 필요한 염류를 어떻게 해서든지 찾아 먹어야 한다. 우리는 동물의 이상한 행동을 볼 때마다 그 원인을 찾아보면 의외로 놀라운 사실을 발견할 때가 많다. 다 같은 지구 생명이기 때문이다.

소금의 다양한 쓰임새

다시 돌아와 우리 생활 속에서 일어나는 여러 가지 일을 살펴보더라도 소금은 역시 필요하고 또한 중요한 존재일 수밖에 없다. 그래서 사람들은 소중한 것을 이야기할 때마다 '빛과 소금'에 빗대는지도 모른다. 음식도 밋밋한 것보다는 역시 적당히 간을 해 짭짤한 게 더 맛있게 느껴진다. 그러기에 맛을 즐기는 사람들이라면 소금을 아주 절묘하게 쓴다. 그러나 소금의 용도는 맛을 내는 데만 있지 않다. 음식을 보관하는 데도 매우 긴요하게 쓰인다.

생물의 몸은 절반 이상이 물로 채워져 있다고 해도 틀린 말이 아니다. 몸은 그대로 두고 안과 밖의 균형을 다르게 만드는 재료가 소금이다. 물론 몸 대신에 세포라고 해도 의미는 크게 달라지지 않는다. 세포막이라는 경계를 두고 안과 밖의 염 농도가 다르다. 그래서 사람들은 이러한 차이를 이용해 세포 안으로 물을 넣기도 하고 물을 빼내기도 한다. 보통의 생물 몸에서 물을 빼면 몸 안쪽의 염 농도는 당연히 높아진다.

이처럼 염 농도가 높은 상태에서는 어떤 미생물이라도 쉽게 살 수 없다. 물론 음식을 상하게 하는 부패 미생물도 높은 염 농도에서는 당연히 살 수 없다. 사람들은 이러한 원리를 이용해 음식물과 음식 재료를 상하지 않게 보관하는 방법으로 소금을 활용하는 지혜를 발휘했다. 이것이 이른바 염장법(鹽藏法)이다. 쉽게 말하자면 음식이나 음식 재료를 소금에 절여 보관하는 것이다. 물론 꼭 소금이 아니라 설탕이나 식초를 이용하더라도 그 효과는 크게 다르지 않다.

사람이 먹는 음식에만 소금을 이용하는 것은 아니다. 사람이 사는 집에도 소금을 이용하는 경우는 얼마든지 있다. 황토집을 지을 때에 그냥 흙으로만 짓는 것이 아니다. 흙에다 적당한 양의 소금을 넣어 준다. 황토집만 아니라 다른 집을 지을 때도 마찬가지이다. 집을 지을 때는 당연히 기둥을 똑바로 세우는데, 기둥 밑이나 기둥 이음새 안에 소금을 넣어 준다. 또한 지붕의 기와를 이을 때도 중천장이나 서까래에 소금을 조금씩 넣어 준다. 쥐나 벌레가 꾀지 않도록 막으려는 뜻에서다. 그뿐만 아니라 벽을 바르기 위한 황토 반죽에도 균열을 방지하고 해충이 꼬이는 것과 부식을 막고자 소금을 넣기도 한다. 집을 지을 때도 가장 먼저 하는 터 닦기 과정에서도 소금을 이용한다. 집을 짓기 위해 바닥을 고를 때에 소금을 뿌리고 바닥을 다진다. 그래야만 바닥이 단단하고 균열이 적기 때문이다. 흙으로 만든 테니스장도 소금을 뿌리고 바닥을 다진다. 고려 시대에 만든 팔만 대장경이 보관된 경판전(장경각이나 장경고는 옛 이름이다.) 바닥에도 숯과 회 그리고 소금을 뿌리고 다졌기에 지금까지 별 다른 피해 없이 유지되었다.

물론 이러한 여러 가지 예는 소금이 지닌 과학적인 사실을 말해 주지만, 옛사람들이 생각하기에는 과학적인 사실 이외에도 소금이 부정한 것을 막는다고 생각했기에 집 주위로 소금을 묻었다고 한다. 해인사 주위 10여 군데에 소금을 묻었다는 이야기가 전해 오는데, 이것도 소금이 부정을 막아 준다는 의미로 그리했을 것이다. 물론 요즘에도 부정한 것을 없애고 액땜하는 데에 소금을 이용하기도 한다. 장사하면서 나쁜 모습을 보거나 재수가 없을 것 같으면 소금을 뿌리며 "고수레!" 하며 액땜하는 모습을 볼 수 있다. 그리고 집안에서도 눈에 거슬린 일이 생기면 소금을 뿌리고 액을 물리친다. 이미 옛날 일이 되어 버렸지만, 아이가 자다가 이부자리에 오줌을 싸면 일어나자마자 머리에 키를 둘러쓰고 옆집에 가서 소금을 얻어오도록 한 것도 모두가 소금을 부정한 것을 막고 액땜하는 용도로 이용한 사례들이라 할 수 있다.

오래전부터 전해 오는 속담으로 '부뚜막의 소금도 집어넣어야 짜다.'라는 말이 있다. 우리 생활에서 소금은 그야말로 필수적인 재료이다. 하지만 단지 소금이 있다고 해서 모든 일이 해결되지는 않는다. 어떻게 해서든지 적극적인 행동으로 옮겨야 비로소 소금이 소금으로서 역할을 한다. 짠맛을 내는 재료인 소금이라도 그것이 음식에 들어가야 비로소 짠맛을 낼 수 있다는 말이다. 소금이 짠맛뿐만 아니라 다른 여러 가지 신비한 능력을 간직하고 있다 하더라도 사람들이 적극적인 자세로 활용하는 방법을 찾아 이용해야 한다. 아마도 그런 면에서 보면 사람들이 즐겨 이용한 염장법은 우리 음식 문화를 풍성하게 만들어 준 소중한 살림의 지혜 가운데 하나이다. 이러한 지혜를 오늘에 이르러 적극적으로 활용하는 방법을 찾아보고 또한 더 이상 사람들이 잊어버리지 않도록 기억하고 더욱 발전시켜야 할 것이다.

하나 더, 우리나라의 전통 소금 자염

소금은 사람이 살아가는 데에 꼭 필요하므로 사람들은 오래전부터 소금을 구하고자 많이 노력했으며 지금도 그러한 노력이 이어지고 있다. 요즈음에는 소금을 여러 가지 방법으로 만드는데, 우리가 먹는 소금은 크게 천일염과 정제염으로 나눈다. 천일염은 말 그대로 염전에서 바닷물을 햇볕에 증발시켜 만든 소금이다. 정제염은 기계적으로 대량 생산하는 기계염과 가열 공정을 거쳐서 만드는 구운 소금, 볶은 소금, 생금, 죽염 같은 가공염이 있다. 이와 더불어 외국에서 수입한 암염도 있다. 우리나라에서 전통적 방법으로 생산하는 천일염은 당연히 바닷물을 이용하는데, 근래에 이르러 연안이 오염되면서 소금에서도 중금속과 같은 유해 물질의 검출 가능성이 우려된다. 한편 정제염의 경우에는 제조 공정에 따라 칼슘과 마그네슘 같은 무기염이 적다는 문제도 있다. 더욱이 현재 시중에서 판매되는 소금의 염분이 고농도라 사람들은 염분이 적은 저염 소금에 관심이 있고 또한 그 필요성이 점점 커지고 있다.

이제까지 우리나라에서 만들었던 전통적인 소금의 생산 방법이 어떤 것인지 자세히 살펴보고, 요즈음 사람들이 원하는 소금을 위해 필요한 점이 무엇인지 찾아보고, 대안을 마련하려면 소금 생산에 관한 확실한 정보와 자료를 알아야 한다. 민속학 연구자 박종오는 「전통 소금 생산 시설의 운용: 하의 소금 전시관을 대상으로」라는 제목의 논문에서 전통적 소금 생산 방법인 화염(火鹽 또는 花鹽) 제조법을 설명하면서, 우리 생활에서 소금이 어떠한 역할을 하며 특별한 문화 유산으로 어떻게 보존해야 할 것인지 함께 설명하고 있다.

우리나라의 천일염과 제재염 생산 방식은 20세기에 도입된 것이므로 우리가 오래전부터 생산한 전통적인 소금은 자염(煮鹽)인 셈이다. 소금 가운데 천일염은 태양염(太陽鹽) 또는 청염(淸鹽)으로도 불리며, 바닷물을 끌어들인 후에 햇볕으로 수분을 증발시켜 결정체로 얻은 것이다. 또한 제재염은 천일염을 바닷물에 녹인 다음에 다시 가공한 것이다. 이에 비해 자염은 화염, 전오염(煎熬鹽), 육염(陸鹽)으로도 불리며, 바닷물의 염도를 높인 뒤에 끓여서 석출시킨 전통 소금이다.

우리나라 서해안에서 이루어졌던 염전식 제염법은 갯벌이나 모래밭에서 함사(鹹砂)나 함토(鹹土)를 만들어 이곳으로 바닷물을 들이거나 바닷물을 직접 부은 함수(鹹水)를 얻어 소금을 만드는 방식이다. 이처럼 함수를 어떻게 모으느냐에 따라 전통 소금을 만드는 방법이 다른데, 전라도 지역에서는 '섯등 방식'과 '섯구덩이 방식'에 따라 전통 소금을 만들었다. 특별히 전라도 지역에서 만들었던 전통 소금은 자염이라는 말보다는 화염이라 부르는 경우가 많았다.

전통 소금의 생산은 천일염 생산 방식이 도입되면서, 땔감 확보가 어려워지고, 소금을 생산하는 데에 필요한 노동력 확보가 어려워지고 더 나아가 가격 경쟁력까지 약해지면서 한국 전쟁 전후로 점차 사라졌다. 그러다 근래에 사람들의 건강에 관한 관심이 높아지고 삶의 질이 향상되면서 그동안 우리가 소홀했던 전통 소금에 눈을 돌리고 관심을 가지게 되었다. 이러한 배경에 힘입어 충청남도 태안과 전라북도 고창을 비롯한 여러 곳에서 전통 소금 제조법을 자원화하면서 축제도 만들고 문화 마을 만들기 사업의 소재로 이용하고 있다.

전라남도 신안군 하의도에서는 예전부터 전통 소금인 자염을 생산

자염 생산 장면을 그린 일제 강점기 발행 엽서들. 사진 출처: 국립 새만금 간척 박물관.

했던 모습을 재현한 화염 제조 시설을 마련하여 사람들에게 보여 주고 있다. 전통 소금 생산 방식은 크게 염전 갈기, 함수 얻기, 소금 굽기의 세 가지로 나누는데, 염전 갈기와 소금 굽기는 지역에 따라 큰 차이가 없지만, 함수 얻기에서는 큰 차이가 난다. 하의도에서는 함수를 얻기 위해 먼저 갯벌을 논처럼 만든 것을 염전이라 부른다. 우선 갯벌을 막아 제방과 수문을 만들어 바닷물이 들고나는 것을 조절하도록 했다. 제방 안쪽 갯벌을 논처럼 만들고 그 사이로 물길을 만들어 바닷물을 담아 둔다. 함수를 얻고자 소를 이용해 염전 흙을 가는데, 흙이 마르면 잘게 부수고 다시 갈기를 세 번 정도 되풀이한다. 염전 갈기가 끝나고 흙이 마르면 함수를 받을 섯판(섯등)을 만든다. 섯판은 잘 말린 흙으로 함수를 얻는 장치인데, 염전 위에 일정한 높이로 흙을 쌓고 그 안에 보릿대를 깐다. 섯판 위에 잘 마른 염전 흙을 얹은 후에 올려놓은 흙 주변을 벽처럼 쌓고, 그 위에 갯골 물을 떠 부으면 농축된 함수가 보릿대를 따라 옹기로 흘러내린다. 옹기에 모은 함수를 물지게로 염막 옆의 웅덩이로 옮기는데, 함수 웅덩이는 개인 것으로 '개인 둠벙' 또는 '쪽집'이라 부른다.

염분이 농축된 바닷물인 함수를 가져와 소금을 굽는 시설이 염막이다. 염막은 통나무 여러 개를 원추형으로 뼈대를 세우고 회반죽을 넣어 단단히 고정한다. 지붕과 벽은 짚으로 엮은 이엉을 두르고 윗부분은 하늘이 보이게 틔워놓는다. 가마에 들어가는 함수의 양에 따라 불 때는 시간이 다른데, 처음에는 불을 세게 지폈다가 소금이 내리기 시작하면 불기운을 낮춘다. 소금이 만들어지기 시작하면 소금개비를 이용해 가마 가장자리로 긁어모은다. 긁어낸 소금을 소쿠리에 담아 수채 둠벙에 내려놓으면 소금에 남아 있던 물기가 빠지면서 마른다.

서해안 지역에서 이루어졌던 자염 생산 방식은 태안 지역을 중심으로 한 통자락 방식과 신안 지역에서 이루어졌던 섯등 방식 그리고 고창 지역을 중심으로 한 섯구덩이 방식이 있다. 통자락은 갯벌을 깔때기 모양으로 둥글게 파내고 그 안에 간통을 만드는데, 중심부는 넓고 위는 좁게 말뚝을 띠풀이나 짚으로 엮은 이엉을 둘러 갯벌 흙이 들어가지 못하게 만든 것이다. 섯등 방식은 섯등을 만들어 그 위에 나무를 걸치고 수숫대, 옥수숫대, 소나무가지 등을 걸쳐서 물이 잘 빠지도록 만든다. 섯구덩이 방식은 염전 위에 구멍을 판 후 그 안에 소나무와 잡나무, 마름 등을 얹고 그 옆에 우물통을 만들어 함수를 얻는 방식이다. 함수를 얻는 방식에 따르면 하의도의 화염 생산 방식은 섯등 방식이라 할 수 있는데, 섯등을 크게 하나만 만들지 않고 섯등을 여러 개 만드는 것이 특징이다.

세계적인 소금 생산량 2억 1000만 톤 가운데에서 암염 생산량은 61퍼센트에 이르고, 천일염 생산량은 37퍼센트이다. 천일염 중에서도 갯벌 천일염은 0.2퍼센트에 불과한 희소 자원인데, 갯벌 천일염 생산 규모는 우리나라가 86퍼센트, 중국이 7퍼센트, 프랑스 4퍼센트, 포르투갈 2퍼센트, 베트남 1퍼센트 순으로 우리나라 생산량이 압도적으로 많다. 이러한 지표는 우리나라 자연 환경이 갯벌 천일염 생산에 적합하다고 보는데, 한편으로는 다른 나라에서 갯벌 천일염 생산에 그만큼 힘을 쏟지 않는다고 할 수도 있다. 어쨌거나 갯벌 천일염에 관한 관심과 중요성이 점점 강조되고 있으므로, 우리는 전통 소금 생산과 함께 갯벌 천일염 생산에 대한 특성과 발전 가능성까지 잘 살펴보고 대처해 나가야 할 것이다.

6장
이중독과 매병
우리는 우리 그릇을 너무도 모른다

우리가 매일 먹는 음식을 갈무리하는 방법으로 가장 손쉬운 방법은 음식의 물기를 없애면서 바짝 말리는 것이다. 여러 종류의 곡식과 나무 열매 그리고 푸성귀를 비롯한 모든 식물성 음식 재료는 물론이고 고기와 생선 등의 동물성 재료까지 포함하는 음식 재료에서 가능한 한 물기를 빼고 바짝 말리면 미생물이 증식할 수 없으므로 효과적인 음식물의 보존법이 된다. 끼니마다 솥에 밥을 지어 푸고 난 다음에 바닥에 눌러 붙은 누룽지는 물을 붓고 다시 끓여 누룽지 밥으로 먹기도 하지만, 누룽지만 모아 말려 두었다가 나중에 군것질거리로 먹기도 한다. 이때 누룽지는 바짝 말려야 오래도록 보존할 수 있다는 것은 누구나 잘 알고 있다.

우리가 매끼 먹는 밥이지만, 먹다 남은 밥을 그대로 놓아두면 오래 가지 않고 상한다. 날씨가 더운 여름날에는 미생물이 번식하기에 좋은 기온이므로 더욱 빨리 음식이 상한다. 그렇지만 먹다 남은 밥이라도 대나무 소쿠리에 담아 두면 오래 보존할 수 있다. 대나무 그릇은 바람이 잘 통하므로 그 안에 담은 음식이 잘 말라 오랫동안 상하지 않게 보관할 수 있다. 음식을 말리는 것은 쉬운 방법이므로 오래전부터 사람들은 음식을 보관하는 데 건조 방법을 썼다. 쇠고기를 말린 육포는 물론이고 조기를 말린 굴비와 명태를 말린 북어 그리고 마른오징어와 함께 멸치와 새우 등은 대표적인 말린 고기들이다. 건포도는 물론 곶감이나 대추도 오래도록 보관하기 위해 열매를 말린 것이다.

아무리 바짝 말린 음식이라 해도 그 안에 물기가 전혀 없는 것이 아니다. 모든 생물은 물이 없이는 몸을 구성할 수 없으므로 생물 안에서 물기를 완전히 없애려면 태우지 않고는 불가능하다. 잘못 씹다가 단단한 이가 부러질 정도로 잘 마른오징어도 마이크로파를 사용하는 전자레인지에 넣고 익히면 불에 구운 것처럼 도르르 말린다. 전자레인지는 전자기파를 발생시켜 물 분자의 전자를 들뜬 상태로 만들어 거기서 나오는 열을 이용하므로 마른오징어가 익는 것은 오징어 안에 물기가 있기 때문이다. 실제로 바짝 말린 오징어라 하더라도 그 안에는 물기가 절반 정도 남아 있다. 물론 그 정도 물기에서는 미생물이 증식하기 어려우므로 오징어를 상하지 않게 오래도록 보관할 수 있다.

우리가 먹는 음식을 마련하는 것이 조리인데, 음식을 조리하는 과정에서 자연스럽게 불을 사용한다. 일종의 열처리인 것이다. 음식을 조리하는 여러 가지 방법들, 이를테면 끓이고, 삶고, 찌고, 조리고, 굽고, 볶고, 지지고, 튀기고 하는 모든 방법이 불을 이용해 음식 재료에 열을 가하는 것이다. 열을 가해 익히는 것은 음식을 조리하는 일인 동시에 미생물을 없애는 조치이기도 하므로 음식을 상하지 않게 하는 보관법 역할도 한다. 음식에 열을 가하는 여러 가지 방법 가운데 가장 손쉬운 것은 그릇에 음식 재료를 넣고 끓이는 것이다. 지금도 어느 집에서나 먹고 남은 음식은 한 번 더 끓여 보관한다.

요즈음에는 냉장고를 쓰지 않는 집이 없을 만큼 냉장고가 널리 쓰인다. 생활이 넉넉하지 않던 때에 냉장고는 부잣집에서나 쓰는 값비싼 살림살이로 취급되었다. 당시 학생들의 가정 형편을 알아보는 가정 환경 조사표는 텔레비전, 전축, 피아노, 자가용 등의 유무를 물었는데, 냉장고도 조사 항목의 한 자리를 차지할 정도였다. 이처럼 냉장고의 존재는 살림살이의 지표로 이용될 때가 있었다.

오래전 한강 마포나루까지 배가 들어올 때 서해안에서 잡은 물고기를 나루터에서 사고팔기도 했다. 조기철을 맞아 조기가 넘칠 때는 상자째로 사서 며칠이고 끼니마다 굽거나 지져서 실컷 먹었다. 그래도 남는 조기는 소금을 뿌려 절였다가 말려서 두고두고 먹었다. 물론 이것은 냉장고가 없던 시절의 이야기이다. 당시에는 귀한 생선을 구하면 며칠을 두고 아껴 먹기도 했다. 그런데 시간이 지나면서 생선에 붙어 있던 발광 세균들이 어두운 부엌에서 푸르스름하게 빛을 내기도 했는데, 사람들은 이를 보고 화들짝 놀라서 '도깨비불'이라고 했다. 요즈음에는 각 가정에서 냉장고는 물론이고 냉동고까지 준비하여 음식을 상하지 않게 보관하면서 원할 때마다 필요한 만큼 꺼내먹는다. 냉장고 안의 온도는 차가워서 미생물이 잘 살기 어렵기 때문이다.

음식 갈무리는 살림의 핵심, 그릇은 음식 갈무리의 핵심

그릇의 가장 중요한 역할은 음식물을 담는 것이다. 옛날부터 사람들은 자연 속에서 살아남기 위해 가장 필요한 일이 어떻게든 먹을거리를 확보하는 것이었다. 그리고 그렇게 확보한 먹을거리를 오랫동안 보관하고 저장하는 방법과 기술을 알아야만 했다. 확보한 먹을거리를 한 번에 다 먹어 버릴 수는 없으므로, 배고플 때를 대비해서 조금이라도 남겼다가 먹는 것이 살아남기 위한 지혜였다. 그러자면 당연히 먹을거리를 담아 저장하는 그릇이 필요했고, 이를 위해 사람들은 어떤 모양이든지 먹을거리를 담는 그릇을 만드는 방법을 찾으려고 열심히 노력했다.

우리가 사는 집안을 잠시 둘러보아도 음식을 담는 여러 가지 그릇을 볼 수 있다. 먼저 물이나 술 그리고 간장이나 된장 등의 음식 재료를 담는 항아리를 꼽을 수 있다. 항아리는 다른 말로 독이라고 부르고 때로는 단지라고도 부른다. 그래서 물 항아리, 술 항아리, 장 항아리를 물독, 술독, 장독이라 하거나 물 단지, 술 단지, 장 단지라고도 한다. 큰 항아리는 어른이 들어가고도 남을 정도로 크다. 예전에 장독대가 있는 마당집에서 살았던 사람들은 아마도 어렸을 때 크고 작은 항아리를 모아 둔 장독대에서 숨바꼭질하며 놀았던 기억도 있을 것이다. 여러 크기의 항아리 가운데에서 작은 것을 동이 또는 단지라고 부른다. 큰 항아리와 작은 단지들이 어깨를 나란히 늘어선 장독대는 집안의 보물 창고라 불러도 손색이 없다. 그러니 어른들은 어린아이들이 장독대 근처에서 뛰어놀기라도 하면 혹시라도 장독을 깨뜨릴까 조바심 냈고 더는 놀지 못하도록 막았다.

한편 음식을 조리하는 부엌에서는 큰 그릇이 그리 많이 필요하지 않다. 그러나 음식을 조리하는 데는 이런저런 그릇이 많아야 용도에 맞게 요모조모 쓸 수가 있다. 이를테면 쌀을 씻고 반찬을 만들 때 쓰는 작은 크기의 자배기나 제법 큼지막한 푼주는 때로 설거지통으로 쓸 수 있다. 그러나 무엇보다도 부엌에서는 밥과 국은 물론 여러 가지 반찬과 나물 그리고 찌개 등을 담을 수 있는 크고 작은 주발이나 접시 및 종지 같은 그릇이 많아야 한다. 어찌 보면 같은 그릇이 밥을 담으면 밥그릇이 되고 국을 담으면 국그릇이 되며 반찬을 담으면 반찬 그릇이 된다고 할 수 있지만, 밥을 담는 주발과 국을 담는 국그릇이 똑같지 않다. 음식 종류에 따라 담는 그릇도 다른 모양이어야 격에 어울린다. 예를 들자면 많은 양의 반찬을 담겠다고 물그릇으로 쓰는 대접에 담아 상에 올리는 것은 상차림 격식에 어울리지 않는다. 무릇 음식 문화란 맛과 멋이 어우러져야 한다. 배만 채우는 게 전부는 아닌 것이다.

흙에서 빚어져 우리 삶을 빚는 그릇

우리 문화 속에서 그릇은 진흙을 재료로 한 토기(土器)로부터 시작하여 훨씬 단단한 도기(陶器)와 세련된 자기(瓷器)로 발전해 왔다. 특별히 도자기 문화가 발전한 우리나라에서 흙을 재료로 하는 그릇의 발전은 우리 문화의 중요한 부분을 차지한다. 자기는 청자(靑瓷)를 거쳐 백자(白瓷)로 나아갔다. 청자와 백자 사이에 분청자(粉靑瓷, 분청사기)가 있었고, 녹청자나 초기 백자라는 그릇도 잠시나마 만들어졌다. 또한 질그릇인 옹기(甕器)도 토기에 이어 오랫동안 사용되었다. 그뿐만 아니라 흙이 아닌 나무로 만든 목기(木器)와 칠을 한 칠기(漆器)가 있었고, 놋쇠로 만든 유기(鍮器)가 있었으며, 쇠로 만든 철기(鐵器) 외에도 유리와 플라스틱으로 만든 그릇까지도 있었다.

우리가 오랫동안 써 왔던 토기나 도기, 청자나 분청자, 백자나 옹기 같은 그릇은 모두가 손으로 빚어 만들고 가마에서 구워낸 것이다. 그릇 모양을 잡기 위해 물레를 돌려 가며 반듯하게 다듬었더라도, 기계로 만들었다고 할 수는 없다. 사람들이 많이 쓰는 그릇을 만들려면 같은 모양의 그릇을 대량으로 만드는 방법을 찾아야 한다. 그러기 위해서는 대량 생산 체계를 갖추어야 하는데, 손으로 빚어 만드는 그릇은 아무래도 소량 생산이라는 한계를 극복하기가 어렵다. 그릇을 대량으로 생산하려면 기계로 만든 틀을 이용해야 하지만, 그럴 수 없다면 여러 사람이 과정에 따라 일을 나누어 자기 몫의 일만 하는 분업이라도 해야 한다. 일제 강점기에 이르러 그릇의 수요가 많아지면서 그릇 공장에서는 자기 몫의 일만 하는 분업으로 그릇을 많이 만들었다. 이렇게 공장에서 만들어 낸 그릇이 사기(砂器)라는 그릇이다. 이렇게 만들어진 사기가 백자 자리를 대신했다.

그릇에는 그 나라의 자연 환경과 문화가 녹아 있다

그릇은 음식을 담는 것이지만, 그 모양이나 종류는 지역이나 환경에 따라 서로 다르다. 아프리카 내륙에 사는 원주민들의 식생활을 한번 들여

다보자. 경제 지표로 삼는 1인당 국민 소득과 국민 총생산이 다른 나라에 비해 낮은 수준이기에 아프리카 내륙 지방에 사는 원주민들의 밥상이 푸짐하리라는 기대는 할 수 없다. 사람들이 매스컴을 통해 이미 아는 대로 이들의 식생활은 분명히 화려하지 않다. 탄수화물이 주성분인 옥수수나 타로를 찧은 것에 몇 가지 식물 이파리를 양념으로 더하고 가능하면 여기에 고기 몇 조각이라도 냄비에 넣고 끓인 다음에 접시나 대접에 담아 먹는 것이 이들의 일반적인 식생활이다.

부엌에서 쓰는 그릇도 음식을 끓일 수 있는 솥이나 냄비 그리고 각자 떠먹는 접시와 숟가락 정도로 간단한 편이다. 물론 이들이 구할 수 있는 음식 재료도 넉넉한 편은 아니지만, 음식을 조리하는 도구를 비롯하여 연료나 물까지도 넉넉하지 않다. 메마른 땅에 나무도 많지 않으니 연료를 구하기도 어렵고 나무가 적으니 물도 충분하지 않고 그에 따라 충분한 음식 재료를 마련하기가 쉽지 않다. 그래서 이들이 할 수 있는 조리법은 가능한 재료를 한데 모아 끓이는 정도로 간단하다. 이처럼 간단한 조리법은 살림 형편에 맞추어 자연스레 자리 잡은 것이리라.

아프리카 내륙에 비해 해안가에 사는 사람들의 식생활은 조금 다르다. 바닷가에는 여러 종류의 물고기를 잡아먹을 수 있다는 장점이 있다. 그리고 해안에서는 내륙보다도 나무가 자라기에 형편이 낫다. 그래서인지 아프리카에서는 큰 도시들이나 국가들이 해안을 따라 발전했다. 이처럼 해안을 따라 발전한 지역에 사는 사람들의 식생활은 내륙에 비하면 분명히 풍성하고 여유로운 편이다. 여러 종류의 해산물 요리는 물론이고 다양한 채소로 만든 샐러드와 주식으로 먹는 빵과 고기 요리 등이 한데 어우러져 있기 때문이다. 다양한 재료로 만든 여러 음식을 식탁에 펼쳐 놓고 의자에 앉아 먹는 이들의 식생활은 유럽과 비교해도 크게 다르지 않을 정도이다. 이런 풍성한 식탁은 오래전부터 유럽과 교류하면서 유럽의 음식 문화를 받아들였기에 그러하다고 생각할 수도 있다. 그러나 음식 문화가 발전하려면 기본적으로 음식을 만드는 재료가 다양해야 하고 이와 더불어 다양한 음식을 만들어 먹고 즐기는 생활의 여유가 밑받침되어야 한다. 음식 재료가 다양한 만큼 조리하는 음식도 많을 텐데, 음식을 담는 그릇도 그만큼 종류가 다양해야 비로소 풍성한 식탁을 즐길 수 있다.

생선 요리를 하더라도 통째로 담을 만한 크고 네모난 접시나 깊고 둥그런 대접 등이 있어야 한다. 또한 푸성귀를 담을 만한 큰 접시로부터 여러 종류의 채소와 과일을 넣어 만든 샐러드를 담는 큰 사발 그리고 샐러드를 가져다 먹는 개인용 접시도 필요하다. 빵을 담는 큰 그릇도 필요하고 빵을 써는 칼과 썰어 놓은 빵 조각을 찍어 먹을 포크도 있어야 한다. 그뿐만 아니라 수프나 국물을 담을 그릇과 국물을 떠먹을 숟가락도 준비해야 한다. 이처럼 풍성한 식탁을 위해서는 여러 종류의 그릇이 마련되어야 한다.

다양한 재료를 이용해 여러 가지 음식을 마련하는 과정에서도 다양한 그릇이 필요하다. 음식 재료를 다듬는 칼과 도마는 물론이고, 정성으로 손질한 재료를 담아 익히고 끓이고 삶아 내는 데에 필요한 조리용 그릇이 있어야 한다. 여러 종류의 크고 작은 솥과 냄비 들이 있어야 하고, 조리에 필요한 열기구와 연료를 확보하는 것도 미리 생각해야 한다. 마지막으로 필요한 것은 조리한 음식을 먹음직스럽게 담아내는 알맞은 그릇이다. 그러기에 모양과 크기가 다른 여러 종류의 그릇을 미리 준비해 두어야 한다.

우리의 음식 문화는 단순히 조리와 섭취만으로 그치지 않는다. 준비 과정에서부터 사람들 앞에 내놓는 방식, 음식을 먹는 절차와 예법, 음식을 먹은 후에 음미하는 방법과 그 즐거움을 표현하는 어휘와 요령에 이르기까지 모든 것이 포함된다. 신선한 재료 선택, 갖가지 조리 방법과 기술, 그리고 조리하는 과정에서 들어가는 온갖 양념, 다양한 조리 기구와 이에 필요한 연료의 활용 및 훌륭한 상차림은 물론이고, 음식을 즐기는 사람들의 생활 습관과 마음까지도 고려해야 한다. 이처럼 음식과 관련된 모든 것들이 한데 어울려 새롭게 발전하는 것이 바로 음식 문화라고 할 수 있다.

시대에 따라 바뀌는 그릇

우리나라에서는 오래전부터 흙으로 빚어 만든 항아리를 살림 도구로 많이 이용했다. 삼국 시대 이전에도 크고 작은 항아리를 빚어 이용한 흔적이 곳곳에서 발견된다. 한강 변의 암사동 유적지 움집 터에서 많은 토기 파편들이 나왔다. 파편을 모아 조각 맞추기를 해 보면 길쭉한 항아리 모양의 그릇이다. 몸통이 둥그런 달항아리 모양은 아니지만, 몸통이 길쭉하면서 바닥이 뾰쪽한 고구마 모양의 토기들이다. 어떤 것은 쇠뿔 모양의 손잡이도 달려 있어 쇠뿔항아리라는 이름으로도 불린다. 그릇 바닥이 뾰쪽해서 받침 없이는 홀로서기 어려워 보인다. 그렇지만 움집 바닥이 푸석푸석한 모래흙이라면 흙을 조금 헤집고 세운 다음에 바닥 주변을 흙으로 돋아 주면 그릇을 세우기가 그리 어렵지 않을 것이다. 이른바 선사 시대에도 사람들은 이미 여러 모양의 토기를 만들어 생활에 필요한 도구로 사용했다.

　삼국 시대에 이르러서는 길쭉한 고구마 모양의 항아리보다 둥그런 몸통의 달걀 모양 항아리가 더 많이 보인다. 삼국 시대 이전부터도 쓰던 그릇이기는 하다. 아무래도 바닥이 넓은 항아리가 바닥이 뾰쪽한 것보다 쓰임새가 더 많았을 것이다. 바닥이 둥그런 항아리는 부드러운 흙바닥에서도 웬만해서는 넘어지지 않고 혼자 서 있을 수 있으니 이리저리 옮기기도 쉬웠을 터이고 그래서 더욱 다양한 용도로 쓰였을 것이다. 양손으로 잡을 만한 작은 크기의 항아리부터 두 팔로 안아야 할 정도로 큰 항아리와 혼자서는 엄두도 못 낼 정도로 아주 큰 항아리까지 다양한 크기의 항아리들이 곳곳의 유적지 발굴에서 모습을 드러낸다. 크기가 큰 항아리들은 많은 양의 곡식을 저장하는 용기로 사용되었을 터인데, 여러 곳의 유적지 발굴 과정에서 드러나는 큰 항아리들이 당시의 생활 모습을 보여 주고 있다.

　선사 시대부터 이어진 문화 속에서 항아리의 쓰임새는 무엇보다도 우리 생활에 꼭 필요한 먹을거리를 저장했던 그릇이라는 사실을 알 수 있다. 세월이 흐르면서 삼국 시대를 지나 고려 시대와 조선 시대를 거쳐 지금에 이르기까지 항아리는 먹을거리를 보관하는 그릇이라는 사실은 변하지 않았다. 시간이 많이 지나면서 용도에 맞게 여러 종류의 음식물을 저장하는 과정에서 특별한 기능이 덧붙여지면서 항아리의 쓰임새는 그만큼 다양해졌다. 이를테면 항아리 안에 간장, 된장, 고추장 등의 장류를 담아 장독이라는 이름을 얻었고, 멸치젓, 새우젓 등 여러 종류의 젓갈을 담으면서 젓갈독이라는 이름도 얻었으며, 김장김치, 동치미, 갓김치를 비롯한 여러 종류의 김치를 담아 김장독이라는 이름을 얻은 만큼 항아리는 지금까지도 용도에 맞게 널리 이용되고 있다.

겹오가리 항아리가 이중독이다

항아리는 분명히 항아리인데 생김새가 매우 특이한 항아리가 있다. 항아리 몸통의 어깨 부분에서 옷깃을 위쪽으로 세워 올린 것처럼 전을 한 바퀴 둘러 붙였다. 물론 항아리 어깨에 붙인 전은 직선으로 곧추세운 판이 아니라 옆에서 보면 부드러운 곡선으로 도톰하게 말아 올렸다는 말이 더욱 그럴듯하다. 물론 항아리에 뚜껑도 있는데, 위를 편평하게 마무리한 뚜껑이 아니라 뚜껑 전체를 봉긋하게 만들어 마치 공 절반을 잘라 만든 것 같은 뚜껑이다. 거기에다 뚜껑 손잡이로 제법 큼지막한 연꽃 봉오리를 붙여놓은 듯하다. 그래서 사람들은 이것을 '연봉뚜껑'이라고도 부른다.

아무리 생각해도 항아리 어깨 부분의 전 모양 부속물은 보기에 좋도록 붙인 것은 아니다. 혹시 비라도 내리면 빗물이 바로 흘러내리지 못하고 전 안에 빗물이 채워지도록 만들었다. 물론 뚜껑을 덮은 항아리는 전에 물이 고였다고 해도 항아리 안으로 물이 들어가지 않을 만큼 충분하다. 사람들은 이처럼 독특한 모양의 항아리를 '이중독'이라는 이름으로 부른다. 또 어떤 이들은 이 항아리를 '겹오가리'라 부르기도 한다.

그렇다면 이 이중독은 도대체 어떤 용도로 쓰인 것일까? 언제인가 오래전에 여러 종류의 옹기를 한곳에 모아 놓고 사람들에게 보여 주는 전시관에서 이 이중독의 용도는 더운 여름에 산간 지방에서 사용했던 김치 항아리라는 설명이 붙어 있었다. 산간 지방에 사는 사람들이 무더운 여름 날씨에 시원한 김치를 먹고자 이중독 안에 김치를 담고 차가운 계곡물에 놓아두고 전 안에도 시원한 물을 담아 놓으면 항아리 안의 김치가 더욱 시원해지리라는 생각에서 그렇게 사용한 것이라고 설명했다. 요즘처럼 김치 냉장고가 없던 시절이니 그럴듯한 설명이기도 했다.

이처럼 독특한 모양의 이중독은 지리산 근처 산간 지방에서 꽤 많이 보인다. 지리산 근처뿐만 아니라 영남 지역 여러 곳에서도 크고 작은 이중독이 제법 많이 보인다. 그렇다면 이 지역 사람들은 오래전부터 이중독을 사용해 왔으니 정확한 용도를 알고 있을 것이다. 우연하지 않게 만난 이중독을 파는 고미술상 주인에게 용도를 물었더니 단번에 장단지라고 답해 주었다. 우리 생활 속에서 꼭 필요한 된장 고추장은 가시(구더기)가 많이 생기므로 이들의 이동을 막으려고 항아리 입 주위로 물을 채워놓았다는 설명이었다. 그 지역 사람들이 오래전부터 이용해 오던 내용을 들려준 것이니 의심할 여지가 없는 답이었다.

아주 오래전부터 우리나라 각 지역에서는 이처럼 독특한 모양을 한 질그릇(옹기)을 만들어 쓰고 있다. 그리고 이런저런 항아리들은 옹기라는 이름으로 우리 생활 속에서 오랫동안 두루 쓰이고 있다. 그런데 최근에 이르러 우리 생활이 많이 바뀌면서 조금씩 옹기는 우리 생활에서 멀어지고 있다. 여러 가지 물건을 담는 그릇이 알게 모르게 플라스틱 제품으로 대체되는 동안에 흙을 원료로 하는 질그릇인 옹기는 우리 곁에서 점점 사라져 가고 있다. 어쩌면 이중독의 용도를 정확히 헤아리지 못한

이중독이라 불리는 항아리. 사진 출처: 동산 도기 박물관.

것도 항아리가 그만큼 우리 생활과 관심에서 멀어져 버렸기에 나타난 결과라고 생각해 볼 수 있다.

매병은 꽃병이 아니다

예전에 사용하던 그릇 가운데 지금은 사용하지 않으므로 그 쓰임새를 정확히 알지 못하는 것이 있다. 누군가 그 쓰임새를 안다고 해도 잘못 알고 있는 것도 있다. 그릇을 써 본 사람이 설명하는 것이 아니라면 잘못된 사실이 그냥 모른 채 다음 세대까지 전해질 수도 있다.

한 가지 예를 들어보자. 고려 시대의 청자 가운데 매병(梅甁)이라 불리는 그릇이 있다. 어깨 부분이 당당하게 넓고, 어깨선이 바깥쪽으로 풍만하게 허리까지 흘러내리고, 잘록한 허리에서 발까지 이어지는 유연한 선이 그대로 부드럽게 내려가는 아름다움이 한눈에 드러난다. 게다가 자그마한 입 모양까지 더하면서 모양이 대단히 아름다운 그릇이다. 청자 겉면에는 많은 구름과 여러 마리 학이 상감 처리된 아름다움과 가치를 인정해 국보 제68호로 지정되었고 청자상감운학문매병이란 이름으로 사람들에게 널리 알려졌다.

매병은 도대체 어떤 용도로 쓰인 것일까? 그릇의 입이 조금 작기는 해도 전체 크기와 모양이 마치 요즈음 우리가 많이 쓰는 꽃병처럼 보인다. 그런 생각으로 보면 사람들에게 이 매병은 꽃병이라는 느낌이 얼른 떠오른다. 그래서인지 오래전에 문화재 전공자들이 이름을 붙이면서 옛사람들이 귀하게 여기던 매화(梅花) 꽃가지를 꽂아 즐겼으리라는 생각으로 매병이라고 했고 그것이 지금까지 이어졌다. 또 어떤 이는 그릇 모양이 마치 매가 앉아 있는 모습과 닮았기에 매병이라 부른다고 주장했다. 그런데 국립 중앙 박물관에는 매병이 여러 점 소장되어 있는데, 그 가운데 입을 포함한 윗부분에 뚜껑을 덮은 것이 있다. 아마 이게 원래 모습이었으리라. 이렇게 온전한 모양의 개인 소장 매병 역시 국보로 지정되었다.

자, 여기서 한 번쯤 다시 생각해 보자. 누구라도 꽃병에 뚜껑을 덮지

왼쪽 청자상감운학문매병, 오른쪽 청자음각연화절지문매병. 사진 출처: 국립 중앙 박물관.

않는다. 뚜껑을 덮는 그릇이라면 누가 보아도 마시는 음료를 담는 그릇이라 할 것이다. 누구나 뚜껑 있는 그릇에 물이나 술 같은 음료를 담아 두고 조금씩 마시다가 남은 것은 뚜껑을 덮어 보관한다. 어쩌면 물이나 술이 아닌 다른 액체를 담을 수도 있다. 이를테면 식혜나 수정과처럼 사람들이 마실 수 있는 음식을 담았을지도 모른다. 음식 종류야 어떻든 쓰임새가 같다면 어떤 경우라도 모두 그럴듯하다고 할 것이다. 그만큼 사람들이 즐겨 마시는 액체 음식을 담았으리라는 생각이 매병의 쓰임새로 설득력이 있기 때문이다.

해저 보물선에 감춰진 비밀 문서

지난 2010년에 서해 태안 반도 앞바다에서 청자 운반선인 마도 2호선이 발굴되었다. 오랫동안 개펄 속에 엎드려 있다가 물길이 바뀌면서 그 모습을 드러낸 것이 아니라 주꾸미 덕분에 발견되었다. 바다에서 어부들이 주꾸미를 잡다가 청자 한 점이 주꾸미 빨판에 붙어 딸려 나온 것을 당국에 신고하여 수중 발굴이 시작된 것이다. 그런데 그 부근의 마도(馬島)라는 섬 근처 수심이 얕은 곳에서 고려 시대에 가라앉은 또 다른 배를 찾아냈다. 처음 발견한 배를 태안선이라 부르고 마도 근처에서 찾아낸 배를 각각 마도 1호선, 2호선, 3호선, 4호선으로 이름을 붙였다. 마지막 발견된 마도 4호선은 조선 시대에 가라앉은 배이지만, 다른 네 척은 모두가 고려 시대에 침몰한 배들이라는 것을 발굴된 유물을 통해서 알았다.

    태안 반도 근처에서 여러 척의 배가 가라앉은 이유는 분명하다. 밀물과 썰물의 흐름이 강하기 때문에 물살이 세고 근처에 암초가 많기 때문이다. 그래서 옛날부터 이 지역은 경험 많은 뱃사람도 배 타기를 꺼리던 지역이었다. 지금도 우리나라의 '버뮤다 삼각지'라는 별명까지 얻고 있다. 어쨌거나 이 해역은 명량 해전으로 널리 알려진 울돌목을 비롯하여 강화도의 손돌목 그리고 「심청전」으로 널리 알려진 인당수(정확한 위치는 확인되지 않았다.)와 함께 물살이 세어 항해하기 어려운 곳으로 손꼽히고 있다.

    충청남도 서쪽 해안의 태안 반도는 태평하고 안락하다는 이름처럼 아름답고 해안 국립 공원으로 지정되어 사람들이 자주 찾는 곳이다. 그렇지만 태안 반도와 맞닿은 바다는 이름과 달리 고려 시대와 조선 시대에 많은 배들이 침몰해 뱃사람들조차 항해를 꺼린다. 예전부터 우리나라에서는 서해를 거쳐 많은 물자를 운반했는데, 개경으로 가려면 중간에 태안 반도 근처를 지나야 했다. 태안 반도 서쪽 끝에 있는 신진도와 마도 근처의 해협이 안흥량(安興梁)인데, 밀물과 썰물의 차이가 커서 물 흐름이 빠르고 암초가 많아 세금으로 거둔 쌀을 나르던 조운선(漕運船)도 자주 침몰하는 위험 지역이었다. 그만큼 이곳을 지나가기가 어려워 난행량(難行梁)이라고도 불렀는데, 나중에 안전하게 지나가기를 바란다는 뜻에서 안흥량이라고 고쳐 부르기로 했다고 한다.

보물선이라 할 수 있는 마도 2호선의 수중 발굴은 배에서 흘러나온 청자 몇 점이 어부들의 그물에 걸려 모습을 드러내면서 시작되었다. 오랜 시간 탐사가 이루어지면서 잠수부들이 건져 올린 많은 청자 가운데에서 매병 2점이 나왔다. 더욱이 매병과 함께 목간(木簡)이 나왔는데, 목간은 나무로 된 물표로 요즈음 택배를 보낼 때 주소와 내용을 적는 송장(送狀)이다. 나중에 목간에 적힌 내용을 확인해 보니 거기에는 우리가 그동안 알지 못했던 놀라운 사실이 적혀 있었다.

첫 번째 청자는 청자음각연화절지문매병(青磁陰刻蓮花折枝文梅瓶)이라는 이름으로 연꽃과 이파리 모양에 따라 살며시 선을 파내 무늬를 그린 매병인데, 함께 나온 목간 내용은 다음과 같다. "중방도장교오문부택상정밀성준수결(重房都將校吳文富宅上精蜜盛樽手決)"이라는 문장이 쓰어 있었는데, "중방 도장교 오문부 댁에 꿀을 담은 준(樽)을 보낸다."라는 뜻이다. 다시 말하자면 개성에 있는 장군에게 꿀을 담아 보낸다는 내용으로 우리는 이 목간 내용으로부터 그동안 짐작만 했던 매병의 용도를 비로소 정확히 알게 된 것이다. 더욱이 우리가 매병이라 부르는 청자가 당시에 술통 준(樽)이라는 한자 이름으로 불렸다는 사실도 함께 확인되었다.

두 번째 청자는 청자상감국화모란유로죽문매병(靑磁象嵌菊花牡丹柳蘆竹文梅甁)이라는 이름으로 국화와 모란을 비롯하여 버드나무와 갈대 그리고 대나무를 상감 기법으로 새겨 넣은 매병이었다. 함께 나온 목간의 내용은 또 다른 사실 하나를 우리에게 알려주었다. "중방도장교 오문부택상진성준수결(重房都將校鳴文富宅上眞盛樽手決)"이라고 적은 목간의 글은 "중방의 도장교 오문부 댁에 참기름을 담은 준을 보낸다."라는 뜻이었다. 여기에 나타난 진(眞)이라는 글자는 요즈음 우리가 먹는 참기름으로 당시에도 참깨로부터 짜낸 기름을 진짜 기름으로 여겼던 것인지 이름까지도 요즈음과 같다. 아마도 예나 지금이나 생활 속에서 참기름은 크게 다르지 않은 듯하다.

이렇게 마도 2호선에서 발견된 청자 매병과 목간의 내용으로부터 그동안 우리가 제대로 알지 못했던 매병의 정확한 쓰임새와 함께 당시에 부르던 정확한 이름까지 알게 되었다. 그동안 사람들이 의문을 가졌던 매병의 쓰임새는 꽃꽂이를 위한 꽃병이 아니라 정밀(精蜜)이라고 부르는 좋은 꿀이나 진(眞)이라 부르는 참기름과 같은 고급 식재료를 담았던 그릇이었다는 사실을 확실히 알게 되었다. 게다가 첫 번째 청자 매병 딱 하나만 발견되었다면 우리는 이를 보고 어쩌면 모든 매병의 쓰임새가 꿀만 담는 그릇이라고 생각했을지도 모른다. 그런데 다행히 두 번째 매병과 함께 목간이 발견되었기에 꿀만 아니라 참기름까지 담는 그릇이라는 사실을 확인했다. 이것은 다시 말해 매병의 쓰임새는 액체로 된 것이라면 어떤 것이든 담을 수 있는 그릇의 융통성을 보여 주는 것이라 할 수 있다.

매병은 우리 그릇이다

매병은 11세기부터 15세기까지 고려뿐만 아니라 중국과 일본에서 모두 만들어 사용한 그릇이다. 고려에서 만든 청자 매병은 특별한 모양을 갖추어 중국과 일본을 비롯한 다른 나라의 유적에서도 출토된 경우가 있다. 매병은 고려 시대 중기 이후에 본격적으로 만들어 사용되었는데 조선 시대 초기까지 이어졌다. 그사이에 매병의 모양은 작은 입과 길쭉한 몸이라는 핵심 특징은 빼고 시간이 흐르면서 조금씩 모양이 변했다.

고려 시대 매병은 자그마한 입과 벌어진 어깨 그리고 좁은 다리를 가진 특이한 모양을 갖추고 있다. 그렇더라도 여러 점의 매병을 살펴보면 시간의 흐름에 따른 모양 변화를 알 수 있다. 제작 시기에 따라 조금씩 모양이 변하는 매병은 크게 보아 세 가지로 나눌 수 있다. 우선 첫 번째 그룹의 매병을 보면 둥근 어깨로부터 시작하여 발까지 내려오며 점점 좁아지는데, 좁아지는 빗금의 정도가 옆에서 보면 직선에 가까워 보인다. 이런 모양의 매병 안에서도 크기나 높이나 몸통 지름을 비롯하여 입지름과 밑지름의 길이와 함께 어떤 무늬나 그림이 그려졌는가에 따라 다시 세부적으로 나눌 수 있다. 아마도 매병이 작은 단지 모양으로부터 시작된 것이라면 이러한 모양의 매병은 매병이 만들어지기 시작하면서 나타난 모양이라고 할 수 있다.

태안 앞바다 물속에서 건져 올린 매병. 청자음각연화절지문매병과 청자상감국화모란유로죽문매병.
사진 출처: 국립 해양 문화재 연구소.

두 번째 그룹은 우리가 요즈음 자주 보면서 아름답다고 생각하는 전형적인 매병 모양을 한 것이다. 이 매병은 반구형의 입 모양을 하고, 가장 긴 몸통 지름이 어깨선까지 올라와 있으며, 몸통 옆 모습은 허리 부분이 쏙 들어가고 발까지 내려가면서 살짝 넓어지는 모양이 요즘 사람들이 흔히 말하는 S 라인에 해당한다. 국보로 지정된 매병 모양도 모두 이 그룹에 속한 것으로 고려 시대 전성기에 제작되었다.

마지막 그룹의 매병은 나팔 모양의 주둥이이고, 어깨의 둥근 곡선이 마치 공처럼 보이며, 몸통은 발 가까이에서 바깥으로 벌어지면서 다리가 가늘고 길게 보인다. 이 매병에는 상감 기법이 적용된 게 많으며 고려 후기 관청 이름이 명문으로 남아 있어 14세기에 제작되었음을 알 수 있다. 물론 이 매병은 상감 기법에 따라 여러 가지 무늬와 그림을 담고 있고, 음각 기법으로 그림을 넣은 것은 다른 청자와 크게 다르지 않다.

    고려 시대 사람들은 매병을 준이라고 부르면서 액체류를 담는 단지로 사용했다. 다시 말해서 꽃병이라기보다는 꿀단지나 참기름 단지였다는 것이다. 이렇게 지금까지도 옛사람들이 쓰던 물건이 어떤 쓰임새인지 제대로 알지 못하는 것들이 있다. 마도 2호선의 청자 매병과 목간이 우리에게 매병의 정확한 쓰임새를 알려주었는데, 이것은 우리 문화를 제대로 알려주는 중요한 가르침으로 받아들여야 한다. 우리가 오랫동안 모르고 지냈던 우리 문화의 한 토막을 찾아내는 것은 값진 일이고, 동시에 우리 문화와 역사 그리고 전통의 맥을 살리는 것이기에 즐거움과 함께 보람까지도 느끼는 일이다.

하나 더, 우리 땅 흙으로 빚어 구운 우리 그릇

우리는 오래전부터 흙으로 빚어 만든 여러 종류의 그릇을 살림 도구로 이용했다. 선사 시대인 석기 시대와 청동기 시대 그리고 철기 시대를 거치고 역사 시대인 삼국 시대, 통일신라 시대, 고려 시대, 조선 시대를 거쳐 우리는 지금까지도 흙으로 빚어 만든 그릇을 하루도 빠짐없이 이용하고 있다. 우리 생활에서 빼놓을 수 없이 중요한 그릇은 모두가 흙으로 빚어 만든 것으로 이를 통틀어 도자기(陶瓷器)라 부른다. 도자기라는 말은 도기와 자기를 합쳐 부르는 것이다. 그런데 모두가 도기와 자기가 그릇인 줄 알면서도 이 두 가지를 분명히 구분하는 사람은 그리 많지 않다.

오랜 역사와 전통을 간직하고 있는 우리 음식 문화는 최근에 이르러 세계적으로도 크게 주목받고 있으며, 그 독특함과 우수성에 대해서도 새로운 관심이 쏠리고 있다. 더욱이 우리가 하루하루 살면서 즐기는 음식 문화에는 여러 가지 음식이 있고, 음식 하나하나는 각각 다른 모양의 그릇에 담아야 제맛이 난다. 이렇듯 우리 음식 문화가 발전한 만큼 그에 따르는 그릇의 종류도 한 축을 맡아 함께 발전했다. 그렇지만 사람들이 우리 음식 문화를 아끼는 만큼이나 우리 그릇에 관심을 기울이지 않는 것 같다. 아마도 우리 그릇인 도자기가 언제나 우리 곁에 있어 당연하게 여기는 무관심 때문이라고 볼 수도 있다.

우리 음식 문화의 발전과 더불어 우리 그릇도 함께 발전했다는 사실을 모두가 확실히 알고 우리 그릇인 도자기에 대해 더 많은 관심을 기울이면 새로운 아름다움과 즐거움을 맛볼 수 있을 것이다. 이와 함께 여러 가지 그릇을 만드는 재료와 제작 과정에 대해서도 사람들이 많은 관심을 기울인다면 새로운 음식 문화를 맛볼 수 있을 것이다. 여기에 서재인은 고려 도기와 그릇 굽는 가마를 중심으로 「안성 화곡리 출토 고려 도기 제작 방법에 관한 연구」라는 제목의 논문에서 우리 그릇에 대한 새로운 이야기를 들려준다.

경기도 안성시 일죽면 화곡리에 있는 가마는 1995년 지표 조사에서 백자 조각이 발견되었고, 1999년에 이화 여자 대학교 박물관에서 발굴 조사했다. 가마가 위치한 지역은 고려 시대에 죽주(竹州)에 속했는데, 고구려 때는 개차산군(皆次山郡)이었다가 신라 때는 개산군(介山郡) 이었다. 고려 성종 때에 지방 제도를 개편하면서 죽주가 전략적 요충지 였기에 단련사(團練使)를 설치했다가 목종 때에 없어졌고, 현종 때는 경기도 광주(廣州)에 속하면서 위세가 약해졌다. 이후 조선 시대에는 죽산군이 되었다가 1914년에 안성군, 1998년에 안성시가 되었다.

안성 화곡리 가마는 고려 시대에 이르러 그릇 제작이 활발히 이루어졌던 곳이다. 고려 시대 지방 제도로 도자기와 관련된 곳에 소(所)라는 기관을 두었다는 기록이 있는데, 이곳에 오래된 가마터가 남아 있다. 고려 시대에 소라는 이름은 금, 은, 구리, 철, 비단, 베, 기와, 종이, 먹, 소금, 향초, 그릇, 물고기, 생강 등의 특정한 물건을 생산하여 공급하는 곳이었다. 이 가운데 기와를 담당한 곳을 와소(瓦所)라 했고, 그릇을 담당한 곳을 자기소(瓷器所)라 했는데, 이 두 곳이 고려 도기와 관련된 곳으로 볼 수 있다. 한편 송나라의 서긍(徐兢)이 고려에 들렀다가 펴낸 『선화봉사고려도경(宣和奉使高麗圖經)』 안에는 그릇을 가리키는 와(瓦)와 도(陶)라는 말이 나오는데, 여기에서의 와는 도기를 말하며, 도는 청자를 말하는 것으로 볼 수 있다. 조선 시대 초기에 펴낸 『신증동국여지승람(新增東國輿地勝覽)』에도 와소와 자기소가 나오는데, 자기소에서는 도에 해당하는 청자를 만들었고, 와소는 기와를 만들었을 것이며 여기에서 도기도 함께 만들었을 것으로 본다.

화곡리 가마터 유적에는 산 구릉 경사면을 따라 도기 가마터 아래에 백자 가마터가 붙어 있는데, 도기 가마의 아궁이 입구 일부가 백자 가마의 세 번째 소성실 밑으로 이어져 있는 것이 특이하다. 도기 가마의 구조는 지하식 단실 가마로 아궁이 입구, 아궁이, 소성실이 하나로 이어지며, 전체 길이는 7미터, 폭은 최대 2.2미터, 벽 두께는 20~28센티미터쯤이다. 전통 가마가 대체로 그렇듯이 가마 바닥은 경사면을 따라 낮아지면서 지그재그 방향으로 하나씩 따로 만든 5개 정도의 받침대가 있다. 가마 옆에는 폐기물을 쌓아놓았는데, 여기에는 가마 안에서 나온 회색 벽토와 도기 조각이 섞여 있다.

가마터에서 나온 도기 조각은 그릇의 단단한 정도에 따라 경질 도기와 연질 도기로 구분할 수 있다. 한 가마터에서 서로 다른 그릇 조각이 나온 것은 굽는 온도를 달리해 구웠기 때문이라고 생각된다. 일반적으로 도자기 종류로는 토기, 도기, 석기 및 자기로 구분한다. 토기는 흡수율이 23퍼센트 이하로 섭씨 700~1,000도에서 구웠으며, 손톱으로 긁으면 상처가 날 정도이고 선사 시대 토기가 이에 해당한다. 도기는 흡수율이 20퍼센트 이하로 섭씨 1,200도 이하에서 구웠으며, 두드리면 둔탁한 소리가 나고 금속으로 긁으면 상처가 나는 정도이다. 석기는 흡수율이 0.5~1퍼센트로 섭씨 1,200~1,300도에서 구웠고 두드리면 쇳소리가 난다. 가야와 신라의 회청색 도기와 고려와 조선의 회청색 경질 도기가 여기에 속한다. 자기는 흡수율이 0.5퍼센트 이하로 섭씨 1,300~1,450도에서 구웠으며, 두드리면 금속음이 나고 청자, 분청사기, 백자 등이 여기에 속한다.

한편 논문에서 말하는 연질 도기는 섭씨 700~1,000도에서 구운 것으로 긁으면 상처가 나는 정도의 토기와 도기를 말하며, 경질 도기는 섭씨 1,200~1,300도에서 구운 것으로 두드리면 금속음이 나는 정도의 단단한 석기를 말한다. 이처럼 연질 도기와 경질 도기는 굽는 온도를 달리해 구운 것으로 볼 수밖에 없는데 그 이유는 다음과 같다. 어쩌면 도기 가마의 소성실에서 앞쪽과 뒤쪽처럼 위치를 다르게 놓아 구웠기 때문이라고 생각할 수 있으나, 가마의 소성실이 하나뿐이라는 점과 또한 연질 도기에서는 겉에 유약이 드러나지 않는 것을 보더라도 그러한 가능성은 아주 낮다고 할 것이다.

도기 가마에서 그릇을 구울 때 밀폐된 가마에서 환원 상태로 굽다가 아궁이와 연도를 의도적으로 막아 산소 공급을 잠시 차단하고 솔가지 등을 태워서 불완전한 연소 상태를 만들어 주면 이때 생기는 연기가 그릇 겉면에 붙는데, 이러한 방법을 꺼먹이 소성법(燒成法)이라고 부른다. 이러한 꺼먹이 소성법은 가야와 신라의 토기나 기와 그리고 옹기 가운데 질그릇을 만드는 데에 이용했다. 연질 도기나 경질 도기도 이와 같은 꺼먹이 방법에 따라 연기가 입혀져 흑색이나 회흑색이 된 것이다. 화곡리 가마에서 나온 연질 도기는 전체에 검댕이 입혀진 것과 일부만 검댕이 입혀진 것이 함께 나왔으며, 경질 도기는 대부분이 회청색이나 회흑색을 띠고 있어서 고려 시대 도기가 탄소 착색법인 꺼먹이 소성법으로 만들어진 것임을 알 수 있다.

가마터와 가마터 옆 폐기물에서 나온 그릇 조각을 살펴보면 경질 도기에서 확인할 수 있는 그릇 종류로 입지름이 10~20센티미터인 항아리와 지름이 20~30센티미터인 항아리 및 병과 함께 반구병(盤口瓶) 그리고 매병 등이 있다. 특히 반구병은 주둥이가 접시 모양의 받침이 있는 것이고 매병은 몸통과 허리의 곡선이 아름다운 그릇으로 이들은 고려 시대에 유행한 그릇이다. 연질 도기의 종류로 입지름이 10~20센티미터인 작은 항아리와 자배기 및 시루 등이 나왔다. 이러한 종류의 도기 조각들은 대부분이 저장 용기 조각들이며 이들이 나오는 것을 보더라도 그릇은 고려 시대에 만든 것이며 가마가 운영되던 시기도 고려 시대임을 알 수가 있다. 이러한 점에서 안성 화곡리의 도기 가마는 고려 도기의 제작 방식을 알려주는 중요한 유적이라고 할 수 있다.

7장
전통 술과 전통 식초
그 과학적 뿌리는 같다

♟ 배우 최불암 씨가 우리나라 전국을 돌며 우리 음식을 안내하는 음식 다큐멘터리 「한국인의 밥상」은 한 시대를 풍미한 인기 방송 프로그램이었다. 우리나라 전통주를 소개하면서 술맛을 더해 주는 술안주를 소개하는 방송에서 한 가지 재미난 에피소드를 만날 수 있었다. 충청남도 아산의 외암리 민속 마을에서 제조하는 전통주인 연엽주(蓮葉酒)를 소개하면서 참판댁을 지키고 있는 이득선 씨의 부인인 종부 최황규 씨가 며느리와 함께 연엽주를 만드는 장면이 있었는데, 술밥과 누룩을 버무리는 도중에 며느리가 잠시 깜빡했다며 주머니에서 겹쳐 접은 창호지를 꺼내 입에 무는 장면이 나왔다. 그러자 바로 시어머니가 하는 말이 카메라 앞에서 설명하며 일하다 보니 준비해 둔 창호지를 미처 물지 못했는데, 너희 시아버지가 보셨더라면 불호령이 떨어졌을 것이라며 웃어 넘기는 장면이 카메라에 고스란히 담겼다.

과학이나 기술보다 마음가짐이 먼저이지 않을까?

사람들은 대체로 집에서 술을 담글 때 무슨 특별한 격식이나 법칙이 있겠나 하며 그저 대수롭지 않게 넘기는 것이 보통이다. 그렇지만 조금만 관심을 기울여 보면 오래전부터 집안에서 전해 오는 규칙이나 법식이 전통처럼 된 경우가 의외로 많다. 집안에서 안주인이 부엌에 들어가기 전에 반드시 허리에 행주치마를 두르고 머리에는 수건을 쓰며 옷매무새를 가다듬는 것은 집안 식구를 위해 음식을 장만하기 전에 지켜야 하는 격식인 동시에 마음가짐이다.

다큐멘터리에서 보는 것처럼 입에 창호지를 무는 것도 그 집안에서 전해 내려오는 격식인 동시에 정성을 다하는 마음가짐인 것을 알 수 있다. 그야말로 술밥과 누룩을 버무리는 동안에 혹시라도 부지불식간에 터져 나오는 기침이나 재채기와 함께 뒤따르는 침 한 방울이라도 술밥에 섞이지 않도록 미리 대비하는 마음가짐이라고 보아야 한다. 이처럼 별것도 아닌 것 같은 하찮은 것이라 하더라도 엎어진 물은 다시 담을 수 없는 것처럼 뜻밖의 일이 일어나기 전에 미리 대비하려는 옛 어른들로부터 내려온 살림의 지혜라고 생각할 수 있다.

외암리 민속 마을 참판댁에서 빚는 연엽주는 공장에서 제조하는 술처럼 대량으로 생산해 사람들이 언제든지 원하는 만큼 살 수 있는 것이 아니다. 연엽주에는 말 그대로 연잎이 들어가는데, 이 연잎도 쓸 만큼만 재배해서 사용하기에 수확량이 한정되어 있다. 게다가 술을 빚는 데 들어가는 연잎은 푸른 연잎을 아무 때나 따다 말린 것이 아니라 찬바람이 일기 시작하는 처서가 지나고 그때까지 버텨 온 연잎만 따서 사용하므로 당연히 수량이 많지 않다. 이처럼 연엽주는 집안에서 필요한 만큼만 빚어 제주(祭酒)로 사용했기에 이 같은 내력이 집안에서 지켜져 내려온 것이다. 문화재로 지정된 전통주 이름이 알려지면 대량으로 제조해 상업적으로 나가는 경우가 많은데, 연엽주는 이들과 조금 다른 길을 걷고 있다. 충청남도로부터 무형 문화재 11호로 지정된 연엽주는 예안 이 씨 참판댁의 제사나 잔치가 있을 때만 사용하는 것을 우선으로 하므로, 참판댁에서는 이러한 사실을 알고 집으로 찾아오는 사람에게만 소량으로 판매한다고 한다. 아마도 예전부터 집안에서 내려오는 전통의 맥을 이어 가려는 주인의 마음이라 생각해도 좋을 것이다.

지금까지 알려진 여러 종류의 가양주라는 이름의 전통주는 대부분이 누룩과 고두밥을 기본으로 하는 막걸리 제조법을 따르고 있다. 쌀이 주재료인 막걸리에 꼭 들어가는 누룩은 쌀 대신에 보리나 밀을 빻아 뭉쳐서 자연 속에서 띄운다. 이렇게 띄워 잘게 부순 누룩 조각 4되와 고슬고슬하게 쪄낸 멥쌀밥 한 말을 고루 섞어 한 말 남짓한 물과 함께 항아리에 담아 일주일 넘게 발효시키면 잘 익은 막걸리가 된다. 누룩을 만들 때도 녹두나 팥 또는 옥수수 등의 곡류를 첨가해 특별한 맛을 내기도 한다. 고두밥은 멥쌀로 짓지만 때로는 찹쌀도 어느 정도 섞는 것이 독특한 전통주 맛을 내는 비법이기도 하다.

술밥을 물과 함께 항아리에 담아 발효시키는 기간도 계절에 따라 조금씩 다른데, 온도가 높은 여름철에는 일주일 정도로 충분하지만, 봄 가을에는 이보다 오래 발효시키고, 추운 겨울에는 보름을 넘겨 발효시키기도 한다. 연엽주의 경우에는 계절에 따라 한 주, 두 주, 세 주 정도 터울로 발효시키고, 다 익은 술 항아리에 용수를 박아 맑은 술을 떠서 마시는데 알코올 도수는 대략 13도에 이른다. 사람들이 사마시는 막걸리의 알코올 도수가 대략 6도인 것에 비하면 연엽주가 거의 2배나 된다. 이 정도의 알코올 농도는 잘 발효시킨 포도주의 알코올 농도와 비슷하므로 연엽주의 알코올 발효도 그만큼 잘 된 것이라고 할 수 있다.

연엽주를 마셔 본 사람들은 한결같이 첫 잔에서 느끼는 술맛은 먼저 신맛이 느껴지지만, 두 번째부터는 신맛이 점차 부드러워지고 솔잎과 연잎에서 우러나오는 향이 뒤따른다고 한다. 이 말은 연엽주만이 가진 깊은 매력의 맛이 있다는 말이다. 물론 사람들이 느끼는 맛의 차이는 있겠지만, 한번 경험한 강렬한 맛은 시간이 지나도 좀처럼 사라지지 않는다. 그래서 누구라도 한번 맛들인 음식은 다시 찾기 마련이고 또한 맛있는 음식을 즐길 수 있는 맛집을 찾으려고 발품까지도 아끼지 않는 법이다.

모든 음식 하나하나가 나름대로 독특한 맛을 지니고 있지만, 우리는 오로지 한 가지 음식만 먹지 않고 여러 가지 음식을 함께 먹기에, 이들 모두가 한데 어울린 상차림으로 이어지면서, 이것이 또 하나의 독특한 맛을 느낄 수 있는 즐거움이 된다. 술도 나름대로 독특한 맛을 지니고 있지만 술상으로 어우러지는 또 다른 맛이 있다. 술이 지닌 독특한 맛이 있지만, 우리는 술을 마실 때 안주(按酒)를 곁들이므로 어떤 안주와 함께 술을 마시는가에 따라 또 다른 술맛을 느낄 수 있다. 이처럼 어느 한 가지 음식 맛으로 끝나지 않고 다른 어떤 음식과 어울리느냐에 따라 또 하나의 새로운 맛을 느끼며 이를 즐길 수 있다. 우리는 이러한 경우를 일컬어 음식의 궁합(宮合)이라 부르기도 한다.

전통주인 연엽주도 분명히 독특한 맛을 갖고 있다. 첫 잔으로부터 느끼는 신맛과 두 번째 잔에서 이어지는 부드러운 맛과 그 뒤를 잇는 잔에서 느끼는 솔잎과 연잎 향은 연엽주가 가진 독특한 맛이다. 연엽주를 담글 때 항아리 밑에 연잎을 깔고 그 위에 솔잎을 섞어 버무린 술밥을 올린 다음에 그 위에 다시 연잎을 덮어 술을 발효시키기에 연잎과 솔잎에서 우러나온 깊은 맛이 더해진다. 사람들은 연엽주 맛이 좋아 술만 마시지 않고 술맛을 돋구어 주는 안주를 곁들여 마신다. 이렇게 술과 함께 안주를 곁들인 상차림을 우리는 술상 또는 주안상이라 부른다.

연엽주는 연잎과 솔잎 향을 지녔지만, 연엽주를 마실 때 맛을 제대로 느끼려면 연잎 돼지고기 수육을 곁들인다고 한다. 이 특별한 음식은 연엽주 맛을 돋우고자 오래전부터 참판댁에서 주안상에 올리는 안주이다. 연잎 돼지고기 수육은 말 그대로 돼지고기를 연잎에 싸서 찐 것으로 돼지고기의 잡냄새가 나지 않으며 다른 수육에 비해 맛이 부드럽고 담백하다. 돼지고기를 싼 연잎이 기름기를 없애고 고기를 연하게 만들기 때문이다. 더욱이 돼지고기는 단백질이 많아 알코올로부터 위 점막을 보호해 주니 알코올 농도가 일반 막걸리보다 높은 연엽주를 마실 때 안줏감으로 잘 어울리는 것이다. 이런 음식 궁합은 참판댁에서 오랜 경험을 통해 전해 오는 생활의 지혜이다.

한편 술을 마실 때 곁들이는 음식을 우리는 안주(按酒)라 부르는데, 안주에서의 안(按) 자는 누른다는 뜻이 있으므로 쉽게 말해서 술을 억누른다는 말이다. 사람들은 안주와 함께 술안주라는 말도 많이 쓰기에 우리말에서는 '안주'와 '술안주' 모두를 표준어로 인정한다. 술안주로 많이 이용하는 수육은 삶은 고기를 뜻한다. 사람들은 언뜻 생각하기에 고기를 물에 넣고 삶아낸 것이기에 수육(水肉)에서 나온 것이라 여기기

쉽다. 그런데 곰곰이 따져보면 수육은 익을 숙(熟) 자를 썼는데, 사람들이 말할 때 자연스러운 수육으로 바뀐 것이다. 어떤 사람은 뭍에서 사는 동물 고기로 생각해 짐승 수(獸) 자를 떠올리기도 하는데, 물고기도 수육을 만들어 먹는 것을 보면 충분히 이해할 수 있다. 어쨌거나 수육은 분명히 술안주로 좋은 음식이므로, 수육이 눈앞에 보이면 으레 술 생각이 나는 것은 아주 당연한 음식 궁합 때문이다.

모든 술은 알코올 발효로 만든다

오래전부터 우리는 집안에서 수시로 술을 빚어 마셨다. 그 술은 쌀과 누룩을 원료로 하는 막걸리였다. 우리가 오래전부터 집안에서 빚은 술은 사람들이 언제든 즐기는 술로만 마셨을까? 사람들이 즐거울 때는 물론이고 슬프거나 괴로울 때 마음을 달래는 음료로 여럿이 아니면 혼자라도 술을 마셨을 것이다. 그렇지만 혹시라도 제사나 잔치처럼 특별한 때가 아니더라도 생활 속에서 필요한 음식의 하나로 술을 이용하지는 않았을까? 한 번쯤 이러한 의문에 대한 답을 얻으려면 옛사람의 생활을 잘 알아보고 다음으로는 생활 속에서 꼭 필요한 것이 무엇인지 살펴보아야 한다.

사람들이 즐기는 음식은 모두가 나름대로 독특한 맛을 갖고 있다. 독특한 음식 맛이 사람들에게 다시 또 그 음식을 찾게 만든다. 술이 가진 독특한 맛은 약간의 쓴맛과 신맛 그리고 살짝 드러나는 단맛이 함께 어우러진 부드러운 맛으로 그것이 독특한 술맛을 이룬다. 그렇지만 술이 가진 독특한 맛보다도 사람들이 술을 마시고 나면 자신도 모르게 몸과 마음이 스르르 녹아 풀어지는 느낌과 함께 피로감이 사라지는 이른바 알코올 효과가 있으므로 더 많이 자주 마시는 것이라 할 수 있다. 그렇다면 결국에는 사람들이 술이 가진 특별한 맛보다는 오히려 술을 마시고 난 다음에 느끼는 알코올 효과가 더 좋기에 술을 즐기는 것인지도 모른다.

어쨌거나 사람들이 마시는 술 안에는 많든 적든 알코올 성분이 들어 있다. 술 안에 들어 있는 알코올은 술의 종류에 따라 농도가 서로 다르고, 술 안에 들어 있는 알코올의 양에 따라 사람들에게 영향을 주는 정도가 다를 수밖에 없다. 술 안에 포함된 알코올 성분의 화학적인 조성은 탄소 2개와 수산기 1개와 5개의 수소가 합쳐진 에틸알코올(C_2H_5OH)이라는 탄소 화합물이다. 우리가 사는 이 세상 모든 생물의 주요 영양 물질은 탄소 화합물인 탄수화물이다. 다시 말해서 살아 있는 생물의 영양 물질은 탄소가 중심을 이루는 탄소 화합물이다.

탄소 화합물의 중심을 이루는 탄소는 다른 원소 4개와 결합할 수 있는 능력이 있어 그만큼 결합력이 강하다. 그래서 탄소 1개가 수소 4개와 결합하면 더 이상 다른 것과 결합할 수 없는 탄소 화합물이 되고 마찬가지로 탄소 2개가 수소 6개와 결합하면 안정적인 탄소 화합물이 되는데, 탄소가 1개인 것은 메테인(methane, CH_4), 탄소가 2개인 것은 에테인(ethane, C_2H_6), 3개인 것은 프로페인(propane, C_3H_8), 4개인 것은 부테인(butane, C_4H_{10}), 5개인 것은 펜테인(pentane), 6개인 것은 헥세인(hexane), 7개인 것은 헵테인(heptane), 8개인 것은 옥테인(octane), 9개인 것은 노네인(nonane) 그리고 10개인 것은 데케인(decane)이다.

탄소가 4개의 결합력을 갖는 것에 비해 수소는 1개 그리고 산소는 원소 2개와 결합할 수 있다. 만약에 산소 하나와 수소 하나가 결합하면 수산기(-OH)가 되는데, 수산기의 산소는 그대로 있을 수가 없고 어떻게 해서든지 다른 하나와 결합하여 안정하게 되려고 버둥거린다. 그래서 안정적인 탄소 화합물에 수산기 하나가 수소 자리를 대신해 들어가 결합하게 되면 알코올로 바뀌게 된다. 탄소 하나인 화합물에 수산기가 결합해 알코올이 된 것을 메틸알코올(methyl alcohol, CH_3OH), 탄소 2개인 알코올은 에틸알코올(ethyl alcohol, C_2H_5OH), 탄소 3개인 알코올은 프로필알코올(propyl alcohol), 탄소 4개인 알코올은 부틸알코올(butyl alcohol) 등으로 이어진다. 따라서 이 알코올들의 일반적인 구조식은 $C_nH_{2n+1}OH$이다. 그리고 이 알코올들의 이름은 각각 메탄올(methanol), 에탄올(ethanol), 프로판올(propanol), 부탄올(butanol)처럼 줄여서 부르기도 한다.

이제 우리는 술 안에 알코올 성분이 들어 있는 것을 알았고 그 알코올의 종류는 바로 에틸알코올이라는 사실도 알았다. 그래서 사람들은 술 안에 에틸알코올이 들어 있는 것을 알기에 술을 일컬어 알코올이라고 부르기도 하는 이유를 조금은 이해할 수 있다. 그런데 한 가지 우리가 술을 이야기할 때는 술에 포함된 알코올의 농도가 높고 낮고에 따라 센 술과 약한 술로 구별하는 경우가 많다. 이처럼 센 술과 약한 술을 구별하는 기준으로 도수(度數)를 이야기하는데, 이 도수는 술에 포함된 알코올의 농도를 나타내는 말이다. 간단히 말해서 술의 도수 1도는 술에 들어 있는 알코올 1퍼센트 농도이다. 참고로 위스키에서 알코올 농도를 표시하는 프루프(proof)는 퍼센트 수치의 2배를 의미한다. 그러므로 알코올 농도 1도 = 1퍼센트 = 2프루프이다.

    오래전부터 집안에서 빚어 온 막걸리의 알코올 농도는 제조 과정에 따라 조금씩 차이는 있지만, 대체로 6도 정도이다. 물론 요즈음 막걸리 제조장에서 만들어 내는 막걸리의 알코올 농도도 이에 맞추어 6도를 기준으로 삼는다. 막걸리와 같은 계열의 발효주라고 할 맥주의 알코올 농도는 4도 정도이다. 포도를 재료로 발효시킨 포도주는 10~13도의 알코올 농도를 보인다. 아마도 우리나라 사람들이 가장 많이 마시는 소주는 증류 과정을 통해 얻어낸 95퍼센트 이상의 알코올인 주정(酒精)에 물을 추가해 적당한 농도로 희석해 만든 술이다. 예전에는 소주의 알코올 농도가 30도를 웃돌았지만, 시간이 흐르면서 알코올 농도를 점점 낮추어 지금은 20도 이하로까지 알코올 농도를 낮춘 순한 소주가 대세를 이룬다. 술은 크게 발효주와 증류주로 나누는데, 소주는 조금 별나게 주정을 희석해 만든 것이라고 희석주(稀釋酒) 또는 희석식 소주라 부르기도 한다.

술은 미생물이 만든다

우리 몸에 좋은 먹을거리를 생각하면 자연에서 만들어진 친환경적인 생명 물질이 우리 먹을거리가 되어야 한다는 생각이 대세이다. 자연이 만들어 낸 생명 물질이라는 점을 생각하면 술이라는 음료만큼 자연적이면서도 생물적인 것도 찾아보기 힘들다. 왜냐하면 우리가 마시는 술은 지금까지 화학적으로 합성한 예는 찾아볼 수가 없고, 모든 술은 효모(酵母, 뜸팡이, *Saccharomyces cerevisiae*)라는 미생물이 포도당을 알코올로 바꾸는 알코올 발효라는 생물 반응에 따른 것이기 때문이다. 인류 문화가 시작되면서 오늘에 이르기까지 효모에 의한 알코올 발효 과정에는 어떠한 화학 물질도 관여하지 않고 있다. 알코올 발효의 원료인 포도당($C_6H_{12}O_6$)은 엽록체를 가진 녹색 식물이 이산화탄소(CO_2)와 물(H_2O)을 원료로 햇빛 에너지를 이용하여 자연에서 만들어 낸 것이다. 이처럼 녹색 식물에 의한 광합성 작용 산물과 효모에 의한 알코올 발효를 통해 만들어 낸 술은 그야말로 진정한 자연과 생물이 만들어 낸 결과라고 말할 수 있다.

광합성 작용: $6CO_2 + 6H_2O$ (~햇빛에너지) $\rightarrow C_6H_{12}O_6 + 6O_2$.

알코올 발효: $C_6H_{12}O_6 \rightarrow 2C_2H_5OH + 2CO_2$.

우리가 오래전부터 즐겨 마시던 막걸리의 원료는 쌀로 만든 고두밥과 알코올 발효를 일으키는 효모가 들어 있는 누룩이다. 사람들이 농사지은 쌀에는 녹말이라는 영양분이 들어 있는데, 이 녹말은 벼가 광합성 작용으로 만들어 낸 포도당 분자가 긴 사슬로 이어진 탄수화물이다. 녹말이라는 탄수화물은 비록 수많은 포도당 분자가 긴 사슬로 이어진 것이지만, 알코올 발효를 일으키는 효모가 포도당이 아닌 녹말에 직접 작용하여 발효를 일으키지는 못한다. 효모가 알코올 발효를 시작하기 위해서는 녹말을 이루는 포도당 분자 하나하나가 각각 떨어져 있어야 비로소 가능하다.

녹말에 들어 있는 포도당 분자를 하나하나 떼어내는 것은 아밀레이스(amylase)라는 당화 효소가 하는 일이다. 아밀레이스는 사람의 침 속에는 물론이고 엿을 만들 때 쓰는 엿기름(맥아(麥芽))이나 무즙에도 들어 있다. 이처럼 생물 안에 들어 있는 아밀레이스가 하는 일이 바로 당화 과정이라는 효소 반응이다. 막걸리를 만들어 주는 누룩 안에는 알코올 발효를 하는 효모와 함께 당화 과정을 일으키는 효소가 함께 들어 있기에 우리는 안심하고 자연에서 막걸리를 빚어 마실 수 있다. 대표적인 발효주로 꼽히는 포도주는 원료인 포도에 이미 포도당 분자가 들어 있으므로, 포도 껍질에 허옇게 묻어 있는 효모는 사람들이 으깨 놓은 포도즙을 발효시켜 포도주로 만들 수 있다. 포도주처럼 바로 포도당을 발효시켜 술을 만드는 방법을 단발효(單醱酵)라고 부르고, 막걸리나 맥주처럼 녹말의 당화 과정을 거쳐서 발효로 이어지는 방법을 복발효(復醱酵)라고 구분한다.

우리는 왜 집에서 술을 빚었는가?

1,000년을 몇 번이고 넘기는 우리나라 역사 속에서 사람들은 그동안에도 집에서 술을 빚어 마셨다. 오래전 우리 역사서에서 술에 대한 기록을 확인할 수 있는 것으로 보아 오래된 우리나라 술 문화의 역사와 전통을 알 수 있다. 이처럼 오랜 우리의 술 문화가 어느 틈엔가 갑자기 위기를 맞았다. 일제 강점기 때인 1916년 7월 조선 총독부에서는 조선 전역에 주세령(酒稅令)을 선포하고 집안에서 술을 담그는 것을 금했다. 겉으로는 집안에서 담그는 소규모의 술 제조를 금하고, 대신에 대규모 시설을

밀주 항아리. 항아리 입에 딱 들어맞는 대접 같은 작은 옹기가 얹혀 있다. 옹기 박물관에 전시되어 있다.

갖춘 양조장, 즉 술 공장에서 술을 생산하도록 장려하면서 주세를 감면해 줌으로써 사람들이 편하게 술을 마시게 해 주겠다는 그럴듯한 명목을 내세웠다. 주세령에 따르면 탁주와 약주는 2석 이하 그리고 소주는 1석 이하의 양만 허용하고, 그 이상에 대해서는 주세의 5배에 해당하는 벌금을 물게 했다. 게다가 집에서 담가 마시는 술인 자가용주(自家用酒)에 대해 부과하는 세율은 공장에서 생산해서 파는 술인 영업용주(營業用酒)의 세율보다 훨씬 높았고, 영업용주라고 하더라도 최저한도의 술 제조량을 정해 놓아 그 이상으로만 생산하게 함으로써 빈약한 자본으로는 술 공장을 차릴 수도 없게 만들었다.

일제는 이처럼 주세령을 내세워 우리나라 사람들이 집안에서 소량으로 담가 마시는 집안의 독특한 전통주나 가양주 제조를 엄격히 금했는데, 이것은 일제가 우리 고유의 전통 문화를 없애려는 의도에서 비롯된 것이었다. 그래도 사람들은 이에 굴하지 않고 집안에서 몰래몰래 조금씩이라도 술을 담가 마셨다. 일제의 눈을 피해 몰래 담가 마시는 술이었기에 밀주(密酒)라고 했는데, 사실은 주세를 피해 담가 마신 술이라고 할 수 있다. 그래서 술을 담근 술 항아리를 술 항아리가 아닌 것으로 보이게 술 항아리 입에 딱 들어맞는 대접 같은 그릇을 만들어 얹어 놓고, 그 그릇 안에 쌀이나 콩 따위의 곡식이나 아니면 된장이라도 담아 놓아 술 항아리 뚜껑을 열면 곡식 항아리나 장 항아리처럼 보이도록 눈을 속이는 방법을 생각해 냈다. 사람들은 이처럼 눈을 속이는 항아리를 '밀주 항아리'라고 불렀다. 지금도 옹기 박물관에 전시된 밀주 항아리를 찾아볼 수 있다. 이렇게 밀주 항아리를 만들어 사용해야만 했던 옛사람들의 당시 상황을 상상하기가 쉽지 않지만, 조금이라도 그때의 상황을 이해한다면 그만큼 아팠던 우리의 역사를 제대로 이해하는 길이기도 하다.

일제는 주세령을 앞세워 집안에서 적은 양의 술이라도 담그지 못하게 막고 더 나아가 집안에서 술을 몰래 빚어 마시면 법에 따라 처벌하겠다는 것이었다. 그런데도 사람들은 처벌도 두려워하지 않고 마치 일제의 정책에 항거하는 운동을 전개하는 것처럼 그야말로 두려움 없이 수시로 집안에서 술을 빚어 마셨다. 도대체 그 이유가 과연 무엇이었을까? 아니 그럴 만한 이유가 정말 있었던 것일까? 요리조리 따져보고 곰곰이 생각해 보아도 그럴듯한 답이 얼른 떠오르지 않는다. 그렇지만 분명한 이유는 있었을 것이고, 그 이유는 사람들이 살아가는 데 꼭 필요한 일이었기에 그랬던 것으로 생각할 수밖에 없다.

술은 사람들이 살아가면서 꼭 필요한 것은 물론 아니다. 술중독이 아니라면 누구라도 곁에 있으면 마시고 없으면 참을 수도 있다. 그러나 음식이라고 하면 상황은 조금 다르다. 음식은 하루도 빠뜨리지 않고 먹어야 하기 때문이다. 매일 먹는 음식으로 주식과 부식이 있는데, 이 두 가지는 독립적이지 않고 상호 보완적인 음식이다. 사람들에게는 이 두 가지가 하나로 합쳐져야 비로소 제대로 된 상차림 음식이기 때문이다. 이처럼 사람들이 매일 먹는 부식도 어떤 재료를 이용해 어떤 맛을 내는가는 매일 음식을 장만하는 사람에게는 대단히 중요하다. 음식이 갖는 다섯 가지 맛 가운데에서 신맛을 낼 수 있는 음식 재료는 몇 가지가 되지 않는다. 그 가운데에서 신맛을 내는 음식 재료로 쓰이는 대표적인 것이 바로 식초(食醋)이다. 식초는 말 그대로 약간의 초산(醋酸)이 들어 있는 것으로 사람이 먹을 수 있는 액체 조미료이다.

우리가 먹는 음식의 반찬에서 신맛을 내게 하려면 식초를 조금 넣어 주면 된다. 요즘에는 집안에서 음식을 만들 때 신맛을 내고자 넣어 주는 식초는 공장에서 생산한 것을 상점에서 사서 이용한다. 그렇지만 옛날에는 따뜻한 부뚜막 위에 식초병을 놓아두고 집에서 마시다 남은 막걸리나 약주를 조금씩 넣어 주어 끊임없이 식초를 만들어 먹었다. 이처럼 옛날에 집안에서 직접 만들어 먹었던 식초가 바로 전통 발효 식초이고, 요즈음 우리가 마트에서 사다 먹는 식초는 공장에서 대량으로 생산한 양조 식초이다. 이러한 양조 식초는 공장에서 생산한 주정을 막걸리의 알코올 농도로 희석하여 초산균으로 발효시킨 것으로 신맛을 강조한 제품이라고 할 수 있다.

양조 식초와 달리 전통 발효 식초는 막걸리나 약주를 재료로 한 것

식초병. 사진 출처: 국립 민속 박물관.

이므로 여러 가지 유기산이 풍부해서 초산 발효를 거치더라도 식초에는 신맛과 더불어 여러 가지 다른 맛과 향이 우러나오는 뚜렷한 차이가 있다. 날씨가 따뜻할 때는 집에서 담가 먹는 발효 식초의 식초병 주위로 초파리들이 몰려들지만, 양조 식초 주변에는 초파리가 절대로 모이지 않는다. 언제나 발효 식초를 선호하는 유명한 냉면집 사장님도 비슷한 말을 했다. 발효 식초를 병에 담아 식탁에 올려놓으면 바닥에 침전물이 생겨 병을 흔들면 조금은 탁해지는데 이것이 싫다는 손님이 있어 때로는 투명한 양조 식초를 병에 담아 올려놓기도 한단다. 그런데 초파리는 귀신같이 이를 알아채고 양조 식초병 주변으로는 얼씬도 하지 않는단다. 사람보다도 분명히 예민한 감각을 가진 벌레들이 어떤 것을 좋아하는지 한마디로 말해 주는 예라고 할 수 있다.

식초 역시 미생물 유래 먹을거리

식초를 만드는 초산 발효는 초산균에 의해 알코올이 산화되어 초산과 물로 바뀌는 것이므로, 우리가 원하는 식초를 얻으려면 초산균이 알코올과 산소를 한자리에서 만나 발효가 일어나야 한다. 알코올과 초산균 그리고 산소와 온도라는 조건이 고루 갖추어진 곳에서 초산균은 산소의 도움으로 알코올을 아세트산(초산 또는 식초)과 물로 바꾸면서 힘의 원천이 되는 ATP를 얻어 삶에 이용한다. 초산 발효가 왕성하게 일어나는 식초병 안에서 식초 위에 얇은 하얀 막이 깔리는 경우가 있다. 모르는 사람은 잘못된 찌꺼기라고 생각하고 국자나 체로 걸러내는데, 이것은 초산균이 산소와 만나 초산 발효를 하면서 만들어 낸 초산균 집합체이니 걸러낼 필요가 없다. 오히려 이 막을 걷어내면 왕성하던 발효가 진정되고 다시 발효가 왕성해질 때까지 더 많은 시간을 기다려야만 한다. 그러기에 식초병 안의 얇은 막은 초산 발효가 잘 일어나는 반가운 표시라고 좋아할 일이다.

초산균이 에틸알코올(C_2H_5OH)로부터 초산(CH_3COOH)을 만드는 초산 발효 과정은 다음과 같은 화학식으로 요약할 수 있다.

$$C_2H_5OH + O_2 \rightarrow CH_3COOH + H_2O + 8ATP.$$

식에서 보는 것처럼 초산 발효 과정에서는 알코올 한 분자가 각각 아세트산 한 분자와 물 한 분자로 바뀌는데, 아세트산은 바로 물에 녹기 때문에 결과적으로 발효를 시작할 때의 알코올 양과 거의 비슷한 양의 식초를 얻게 된다.

 초산 발효에서 초산균이 이용하는 알코올의 농도는 우리가 마시는 막걸리의 알코올 농도가 가장 적당하다. 그러기에 공장에서 양조 식초를 생산할 때도 주정의 알코올 농도는 막걸리의 알코올 농도로 맞추어 발효시킨다. 사람들이 즐겨 마시는 소주에도 알코올이 들어 있지만, 소주의 알코올 농도는 초산균이 살아남기 힘든 조건이므로 소주에서는 초산 발효가 일어나지 않는다. 사람들은 막걸리의 신선한 맛을 즐기지만, 오래된 막걸리의 맛은 한마디로 시금털털하다. 이것은 바로 시간이 흐르면서 막걸리 안의 알코올이 초산균으로 인해 발효가 시작되었기 때문이다. 누군가 막걸리 안에 초산균을 일부러 넣어 주지도 않았는데도 막걸리 안에서 초산 발효가 시작되는 것에서 우리 주변에 초산균을 비롯한 수많은 미생물이 있다는 사실을 다시 한번 느끼게 된다.

 오래된 막걸리가 시어지는 것이 초산균으로 인한 발효라는 사실을 이해한다면, 오래된 소주는 시어지지 않는 것도 조금은 이해할 수 있을 것이다. 초산균이 살아남아 발효를 계속하려면 반드시 적당한 알코올 농도가 필요하다. 포도주의 알코올 농도는 막걸리의 2배 정도이니 포도주와 같은 양의 물을 섞어 초산 발효에 이용할 수 있다. 우리는 오래전부터 음식에 신맛을 내는 식초가 필요했고, 그 식초는 부뚜막에 초두루미라 불리는 식초병을 놓고 마시다 남는 막걸리를 부어 주면서 발효시켜 만들었다. 이렇게 집집이 조금씩이라도 술을 빚어 마시고 남는 것으로는 식초를 만들어야 했기에, 집에서 술을 빚는 것은 우리의 전통이자 생활의 한 부분이었다.

그러던 것이 언제부터인가 사람들은 술이란 공장에서 만들고, 마시고 싶을 때마다 사서 마시는 것으로 생각하게 되었다. 아마도 이러한 생각은 더 이상 집에서 술을 빚지 못하게 한 일제의 주세령으로부터 시작되었다고 생각할 수 있다. 우리가 옛날부터 집안에서 술을 빚어 마시던 전통을 모른 척하고 지나칠 것이 아니라 오늘에라도 되살려 집집이 자연 발효시킨 식초를 이용하는 것도 우리 건강을 지키는 데 도움이 되리라 생각해 본다.

하나 더, 예전에는 어떻게 신맛을 냈을까?

사람들이 느끼는 맛에는 다섯 가지가 있다. 쓴맛, 짠맛, 신맛, 단맛 그리고 매운맛 이렇게 다섯 가지의 서로 다른 맛은 우리가 먹는 음식에도 다 들어 있다. 우리가 매일매일 먹는 음식에는 어느 한 가지 맛만 들어 있는 것이 아니라 여러 가지 맛이 섞여 있는데, 이들 서로 다른 맛이 한데 어울려 조화를 이루면서 하나의 완성된 음식 맛으로 우리에게 다가온다. 그러기 때문에 한 가지 음식을 만드는 데는 각각의 맛을 내는 음식 재료를 조금씩 섞어 가며 맛있게 음식을 조리하는 것이다.

다섯 가지 맛 가운데 신맛을 내는 음식 재료는 당연히 초(醋)인데, 우리가 먹는 음식 재료라는 뜻에서 식초(食醋)라 부르기도 한다. 우리가 음식을 조리할 때 신맛을 내는 식초는 당연히 마트나 슈퍼에서 산다.

지금처럼 식료품점에서 식초를 구할 수 없다면 우리는 어디에서 신맛을 내는 재료를 구할 수 있을까? 오래전 식초를 구하기 어려웠을 적에는 한때나마 공업용 빙초산을 가져와 물로 희석해 쓰기도 했다. 어쨌거나 지금처럼 손쉽게 식초를 살 수 없었던 옛날에는 집집마다 식초를 구하는 방법이 있었을 것이다. 이화선은 「조선 시대 고농서(古農書)에 나타난 조초법(造醋法)의 전승과 현대적 활용 가치」라는 제목의 글에서 옛사람들이 어떻게 집에서 식초를 만들어 사용했는지에 대해 우리에게 자세한 내용을 알려주고 있다.

우리나라에서는 오래전부터 여러 종류의 발효 음식을 즐겨 먹었는데, 주(酒), 초(醋), 장(醬), 혜(醯)라 하여 주류, 장류, 젓갈류, 초류 등의 여러 가지 발효 음식을 만들어 먹었다. 그 가운데 초는 '밥이 보약'이라는 식약동원(食藥同原)의 전통 의식과 더불어 발효 음식 가운데 아주 중요한 위치를 차지했다. 그러나 근대에 들어와 집에서 술을 담그지 못하게 함으로써 '가양주 문화'가 힘을 잃으면서 어쩔 수 없이 집에서 초를 담가 먹는 '가양초 문화(家釀醋文化)'까지 자취를 감추었다.

우리나라에서 전통의 맥이 끊어진 가양초 문화는 이제 우리 생활에서 찾아보기 어렵고 다시 되살리기도 쉽지 않겠지만, 우리 옛 문헌 자료를 찾아보면서 그 가능성을 열어 보고자 한다. 우선 조선 시대 농업 기술서로 17세기에 나온 『산림경제(山林經濟)』「치선(治膳)」에는 9종류의 조초법이 기록되었고, 18세기에 나온 『임원십육지(林園十六志)』「정조지(鼎俎志)」에는 모두 28종류의 조초법이 기록된 것을 보더라도 예전부터 우리 생활 속에서 초의 중요성을 알았고 소중히 다루어 왔다는 것을 볼 수 있다.

인류 문화와 함께하는 발효 음식 가운데 술과 초는 그 기원이 같다고 본다. 왜냐하면 이 두 가지 음식의 발효 과정이 서로 맞물려 있어 서로를 떼어내기 어렵기 때문이다. 다시 말해서 집안에서 술을 빚고, 이 술을 재료로 다시 초를 발효시켜 음식 재료로 이용하기 때문이다. 북위(北魏) 때의 『제민요술』에 초를 뜻하는 한자로 초(酢) 자를 쓴 것으로 보아 초(醋) 자보다 먼저 썼다는 것을 알 수 있다. 물론 우리나라의 역사 기록을 보더라도 처음 기록을 남긴 삼국 시대의 자료에도 발효 음식은 물론이고 그 가운데 초에 관한 이야기도 함께하는 것을 볼 수 있다.

식약동원이라는 우리 전통 의식은 조선 시대에도 줄곧 이어졌는데 『본초강목』이나 『동의보감』 같은 의학 서적에서도 초의 효능과 함께 초를 만드는 조초법까지 함께 다루고 있다. 더욱이 우리나라에서는 많은 집안에서 고유한 가양주를 빚는 전통이 있었기에, 이와 더불어 가양초를 만드는 문화가 자연스럽게 자리 잡았다. 우리나라에서는 집집이 막걸리를 담았고, 이와 함께 부뚜막에는 초두루미라 부르는 초를 발효시키는 옹기 단지가 있는 모습은 20세기 초까지 우리나라에서 흔히 볼 수 있는 집안 모습이었다.

조선 시대에 이르러 집에서 초를 만드는 방법을 기록으로 남긴 대표적인 자료는 17세기의 『산림경제』 「치선」 부분과 18세기에 나온 『임원십육지』의 「정조지」 부분을 꼽는다. 『산림경제』는 홍만선이 지었다고 하지만 옮겨 적은 필사본만 전하고 있어 다른 사람이 지었다는 의견도 있다. 『산림경제』는 생활 전반의 여러 분야를 다루고 있는데, 이중 「치선」은 음식 조리법과 양주와 조초법을 다루고 있다. 여기에 적힌 모두 아홉 가지 조초법에서 곡물을 이용한 것이 다섯 가지이고 과일을 쓴 것이 세 가지이다. 나머지 하나는 술을 거르고 남은 지게미를 이용하는 것이다. 이 가운데 가장 일반적인 방법인 미초법(米炒法)은 묵은쌀이나 찹쌀로 밥을 지어 식힌 뒤에 누룩 가루와 물을 고루 섞어 독 안에 안치는 방법으로 지금까지 이어진 조초법 가운데 가장 널리 쓰이는 방법이다.

『임원십육지』는 조선 시대 대표적인 농업 기술서로 정조 때에 서유구가 편찬한 책이다. 이 책은 백과사전식 체재와 설명을 갖추고 있으며, 『산림경제』를 비롯한 다른 서적과 중국의 것까지 망라하여 모두 113권 52책에 이르는 방대한 내용을 담고 있다. 이 두 책 사이에는 1세기 정도의 시간차가 있다고는 하지만, 조초법에 관한 내용에서는 특별한 변화나 두드러진 차이를 찾아볼 수 없다. 이 책에는 생활에 필요한 많은 내용을 16지(志)에 나누어 정리하면서 음식과 술 등의 조리에 관한 내용을 「정조지」에 기록했다. 「정조지」의 정(鼎)은 세 발 달린 솥을 말하며, 조(俎)는 도마 또는 제사에서 산적을 올리는 그릇을 뜻한다. 「정조지」 가운데 초에 관한 내용은 「미료지류(味料之類)」에 다루었고, 술에 관한 내용은 「온배지류(醞醅之類)」에 적어 놓았다.

이 책에서 다루는 조초법은 모두 28가지나 되는데, 재료에 따라 곡물초와 과일초, 꿀초와 엿초, 꽃초 이외에 술지게미와 콩으로 만드는 초까지 다루었다. 이 가운데 곡물초는 12종으로 쌀을 재료로 한 것이 7종이고 나머지 5종은 잡곡을 재료로 한 것이다. 과일초는 『산림경제』에 있는 세 가지에 다른 두 가지를 더해 모두 5가지를 기록했고, 꿀과 엿을 재료로 하는 방법이 소개되었다. 지게미를 이용하는 방법은 『산림경제』의 조초법 이외에 3가지 방법을 더 소개하고 있으며, 콩을 재료로 초를 만드는 방법 한 가지도 더 추가했다. 한편 맛이 변한 술에 초와 물을 각각 1:1:1의 비율로 섞은 다음에 달군 숯을 넣어 정화하고 이어 발효시키는 방법을 만년초방(萬年醋方)이라며 소개하고 있다. 여기에서 말하는 술은 맛이 떨어졌다 하더라도 알코올의 농도는 18퍼센트 이상이어야 하는 것은 초산균이 좋아하는 농도가 6~7퍼센트가 되어야 발효를 시작하기 때문이다.

    물론 집에서 초를 담그는 일은 해 보지 않은 사람에게는 어려운 일이겠지만, 자주 해 본 사람에게는 그리 어렵지 않으며, 더욱이 집안에서 누구라도 해야 할 중요한 일이라면 집안에서는 어떻게 해서라도 후대로 전하는 방법을 마련했을 것이다. 흔치 않게 지금도 예전부터 전해온 방법으로 집안에서 초를 담아 먹는 사람들이 있다. 그 내용을 살펴보면 조선 시대에 알려진 미초법과 비슷한 방법으로, 쌀을 잘 불려서 밥을 짓고 누룩과 물을 버무려 식초 단지에 넣고 따뜻하게 두어 발효하도록 한 다음에, 시어지면 떠서 마시고 다시 술을 부어가며 늘리는 방법이다. 집안에서 처음 초를 앉힐 때 밥과 물과 누룩의 비율은 각각 1:1:0.3으로 잡았고 단지는 미리 따뜻하게 데워 놓았다. 이와 같은 1:1:0.3의 비율은 『산림경제』에 나와 있는 1:1:0.2 비율보다 효과적인 비율이라 할 수 있다. 요즘처럼 사람들이 건강한 음식을 찾고 있는 때에 우리 전통문화의 하나인 가양주와 가양초에 관심을 갖고 새롭게 접근해 되살려 보는 것도 의미가 있는 일이라고 본다.

3부

안방으로

8장

우리 옷 이야기
한복과 옷감 그리고 바느질

♟ 글을 배운 지가 오래되지 않을 때이니 아마도 초등학교 저학년 때의 기억이라 생각한다. 설날 무렵의 어느 날 아침 신문의 특별 기고문으로 재미난 글이 실려 있었다. 아동 문학가인 이원수 선생님이 쓰신 글로 제목이 아직도 생생하게 기억나는데「옷이면 옷이지 한복(韓服)이 뭐람?」이라는 제목이었다. 제목이 별나다는 느낌이 들었다. 그래서 내 기억에 오래도록 남게 되었는가 보다. 물론 글의 내용은 자세히 기억 나지 않지만, 제목만으로도 대충 짐작할 수 있다. 하지만 당시의 나로서는 정확한 내용을 이해하기에 충분하지 않았을 것이다.

요즈음에도 해마다 설과 추석 명절에 즈음하여 식구들이 함께 조상의 묘를 찾아 둘러보고 제사를 지내는 풍습이 남아 있다. 한동안 떨어져 있다가도 명절이 되면 한데 모여 얼굴을 마주하고 서로의 안부를 묻는 이 풍습은 지금도, 아니 지금이야말로 소중한 것일지 모른다. 때로는 어린아이부터 어른까지 한복을 차려입고 모이기도 한다. 명절이 아니면 입어 보기조차 힘든 한복이기에 한복을 차려입고는 기념 사진도 찍고 고궁으로 나들이도 한다. 요새는 고맙게도 한복을 입은 사람에게는 고궁에 무료로 입장할 수 있는 혜택을 주기도 한다. 이처럼 한복은 언제부터인가 사람들이 특별한 날에나 차려입는 옷이 되어 버렸으니 한복을 좋아하는 사람에게는 안타까운 일이다. 우리 옷, 먹을거리, 집을 한복, 한식, 한옥이라 부르는데, 모두 다 현대인의 일상으로부터는 멀어지기만 하는 것 같아 아쉬울 뿐이다. 이제 보니, 이원수 선생님의 글은 우리 전통 문화가 어떤 처지에 빠질지 예감하는 것이었다.

물론 이원수 선생님이 쓰셨던 글 제목이 항상 내 머릿속에 남아 있었던 것은 아니다. 점차 시간이 흘러 초등학교를 거치고 중학교와 고등학교를 졸업하는 동안에 머리에서 지워져 있었지만, 학교 공부를 마치고 나름대로 관심거리를 찾는 중에 어느 날 문득 이 제목이 떠올랐다. 처음에는 그저 그런가 하면서 별로 관심이 없었지만, 시간이 지나면서 조금씩 기억이 또렷해졌다. 아마도 내가 어렸을 때였지만, 또렷한 기억을 남길 만큼 한복에 대한 호기심과 느낌이 강했나 보다.

재봉틀 하나만 있어도 살길이 있다

한국 전쟁이 끝나고 얼마 되지 않은 1960년대의 사회적 분위기는 모두가 어떻게 해서든지 죽지 않고 살아남으려고 부지런하게, 그리고 악착스럽게 삶에 몰두하던 때였다. 먹을 것은 물론이고 생활에 필요한 물자가 턱없이 부족하던 때였으니 작은 물건 하나라도 아끼며 고쳐 쓰는 재활용의 미덕이 살림의 기본으로 자리 잡았던 것은 더 말할 나위가 없다. 한 집안에 형제자매는 보통 서너 명이 기본이었고, 많게는 대여섯에서 예닐곱까지 있는 집도 어렵잖게 찾아볼 수 있었다. 물론 당시의 우리나라 경제는 공업화 과정으로 들어서기 전이었으니 국민의 절대 다수가 농사를 지으면서 농촌에 살았다. 그렇지만 사람들은 농촌에서 고생하느니 차라리 도시에 나가 살아보고자 도시로 몰려들었다. 도시에는 몰려드는 사람들에게 제공할 일자리가 충분하지 않았기에, 유복한 집에 들어가 집안일을 도우면서 먹고 자는 문제를 해결하는 사람들도 많았다.

이렇게 다른 이의 집안에서 모든 일을 관리하는 사람을 집사(執事)라고 불렀고, 특별히 부엌일을 도맡아 하는 사람을 찬모(饌母)라 했고, 갓난아기를 돌보는 사람을 유모(乳母)라 했으며, 식구들의 옷가지를 건사하는 사람을 침모(針母)라고 했다. 혼자서 부엌일과 집안 청소며 온갖 허드렛일까지 도맡아 하는 식모(食母)도 있었다. 식모는 한집에 같이 살았기에 하녀(下女)라고 할 수도 있겠지만, 집에 따라서는 하녀가 아니라 딸처럼 여기기도 했고, 더 나아가 양녀(養女)로 삼아 가족의 일원으로 받아들이기도 했다. 요즈음에는 옛날처럼 한 집에서 먹고 자고 하는 식모가 아니라, 특정한 시간에만 집으로 찾아와 일을 도와주는 파출부(派出婦)가 많다. 가사 도우미라는 이름으로 부르기도 한다. 이들은 이제 정해진 시간에 맞추어 집안일을 도와주는 계약 노동자이자 직업인이다.

예전에는 집안에서 식구들의 옷을 계절에 맞추어 챙기는 일은 주부들의 몫이었다. 그렇지만 여러 식구의 옷을 챙기는 일은 결코 작은 일이 아니었다. 더욱이 계절에 맞추어 그것도 남자와 여자 그리고 식구들의 나이와 몸에 맞추어 크고 작은 옷을 마련하는 일은 그저 한없이 부지런해야만 하는 일이었다. 요즘처럼 돈을 주고 사서 입는 기성품 옷이 부족하던 당시에는 옷이란 하나하나 손으로 박음질하여 만드는 것이었기 때문이다. 게다가 재봉틀이 나오기 전까지는 옷 한 벌 지으려면 어쩔 수 없이 한 땀 한 땀 손으로 박음질할 수밖에 없었다. 사람들은 이처럼 힘든 박음질을 대신해 주는 재봉틀이 너무나 고마워 기계라는 말인 머신(machine)을 가져다 그대로 이름으로 썼다. 머신의 일본식 발음이 '미싱'이 여기서 왔다.

물론 재봉틀을 처음 만들었을 때는 재봉 바퀴를 손으로 돌리는 손재봉틀이었지만, 나중에는 의자에 앉아 디딤판을 밟아 재봉 바퀴를 돌리는 발재봉틀이 나왔다. 그리고 뒤이어 전기 모터의 회전력을 이용한 전기 재봉틀까지 만들어져 편리함과 속도를 높였다. 어쨌거나 옷을 만드는 시간은 짧아졌어도 예쁜 옷을 만드는 솜씨는 누가 만드냐에 따라 다를 수밖에 없다. 더욱이 우리 옷의 아름다움은 선(線)으로부터 나온다고 하는데, 한복의 아름다움은 훌륭한 솜씨를 가진 장인이 오랜 경험을 바탕으로 만들어 내는 것이다. 사람들이 한복을 많이 입던 시절에는 '한복집'이라는 간판을 달고 우리 옷을 만들던 솜씨 좋은 기술자가 많았다. 이들은 오랫동안 집안에서 식구들의 옷을 지어 주면서 쌓은 재봉틀 솜씨와 기술을 바탕으로 다른 사람들의 옷도 지어 주다가 한복 짓기를 자신의 업으로 삼은 이들이었다.

이 시기에 사람들은 "재봉틀 하나만 가지면 살길이 있다."라는 말을

재봉틀. 테이블 형태로 재봉틀 본체가 접이식 상판 하단 중앙에 수납될 수 있다. 사진 출처: 국립 민속 박물관.

하곤 했다. 그만큼 훌륭한 솜씨를 가진 한복 기술자라고 한번 알려지면 굳이 한복집이라는 간판을 달지 않더라도 예쁜 옷을 지으려는 사람들의 발걸음이 끊이지 않았다. 한때 미싱집 또는 바느질집이라고 불린 한복집에서는 손님들이 시장에서 산 옷감을 가져오면 그것으로 옷 한 벌을 지어 주곤 했다. 다시 말하자면 당시의 바느질집이란 옷이나 옷감의 완성품을 파는 집이 아니라 바느질 솜씨를 파는 집이었다. 일종의 삯바느질이라 할까.

바느질은 박음질로부터

바느질이란 어떤 것인가? 바늘귀에 실을 꿰어 옷감에 박음질하여 옷을 짓거나 꿰매는 일을 바느질이라 부른다. 예전에는 모든 일을 손으로 했으므로 바느질 또한 손바느질이 기본이었다. 그러다 재봉틀이 보급되면서 바느질은 재봉틀로 하는 것이 되어 버렸다. 그래서 지금은 바느질을 손바느질과 재봉틀로 하는 바느질로 나눈다. 어쨌든 바느질이란 천 조각 2개를 일정한 선에 따라 박음질하여 하나로 붙이는 작업이 기본이다. 바늘에 꿴 실은 한 가닥이므로 선을 따라 박고 당기는 것을 반복하다 보면 옆에서 볼 때 ㄹ자 모양이 된다. 이 모양으로는 박음질에 따라 느슨해지거나 당겨지기도 하여 반듯하지 않은 경우가 많다. 이를 보완하자면 아무래도 같은 간격으로 반대쪽에서 한 번 더 바느질하여 ㄹ자 모양을 ㅍ자 모양으로 만들어야 한다. 그런데 이 작업은 박음질을 두 번씩 해야 하는 번거로움이 뒤따른다. 이러한 문제를 해결한 것이 바로 재봉틀이라는 기계이다. 재봉틀은 단 한 번에 ㅍ자 모양으로 박음질하면서 그것도 일정한 힘으로 당겨 주니 가히 바느질의 혁명이라고 말할 수 있다.

예전에 고등학교 교과서에 바느질에 얽힌 재미난 이야기가 실린 적이 있다. 바느질 도구 일곱 가지가 서로 자기 공이 크다고 자랑하는 내용으로 제목은 「규중칠우쟁론기(閨中七友爭論記)」이다. 어느 날 주 부인이 바느질하다가 낮잠이 든 사이에 바느질 도구인 규중의 일곱 벗, 즉 세요각시(細腰閣氏, 바늘), 척부인(尺夫人, 자), 교두각시(交頭閣氏, 가위), 울낭자(熨娘子, 다리미), 청홍흑백각시(靑紅黑白閣氏, 실), 인화낭자(引火娘

子, 인두), 감투할미(골무)가 앞다투어 나서면서 자기가 없으면 어떻게 옷을 짓겠냐고 공치사하며 다투게 된다. 이 다투는 소리에 잠에서 깨어난 주 부인이 너희가 공이 있다고 하나 내 손만큼 하겠느냐 하고 다시 잠이 든다. 그사이에 다시 규중칠우는 부녀자들이 자신들에게 부당한 대우를 하는 것에 불평한다. 마침내 잠을 깬 주 부인이 화를 내면서 모두 쫓아내려 했으나, 감투할미가 나서서 용서를 빌어 모두가 무사하게 되었고, 그 후로 감투할미는 공로를 인정받아 주인의 각별한 사랑을 받게 되었다는 이야기이다.

예전 집 안방에는 안주인이 항상 곁에 두고 수시로 찾아 쓸 수 있는 여러 가지 생활 도구들이 있었다. 바닥에 깔아 두고 쓰는 보료나 방석을 비롯하여 청소 도구인 방비와 쓰레받기는 물론 마른걸레와 물걸레도 있었으며 더욱이 안주인이 수시로 이용하는 바느질 도구들이 자리를 잡고 있었다. 이러한 여러 가지 생활 도구들은 방안 여기저기에 널브러져 있지 않고 항상 제 자리에 정리되어 있으므로 언제나 쓸 때마다 재빨리 찾아 쓸 수가 있었다. 그러기에 안방에는 언제나 바느질 도구들을 한데 모아 놓은 반짇고리라는 자그마한 상자가 있었다. 반짇고리는 나무나 대나무 따위로 만든 상자 안에 칸을 만들기도 했고 겉은 옻칠이나 색종이를 발라 예쁘게 꾸며 놓았다. 또한 어떤 것은 뚜껑까지 만들어 덮을 수 있도록 만들었다. 이런 반짇고리 안에는 여러 색의 실을 감은 실패에 크고 작은 바늘을 꽂아 두었고, 가위나 골무와 자 그리고 인두까지 들어갈 만한 것은 모두 함께 담아 두었다. 그러기에 반짇고리는 일곱 친구가 다툼을 벌였다는 「규중칠우쟁론기」의 소재가 되었던 대궐 같은 집안에 비유할 수도 있다.

반짇고리. 가위, 실, 바늘집, 골무가 보인다. 대구 박물관에서 필자가 촬영한 사진.

 이야기 마지막에 감투할미로 나오는 골무 덕택에 다툼이 진정되었고 골무는 주 부인의 총애를 받았다는데, 골무의 역할을 아는 사람에게는 이 이야기의 개연성이 높다는 사실을 느낄 수 있다. 손바느질하는 사람에게 골무는 손가락 끝마디에 끼운 채 바늘로부터 찔림을 막아 주는 역할을 하는 것으로 안주인의 손가락과 하나로 어울려 바느질을 편하게 해 준다. 아마도 요즘 사람들에게 골무의 쓰임새가 조금은 생소할 것이지만, 그 역할은 사무실에서 종이를 많이 다루는 사람들이 엄지나 검지 끝에 고무 장갑 끝부분을 끼고 일하는 모습과 거의 같다고 하면 쉽게 이해할 것이다. 예전의 골무는 지금처럼 찰고무가 없던 시절이니 가죽을 잘라 만들거나 헝겊을 여러 겹으로 겹쳐 만들었는데, 겉에는 색색으로 자그마한 무늬를 수놓아 아주 예쁘게 만들었다. 지금도 아름다운 무늬를 수놓은 골무로는 통영(옛 충무) 지방을 중심으로 만들었던 충무 골무가 널리 알려져 있다.

K-드라마로 인기 높은 우리 옷의 재료는?

요즈음 텔레비전 드라마는 누가 보더라도 정말 재미나게 잘 만들었다. 그래서인지 한류(韓流) 열풍이 무척 자연스럽다. 드라마 가운에는 「대장금」처럼 세계 전역에 널리 알려진 역사 드라마도 있다. 그런데 한 가지 의아하게 생각되는 부분이 있다. 바로 등장 인물들이 입고 나오는 의상, 옷이다. 특별히 주인공을 비롯한 많은 등장 인물이 어떤 옷을 입었는지 눈여겨 살펴보는 것도 흥미로운 일이다. 물론 예쁘고 멋진 옷을 입어야 하겠지만, 혹시라도 고증이 잘못된 의상이나 장신구를 쓰게 되면 드라마의 오점으로 남을 수 있다. 옷은 그야말로 그 시대의 문화를 알려주는 가장 대표적인 자료이기 때문이다.

드라마에서는 고대부터 조선 시대에 이르기까지 중요한 등장 인물은 거의 모두가 비단옷을 입고 나온다. 물론 비단은 인류가 가장 오랫동안 사용해 온 동물성 천연 섬유이고 삼국 시대에도 비단옷이 있었기에 왕족이나 귀족이 대부분인 고대 역사 드라마들의 주인공이 비단옷을 입고 등장하는 것은 잘못되지는 않았다고 하더라도, 중요 인물이 아닌 사람들조차 당시에도 흔하지 않아 귀하게 여기던 비단옷을 입고 나오는 것은 어딘가 조금은 어색하다는 느낌이 든다. 오래전에 우리나라 사람들이 어떤 옷을 입었는지 정확한 내용은 알 길이 없지만, 지금까지 남아 있는 흔적을 찾아 살펴보면 대강이나마 짐작해 볼 수 있다. 지금은 다른 나라 영토로 바뀌었지만, 옛날 고구려 땅이었던 만주 벌판과 북한 지역에 남아 있는 고구려 무덤 벽화에 채색옷을 입은 사람들의 모습이 있다. 이로부터 우리는 그 당시 사람들이 어떤 옷을 입었는지 짐작해 볼 수 있다.

옛날 사람들이 입었던 옷의 모양과 색깔은 벽화에 나타난 것처럼 재현하더라도 그 옷의 재료가 무엇인지는 다시 한번 확인해 보아야 한다. 드라마나 영화 같은 문화 콘텐츠에서 역사적 고증의 중요성이 갈수록 커져 가고 있기 때문이다. 그렇다면 아주 오래전에 우리나라 사람들은 도대체 어떤 옷을 주로 입었을까 하는 의문이 생긴다. 조선 시대만 하더라도 일반인들은 무명옷을 입었는데, 이 무명은 고려 말에 문익점이 중국에서 목화씨를 붓 대롱에 몰래 숨겨 가져와 경상남도 산청에 처음으로 심었던 일에서 비롯되었고 알려져 있다.

그렇다면 고려 말 이전에 우리나라 사람들은 도대체 어떤 종류의 옷감으로 옷을 지어 입었을까? 우선 동물성 섬유인 비단 말고도 식물성 섬유인 모시와 삼베가 있었다. 그러나 우리가 알기로는 모시와 삼베는 올이 치밀하지 않아 더운 여름에 입는 시원한 옷의 재료로 잘 알려져 있다. 다시 말해서 추위를 막아야 하는 겨울철 옷감으로는 잘 어울리지 않는다는 말이다. 그렇다고 모시나 삼베를 여러 겹으로 겹쳐서 옷을 지어 입을 수도 없었고, 또한 값이 비싼 비단으로 옷을 지어 입을 형편도 아니었다. 그렇다고 한다면 가능한 겨울용 옷감은 아무래도 동물 가죽밖에 없었을 것이다. 동물의 털가죽을 이용한 옷이라 해도 요즘의

밍크코트나 무스탕처럼 전체를 털가죽으로 만든 옷이 아니라 적당한 크기의 털가죽 사이사이를 삼베 조각으로 이어 붙여 만든 옷을 입었으리라. 어쩌면 그 옷 모양은 얼마 전까지도 사냥꾼이 입었던 털옷처럼 보였을 것이다.

목화(木花, 또는 면화(棉花)라고 한다.)로 짠 무명은 이 털가죽 옷을 대체할 만한 유일한 옷감이다. 우리나라에서 생산되는 식물성 섬유 중 무명을 따라갈 만한 것이 없다. 더욱이 무명은 실로 자아 옷감을 짜기도 하지만, 한편으로는 목화를 털어내어 솜으로 만들어 이불과 요를 만드는 재료로 쓸 수도 있다. 이처럼 귀중한 무명 옷감을 짤 수 있는 목화라는 식물은 중국에서도 아주 소중하게 여겼기에 아무에게나 씨앗을 건네주지 못하도록 엄격하게 막았다. 그런데 중국에서는 오래전부터 무명을 이용했는데, 과연 우리나라에서는 고려 말기에 이르기까지 무명을 전혀 사용하지 못했을까? 왠지 그렇지는 않았으리라는 생각이 들기도 한다.

한참도 전인 지난 1993년 12월에 부여 능산리 고분군에서 출토된 백제 금동 대향로는 백제 문화의 진수를 보여 주는 국보 제287호이다. 이 향로가 출토된 곳에서 함께 많은 유물이 나왔는데, 시간을 두고 천천히 이 유물을 조사한 결과를 한데 모아 전시하며 일반에게 공개했다. 그때 공개된 많은 유물 가운데 하나인 자그마한 나무 대롱 안에서 숨겨진 섬유 조각이 발견되었다. 조사해 보았더니 그것은 놀랍게도 지금의 면직물과 같은 것이었다. 다시 말하자면 무명천이었다는 이야기이다. 분명히 우리나라에 목화가 들어온 것은 고려 말이라고 하는데 그보다도 약 700년이나 앞선 백제 시대 유물에서 무명천이 나왔다는 사실은

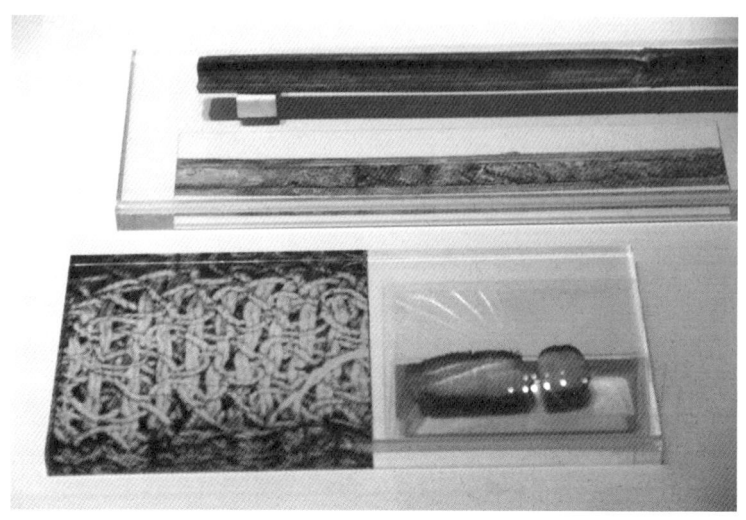

그림 부여 능산리 절터에서 발견된 대롱 속의 천 조각.필자 촬영 사진.

다시 한번 따져보아야 할 기록적인 사건이라고 할 수 있다.

　물론 단 한 점의 유물이 나왔다고 해서 한반도 목화 재배와 무명 생산의 역사를 바꿀 수는 없겠지만, 그렇다고 그 유물이 당시 중국에서 건너왔다고 섣불리 단정해 버리기도 어려운 일이다. 식물성 섬유인 무명은 1,000년이 넘는 오랜 시간을 견뎌내기 어렵기 때문에 지금까지 남아 있는 무명천으로 만든 백제 유물은 더 이상 찾아보기가 힘들다. 그러기 때문에 혹시라도 다른 곳에 남아 있는 무명천으로 만든 유물이 더 있는지 확인해 볼 필요가 있다. 적어도 그러한 사례를 더 찾아낼 수 있다면, 백제 시대에도 우리가 무명천을 사용했다는 새로운 역사적인 사실까지도 밝혀낼 수 있을 것이다. 그것이 아니더라도 백제 시대 유물이 발견된 곳에서 그릇에 담긴 목화씨나 아니면 목화씨를 담아 보관한 그릇이라도 찾아 확인할 수 있다면, 역사가 바뀔 수도 있을 것이다. 아무래도 고려 말 이전에도 우리는 무명천을 사용하면서 겨울 추위를 이겨 냈을 것이라는 생각을 쉽게 떨쳐 버릴 수가 없다.

하나 더, 그 많던 목화는 어디로 갔을까?

요즈음 어린이들은 목화를 잘 알지 못한다. 무명베를 짜기 위해 남부 지방에서 재배하는 섬유 작물이라고 설명하더라도 한 번도 본 적이 없는 식물이므로 쉽게 이해하지 못한다. 요즘에는 학습용으로 화원에서 길러 화분으로 판매하고 있지만 아는 아이들이 많지 않다. 나이 든 어른들이야 어렸을 적에 밭에서 재배하는 목화를 본 기억이 있으므로 많이들 알지만, 요즈음에는 우리나라에서 더 이상 재배하지 않으므로 쉽게 볼 수 있는 식물이 아니다. 드물게나마 식물원이나 생태 공원에서 그 존재를 확인하는 정도에 불과하다.

목화는 아욱과에 속하는 일년생 식물로 꽃이 진 다음에 달리는 다래라는 열매로부터 솜을 얻을 수 있기에 아주 귀중한 섬유 작물이다. 그렇지만 목화는 열대 지방이 원산지로 추위에 약하므로 우리나라에서는 따뜻한 남부 지방에서만 재배할 수 있고 중부 지방에서는 하우스 재배가 가능하다. 무엇보다도 목화는 포근포근한 솜을 얻을 수 있다는 점에서 귀한 작물이다. 이러한 의미에 걸맞게 목화의 꽃말은 '어머니의 사랑'이고 '기품이 높은 당신'이라는 뜻도 있으므로 오랜만에 고향에 돌아가서 느끼는 어머니의 포근한 사랑과 애틋한 마음을 함께 갖고 있다. 이처럼 우리에게 중요한 작물인 목화가 요즈음 우리나라에서 어떻게 바뀌었는가에 대해 민속학자 이옥희는 「진도 지역 면화(綿花) 관련 민속의 사회 문화적 맥락 고찰」이라는 제목의 논문에 잘 설명하고 있다.

목화는 면화(綿花 또는 棉花) 또는 목면(木綿)이라고 불리는 식물이지만, 경우에 따라서는 무명 또는 미영(무명의 경상도, 전라도 방언), 면(綿) 또는 미면(美綿, 미국에서 생산된 면)이라고 불리기도 한다. 목화는 온대 지방에서는 일년생 초본 식물이지만 열대 지방에서는 다년생 목본 식물이며, 높이도 우리나라에서는 90센티미터 내외로 자라지만, 열대 지방에서는 180~210센티미터까지도 자란다. 우리나라에서 목화는 4월 하순과 5월 중순 사이에 씨를 뿌리면 7월 하순과 8월 하순 사이에 꽃이 피며 처음에는 꽃 색깔이 하얗다가 점차 붉어진다. 꽃이 지고 나면 천도복숭아 모양의 진한 초록색 다래가 열리고, 다래가 익어 너덧 조각으로 벌어지면 면화가 나오는데, 터진 열매 속에는 쥐똥 같은 씨앗이 포근한 솜과 함께 엉켜 있다. 9월 상순부터 터진 열매 속의 솜을 수확한다.

고려 말에 문익점이 중국에서 씨앗을 처음 들여온 이래 목화는 우리 생활 속에서 빼놓을 수 없는 중요한 요소가 되었다. 목화 덕분에 의생활의 변화는 물론이고 조선 시대에는 화폐로 사용할 만큼 중요하게 여겼다. 기후가 맞지 않은 함경북도를 제외한 우리나라 전 지역에서 재배되었지만, 기후와 토양이 적당한 전라도에서 가장 많이 재배되었다. 1432년에 펴낸 『세종 실록 지리지』에 따르면 경상도의 66개 고을 가운데 13곳이 목화를 재배하기가 좋다고 했고, 전라도에서는 57개 고을 가운데 27군데가 재배하기 좋은 곳이라고 기록했다.

지금은 우리나라 어느 곳에서도 목화를 재배하는 곳을 찾아보기 어렵다. 목화 재배가 어려워진 것은 조선 말기로부터 근대에 이르러 급하게 변한 우리 역사에서 실마리를 찾을 수 있다. 일제 강점기를 거치면서 오랫동안 재배해 온 목화 품종이 재래면에서 육지면으로 바뀌면서 일제의 수탈 대상이 되었고, 목화를 재배하던 많은 농민이 어려움을 겪을 수밖에 없었다. 더욱이 광복 이후에는 미국의 원조 물품에 미국에서 생산한 미면이 포함되면서 우리나라에서 생산하는 목면인 면화는 가격 경쟁력을 잃게 되었고 목화 재배는 쇠퇴의 길로 접어들었다.

이 논문의 저자가 진도를 찾아 우리나라에서 재배되던 목화를 둘러싼 시대적 변화 과정을 살펴본 것은 우리나라에서 가장 질이 좋은 목화가 오래전부터 생산되었던 곳이고, 목화의 재배와 유통에 강제적으로 개입한 일제에 맞선 모습을 보여 주던 곳이었기 때문이다. 진도에서 찾아볼 수 있는 목화 재배의 변화 과정은 우리나라 전체의 목화 재배 역사와도 흐름을 같이했다. 아직도 진도에서는 사람들의 출생과 혼인 그리고 죽음과 관련한 통과 의례에 면화가 깊숙이 관여하고 있다.

우선 진도에서 언제부터 목화를 재배했는가를 살펴보자. 자세히 알려지지 않았지만, 몇 가지 기록을 보면 영조 시대에 진도에서 가장 많은 수익을 내는 작물이 목화였다는 것이 보인다. 또한 1908년도에 간행된 『진도군읍지』에도 각종 해산물과 함께 몇 안 되는 육산물에 목화가 들어 있다. 목화는 품질에 따라 가격 차이가 많은데 진도 제품이 가장 우수하다는 평가도 있다. 이 시기는 목화의 새로운 품종인 육지면이 들어오기 전이므로 기록된 내용은 우리나라에서 오래전부터 재배해 온 중국산 목화 품종인 재래면에 대한 것으로 보아야 한다.

일제 강점기에 들어서면서 일제는 미국 품종인 육지면을 가져와 목포 앞 고하도에서 시험 재배를 했는데 그 결과가 예상을 뛰어넘는 우수한 수준이었기에 전라도 전역에 육지면 재배를 강요했고, 따라서 전라도는 전국 최대의 육지면 산지가 되었다. 일제는 미국산 육지면을 들여와 일본에서 재배하고자 했으나 섬나라의 습한 기후에 맞지 않아 그 대체 재배지로 우리나라를 찾아낸 것이었다. 일본은 19세기 말부터 면방직 산업을 발전시키며 필요한 원료는 미국과 인도에서 들여왔기에 언제나 불안해했는데, 우리나라에서 육지면의 재배가 성공적이라는 것은 일본에게는 희소식이었다.

일제 강점기 막바지에 이르자 전쟁을 준비하는 데에 꼭 필요한 자원이었던 목화는 공출 대상이 되었다. 일본은 화약을 만드는 재료가 되는 목화를 유기그릇과 함께 공출해 갔기에 농가에서는 마음이 편할 수가 없었다. 이전부터 질이 좋은 목화를 생산해 온 진도에서는 재배와 유통에 강제적으로 개입하는 일제에 맞서 크고 작은 갈등과 반대 운동을 일으키며 지역 사회의 만만치 않은 힘을 보여 주었다.

1925년의 기록에 따르면 진도의 목화 재배 면적은 쌀, 보리 다음으로 넓었는데, 50여 년이 지난 1970년대 초반에는 콩, 유채, 대마보다도 재배 면적이 적고 수확량도 크게 줄어들었다. 해방 이후에는 일제의 수탈에서 벗어난 목화 재배가 정부 지원에 힘입어 잠시 활력을 얻었다. 그러나, 1948년에 이루어진 한미 경제 협정에 따라 미국으로부터 원조 물자가 들어오는데 그 안에 미국 면화가 포함된 것이다. 이렇게 미면이 들어오면서 우리 면화의 가격은 큰 폭으로 떨어졌고, 농가에서는 정부에 팔더라도 이윤을 남기기 어려워지자 재배를 줄였고, 1958년에 이르러 경상남북도와 전라남도를 제외하고는 목화 매상을 중지하도록 함으로

써 사실상 목화 재배를 포기하게 되었다. 미국의 면화 원조는 미국 입장에서는 잉여 농산물을 해결하는 방법이었고, 우리 농가 입장에서는 가격 경쟁력을 잃는 재앙이었다. 점차 목화 재배를 포기했으며 1962년 이후로부터는 돈을 주고 미국 면화를 사오게 되었다. 물론 우리나라에서 1970년대 이후에도 목화를 심기도 했지만, 판매보다는 집안에서 누비옷을 짓거나 혼수 이불을 만들 솜으로 쓰기 위한 것이었다. 뒤이어 1980년대 이후로는 그마저도 자취를 감추었고 지금까지 이러한 상황이 이어지고 있다.

9장
민화를 찾아서
백성의 그림, 그 아름다움

🎨 민화(民畵)는 백성을 뜻하는 민(民) 자와 그림을 뜻하는 화(畵) 자를 합친 말이기에 그대로 풀이하면 백성의 그림이다. 온 국민이 좋아하는 그림이라면 그냥 그림이라 하면 될 터인데, 특별히 백성의 그림이라고 하는 이유가 무엇일까? 사람들이 좋아하고 사랑한다면 그림이라고 해도 될 것을, 굳이 민화라는 이름을 새로 만든 이유는 또 무엇일까? 민화라는 용어는 일본 민예관(日本民藝館)을 설립한 미술 평론가 야나기 무네요시(柳宗悅, 1889~1961년)가 처음 쓰기 시작했다. 우리 문화를 끔찍이도 사랑했던 일본인인 야나기는 우리 옛 그림의 아름다움을 간파하고, 그때까지 속화(俗畵)라고만 불리던 것을 제대로 대접하자는 뜻에서 민화라고 부르기 시작했다.

조선 말기로부터 일제 강점기에 이르기까지 시대적인 아픔을 견디며 힘겹게 살아가는 서민들의 생활 속에서 야나기는 특별한 아름다움을 간직한 그림을 만나 볼 수 있었다. 당시에 민화는 사람들이 살아가면서 두루 이용하는 생활 그림이었지만, 화원(畫員)들이 그려 궁궐 안에서 사용된 궁중화(宮中畫, 또는 궁중 장식화)나 사대부들이 그리고 즐긴 문인화(文人畫)와 달리 일반인들이 많이 사용하는 그림이라 해서 속화라고 낮춰 불렀다. 야나기는 이 그림들을 민화라는 다른 이름으로 바꿔 불렀다. '아마추어 예술'이라고 폄훼하는 뜻은 아니었다. 오히려 상류층과 서민 모두가 편히 그리고 널리 이용한 그림이라는 뜻을 주고 싶었을 것이다. 차라리 '민중의 그림'이라는 뜻에 가깝다고 하겠다.

이처럼 상류층은 물론이고 서민들의 생활 속에서까지 두루 쓰이던 생활 그림이었던 민화는 어떤 모양이었고 또 어떻게 쓰였을까? 벼루에 먹을 갈아낸 먹물을 붓으로 찍어 닥종이 위에 글씨를 쓴 것을 서예라 한다면, 검은색 먹물이나 여러 색깔의 물감을 붓에 묻혀 종이 위에 모양을 그려 낸 것을 그림이라 할 수 있다. 이처럼 글씨와 그림은 물감을 붓에 묻혀 종이 위에 쓰거나 그린 것이기에 서로 비슷해 보이지만, 그 결과물은 사뭇 다르다. 한 장의 종이 위에 많은 내용을 담으려면 작은 글씨로 빼곡히 채워 넣어야 하는데, 그보다는 작은 종이에 적당한 크기로 글씨를 쓴 종이 여러 장을 한데 묶어 책으로 만드는 편리한 방법이 있다.

아무 때나 펼쳐 보기에 편한 책과 달리 그림은 글자보다도 훨씬 크게 그려 사람들이 생각하는 바를 다른 사람들에게 전하는 것이니, 전할 내용이 많으면 그만큼 크고 많은 그림을 그려야 한다. 그러자면 아무래도 큰 종이에 많은 그림을 그리기가 좋다. 게다가 그림은 한눈에 전체를 살펴볼 수 있으므로 큼지막한 구조를 가진 것이 보기에도 편하다.

그래서 예전부터 그림을 한눈에 펼쳐 보는 방법으로는 족자나 병풍(屛風)을 이용했다. 족자는 큰 글씨나 그림을 벽에 걸어 두고 볼 수 있도록 표구해서 하나의 장식품으로 만든 것이다. 족자를 만드는 방법은 우선 글씨나 그림을 그린 종이 뒤에 다른 종이를 덧발라 단단하게 하는데 이것을 배접(褙接)이라고 부른다. 배접한 작품은 다시 천이나 몇 겹의 종이를 뒷면에 덧발라 벽에 걸어 내려뜨린 상태에서 볼 수 있도록 한 것이 족자이다. 이때 족자의 위와 아래에 둥그런 막대를 덧붙이고 위쪽 막대에는 끈을 달아 벽 위쪽에 박은 못이나 고리에 걸고 작품을 내려뜨릴 수 있도록 만들었다. 물론 족자를 보관할 때는 아래쪽 막대로부터 위로 말아 접어 마지막에는 끈으로 돌려 묶어 알맞은 곳에 넣어 둔다.

족자는 벽에 걸어 두고 아래로 내려뜨려 글이나 그림을 한눈에 볼 수 있게 한 것이니 요즈음 액자에 넣어 걸어 놓은 그림과 같다고 하겠다. 족자는 각각의 족자마다 하나하나 그림을 붙인 것이기에 여러 그림을 한눈에 보려면, 각각의 그림을 족자로 만들어 족자 여러 개를 한꺼번에 걸어 두고 보아야 한다. 그런데 여러 점의 그림을 하나로 엮어 한꺼번에 여러 그림을 펼쳐 놓은 채로 보게 만든 것이 바로 병풍이다. 이러한 병풍은 쉽게 말하자면 짝수의 그림판을 만들어 앞면에 그림을 붙이고, 그림판 옆을 서로 이어 붙여, 그림판을 펼치거나 접으면서 모든 그림을 한눈에 보도록 만든 기술적인 장식품이자 동시에 또 하나의 특별한 작품이라고 말할 수 있다.

펴고 접을 때마다 새로운 공간을 만드는 병풍

우리가 사는 집에 문을 달려면 입구에 문틀을 짜서 세우고 문틀 안에 딱 들어맞는 문짝을 만들어 끼우면서 문틀과 문짝을 연결하는 경첩을 붙여 고정한다. 문틀과 문짝에 경첩을 붙이면 문이 한 방향으로만 열리고 닫힌다. 그런데 사람들이 자주 드나드는 곳의 문은 안팎으로 모두 여닫을 수 있으면 훨씬 편하다. 그러자면 경첩 면을 하나 더 붙인 이중 경첩을 달면 간단히 해결된다. 이처럼 문짝에 다는 이중 경첩과 비슷한 원리를 응용해서 그림판끼리 서로 마주 붙이는 방법을 찾아내어 이용한 것이 바로 병풍이다. 그래서 병풍은 우리 생활 속에서 요모조모로 유용하게 쓰인다.

병풍에서 이용하는 그림판은 문짝처럼 무거운 나무판을 그대로 이용한 것이 아니다. 먼저 잘 말린 나무를 켜서 문살처럼 가느다란 나무막대를 만들고, 이것으로 길쭉한 네모의 틀을 만든 다음에 틀 사이를 가로질러 가느다란 나무막대를 문살처럼 엇갈리게 끼워 틀이 휘지 않게 잡아 주는데, 이런 틀은 가벼워서 다루기도 쉽다. 틀을 만들고 종이를 앞뒤로 발라 탱탱하게 마르면 이것을 한 폭의 그림판으로 이용한다. 나무틀에 종이를 바를 때는 생풀을 쓰지 않고 며칠 정도 시간이 지나 자연스럽게 삭은 풀로 발라야 종이가 말라도 울지 않고 반듯하다. 그림판은 하나씩 따로 떨어져 있으므로 그림판끼리 서로 붙여 접히고 펼쳐지도록 종이를 덧바른 것이 병풍이다. 그림판 하나가 병풍의 한 폭이므로 8폭 병풍은 8개의 그림판을 세로로 길게 이어 붙였다.

병풍은 그림판 2개를 마주하는 짝으로 붙인 것을 연결해 쉽게 펼치고 접히도록 만들었다. 병풍은 8폭 병풍이 가장 많고, 10폭이나 6폭 병풍도 있으며, 드물게는 12폭 병풍도 있다. 때로는 2폭 병풍도 있는데 이것은 특별히 '가리개'라 부른다. 가리개는 아무래도 그림판이 2폭이니 조금은 불안정하다. 그래서 가리개는 다른 병풍보다도 폭을 넓혀서 펼치더라도 쉽게 넘어지지 않게 했다.

세로로 길쭉한 병풍의 그림판을 펼쳐 세우려면 그림판 앞과 등의 접히는 부분에 경첩을 붙이면 간단히 끝난다. 그렇지만 병풍에는 쇠붙이인 경첩이나 못을 쓰지 않고 오로지 나무와 종이만을 이용한 특별한 방법으로 접히고 펼칠 수 있도록 연결했다. 마주하는 두 폭의 그림판에 문풍지처럼 날개가 달린 종이를 덧붙여 함께 자른 다음에 잘린 날개를 엇갈리게 붙이는 것이다. 마주하는 두 폭의 그림판을 접고 펼치면서 자연스럽게 병풍을 세울 수 있게 만든 것도 대단한 발전이다. 게다가 그림을 붙인 병풍 폭을 펼치고 접을 때 그림이 상하지 않도록 한 것도 생각해 보면 훌륭한 생활의 지혜라고 할 수 있다. 때로는 활짝 펼친 병풍 그림이 하나로 연결되게 그린 것을 연폭(連幅) 병풍이라 부른다. 여기에는 또 하나의 간단하면서도 대단한 지혜가 숨어 있다. 연폭 병풍의 그림을 그릴 때는 처음부터 병풍에 붙일 만큼 큰 종이에 그리는 것이 아니다. 병풍의 폭마다 서로 연결하는 날개 부분을 미리 접은 채 8장 또는 10장의 종이를 잇대 놓고 그림을 그린 다음에 접힌 날개를 이웃한 폭에 엇갈리게 붙이는 지혜를 찾아낸 것이다.

폈다 접었다 만능의 살림 도구

쉽게 펼쳤다가도 작게 접어 구석에 보관할 수 있는 병풍은 우리 생활 속에서 유용하게 쓰였던 생활 도구이자 훌륭한 가구 가운데 하나였다. 얼마 전까지만 해도 병풍은 우리 생활 곳곳에서 중요한 자리를 차지하고 있었다. 1960년대나 1970년대까지만 하더라도 결혼할 때 준비하는 혼수품 가운데 병풍 한 틀쯤은 빠지지 않았던 것을 어르신들은 기억하고 있다. 조금 더 시간을 거슬러 올라가 한국 전쟁 이후의 어려운 시기에도 집집마다 병풍 한두 틀은 갖추었기에, 제삿날은 물론이고 명절이나 혼례식처럼 중요한 날에는 어김없이 펼쳐진 살림살이였다.

조상에게 제사 지낼 때는 제상 뒤편에 병풍을 세워 배경을 정리하면서 조상에 대한 예를 갖추었다. 사람들은 살아가면서 처음으로 맞이하는 돌잔치부터 해마다 맞이하는 생일상은 물론이고 집안 경사인 혼례 잔치 그리고 평생 한 번 맞이하기도 어려운 환갑 잔치에 이르기까지 여러 종류의 잔치를 치르면서 많은 친척과 손님들이 함께 자리하며 마음을 나눈다. 이런 잔칫날에는 잔치 음식이 뒤따르기 마련인데, 잔치 음식의 배경으로 수복강녕(壽福康寧)과 부귀영화(富貴榮華)를 뜻하는 그림이 있는 병풍이 장식 도구로 빠지지 않고 이용되었다.

조선 시대에는 어른과 아이가 다르고 남자와 여자도 엄격하게 구분했으므로 때에 따라 장소를 구분해야 할 때가 많았다. 그럴 때마다 병풍은 장소를 옮기는 번거로움을 간단히 해결해 주었다. 또한 여러 사람이 모인 자리에서도 공간 일부를 가리고자 할 때는 병풍이 유용했다. 어쩌면 어른과 아이 또는 남자와 여자가 한자리에 모였을 때 누구인가 몸이라도 불편하다면 급한 대로 병풍이라도 펼치고 문제를 해결할 수 있었을 것이다.

그런가 하면 병풍은 때때로 바람막이 구실도 톡톡히 해냈다. 추운 겨울에 문틈이나 벽 틈새로 찬바람이 들어오는 경우, 문에는 문풍지를 달아 바람을 막기도 하지만, 벽 틈새로 스며드는 칼바람은 어찌할 도리가 없다. 몸은 비록 솜이불로 덮어 따뜻하지만, 얼굴을 스치는 칼바람은 막을 수 없기에 코가 시릴 정도이다. 이때 머리맡에 병풍을 둘러치면 얼굴을 스치는 칼바람을 막을 수가 있다. 또한 방 한가운데 병풍을 펼쳐 공간을 나누기도 하고, 문이나 벽 쪽에 병풍을 둘러 겨울의 찬바람을 막는 도구로도 이용했다. 그리 오래지 않은 예전에도 집안 곳곳에 병풍을 이용했기에 생활이 넉넉한 집에서는 그만큼 많은 병풍을 마련했고, 그러다 보니 제법 많은 수의 병풍이 집안에 남아 있었다.

우리나라가 경제적 발전을 이루기 전까지는 예전의 생활 방식을 그런 대로 유지했다. 그래서 우리가 예전에 여러 가지 용도로 사용했던 병풍도 그만큼 많이 남아 있었다. 그러던 생활 방식이 점차 바뀌면서 병풍의 쓰임새가 크게 줄어들었다. 우리가 빠르게 경제적 발전을 이루어내는 동안에도 혼수품 목록에서 신혼 부부의 이부자리와 병풍 한 틀 정도는 쉽게 빠지지 않았다. 그러나 어느새 혼수품으로 장만한 병풍은 제대로 써 보지도 못하는 물건이 되어 갔고, 이사 다닐 때는 번거로운 짐이 되어 갔다. 점점 시간이 흐르면서 쓸모가 없어진 병풍은 우리 삶과 살림 속에서 점차 뒷전으로 밀려났고, 요즘에 이르러서 병풍은 그야말로 고미술상에서조차 푸대접받는 신세가 되어 버렸다.

병풍 그림의 여러 가지 소재

병풍은 접었다 폈다 하는 살림 도구의 역할이 훨씬 컸기 때문에 여러 폭의 멋진 그림이 있어도 미술품으로 취급받지는 못했다. 그래서일까? 병풍 그림은 어느 한 종류 소재만 고집하지 않았고 크고 작은 글씨까지도 병풍의 소재로 이용했다. 그런 가운데에서도 사람들이 좋아하는 그림 종류는 부귀영화, 사랑과 행복, 아름다운 자연 풍경 그리고 삶의 도리를 알려주는 교훈적인 내용 등이었다.

우리 전통 회화는 그림 속에 담긴 뜻을 읽어야 제대로 감상할 수 있다. 전통 회화에서 다루어진 소재는 나름대로 뜻을 가지므로 각각의 소재가 가진 뜻을 알아야 비로소 그림의 전체적인 의미를 이해할 수가 있다. 조선 시대의 전통 회화나 민화가 같은 시대에 그려진 그림이라면 그림에 이용한 소재가 뜻하는 바는 서로 같다고 보고, 같은 소재를 그린 그림에서 나타내려는 뜻을 읽어 내는 것이 필요하다. 그렇지만 민화에서는 전통 회화에서 다루는 소재를 똑같이 그리지 않고 오히려 형태를 깨뜨린 파격적인 모양으로도 그리는데, 이러한 파격적인 기법은 민화가 보여 주는 또 하나의 특징이라고 할 수 있다.

민화 병풍에 그려진 그림을 보고 있노라면 마치 그 시대의 이야기를 듣는 것 같다. 그림에 묻은 먼지와 때까지도 그 병풍이 어디에서 무엇을 했는지 알려주는 이야기를 들을 수 있다. 민화 병풍 한 틀에 가장 많이 담긴 이야기는 보통 해마다 돌아오는 사계절이었다. 겨울로부터 시작하여 봄, 여름, 가을을 거쳐 다시 겨울로 이어지는 계절의 변화와 그에 맞추어 자연 속에서 피고 지는 꽃나무들과 그 주변에서, 그 속에서 함께 춤추는 나비와 화려한 색깔의 옷을 입은 새 그리고 때로는 산과 들을 뛰노는 뭍짐승 들은 빠뜨려서는 안 되는 중요한 소재이다. 어쩌면 우리 곁에서 멀리 떠나지 않은 '동양화'라고도 불리는 화투 그림이 민화의 친근한 소재라고 해도 무리가 없다. 1년의 열두 달 동안에 달마다 서로 다른 특징을 뽑아 그린 화투 그림은 병풍 속의 그림 소재와 잘 맞아떨어진다. 송학(松鶴)과 매조(梅鳥), 난초와 모란 그리고 국화와 단풍, 거기에다 기러기와 사슴까지 모아 한 폭씩 그림을 그려 병풍을 꾸미더라도 8폭 병풍 하나가 그럴듯하게 나온다. 다만 화투 그림의 소재 중에는 민화에서 자주 이용하는 대나무와 연꽃 그리고 오동나무 정도가 없을 뿐이다. 어쨌거나 민화 병풍 가운데에서 가장 많이 그린 그림이 꽃 그림이다. 꽃과 함께 새도 빠지지 않고 그렸으니 말 그대로 화조도(花鳥圖) 병풍이 가장 많이 남아 있는 민화라고 할 수 있다. 화조 병풍 안에서도 그림 소재에 따라 송학도, 매조도, 모란도, 화접도, 연화도, 봉황도, 국화도, 석죽도 등으로 구분할 수 있는데, 이처럼 병풍 그림의 소재는 헤아리기 어려울 정도로 많다.

잊을 수 없는 병풍 한 점

언제인가 아주 오래전에 지금은 없어진 시장 근처의 고물상 같은 가게에 들른 적이 있었다. 이 가게에서는 주로 오래된 쇠붙이 물건을 모아 팔았다. 기억에 남는 물건이라면 교회 종탑에서 해체해 온 종이 있었고, 배에서 사용했던 닻과 여러 개의 크고 작은 가마솥 그리고 여러 가지

쇠로 만든 연장들이 있었다. 오래된 물건을 다루는 상점의 주인은 대부분 나이가 지긋한 어르신들인데, 그곳 주인은 비교적 젊어 보이는 연배였다. 가게를 찾았을 때 주인은 점심에 낮술 한 잔이라도 했는지 얼굴이 불그스레하고 다리도 쭉 뻗은 채 편한 자세로 길게 앉아 손님 마음대로 보라며 눈도 스르르 감아 버렸다.

마음에 든다거나 또는 특별히 찾는 물건이 있는 것도 아니지만, 기왕에 가게에 들렀으니 눈요기나 하자는 마음으로 둘러보기 시작했다. 한두 가지 물건이 궁금하기는 했으나 눈 감고 쉬는 주인을 깨우는 것 같아 가벼운 물건 몇 가지만 들춰 보며 구경했다. 그러던 중에 안쪽에 세워놓은 자그마한 종이 묶음이 눈에 들어왔다. 무엇인가 하고 집어 펼쳐 보니, 병풍이라고 만들어 놓은 것이었다. 병풍이라면 나무틀에 그림이나 글씨를 표구해 붙인 것인데 보통 어른의 키만큼 큰 게 일반적이다. 그런데 이것은 높이가 1미터쯤으로 자그마했고, 더욱이 바탕은 나무틀이 아니라 종이 상자인 골판지를 이어 붙인 것이었다. 게다가 그림은 직접 그린 것이 아니라 이제까지 병풍 그림으로 많이 이용하는 화조도를 컬러 인쇄한 것이었다.

아니 골판지 바탕에 인쇄한 그림을 붙인 병풍이라니! 펼쳐 보는 순간에 전혀 예상하지 못한 물건이 눈앞에 드러나니, 놀란 마음에 할 말이 없어져 버렸다. 도대체 누가 왜 이런 병풍을 만들었을까? 잠시 놀란 마음을 진정시키고 이리저리 살펴보아도 누군가가 그냥 허투루 재미 삼아 만든 것이 아닌 것 같았다. 골판지의 크기도 일정하게 잘라내고 모서리까지 각을 맞추어 마감했으며, 그림도 반듯이 구김도 없이 반반하게 잘 붙여서 병풍이 갖추어야 할 모양새는 모두 갖춘 것이었다. 누군가가 이렇게 정성 들여 만든 것이라면 어떻게든 분명히 사용한 물건으로 볼 수밖에 없었다.

도대체 누가 이런 병풍을 만들고 어디에 사용한 것일까? 이 의문에 아무도 대답할 수 없겠지만, 그래도 생각해 본다면 누군가 병풍이 꼭 필요했기에 이것을 만들었을 것이라고밖에 할 수 없다. 먼저 병풍의 크기가 작은 것으로 보아 사람들이 모이는 공개적인 행사에 쓰지는 않았으리라고 생각할 수 있다. 많지 않은 사람들이 모인 행사였다면 가족끼리만 모여 조촐하게 치른 집안 행사라고 할 수 있을 것이고, 그러다 보면 큰집과 작은집을 포함할 만큼의 집안 행사도 아니었을 것이다. 다음으로 생각해 보면 집안 행사로는 제사나 혼례 또는 장례일 터인데, 혼례나 장례는 어떻게든 바깥으로 들고나는 일이므로 사람들의 도움을 받을 수밖에 없어 눈에 띄기 마련이다. 따라서 집안에서 식구들과 조용히 마무리 지을 수 있는 행사라면 제사로 보는 것이 그럴듯하다. 이와 더불어 생각해야 할 것은 병풍 그림의 소재이다. 제사용 병풍의 소재는 대부분 좋은 의미를 담은 글씨를 써넣은 것이 많다. 그러나 마땅한 병풍이 없을 때는 다른 소재의 병풍을 사용할 수도 있다. 그렇지만 화려한 색채로 그린 화조도가 아니라 검은색 농담을 넣어 그린 산수화나 무채색의 그림 병풍을 이용하는 경우가 많다.

그렇다면 마지막으로 채색의 화조도를 붙인 이 종이 병풍은 도대체 누가 어떤 용도로 쓰고자 만들었을까? 아무리 따져 봐도 알 수 없지만, 그래도 이제까지 살펴본 조건으로 보면 제사보다는 오히려 혼례식 쪽으로 무게를 두고 싶다. 병풍 그림의 소재가 행복과 즐거움을 뜻하는 꽃 그림이기 때문이다. 어쩌면 일찍 부모를 여읜 고단한 젊은이들이 일가

친척이나 마을 사람들의 도움 없이 간단한 상차림을 갖춰 놓고 혼례식을 올린 것인가 상상해 본다. 한편으로는 살림이 넉넉지 않은 집에서 아들의 혼례를 준비했다고 생각할 수도 있다. 그래도 먼저의 상상이 좀 더 그럴듯해 보인다. 나중에 신부를 위해 추운 겨울날 바람을 막아 주고 나중에 태어날 아기를 포근히 감싸 줄 것이라는 생각을 하며 어렵게나마 있는 재료를 모아 병풍을 만들었을 것이라는 애틋한 생각을 해 본다.

어쨌거나 오래도록 잊히지 않는 병풍을 그렇게 우연히 만난 적이 있다. 가끔 생각이 떠오를 때마다 아뿔싸! 그때 사진이라도 한 장 찍어 두었다면 특별한 자료가 되었을 터인데 하는 생각도 해 본다. 그러나 당시에는 휴대폰도 없던 시절이라 카메라를 들고 다시 찾아가야 했기에 미처 거기까지는 생각하지 못했고, 한편으로는 대단한 물건도 아닌데 굳이 사진 찍을 필요가 있냐는 생각도 뒤따랐다. 아무튼 가난한 선비가 아버님 제삿날이 다가오자 며칠을 고민하다 종이에 음식 이름을 써서 상 위에 올려놓고 돌아가신 부모님께 절하며 "아버님 맛있게 드십시오." 했다는 우스갯소리처럼, 우리 생활 속에서 제사와 명절은 그냥 지나칠 수 없다. 제사가 우리 생활에서 빠질 수 없는 격식이라면, 병풍이라는 생활 도구는 그야말로 생활 속에서 빼놓을 수 없는 필수품이다. 그러기에 사람들이 살아가는 동안에 어떻게든 병풍 한 틀이라도 갖춰야 하는 것이 바른 살림이라고 생각하는 삶의 모습을 그려 볼 수 있다.

파격의 아름다움을 보여 주는 민화 병풍

우리 생활 속에서 병풍은 그야말로 빼놓을 수 없는 중요한 살림살이이다. 넉넉한 집안에서는 크기와 쓰임새가 서로 다른 병풍 몇 틀을 마련해 두고 필요에 따라 꺼내 썼다. 보통 크기의 병풍이라면 어른의 키 높이만 하지만, 이보다 키도 크고 폭도 넓은 큼지막한 것도 있다. 이러한 '큰 병풍'은 주로 궁중에서 많이 썼던 것으로 보인다. 반대로 보통 병풍보다 작은 것이 있는데, 어른의 앉은키만큼 작고 앙증맞다고 해서 '애기 병풍'이라 불렀다.

애기 병풍은 키가 작은 만큼 폭까지 좁으면 아무래도 세우기가 불안하므로 폭을 좀 넓혀서 안정감이 있도록 만들었다. 크기도 작고 모양도 예쁘장한 애기 병풍은 주로 안방에서 새댁이 갓난아이를 키우면서 쓰거나 아니면 안방이나 사랑방 주인인 어른들이 대접받을 때 많이 이용했다. 애기 병풍은 폭을 가득 채우듯이 그림이 들어차 있는 것이 하나의 특징이다. 보통 길쭉한 모양의 병풍에서는 그림을 어깨 높이에 붙이고 그림 위아래로 여백을 주어 전체적인 균형을 유지했으나 애기 병풍에서는 굳이 여백을 줄 필요가 없었기 때문이다. 그래서인지 애기 병풍은 크기가 작아도 그림은 다른 병풍과 비교해도 그리 작지 않으며, 예쁘고 깜찍한 모양에다 그림도 아기자기한 것들이 많아 지금까지도 사람들의 많은 사랑을 받고 있다.

아마도 야나기 무네요시가 이 땅에 건너와서 우리나라 사람들의 생활을 살펴보고 가슴으로 느낀 것은 당시의 생활이 넉넉하고 풍요로운 것은 아니더라도 그 안에서 아름다움과 멋을 잃지 않고 언제 어디서나 밝게 살아가는 사람들의 모습이었을 것이다. 아름다움과 멋은 억지로 만드는 것이 아니라 삶 속에서 우러나오는 것이기에 어려움 속에서도 꽃피는 아름다움과 멋을 귀하게 생각했을 것이다. 그 가운데에서도 우리나라 사람들의 삶 속에 빼놓을 수 없는 병풍이라는 생활 도구에서 우러나오는 아름다움과 멋을 찾아내고, 이것은 아마도 온 백성이 좋아한다고 생각했기에 특별히 민(民) 자를 가져와 민화라고 불렀으리라고 생각해 본다. 어쩌면 사람들이 어려운 생활 속에서도 아름다움을 잃지 않고 즐거운 마음으로 살아가는 모습을 보고, 그 안에 들어 있는 아름다움이 결코 속(俗)된 것이 아니며, 더불어 이제까지의 궁중 장식화와 문인화라는 전통 회화와 비교하더라도 손색이 없다는 뜻으로 백성의 그림, 즉 민화라고 이름 붙였을 것이다.

그렇다면 이제까지 전통 회화라 불리는 궁중 장식화나 문인화와 다른 민화의 가장 큰 특징이라면 어떤 점을 꼽을 수 있을까? 우선 이 세 가지 그림 모두 그림이라는 속성은 다르지 않으므로 이들 사이에서 큰 차이점을 말하기 어렵겠지만, 민화가 가지고 있는 독특한 특징은 한두 가지 정도 찾을 수 있다. 우선 궁중 장식화는 사실적으로 섬세한 아름다움을 보여 주는 그림이고, 문인화는 주제를 간결하게 표현하면서도 넉넉한 여백의 아름다움을 돋보이게 그려 냈다. 이에 비해 민화는 있는 그대로의 모습이 아니라 한 가지 특징을 뽑아 이것을 두드러지게 표현하는 파격의 멋을 보여 준다. 사람들이 말하는 바로는 민화는 본(또는 뿐)이라고 하는 초본을 따라 선을 긋고 그 안에 채색 물감으로 칸을 메우듯 칠한다고 한다. 처음에는 그럴 수 있지만, 나중에는 이러한 틀을 깨고 자유분방한 그림을 그리기 마련이다. 그야말로 일정한 모양의 틀을 깨고 나와 자유로운 세상으로 날아가는 파격적인 아름다움을 보여 주는 것이라고 할 수 있다.

우리나라 사람들의 성격은 대체로 자그마한 일에 일일이 의미를 두지 않고, 일하면서도 엄격한 규칙을 정해 놓고 그대로 따라 하지도 않는 경향이 있다. 그렇다고 해서 우리는 사는 동안에 격식이나 의식도 없이 자유분방하게 사는 것은 결코 아니다. 집안의 살림살이에서는 유교적인 전통 의식이 중심을 이루고, 제사나 혼례는 정해진 규범에 따라 일을 진행하는 것을 볼 수 있다. 그렇다고 보면 우리 살림살이에서 지켜야 할 것은 잘 지키지만, 그렇다고 모든 것을 완전하리만큼 철저하게 지키지는 않는다고 볼 수 있다. 조금 부족하더라도 흠으로 보지 않고 너그럽고 여유롭게 보아 넘기는 것이라 할 수 있다.

이 땅에 사는 사람들의 마음이 그만큼 너그럽고 여유롭다면 그런 마음을 가진 사람들이 만들어 낸 문화와 예술적인 의식도 그와 같았을 것이다. 사람들이 생활 속에서 두루 이용한 병풍 그림이 민화라는 이름으로 거듭 태어날 수 있었던 것도 그림으로서의 특징을 그대로 담아냈기에 가능했을 것이다. 전통적인 그림의 중심에는 기본적인 틀이 있기에 이것을 중요하게 여기며 따르는 궁중 장식화나 문인화가 있다. 이와 달리 민화는 전통 그림이 지키는 틀에서 벗어나 자유로움과 분방함을 좇아 날아오르는 파격적이면서도 해학적인 아름다운 그림을 그리려는 화가의 마음과 생각이 만들어 낸 예술이라고 할 수 있다.

민화에서 맛볼 수 있는 파격의 아름다움은 화가들이 일부러 만들어 낸 것이라기보다는 오히려 저절로 우러나온 것이라고 할 수 있다. 어찌 보면 어린아이의 그림처럼 유치해 보이기도 하지만, 어른들이 일부터 유치하게 그린다고 어린아이의 그림이 되지 않는다. 민화의 특징인 파격의 아름다움은 화가들이 수많은 그림을 그린 다음에야 비로소 마음에 이끌려 나올 수 있는 것이다. 우리나라 현대 화단에서도 대가로 꼽히는 작가들이 많은 민화를 두루 섭렵한 다음에 자신의 그림 속에 민화의 아름다움을 담아낸 경우를 많이 볼 수 있다. 예를 들자면 김기창, 장욱진, 박생광 그리고 김종학 화백의 그림 곳곳에서 민화적인 요소가 거침없이 드러나는 것을 누구나 쉽게 찾아볼 수 있다.

민화 병풍의 향연

민화의 멋과 아름다움을 직접 맛본 경험을 짧게 이야기해 보고 가겠다. 몇 년 전, 오랜 시간 동안 마음에 담아 두고 기다렸던 전시회 소식이 들려왔다. 우리 옛 그림 가운데 민화만을 모아 놓은 전시회가 열리고 있다는 것이었다. 오랫동안 보고 싶었던 전시회이었기에 기쁜 마음으로 다녀왔다. 이번 민화 전시회는 경복궁 옆에 있는 현대 갤러리 신관과 구관 그리고 두가헌 갤러리에서 예순 틀이 넘는 많은 양의 민화 병풍을 골라 보여 주었다. 게다가 이번 전시회는 이제까지 잘 알려진 옛날 민화 중에서도 꽃 그림인 화조도의 진수를 골라 사람들에게 그대로 보여 주었다. 더욱이 아무 때나 보기 어려운 민화가 모여 있으니 놓칠 수 없는 좋은 기회라는 생각이었다.

민화를 보려는 사람이라면 기회를 만들어서라도 보고자 하는데, 사람들이 아는 것처럼 요즘에는 고미술상에 가더라도 옛 그림이라는 작품은 쉽게 찾아보기 어렵다. 박물관에는 옛 그림이 전시되어 있으나 민화는 찾아보기 어렵고, 민속 박물관에 가면 몇 폭 정도의 민화 병풍이 전시되어 있을 뿐이다. 그것도 민화 병풍을 종류별로 흡족하게 볼 수 있는 것이 아니라 그저 몇 폭 정도만 전시되어 눈요기 정도만 할 수 있다. 그러기에 이번 민화 전시회에서는 그동안 기회가 되면 보고 싶다고 벼려 온 작품들을 볼 수 있는 기회였기에 더욱 고마웠다. 민화를 보면서 보고 또 보아도 아름다운 것이 민화의 매력이라는 생각을 다시 한번 해 보았다. 게다가 실물을 보지 못해 도록을 통해 눈으로만 익혀 온 민화들이 한자리에 모여 있으니 더욱 고마웠고, 안복을 누렸다는 즐거움과 보람이 가득한 전시회였다.

두가헌 갤러리 한쪽 벽에는 많은 베개를 바닥에서부터 천장에 이르기까지 벽 전체에 쌓아 전시했는데, 쌓아놓은 베개의 숫자만 해도 600개가 넘는 것으로 하나같이 서로 다른 무늬의 베갯모를 한눈에 볼 수 있게 한 전시 감각이 돋보였다. 이처럼 많은 베갯모를 모아 전시한 것은 아마도 이곳을 많은 관람객에게 기억에 남을 만한 장소로 사진도 찍을 수 있도록 배려한 것이며 또 한편으로는 베개가 가진 민화로서의 의미를 다시 한번 느낄 수 있게 보여 준 것이라 하겠다. 아니나 다를까, 이곳 전시장을 지키며 설명해 주는 도슨트의 말을 빌리지 않더라도 많은 관람객이 차례를 기다리며 사진을 찍는 전시장의 명당이 되어 있는 것을 알 수 있었다.

현대 갤러리에서 주관한 민화 전시회(2018년 7월 4일부터 8월 19일까지)는 화조도를 중심의 민화 병풍 그림을 모아 "조선 시대 꽃그림 민화, 현대를 만나다"라는 이름을 붙였다. 같은 시기에 예술의 전당 서예 박

벽면 가득히 베개만 모아 전시했다. 두가헌 갤러리에서 필자 촬영 사진.

물관에서 공동으로 열리고 있는 또 하나의 민화 전시회(2018년 7월 18일부터 8월 26일까지)가 있었다. "판타지아 조선"이라는 제목으로 민화 수집가로 유명한 김세종의 수집품 가운데 좋은 것들만 골라 일반인들에게 보여 주는 자리를 마련한 것이었다. 컬렉션 안에는 책가도를 비롯하여 지역의 특색을 보여 주는 문자도와 화조도는 물론이고 소상팔경과 관동팔경 등의 산수도와 함께 구운몽이나 삼국지 이야기를 그린 설화도 이외에도 무신도와 호작도까지 여러 종류의 민화 병풍을 두루 구경할 수 있게 전시했다. 아마도 이 두 전시회를 본 사람은 민화가 낯설게 느껴지지 않았을 터이고, 관심 있게 구경하다 보면 자신도 모르게 민화가 어떤 그림인지 어느 정도 느낄 수 있을 것이다. 그것은 바로 민화가 우리 생활 속에서 함께 살아오면서 자연스럽게 꽃핀 것이기 때문이다.

조금 나이가 지긋한 어른이라면 '아 맞다! 예전에 이런 그림이 집안 어딘가에 있었는데……' 하면서 잠시나마 옛날 생각을 떠올렸을 것이

사물의 진수만을 뽑아 단순하게 표현한 민화. "판타지아 조선" 전시회에서 필자 촬영 사진.

다. 그런데 아쉽게도 이런 민화는 더 이상 우리 주변에서 찾아보기 어려워졌다. 그 많던 민화는 도대체 어디로 갔을까? 우리가 살면서 생활 속에서 필요한 물건은 그저 아무렇게나 만들어 사용한 것이 아니라 어느 것 하나라도 정성껏 만들어 사용했다. 일상 생활에서 쓰는 자그마한 물건 하나라도 최고의 기술로 만들었기에 누구나 느끼는 멋과 아름다움이 깃들어 있다. 오래전부터 우리가 생활 속에서 사용하던 소소한 물건들이 하나같이 생활 도구로서 실용성을 갖춘 것은 물론이고, 물건 하나하나마다 정성을 기울여 아름답게 만들어 사용했다.

우리가 오래전부터 사용하던 좋은 물건은 훌륭한 기술과 섬세한 손재주 그리고 아름다움을 보는 눈썰미를 가진 장인들이 만들었다. 여러 분야에서 훌륭한 솜씨를 지닌 장인들이 있었기에 조선 시대의 공예는 특별한 아름다움을 지니고 있다. 조선 시대에 만들어 낸 민화 병풍은 그림의 하나이지만, 병풍이라는 생활 도구는 공예의 한 부분이기도 하

자연의 특징만 골라내어 단순하게 표현한 민화. "판타지아 조선" 전시회에서 촬영.

다. 우리는 오래전에 장인이 아름답게 만든 물건을 고미술품(古美術品)이라 하고, 또는 골동품(骨董品)이라 부르기도 한다. 때로는 민속품(民俗品)이라는 말도 쓰는데, 이 말은 오래되지 않은 근대의 물건이라는 뜻으로 쓰인다. 한편 공예품(工藝品)이라는 말은 옛것을 뜻하는 것보다는 좋은 기술로 아름답게 만들어 낸 물건을 통틀어 이르는 말이다.

고미술품이나 골동품 또는 공예품이라는 말의 뜻이 그러하다고 보면 민화 병풍은 당연히 고미술품 범주에 들어간다. 그런데 우리는 고미술품이라면 당연히 귀하고 값이 나가는 물건이라 생각하면서, 이 범주에 들어가는 것은 주로 서화, 서책, 도자기, 고가구, 금속 제품 등의 오래된 유물을 꼽는다. 그런데 민화는 분명히 서화에 들어갈 만도 한데 이제껏 제대로 된 대접을 받지 못하고 있는 형편이다. 그러다 보니 민화의 아름다움을 먼저 알아본 외국 사람들이 기회 있는 대로 수집해 갔다는 말이 있다. 사실 고미술품이라고 하는 우리 문화재(文化財)가 오랫동안 우리로부터 제대로 대접받지 못하던 시기에 그 아름다움을 먼저 알아본 외국 사람들에 의해 해외로 빠져나간 것이 너무나 많다. 그 가운데 민화는 얼마 전까지만 해도 우리나라에 남아 있는 것들이 제법 되었지만, 그마저도 얼마 전부터는 더 이상 찾아볼 수 없게 되었다. 그것은 민화의 아름다움을 뒤늦게나마 알아본 외국 사람들이 우리나라에 남아 있는 민화를 한마디로 싹쓸이해 갔기 때문이라고 민화 수집가인 김세종 씨가 그의 책 『콜렉터의 맛』에서 밝히고 있다. 우리 문화에 관심을 가진 사람들이 아쉽게 생각하는 것이 바로 이러한 무관심 속의 방치이지만, 아직도 우리에게는 다행스럽게도 많은 문화 유산이 남아 있으므로 이들을 더욱 힘써 지키고 아끼는 방법을 찾아 더욱 노력해야 하겠다.

하나 더, 인쇄 병풍을 보셨나요?

우리나라에서 민화는 이름 그대로 사람들이 즐겨 사용한 그림을 말한다. 물론 그림 가운데에는 조선 시대에 궁궐에서 도화서 화원들이 그렸던 궁중화가 있고, 사대부들이 즐기며 그렸던 문인화가 있는 것과 비교하여 일반 백성들이 두루 이용한 생활 그림을 속화라 불렀던 것인데, 이러한 그림을 제대로 알게 해 주자는 뜻에서 민화라는 이름으로 불러 준 것이다. 그러다 보니 민화가 어떤 종류의 그림을 말하는 것인지 간단히 정의하기가 어려울 때가 많다. 어떤 이는 고대로부터 지금까지 우리나라에서 그려진 모든 그림을 망라해야 한다고 주장하는가 하면, 어떤 이는 궁궐에서 사용한 그림은 일반인이 사용한 것이 아니므로 제외해야 한다고도 하는데, 과연 민화가 어떤 것이지 간단히 정의 내리기가 쉽지 않다. 어쨌거나 민화는 일반 백성들이 널리 사용한 그림이니 그만큼 수요가 많았다는 것만은 분명한 사실이다.

예전부터 우리나라 사람들은 그림을 좋아했기에 생활 속에서도 필요한 만큼 많이 구해서 요모조모로 이용했다. 요즘에는 사람들이 그림을 액자에 넣어 벽에 걸고 즐기지만, 예전에는 족자로 만들어 벽에 걸었거나 아니면 병풍을 만들어 편리한 대로 이용했다. 그런데 사람들이 그림을 족자나 병풍을 만들어 이용하려면 배접과 표구라는 과정을 거쳐야 하는 번거로움이 있으므로, 조금 더 간단한 방법이라면 벽이나 문짝에 적당한 그림을 골라 바로 붙이기도 했다. 실제로 조선 후기에 찍은 사진 기록을 보면 벽이나 문에 붙어 있는 그림을 확인할 수가 있다. 이처럼 벽이나 문에 한 번 붙이고 난 그림은 더 이상 옮기거나 뗄 수가 없으니, 다음에는 그림 위에 다른 그림을 덧바르는 경우까지 생겼다. 이처럼 생활 속에서 요모조모로 쓰이는 그림은 필요한 만큼 구해야 했으므로 그 수요가 꽤 많았을 것이라는 생각은 그리 틀리지 않을 것이다.

이처럼 조선 후기로부터 근대에 이르기까지 사람들이 필요로 하는 그림 수요에 부응하고자 새로운 기술로 인쇄한 그림을 찾아내고, 그렇게 인쇄한 그림이 이제까지의 민화와 어떠한 관계를 맺고 있으며 더 나아가 민화 작가와 사람들이 원하는 수요와 공급 사이에서 드러나는 여러 가지 내용을 설명한 문헌이 있다. 박근아는 「민화(民畵)와 인쇄(印刷) 그림의 관계 고찰」이라는 제목의 논문에서 우리나라 개화기에 도입된 인쇄 기술을 이용하여 찍어 낸 인쇄 그림에 대해 이제까지 우리가 충분히 알지 못했던 내용을 찾아서 이야기해 준다.

우리나라에서는 개화기 무렵부터 일본을 중심으로 전개된 인쇄 기술의 영향으로 우리가 전통적으로 집안 장식에 사용했던 민화의 복제와 생산이 가능해지면서 인쇄 그림이 전통 민화의 자리를 대신하게 된다. 1927년에 강릉 지역 혼례식에서 인쇄 그림이 사용된 예로 보아 우리나라에서는 언제부터 사용되기 시작했는지 가늠해 볼 수 있다. 시간이 지나면서 전국적으로 인쇄 그림이 유통되었고 1980년대까지도 혼례식이나 회갑연 등의 축하연에서 병풍으로 많이 사용되었다.

    인쇄 그림 중에는 정교한 기술로 만들어 원본과 구별하기 어려운 정도의 것도 있지만, 색깔이나 기술 면에서 거칠게 만든 것은 한눈에 보더라도 쉽게 드러난다. 또한 인쇄 그림으로는 산수, 화조, 기명절지(器皿折枝) 등의 다양한 종류가 있는데, 이들은 병풍은 물론이고 도배지로도 사용되었으며, 특별한 것으로는 여러 종류의 그림을 모아 하나의 병풍으로 만든 잡화병(雜畵屛)도 찾아볼 수 있다. 이러한 여러 종류의 인쇄 그림 가운데 가장 큰 비중을 차지한 것은 화조영모화(花鳥翎毛畵)이다. 당시에도 사람들이 좋아하고 원하는 것이 화조영모화이었기에 이처럼 많은 수요에 맞추고자 그만큼 많이 인쇄했을 것이다.

    인쇄 그림 가운데에서 꽤 많은 양이 일본 작가가 그린 그림을 인쇄한 것이다. 소나무와 학, 해(日), 거북 등의 길상(吉祥)을 나타낸 주제 이외에도, 장식적으로 그린 파도와 먼 거리의 높은 산봉우리 등을 그린 산수화도 있다. 이들 그림에는 설주(雪舟), 경문(景文), 주문(周文), 수야(狩野) 등의 일본 화가들의 이름이 인쇄되어 있다. 화조도에는 닭, 국화, 모란, 등나무, 수선화 등이 보이며, 진생(眞生), 광일(光逸), 계천(溪泉) 등의 일본 작가 이름도 보인다. 그 외에도 공작과 독수리, 대나무와 호랑이 등의 벽사(辟邪)와 길상(吉祥) 등의 화제를 사용하고 있지만, 그림의 구도와 양식 등에서 보면 일본화의 영향이 여실히 드러나고 있다. 더욱이 '源應擧(미나모토 오쿄)'라는 일본 작가의 이름도 인쇄 그림에서 나오는 것은 이 작품들을 일본에서 인쇄한 것이 우리나라로 들어왔거나 아니면 우리나라에서 일본 작가의 그림을 인쇄했거나 아니면 이들 두 가지가 함께 이루어진 것인지도 모른다.

어쨌거나 이러한 인쇄 병풍화는 20세기에 이르러 우리 생활 속에서 '신(新) 미술'이라는 새로운 수요를 만들면서 이제까지 우리 생활 속에서 민화가 차지했던 자리를 대신하게 된다. 그렇다고 해서 조선 시대 후기부터 존재했던 민화 작가들의 존재가 사라진 것은 아니다. 오히려 민화 작가들은 인쇄 병풍화로부터 받아들인 여러 가지 이미지를 적극적으로 활용하면서 당시 사회에서 사람들이 좋아한 취향에 맞추어 여러 종류의 그림을 그렸다는 사실은 지금까지 남아 있는 민화 작품을 통해 확인해 볼 수 있다.

사람들이 즐겨 찾던 인쇄 그림인 화조영모화는 기술적으로 대량 복제할 수 있는 특성에 따라 많은 양이 제작되어 전국적으로 유통되었다는 것을 확인할 수 있다. 국립 민속 박물관에서 조사한 바에 따르면 인쇄 그림이 20세기 초부터 1970~1980년대까지 혼례식이나 회갑연에서 사용되었고, 해방 이후에는 인쇄 그림이 값싸고 흔한 그림이라는 생각으로 결혼식이나 회갑연 등의 집안 행사에서 그날 한번 쓰고 버리는 '막병풍'으로까지 사용되었다고 한다.

이처럼 인쇄 그림은 우리나라에서 사람들이 생각하는 바와 같이 대중적인 민화의 특성과 가장 잘 어울리는 것으로, 값싸고 쉽게 구할 수 있는 그림으로서의 자리를 차지한 것이다. 더욱이 전통 민화에서도 화조영모화가 가장 큰 비중을 차지하고 있는데, 이는 화조영모화가 길상이나 벽사를 나타내는 의미를 지니면서도 화려한 색채로 그렸기에 집안 장식으로도 잘 어울렸다. 이처럼 새로운 기술로 만들어진 인쇄 병풍화가 근대적인 시각 재료로 1980년대까지 우리 생활 속에서 즐겨 사용되었던 것은 그만큼 대중적인 수요가 많았기에 가능했다. 우리나라에서 20세기 전반에 걸쳐 유행한 인쇄 병풍화와 우리의 전통적인 민화와의 관계를 새롭게 살펴봄으로써 당시 사람들이 생각했던 그림에 대한 취향을 파악하고, 우리 민화에 대해 보다 폭넓은 시각으로 접근하는 기반을 마련할 수 있기를 기대해 본다.

10장
베갯모 자수
우리 잠자리까지 스며든 민화

요즈음 초등학교에서는 수업을 재미나게 이끌어 가고자 시간 중에 여러 가지 흥미로운 주제를 선택해 놀이처럼 가르치곤 한다. 그 가운데에는 자기가 직접 요리한 음식을 먹는 과정도 있고, 꽃나무를 심어 스스로 가꾸어 보도록 하는 과정도 있으며, 나무로 소품을 만들어 보거나 직접 바느질을 배워 옷을 만들기도 한다. 어릴 때부터 무엇인가를 스스로 만들어 내는 성취감을 길러 줌으로써 나중에 어른이 되었을 때도 필요한 물건을 스스로 만드는 힘을 길러 주는 바람직한 교육 방법이다.

사람들이 살면서 필요한 물건을 만드는 것은 당연한 일이지만, 사람에 따라 서로 다른 능력을 발휘하기 마련이다. 어떤 사람은 타고난 재주가 많아서 잘 만들고, 또 어떤 사람은 아무리 노력해도 그만큼의 결과물을 얻지 못하기도 한다. 물건 하나를 만들더라도 잘 만들면 즐겁고 자신도 모르게 되풀이함으로써 날로 기술이 발전하여 드디어는 작품

제작으로까지 이어진다. 물론 재주가 많은 사람은 하는 일도 많아 어떤 것은 그냥 취미로 남지만, 어떤 것은 평생 직업으로까지 발전한다. 우리는 특정한 분야에서 탁월한 기술 발전을 이룬 사람을 장인(匠人)이라 부르고, 생활에 필요한 물건을 만드는 모든 과정을 공예(工藝)라 부른다. 이처럼 생활에 필요한 물건을 만들면서 발전된 기술과 작업이 마침내 예술의 경지까지 이른 것이다.

공예도 여러 가지

생활 속에서 유용하게 쓰이는 가구(家具)는 나무로 만든 도구이다. 나무를 좋은 솜씨로 다듬는 장인인 목수가 가구를 만드는 일을 가구 공예 또는 목공예(木工藝)라 부른다. 목공예라는 말처럼 어떤 재료를 쓰느냐에 따라 공예를 구분하곤 하는데, 돌을 쓰면 석공예(石工藝), 옥을 쓰면 옥공예(玉工藝), 쇠를 쓰면 철공예(鐵工藝), 유리를 쓰면 유리 공예(琉璃工藝), 종이를 쓰면 지공예(紙工藝) 그리고 칠을 쓰면 칠공예(漆工藝) 등으로 부른다. 요즈음에는 특별한 재료를 이용한 여러 가지 공예들이 새로 유명해졌는데, 이를테면 달걀 공예나 양초 공예, 소금 공예 또는 가죽 공예나 뿔공예 등을 꼽을 수 있다.

이 가운데 수공예(手工藝)가 있는데, 손으로 하는 공예라는 뜻으로 최근 생긴 말이다. 그런데 따지고 보면 사람이 손으로 물건을 만들지 무엇으로 물건을 만들까. 그런데도 사람들이 수공예라는 말을 쓰는 것은 손맛 좋은 장인의 솜씨를 높이 사기 때문이다. 실제로 수공예라는 말은 국어 사전에 나와 있듯이 수예(手藝)와 공예를 하나로 아울러 이르는 말이기도 하다. 어떤 때는 수공예와 수예를 같은 뜻으로 사용하기도 한다. 흙을 빚어 그릇을 만드는 것이 도자 공예(陶磁工藝)인데 이를 줄여 도예(陶藝)라고 하듯이 수공예를 줄여 수예라 부르는 것도 알 것도 같다. 그런데 우리는 수예를 한자로 쓸 때는 손이라는 뜻의 '手藝'로 표기하는데, 북한에서는 이와 달리 수를 놓는다는 수(繡) 자를 써서 '繡藝'라고 표기하는 단어도 있다. 물론 손끝에서 이루어지는 바느질 기술로 수를 놓는 자수(刺繡)를 말하는 것이다.

자수라는 말의 뜻에는 찌르는 도구인 바늘과 함께 항상 뒤따르는 실 그리고 바탕이 되는 헝겊이 있어야 한다. 이와 더불어 넓은 면적의 헝겊이 재료이면 바느질이고, 좁은 면적의 헝겊이 재료이면 자수가 된다고 할 수 있다. 이렇듯 자수와 바느질은 같은듯하면서도 차이점이 있다. 바늘구멍에 실을 꿰어 옷을 짓거나 꿰매는 일이 바느질인데, 바늘과 실을 뜻하는 침(針)과 선(線)을 합쳐 침선(針線)이라고도 한다. 한편 자수는 옷감이나 헝겊 따위에 여러 가지의 색실로 그림, 글자, 무늬 따위를 수놓는 일을 말하는데, 이를 줄여서 그냥 수(繡)라고도 한다. 이렇듯 바느질과 함께 자수 그리고 줄인 말인 수 조금 더 나아가 수예라는 것은 분명히 손으로 익힌 솜씨를 발휘한다는 점에서 공통이지만, 그 결과물은 서로 다른 차이가 있다.

간단히 말하자면 사람이 입는 옷을 짓는 것을 바느질이라고 한다면, 저고리 옷섶이나 소매 끝자락 또는 치마폭에 무늬를 넣는 것은 자수이다. 물론 자수는 옷에만 넣는 것이 아니라 보자기나 수건처럼 자그마한 것에서부터 요와 이불에 이르는 큼지막한 살림살이에까지 넣음으로써 아름다움을 더한다. 그 가운데에서도 자수의 아름다움을 가장 쉽게 찾아볼 수 있는 것이 베개이다. 지금도 베개는 필수 혼수품이다. 우리는 어렸을 적부터 평생 언제나 베개와 함께 잠을 잔다. 이처럼 베개가 중요하기에 옛날부터 여인네들은 자수를 배울 때 나중에 혼수품으로 쓸 베갯모를 수놓는 경우가 많았다. 혼수품을 스스로 장만한 셈이다. 지금은 전통 방식으로 만든 베개를 많이 사용하지 않아 베갯모의 자수는 보기 힘들어졌지만, 그 대신에 생활하면서 늘 사용하는 손수건에 수를 놓는 전통은 사라지지 않고 남아 있다.

수예와 자수의 뿌리는 하나

헝겊에 수를 놓는 자수는 앞서 말한 것처럼 수공예의 하나이다. 조선 시대에는 집안에서 여자아이들에게 바느질과 자수 그리고 옷감을 짜는 길쌈까지도 가정 교육의 하나로 가르쳤다. 조선 시대를 지나 근대로 접어들면서 옷감 짜기는 공장 생산으로 넘어갔지만, 바느질과 자수만큼은 살림을 하려면 익혀야 하는 수공예의 하나로 남았다. 요즘에는 바느질과 수예의 가치를 재조명하면서 학교 교육에서도 취미 활동과 특별 활동의 하나로 가르치고 있다. 나라에서도 이러한 전통 문화를 살리고자 예전 솜씨를 그대로 지닌 장인들에게 각각 침선장과 자수장이라는 자격을 주어 전통 문화를 유지하는 데에 힘쓰고 있다.

어렸을 때부터 자수를 배워도 모두가 장인처럼 예쁜 수를 놓을 수는 없다. 그래서 본보기로 만들어진 초본(모본 또는 뽄이라고도 한다.)을 따라 똑같이 수놓으며 실력을 쌓아 간다. 따라서 수를 놓는 데 필요한 초본을 모아 보관하며 수를 놓다가 나중에는 새로운 무늬를 만들어 내기도 한다. 같은 무늬를 수놓은 베갯모로 만든 베개끼리 비교하면 같은 무늬의 베갯모인데도 색깔이 조금씩 다른 것도 있는데, 이것은 같은 초본을 이용하면서도 조금 다른 색깔의 실로 수놓았기 때문이다.

요즘에는 수놓은 베갯모를 찾아보기 어려워졌다. 그만큼 우리 옛 물건이 귀해졌기 때문이다. 그런데 어쩌다가 고미술품 가게에서 오래되지 않아 보이면서 비슷한 무늬로 수놓은 베갯모나 손수건을 한꺼번에 여러 장 볼 때가 있다. 아직도 이런 물건이 남아 있나 의아하게 생각하는데 솔직한 사장님이 사실대로 이야기해 주기도 한다. 한꺼번에 새 물건이 여러 개 보이는 것은 오래전에 만든 것이라기보다는 어쩌면 북한에서 여학생들이 수업 시간에 만든 것을 상인이 모아 가져온 것일 수도 있다는 것이다. 물론 우리나라에서도 취미 활동으로 사람들이 만든 것을 사고팔고 할 수도 있겠지만, 그 시간과 노력에 대한 대가가 만만치 않아서 그리 쉽지 않을 것이라는 그럴듯한 이야기를 해 주었다. 우리나라와 북한은 경제적인 차이가 있지만, 문화적으로는 하나의 뿌리에서 나온 것이기에 그럴 수 있다고 하겠다.

자수는 한복은 물론 이부자리 및 베개와 함께 보료나 방석 그리고 수건과 보자기 등에 두루 쓰였으며, 특별히 자수 그림이나 글씨를 병풍으로 만들어 이용하기도 했다. 한편 우리 생활 속에서 쓰던 보자기의 실용성은 가히 놀라운 정도이다. 정사각형의 큼지막한 천의 바깥쪽을 바느질로 마감한 보자기는 크고 작은 물건을 싸는 용도로 가장 많이 쓰인다. 사람들이 가방을 사용하기 이전에는 손으로 들고 다닐 만한 물건은 어김없이 보자기에 싸서 들고 다녔다. 곡식을 싸면 곡식 보자기, 채소를 싸면 채소 보자기, 도시락을 싸면 도시락 보자기, 옷을 싸면 옷 보자기, 이불을 싸면 이불 보자기, 책을 싸면 책 보자기처럼 무엇을 쌌는지에 따라 여러 가지 다른 이름으로 불릴 정도이다. 이처럼 물건을 싸는 용도로 쓰일 때 싼 물건이 흐트러지지 않게 단단히 묶고자 한다면 정사각형의 한 모서리에 기다란 헝겊으로 만든 끈을 붙이기도 한다. 끈을 붙인 보자기 모양은 마치 어린아이들이 바람에 날리며 즐거워하는 가오리연처럼 보인다.

보자기도 예술이다

오래전부터 우리 생활 속에서 이런저런 용도로 사용하던 보자기는 큼지막한 천으로 만드는 것이 기본이지만, 천이 넉넉하지 않을 때는 작은 천 조각 여러 개를 이어 붙여 큼지막한 보자기를 만들었다. 그러다 보면 같은 천 조각을 모은 것이 아니므로, 천 조각은 크기도 다르고 색깔도 다른 것이 섞였을 터인데, 이것을 모아 만든 보자기는 만드는 사람들의 마음과 생각에 따라 다를 수밖에 없다. 이같이 여러 가지 서로 다른 천 조각을 이어 붙여 만든 보자기는 만든 사람들이 가지고 있는 예술적 감각이 그대로 우러나오기 마련이다. 지금까지 남아 있는 이러한 보자기는 누가 보더라도 간단하면서도 추상적인 아름다움이 우러나오는 예술적인 가치가 있는 하나의 작품으로 평가되면서 사람들의 특별한 사랑을 받고 있다.

여러 개의 천 조각을 이어 붙인 보자기와 더불어 사람들에게 사랑받는 또 하나의 보자기가 있는데, 그것이 바로 상보자기이다. 상보자기는 말 그대로 상 위를 덮는 보자기로 비어 있는 상을 덮는 것이 아니라 상차림을 한 다음에 먹을 사람을 기다리는 동안에 혹시라도 음식이 놓여 있는 상 위에 먼지나 티끌이 떨어지는 것을 막고자 덮어 주는 보자기를 말한다. 다시 말해서 상보자기는 식구들이 먹으려고 마련해 둔 음식에 혹시라도 나쁜 병원균이나 더러운 먼지가 달려들까 염려하면서 미리 막아 주려는 위생적인 처리법이다. 날씨가 더운 여름철에는 파리를 비롯한 벌레들이 먼저 음식을 맛보려고 덤벼드는데, 이를 막는 효과적인 방법이 상보자기를 덮는 아주 간단한 방법이다.

우리는 생활 도구인 상보자기를 보고 먼저 생각하는 것은 얼마나 예쁘고 아름다운가 하는 점이다. 그래서인지 사람들이 상보자기를 만들 때는 단색으로 아무런 무늬도 없는 천으로 만들 수도 있지만, 여러 가지 색깔이나 무늬가 있는 천을 골라 만들거나 특별한 자수를 놓아 아름답게 꾸미고자 노력한다. 물론 상보자기가 단색으로 무늬가 없으면 분명히 깨끗해 보이는 좋은 점도 있다. 그래서인지 여름철에 쓰는 상보자기는 깨끗하고 시원한 느낌이 들도록 모시 조각을 이어 산뜻하게 만들기도 한다. 그렇지만 상보자기를 쓰다 보면 여러 종류의 반찬이나 국으로부터 얼룩이나 국물 흔적이 묻기 마련이므로, 색깔 있는 천을 이용하거나 자수로 무늬를 넣어 겹으로 만들어 사용하기도 한다. 사람들은 언제든 곁에 두고 사용하는 상보자기이기에 예쁘고 아름다운 모양으로 만들었으니, 지금까지 남아 있는 것 가운데에는 누가 보아도 아름답고 예쁜 모양의 자수를 수놓은 상보자기도 볼 수 있다. 솜씨 좋은 사람들은 상보자기와 함께 예쁜 수저 주머니도 만들어 사용했는지 한 집안에서 예쁜 상보자기와 수저 주머니가 함께 나오는 경우도 많다.

요즈음에는 생활 방식이 바뀌어 식탁에서 밥을 먹은 후에 남은 반찬은 뚜껑 있는 그릇에 담아 냉장고에 넣어 보관했다가, 다음 끼니에 다시 꺼내먹는 경우가 많다. 물론 남은 반찬은 버리지 않고 냉장고에 넣는 것은 남은 음식이 상하지 않게 보관하려는 것이다. 그런데 냉장고가 없던 시절에는 남은 음식을 어떻게 보관했을까? 남은 음식이 담긴 그릇마다 뚜껑을 덮어 보관하는 것이 바람직하지만, 모든 그릇에 짝이 맞는 뚜껑을 찾아 덮는 것은 쉬운 일이 아니므로 그냥 간단히 상보자기 하나를 상 위에 덮어 뚜껑을 대신했다고 할 수 있다. 더욱이 냉장고가 없던 시절이니 상 위에 그릇을 올려놓은 채 상보자기를 덮어 시원한 그늘에 놔두었을 것이다.

한편 조리한 음식을 멀리 가져가려면 상 위에 그릇을 올리고 상을 양손으로 잡은 채로 옮겨야 할 때가 있다. 그런데 상을 양손으로 잡아 옮기는 것보다는 머리에 이고 옮기는 것이 훨씬 편하다. 머리에 이고 옮기는 원통 모양의 공고상(公故床) 또는 번상(番床)이라 부르는 상에는 상다리 가운데 구멍을 파서 앞을 볼 수 있게 만들었는데, 이것은 매우 특별한 모양이다. 물론 상을 옮기는 도중에 먼지나 티끌이 들어가지 않게 상을 덮는 보자기를 씌운다. 들판에서 일하는 사람들에게 밥이나 참을 가져다줄 때도 상보자기로 덮어 가져다준다. 요즈음에도 시장이나 동네 골목 안에서 음식을 배달할 때 둥근 양은 쟁반에 음식 그릇을 담아 머리에 이고 잰걸음으로 배달한다. 이때 상보자기 대용으로 신문지 한 장을 펼쳐 덮어 배달하는 모습을 볼 수 있다. 요즈음에도 음식을 배달하면서 신문지 대신에 상보자기로 덮어 배달하면 어떨까 혼자 상상해 본다. 이와 더불어 양은 쟁반 대신에 나무로 만든 함지박에 음식을 담아 상보자기로 덮어 배달한다면 또 다른 멋을 느낄 수 있으리라 생각해 본다. 그래도 그것은 마치 조선 시대로 되돌아간 듯한 모습이라 아무래도 현실과는 차이가 있을 것이다.

예쁜 수를 놓아 만든 상보자기를 덮어 놓은 상에서 음식을 먹을 때마다 음식을 마련한 안주인의 정성을 느끼게 된다. 식구들에게 정성을 기울인 음식을 마련하여 끼니때마다 먹게 해 주는 안주인의 정성은 이처럼 정성스레 마련한 상보자기에서도 우러나온다. 같은 모양의 자수를 놓는다고 하여도 사람마다 솜씨가 다르듯이 크게 본다면 지역에 따라서도 조금씩 차이점을 느낄 수가 있다. 북쪽 지방에서 수놓은 자수는 짙은 색깔의 바탕이 많고 무늬도 큼지막해서 왠지 모르게 강한 기운이 느껴진다. 이와 반대로 남쪽 지방에서 나온 자수는 바탕색이 밝은색이고 무늬도 작은 것이 많아 부드럽고 섬세하다는 느낌이 드러난다. 이러한 느낌의 차이는 지역적으로 조금씩 다른 생활 조건이 문화적으로도 영향을 끼친 것이라 할 수 있다.

여인의 손끝에서 펼쳐진 예술, 자수

자수는 간단히 말해서 천에다 색실로 손바느질하여 그림을 만드는 것이다. 따라서 자수 그림은 수놓는 사람의 손길에 따라 아름다운 모양이 나오는 특별한 예술이다. 우리나라 전통 자수는 오래전부터 귀족 상류층으로부터 서민층에 이르기까지 사람들이 입는 옷뿐만 아니라 여러 가지 생활용품에서 폭넓게 이용되었다. 이러한 자수는 우리 생활 속에서 실용성과 함께 아름다움을 보여 주는 전통 문화의 하나이며, 전통 자수가 지닌 여러 가지 수놓는 방법과 아름다움을 만들어 내는 감각은 우리 민족이 가진 미의식을 보여 주는 우리만의 독특한 예술이라고 할 수 있다.

전통 자수는 주로 여성들이 오랫동안 수놓는 과정을 생각하며 나름대로 준비했는데, 그러다 보니 사람마다 특색 있게 고운 염색과 실의 꼬임새 및 땀새 등을 잘 정리하여 아름다운 품격을 갖춘 자수로 발전시켰고, 그것이 지금까지 이어져 하나의 독특한 예술로 자리했다. 그 가운데 자수 병풍은 생활 속에서 실용성과 예술성을 함께 갖추고, 옛사람들의 생각과 의식까지 표현한 예술 작품이다. 더 나아가 자수 병풍은 조선 시대에 유행한 민화와 어울리면서 화려하면서도 우아하고 소박하면서도 아름다운 미의식이 잘 드러난 하나의 회화 작품이 되었다.

우리의 전통 자수는 이미 통일 신라 시대에도 사용된 기록이 있고, 고려 시대에도 자수가 등장하지만 주로 귀족 사회에서 감상(鑑賞)을 목적으로 한 병풍에 사용되었다. 그러다가 조선 시대에 이르러서는 자수 병풍이 크게 유행했는데, 이것은 당시에 크게 발달한 민화의 영향이라고 볼 수 있다. 조선 시대의 자수 병풍과 민화는 모두가 서민들의 정서를 담고 있으며, 자수 병풍의 그림 소재는 다른 그림에서 사용된 소재와 비슷한데다가 여러 폭의 자수 그림을 모아 하나의 병풍으로 만든 것이므로 자수 병풍은 하나의 그림으로 볼 수 있을 정도이다. 더욱이 자수 병풍의 규모와 수준으로 보면 자수 병풍은 조선 시대의 대표적인 자수 예술로 꼽을 수 있다.

    자수는 주로 여인들의 생활과 밀접한 관계가 있는데, 남성들에 비하면 사회, 정치, 문화, 예술 등의 여러 분야에서 앞에 나서지 못하는 삶을 살았기에 그들이 생각하는 아름다움과 꿈을 나타낼 수 있는 유일한 표현 방법이었을 것이다. 자수 병풍 역시 하나의 예술 작품이므로 구도나 원근 등에서의 구조적인 변화는 당연히 나타날 수밖에 없으며, 천 위에 펼쳐지는 수는 수를 놓는 사람의 마음이 의도적으로 나타나는 예술적 언어로 볼 수 있다. 회화에서 말하는 심상시점(心像視點)은 대상을 바라보는 시각을 특정한 지점에 놓지 않고 자신이 경험하고 생각한 뒤에 가장 잘 담을 수 있는 '상상의 위치'에 놓는 것이다. 그렇게 하면 현실에서 볼 수 없는 공간을 표현할 수 있고 상상의 세계를 꾸며낼 수도 있다. 조선 시대의 자수 병풍에서는 일상 생활과 신앙이 따로 분리되지 않았다. 그래서 자수 병풍은 예술 작품인 동시에 종교이며, 또한 생활의 한 부분이었다. 그러므로 조선 시대의 자수 병풍은 순전히 감상만을 위한 것이 아니라 실용성과 기능성 그리고 심미성을 두루 갖춘 창조적인 예술 작품이 되었다.

자수의 백미, 강릉 자수

우연히 강릉에 갔다가 강릉 예술 창작인촌에 자리 잡은 동양 자수 박물관을 구경했다. 개관하고 그리 오래되지 않은 때였지만, 그때까지 전혀 생각지도 못했던 강릉 자수라는 뜻밖의 즐거움을 맛보았다. 자수는 주로 옷에 무늬를 넣거나 왕족과 대신들의 의복에 장식용으로 이용했으며, 이부자리와 방석과 베개 등의 생활 도구에 쓰이는 장식 효과를 높인다고 생각했다. 물론 수저 주머니와 보자기에도 자수를 넣는다고 알고 있었지만, 강릉 자수라는 독특한 무늬는 흔히 보지 못한 것이었다. 한마디로 말하면 강릉 자수의 특징은 기다란 버드나무 줄기에 이파리가 달린 모양이거나 또는 싸리나무 줄기에 이파리가 달린 모양이라고 할 수 있다.

대부분의 자수는 꽃이나 새 모양의 큼지막한 무늬가 가운데에 자리 잡고 주변으로 자그마한 무늬를 둘러 꾸미는 것이 많으므로, 전체 가득히 자수를 아름답게 수놓고자 노력한 흔적이 보인다. 그런데 강릉 자수에서는 이와 달리 가느다란 줄기에 붙은 이파리를 듬성듬성 색동옷 색깔로 수놓아 단순해 보이면서 시원한 공간을 볼 수 있어 현대적인 아름다움이 우러나오는 모양이다. 강릉은 높은 산으로 이어진 백두대간의 동쪽에 자리하여 한양에서 한달음에 오갈 수 있는 곳이 아니다. 이처럼 지역적으로는 고립된 곳이라 그런지 이 지역의 자연 환경에 맞추어 자연스럽게 만들어진 독특한 무늬가 시간이 지나면서 자리를 잡고 잘 보존된 것으로 보인다.

강릉을 중심으로 잘 보존된 강릉 자수 보자기는 한눈에 드러나는 추상적 문양과 강렬한 색채가 사람들의 눈길을 사로잡는다. 보자기 전체에 수놓은 꽃과 나무 그리고 이파리 같은 자그마한 무늬가 색동옷 같은 색깔로 덮여 있다. 강릉 지역의 수보자기는 보자기 전체에 무늬가 채워져 있어도 꽉 채운 듯한 느낌이 아니라 공간이 듬성듬성 비어 있는 느낌이다. 큰 무늬의 수를 가운데 놓은 것이 아니라 작은 무늬를 모아 놓

강릉 자수의 특징을 볼 수 있는 수보자기. 현대 갤러리에서 필자 촬영 사진.

은 것이기에 마치 여백이 있는 것처럼 보인다. 보자기의 네 모서리에는 물건을 쌀 때 쉽게 묶을 수 있게 끈을 달았는데, 때로는 끈 하나만 달았거나 아예 끈을 붙이지 않은 것도 있다. 어쨌거나 강릉 수보자기에 자그마한 꽃과 나무 이파리들이 사방으로 퍼져나가는 듯한 무늬가 바로 강릉 자수의 전형적인 모양이라고 할 수 있다.

강릉 자수를 찾아볼 수 있는 대표적인 생활 도구가 수보자기라면, 여기에 강릉 자수의 특징이 들어 있다. 자수의 대부분이 중심되는 커다란 무늬를 가운데 두고 자그마한 무늬를 주변으로 배치해 면 가득히 수를 놓은 것이다. 이와 달리 강릉 자수에서는 작은 크기의 무늬를 분산시켜 수놓은 것이 특징이다. 다시 말하면 큰 무늬를 자그마한 무늬로 해체해 다시 배열한 것이라 할 수 있다. 이것은 미술적으로 보더라도 눈에 보이는 큰 물체를 해체해 작은 조각으로 만들어 재해석한 것이라고 할 수 있다. 이처럼 중심을 이루는 주제를 작은 조각으로 만들어 재조합하는 것은 새로운 아름다움을 창조하는 하나의 방법이다. 어쩌면 민화의 아름다움도 형태를 파괴하거나 단순화시켜 재해석하는 방법으로 새로운 아름다움을 창조해 낸 것이라 할 수 있다.

베갯모에 담긴 아름다움

우리 생활 속에서 아직도 볼 수 있는 자수가 들어 있는 생활 도구로는 베갯모가 남아 있다. 베개는 우리가 살아가는 동안에 하루도 빼놓을 수 없는 생활 도구이기에 베갯모의 무늬 또한 우리 생활과 떼려야 뗄 수 없는 관계를 맺고 있다. 그러다 보니 베갯모의 자수 무늬는 우리 생활 속에 녹아 있는 작은 민화와 같은 존재가 되었다. 민화 속에 녹아 있는 의미도 같은 내용이기에 베갯모의 무늬에도 같은 뜻으로 자리 잡고 있다. 이처럼 민화와 베갯모의 무늬가 한데 어울려 오래전부터 우리 생활을 넉넉한 상상의 세계로 이끌어 가고 있다. 누가 보더라도 베갯모의 그림이 민화와 같다고 생각하는 것은 당연하므로 민화 전시회에 베갯모가 등장한 것은 전혀 이상한 일도 아니다.

    베갯모에 자수를 놓은 무늬 또한 초본에 따라서 여러 가지 색실로 수놓은 것이다. 그러기에 베갯모 무늬 가운데 가장 많이 보이는 것이 부귀를 상징하는 모란꽃이고, 다음으로는 장수를 뜻하는 학과 소나무이다. 또한 자식을 많이 낳으라는 뜻을 가진 닭과 병아리도 상당히 많다. 그 외에도 아예 다남(多男)이라든가 부귀(富貴) 같은 글씨를 직접 써넣기도 했다. 그런가 하면 꽃 가운데 모란꽃만 수놓은 것이 아니라 가끔은 붓꽃을 비롯하여 패랭이꽃이나 은방울꽃도 보이는데, 이 꽃들은 어쩌면 수놓은 주인공이 좋아하는 꽃이기에 베갯모에 수놓은 것으로 보인다. 이처럼 자기가 좋아하는 꽃을 수놓는다는 것은 누구인가 초본을 벗어나 새로운 창작의 길로 나선 것이라고 할 수 있다. 때로는 글씨를 수놓으면서도 사랑 애(愛) 자나 마음 심(心) 자를 수놓은 것도 있다. 이처럼 일정한 양식을 갖추고 있는 베갯모의 초본으로부터 조금씩 변화를 꾀하고, 더 나아가 새로운 무늬를 만들어 내는 창의력을 보여 주는 것이라고 할 수 있다.

  얼마 전에 베갯모에 들어 있는 자수를 보다가 뜻밖에 눈에 들어오는 특별한 무늬를 본 적이 있다. 그것은 장수를 상징하는 학을 수놓은 것이었는데, 초본에 있는 전형적인 학 모양으로부터 멀리 벗어난 그야말로 추상적인 모양으로 수를 놓은 것이었다. 초본에 따라 전형적인 학 모습으로 수놓다가 거기로부터 조금씩 벗어나 자신이 생각하는 단순한 학 모양으로 바꾸어 놓은 것이다. 민화 작업에서도 똑같은 그림을 초본에 따라 반복해서 그리다가 조금씩 변화를 꾀하기도 하고 새로운 무늬를 만들어 그리기도 하는 민화 작가의 독창성을 발견할 수 있는데, 이 작품이 바로 이 구체적 사례였다. 이처럼 베갯모의 민화 작품에서도 작가의 독창성이 나타날 수 있다는 것은 우리 모두가 예술의 길 위에 살고 있다는 뜻이리라. 그래서 누군가는 이렇게 말한다. "베갯모 자수는 마지막 남은 민화라고……." 아마도 민화와 베갯모를 함께 보는 사람이라면 누구나 이 말의 뜻을 공감할 수 있을 것이다.

학과 소나무를 단순화시킨 베갯모 자수. 필자 촬영 사진.

하나 더, 옷감에 색깔을 입히다

자수는 간단히 말해서 천에다 수(繡)를 놓는 것이다. 그러니까 실, 즉 색(色)을 물들인 실로 손바느질하여 그림을 만드는 것이다. 따라서 자수 그림은 수놓는 사람의 손길에 따라 아름다운 모양이 만들어지는 특별한 예술이다. 이처럼 우리의 전통 자수는 오래전부터 위로는 귀족으로부터 아래로는 서민층에 이르기까지 사람들의 옷뿐만 아니라 여러 가지 생활용품에서 폭넓게 이용되었다. 그러므로 자수라는 예술은 우리 생활 속에서 실용성과 함께 아름다움을 가져다주는 전통 문화의 하나이며, 전통 자수가 갖는 여러 가지 수놓는 방법과 아름다움을 만들어 내는 감각은 우리가 간직하고 있는 미의식을 보여 주는 우리만의 고유한 특성이라고 할 수 있다.

우리가 오랫동안 가꾸어 온 의식주라는 생활 문화 속에서 옷은 크고도 중요할 수밖에 없다. 기후와 계절 그리고 지형이라는 여러 가지 조건이 어울리는 자연 환경 속에서 우리 몸을 보호하는 중요한 역할을 하는 것이 바로 옷이다. 그런데 우리 삶에서 몸을 보호해 주는 가장 기본적인 조건을 가진 옷은 그것만으로 역할이 그치지 않고 좀 더 나아가 생활 속에서 또 다른 아름다움을 향해 나아가고 있다. 옷에 아름다움을 더하는 방법으로 자수를 놓아 예쁘게 꾸미는 것은 당연하지만, 그보다 조금 더 단순한 방법은 색깔 있는 천으로 옷을 짓는 것이라고 할 수 있다.

옷을 아름답게 꾸미고자 자수를 놓으려면 여러 가지 색깔로 물들인 수실을 이용해야 한다. 마찬가지로 여러 가지 색깔의 옷을 지어 입으려면 이런저런 색깔의 천이 있어야 한다. 우리는 예전부터 백의민족이라 하여 흰옷을 즐겨 입었다고는 하지만, 이것은 조선 시대에 이르러 이루어진 일이고 그 전에는 여러 가지 색깔의 옷을 입었다고 한다. 조선 이전의 고려뿐만 아니라 신라와 백제 그리고 고구려에서도 사람들이 색깔이 있는 옷을 입었다는 사실은 이전의 여러 가지 고고학적 증거에서도 찾아볼 수 있다.

오래전부터 우리가 여러 가지 색깔의 옷을 지어 입기 위해서는 천에 색깔을 입히는 염색 과정을 거쳐야 했는데, 그 과정에서는 당연히 자연에서 누구라도 손쉽게 구할 수 있는 천연 염료를 이용해야 했다. 이처럼 예전부터 널리 이용했던 천연 염색 방법을 생각하면서, 정인모 등은 「전통 직물의 천연 염료 염색에 관한 연구」라는 제목의 논문에서 자연에서 쉽게 구하는 천연 염료를 이용해 어떻게 효과적으로 천에 염색할 수 있는지 살펴보고자 여러 가지 방법을 찾아 실험한 결과를 설명하고 있다.

오래전부터 사람들이 천을 염색할 수 있는 천연 물감으로 상수리 나뭇잎, 밤송이, 호두 껍데기를 비롯하여 한약재로도 쓰는 홍화, 소목, 치자 열매를 많이 이용했다. 농가에서 사람들이 부산물로 내버리는 상수리 나뭇잎이나 밤송이 및 호두 껍데기는 천을 염색하는 가장 손쉽게 구할 수 있는 천연 염료라는 점이 장점이다. 상수리나무의 학명은 *Quercus dentata*이며 다른 말로는 도토리나무라고도 부른다. 상수리 나뭇잎에는 탄닌류가 들어 있는데 밤송이와 호두 껍데기에도 이러한 탄닌류가 들어 있어서 천연 염료로 널리 이용하고 있다. 그렇지만 탄닌류가 들어 있는 천연 염료의 색소 주성분에 대해서는 많이 알려지지 않았다. 다만 상수리 나뭇잎에 들어 있는 엘라그 산(ellagic acid)이 주된 염료 성분으로 알려졌고, 철분을 매염제로 쓰면 검은색이 나온다고 한다. 이렇게 농가에서 내버리는 상수리 나뭇잎이나 밤송이 그리고 호두 껍데기는 천연 염색에 사용할 수 있다.

다른 천연 염료인 홍화(*Carthamus tintorius* L.)는 면섬유나 견섬유를 붉은색이나 분홍색으로 염색하는 염료로 사용하는데, 음식을 붉게 물들이는 데에도 쓰인다. 홍화로 염색하는 온도는 섭씨 30도가 적당한데, 면섬유에 홍화 색소 분말을 풀어 염색하기도 한다. 오래전부터 우리나라에서 약재로 쓰인 소목(蘇木, *Caesalpinia sappan* L.)을 천연 염료로 썼는데, 우리나라에서 자라지 않고 열대 지방에서 자라는 식물로 높이 5~9미터로 자라는 관목으로 나무줄기에 작은 가시가 있다. 이 나무는 지혈(止血), 행혈(行血), 진통(鎭痛), 소종(消腫)의 효능이 있어 한약재로서 많이 사용했다. 또한 줄기의 적황색 목재 부분에 브라질린(brazilin) 색소가 들어 있어 홍색계 염료로 쓰이고 뿌리는 황색 염료로 쓰인다. 조선 시대에 홍색 염색에 주로 쓰인 염료이다. 다른 연구 결과에 따르면 소목의 목재 추출액에 미산(米酸)과 같은 곡물에서 얻은 산을 조금 더하고, 회즙을 이용한 알루미늄 매염(媒染)으로는 붉은색이 나오고, 명반을 이용한 석매염으로는 붉은색 그리고 금속 성분을 이용한 철매염 및 동매염으로는 적자색이 나온다고 했다.

한편 천연 염료로 많이 사용하는 치자(*Gardenia jasminoides*)의 열매에서 추출한 황색 색소는 크로신(crocin, $C_{44}H_{64}O_{24}$)을 포함하고 있다. 옛날부터 치자 열매는 한방에서 소염(消炎), 이뇨(利尿), 지혈제(止血劑)로 쓰였으며, 단무지나 다른 음식을 만들 때에 조리용으로도 쓰였으며, 방충 효과가 있어 어린이의 속옷이나 수의로 쓰는 마포를 염색하는 염료로 많이 사용되었다. 여기에서 조금 더 나아가 저자는 이렇게 오래전부터 천연 염료를 이용한 전통 염색 과정에서 어떠한 문제점들이 나타날 수 있는지에 대해서, 예를 들자면 옷감의 염색 조건과 염색한 후에 생길 수 있는 세탁 효과나 항균성 변화를 조사한 결과를 알려주고 있다.

농가 부산물인 상수리 나뭇잎과 밤송이 및 호두 껍데기를 이용한 탄닌 성분의 염색에서는 탄산나트륨(Na_2CO_3) 0.1퍼센트 수용액 1l에 상수리 나뭇잎 40그램을 넣고 섭씨 90도에서 30분간 추출한 색소 용액에 초산을 첨가해 pH를 맞추고 섭씨 60도에서 30분간 염색한 다음에 빨아 말렸다. 매염제 효과를 조사할 때는 pH를 6.0으로 맞추고 같은 조건에서 염색한 후에 명반 수용액은 10퍼센트로 그리고 황산동과 황산철 수용액은 5퍼센트로 맞추어 매염제를 처리했다가 빨아 말렸다. 밤송이를 이용한 염색액은 밤송이 15그램을 넣고 섭씨 95도까지 올려 30분간 추출한 액을 사용했고, 염색 온도는 섭씨 80도에서 30분간 염색했다. 호두 껍데기를 이용한 경우는 재료 15그램을 썼고, 염색은 섭씨 90도에서 30분간 했으며, 매염제를 다룬 조사에서도 다른 염료와 똑같이 했다. 한약재 염료를 이용한 경우는 소목은 10그램을 썼고, 홍화는 pH11로 맞춘 수용액 1l에 10그램을 넣고 섭씨 40~70도에서 3시간 추출한 홍색소를 이용했다. 치자는 30그램을 물 1리터에 넣어 섭씨 40도에서 60분간 추출한 용액을 초산이나 탄산나트륨으로 pH 3.5~7.5로 조정하여 섭씨 40도에서 30분간 염색한 다음에 조건에 따라 결과를 살펴보았다.

오래전부터 우리나라에서 전통적으로 사용한 염색법에 따라 천연 염료를 이용하여 모시와 삼베 그리고 견직물을 염색한 후에 나타나는 항균성과 내구성이라는 염색 견뢰도(堅牢度)에 대한 조건을 달리하여 나타나는 결과를 살펴보았다. 탄닌을 포함한 전통 염료로 천을 염색했을 때 수소 이온 농도(pH)가 낮을수록 그러니까 산성이 강할수록 그리고 염색 온도가 높을수록 색깔이 짙게 염색되었다. 전통 염료인 홍화를 재료로 사용할 때, 섭씨 40도에서 추출한 붉은색 염료를 사용하면 자주색으로 염색되었고, 섭씨 70도 이상에서는 주홍색으로 염색되었다. 특별히 탄닌 계통의 염료와 쪽은 염색 견뢰도가 3~4등급으로 우수했으며, 한약재로 쓰이는 염료를 사용한 염색에서는 대부분의 염색 견뢰도가 3등급 이하로 떨어졌으나, 치자를 이용한 옷감에서는 염색 견뢰도가 3~4등급으로 양호했다. 또한 주요 한약재 염료를 이용한 염색에서 항균성은 옷감에 따라 차이가 있지만 삼베의 경우에 가장 좋았고, 소목을 염료로 이용한 경우는 균감소율이 낮은 것으로 보아 항균성이 더 높은 것으로 나타났다.

직물을 골라 옷의 재료로 쓰면서 먼저 생각해야 할 것은 선택한 직물이 어떠한 성질을 가졌는지를 알아야 한다. 이를테면 직물이 지닌 물리 화학적인 성질로부터 색깔과 무늬 및 예술적인 감성까지도 살펴보아야 한다는 말이다. 우리가 오래전부터 사용해 온 전통적인 염색 방법에서도 어떠한 결과가 나타나고 그것이 얼마나 더 나아갈 수 있는지 따져 보는 것도 나름대로 의미가 있다. 천연 염색 방법을 이용한 전통 직물에서 빛이나 세탁으로 얼마나 색이 변하는지를 따져보는 염색 견뢰도가 높았고 또한 항균성도 좋은 결과로 나타나는 것으로 보아 전통 염색을 이용한 전통 직물이 지금까지도 살아남은 이유를 설명할 수 있다.

4부

대청으로

11장

소반 이야기
소반을 사랑한 우리 민족

♟ 신문 특집 기사에서 「소반에 반하다」라는 제목의 기사를 읽은 적이 있다. 요즘에는 많은 부분이 옛날과 달라진 게 많은데, 그 가운데에는 되살려 볼 만한 것도 있다는 내용이었다. 문화는 시간이 지나면서 바뀐다. 얼마 전까지만 해도 흔히 볼 수 있었는데 어느 틈엔가 사라져 버린 것들이 많다. 의식주의 여러 가지 요소들이 시대적인 흐름에 따라 사람들이 전혀 생각하지도 못한 방향으로 순식간에 바뀌어 버렸고, 더욱이 사람들은 어떤 것이 바뀌었는지 제대로 느끼지도 못하고 있는 형편이다.

상차림에 감춰진 문화 코드

생활 속에서 일어나는 여러 가지 변화 가운데 하루도 거르지 않고 먹어야 하는 음식도 예전과 비교하면 종류만이 아니라 방식까지도 사람들이 느끼지 못하는 사이에 많이 바뀌었다. 예전에는 사람들이 집에서 음식을 조리해 먹었지만, 요즘에는 음식점에서 조리한 음식을 먹는 것으로 많이 바뀌었다. 그러다 보니 사람들은 요즘 생활에 익숙해 있지만, 정작 자신은 육체적으로나 정신적으로 그리고 경제적으로나 모든 면에서 느긋하게 생각하는 여유를 잃어버릴 때가 많다. 그야말로 사람들이 살기 위해 먹는다기보다도 어쩌면 먹기 위해 일하고, 경제적 부담을 줄이기 위해 하루하루를 열심히 사는 것이라고 말할 수 있을 정도이다.

요즈음 사람들이 아침부터 저녁까지 바삐 움직이다 보면 한 끼 식사라도 차분히 먹기 힘들 때가 많고, 그러다 보면 자신도 모르게 혼자 먹게 되는 경우가 많다. 이렇듯 사람들이 바쁜 생활 속에서 혼자라도 끼니를 거르지 않도록 챙겨 먹거나 술 한잔의 여유를 찾다 보면 자연스레 혼자 먹고 혼자 마시는 경우가 많아진다. 그래서 밥도 혼자 먹고 술도 혼자 마신다고 하여 '혼밥', '혼술'이라는 말이 생긴 것이다. 이 말들 속에는 외로움과 고독이 잔뜩 묻어 있다.

그런데 100년 남짓 전의 우리 음식 문화에서는 사람별로 따로 차려낸 상에서 밥도 먹고 술도 마시는 것이 일반적인 모습이었다. 혼밥하고 혼술하는 외로운 현대인의 밥상과 술상이 언뜻 보면 예전의 상차림 모습과 비슷해 보이기도 한다. 그렇지만 그것은 여러 사람이 모여 음식을 나누는데 따로따로 상을 차려낸 것이니 개인상(個人床)이나 독상(獨床)이라는 말이 더 맞는다. 그러기에 예전의 개인상이나 독상이라는 말 속에는 혼자라는 의미보다 오히려 개개인을 존중한다는 의미와 함께 대접한다는 뜻이 함께 우러나온다.

언제부터인가 우리는 밥을 먹거나 술을 마실 때는 개인상을 이용하기보다는 큰 상이나 큰 탁자에 둘러앉아 먹고 마시는 것이 일상적인 모습이 되었다. 아마도 체면과 격식을 차려야 하는 경우가 아닌 일상적인 생활에서는 번거로움을 줄이고 효용성을 높이고자 여러 사람이 한 상에 둘러앉아 음식을 먹는 방향으로 나아갔다고 본다. 물론 한 상에 둘러앉아 함께 먹는 사람은 허물없는 가족일 터이고, 이것이 시작된 시기는 조선 말기로부터 일제 강점기를 거쳐 근대로 이어지는 시기였을 것이다. 어쩌면 경제적으로 어려웠던 시기에 식구끼리 밥을 먹으며 경제적인 효용성을 높이려는 생각에서 새로운 방식을 자연스럽게 받아들였다고 할 수 있다.

이제는 끼니때마다 식구가 식탁에 둘러앉아 함께 먹는 것이 자연스러운 식사법이라고 알고 있다. 그래서 집에서 식구들이 함께 모여 식사할 때 예전 방식처럼 개인상을 받아 식사한다는 것은 너무나 어색한 일이 되어 버렸다. 요즈음 집안에서 누군가 개인상을 받아먹으면 잘못을 저질러 벌을 받거나 어려운 병에 걸렸거나 하는 특별한 사정으로 혼자 상을 받는다고 생각한다. 그러기에 개인상을 받는다는 것은 어쩔 수 없이 식구에게서 멀어지는 것을 의미한다. 이처럼 사람들이 생각하는 개인상이라는 의미는 가족과 이웃 또는 사회에서 멀어지거나 보호된다는 뜻이다.

학교나 직장의 식당에서 많은 사람이 식사할 때는 개인마다 식판에 음식을 담아 먹는데, 이런 모습이 아마도 예전의 개인상과 비슷한 모습이라 할 수 있다. 어쨌거나 예전에 개인상을 받아먹는 것이나 요즘에 흔히 보는 혼밥이 개인을 중심으로 하는 식사법이라는 데는 어느 정도 공감이 가지만, 예전의 개인상과 요즘의 혼밥이 처음부터 끝까지 똑같은 의미라고 할 수는 없다. 예전의 개인상을 받아먹는 사람들은 서로 알거나 같은 목적으로 한 장소에 모인 것이므로 서로 이야기도 나누며 먹을 수 있는 분위기이지만, 혼밥은 시간과 장소를 따지지 않고 오로지 혼자서만 식사한다는 큰 차이가 있다. 그러기에 혼자서 밥을 먹는다는 단순한 모습만 보고 말한다면 "100년 전에도 혼밥이 있었네……."라고 할 수는 있겠지만, 개인상을 받는다는 예전의 형식에 들어 있는 진정한 의미를 곱씹어 본다면 아마도 커다란 차이를 느낄 수 있을 것이다.

개인상과 둘레상

예전이나 요즘이나 사람들이 밥을 먹는다는 것은 여러 가지 음식을 마련한 후에 그릇에 담아 상에 올려놓고 숟가락과 젓가락으로 먹는 것은 변함이 없다. 물론 시대에 따라 음식 종류도 다르고, 음식을 담는 그릇도 바뀌었으며 또한 그릇을 올려놓는 밥상까지도 달라진 것은 당연한 일이다. 오래전부터 우리가 즐긴 음식 문화는 여러 가지 음식을 만드는 데에 들어가는 재료에서부터 이들을 이용한 다양한 조리법과 이에 따라 조리해 놓은 음식의 종류는 물론이고, 마련한 음식을 담는 그릇과 함께 이러한 음식을 담은 그릇을 올려놓고 먹는 상에 이르기까지 음식과 관계되는 모든 것들을 통틀어 하나로 아우르는 것이 진정한 음식 문화라 할 것이다.

요즈음 우리는 국민의 절반 이상이 아파트에서 산다. 이에 아파트에 사는 사람들이 어떻게 식사하는지 본다면, 요즈음 우리가 먹고사는 식사법이 어떠한지 알 수 있다. 아파트에 사는 사람들은 언제부터인가 자연스럽게 부엌 옆에 놓인 식탁에서 밥을 먹는다. 그야말로 아파트라는 주거 문화가 서서 일하고 의자에 앉아 쉬는 모습으로 사람들의 생활 모습을 바꾸어놓았다. 또한 사람들의 식사법도 식탁에 음식을 차려놓고 의자에 앉아 먹는 모습으로 바꿔 버렸다. 물론 집뿐만 아니라 바깥 식당에서 먹는 음식도 식탁에 차려놓고 의자에 앉아 먹는 것이 당연한 모습이다. 다시 말해서 요즘 우리들의 식사법은 바닥에 앉는 좌식에서 의자에 앉는 모습으로 바뀌었다.

그렇더라도 좌식 생활이 완전히 없어진 것도 아니고, 좌식 생활이 필요한 부분도 아직 많이 있어 바닥에 앉는 것이 실제로 편하다고 느끼는 경우도 많다. 또한 텔레비전 드라마에서도 아직 온 식구가 커다란 상을 앞에 두고 둘러앉아 밥을 먹는 것은 물론이고, 이런저런 이야기를 나누는 장면이 수시로 나온다. 이처럼 식구들이 한자리에 모여 밥을 먹으며 이야기하는 장면에서 볼 수 있는 큼지막한 상은 이른바 교자상(交子床)인데, 연속극에서 나오는 상은 실제로 각 가정에서 쓰는 상과는 비교할 수 없을 정도로 큰 물건이다. 아마도 연속극의 내용에 맞게 큼지막하게 제작하여 사용한 소품으로 보아야 한다. 그렇더라도 연속극에서 볼 수 있는 큼지막한 교자상이 우리에게 크게 어색하지 않은 것은 그만큼 우리 생활에서 상을 중심으로 식구들이 둘러앉는 모습이 자연스럽게 어우러진다고 하겠다.

이 교자상을 비롯하여 음식을 차려내는 상은 과연 어떻게 우리의 살림 사이로 들어오게 되었을까? 우리 음식 문화에서 나타나는 상은 아주 오래된 기록에서도 확인할 수 있는데, 고구려의 안악 3호 고분 벽화 가운데 부엌 그림에서 네모난 상 위에 여러 개의 그릇을 포개놓은 것만 보아도 이미 그 이전부터 음식을 차리는 데 상을 이용했음을 알 수 있다. 게다가 씨름 그림이 있는 고분인 각저총 벽화에서는 여인들 앞에 자그마한 밥상이 하나씩 놓인 것을 볼 수 있다. 개인상 문화가 그때부터 있었던 것이다. 또한 무용총 벽화에는 시녀 2명이 부엌에서 밥상을 차려오는 그림이 있고, 다른 그림에는 의자에 앉아 두 사람이 각각 그릇 5개를 올려놓은 음식상을 받는 장면도 볼 수가 있다. 그 외에도 그릇을 올려놓은 다른 상 2개가 있는 것을 보더라도, 필요에 따라 한 사람 앞에 상을 여러 개 놓았음을 알 수가 있다. 경주의 98호 무덤에서는 도기(토기)로 만든 둥그런 밥상 위에 밥그릇으로 보이는 질그릇 6개가 놓인 신라 시대 유물이 나왔다. 이런저런 여러 자료를 모아 살펴보면 우리 문화에서는 오래전부터 사람마다 상을 받아먹는 개인상 문화는 물론이고 필요에 따라 겸상, 곁상, 술상, 다과상, 연회상 등의 여러 가지 상차림 문화가 있었다는 사실을 알 수가 있다.

오래전부터 한 사람마다 한 상씩 받아먹는 것이 우리의 음식 문화였는데, 이러한 상차림은 적어도 조선 말기로부터 근대에 이르는 동안에 조금씩 바뀌어 여러 사람이 한 상에 둘러앉아 음식을 먹는 방식으로 나아갔다. 소반이라는 개인상보다 큰 상에 음식을 차려놓고 여러 사람이 함께 먹는 상이 바로 교자상이다. 큼지막한 교자상은 혼자 들 수 없으므로 두 사람이 맞잡고 옮겨야 하니 집의 규모도 그만큼 커야 어울린다. 물론 처음에는 교자상 상차림이 궁중이나 관청에서 시작했을 것이다. 그러다 곧 살림이 넉넉한 부잣집에서도 같은 상차림이 뒤따랐을

무용총 벽화의 상차림 부분.

무용총 벽화. 손님맞이 부분.

것이다. 그뿐만 아니라 갑작스레 부유해진 장사치들이나 새로운 권력의 혜택을 누리던 벼슬아치들의 욕심을 부추기며 함께 부(富)를 누리고자 하는 요릿집이나 기생집에서도 자연스레 교자상 상차림을 이용했을 것이다.

교자상이라는 큼지막한 상을 채우는 음식 문화의 시대적 변화 물결이 일반 서민의 집까지 이어지면서, 떡 벌어진 상차림이 부자(富者)를 상징하는 대표적인 시대 유산이 되었다고 할 수 있다. 지금도 우리 생활 속에서 가끔 볼 수 있는 교자상이라는 생활 유산은 아무리 오래된 것이라 해도 100년을 채 넘기지 않는 것들이 많다. 왜냐하면 교자상이 우리 생활 속에 들어온 것이 조선 말기로부터 일제 강점기를 기점으로 하는 근대에 가까운 시기라고 할 수 있기 때문이다. 물론 집에서는 이러한 상차림이 아주 특별한 잔칫날에나 볼 수 있는 풍경이라 하겠지만, 한정식이라는 이름의 음식을 내놓은 요릿집에서는 아직도 이러한 상차림이 중심을 이루고 있다.

나주반과 통영반

우리 음식 문화를 이끌어 온 상차림은 개인상이 중심을 이루고 있다. 이 개인상 차림에 쓰이는 게 바로 소반(小盤)이다. 소반은 말 그대로 음식을 담은 그릇을 올려놓는 작은 상을 말한다. 소반의 종류는 크기와 모양 그리고 용도에 따라 구분하기도 하지만, 주로 어느 지역에서 만들어 사용했는가에 따라 그 지역 이름을 함께 붙여 구분하는 경우가 많다. 어쨌거나 소반은 작은 상을 일컫는 말인데 대부분의 소반은 상판의 길이가 대체로 50센티미터를 넘지 않으므로 대부분이 비슷한 크기이다. 한 사람이 소반 하나씩 날랐을 터이니 너무 크지도, 너무 무겁지도 않게 만들다 보니 자연스럽게 그만하게 되었을 것이다.

어쩌다 보면 일반 크기보다도 훨씬 작은 소반이 보이기도 하는데, 사람들은 이것을 약사발을 올려놓는 상이라 하여 약상(藥床)이라 부른다. 약상은 앙증맞게 자그마한 크기이므로 지금도 사람들에게 사랑과 귀염을 받고 있다. 소반은 모두 그만그만한 크기로 한 사람이 양손으로 상판의 변죽을 붙잡아 들고 다니기에 어려움이 없도록 만들었다. 소반은 상판의 모양에 따라 사각반, 원반, 다각반(8각이나 12각), 반월반, 화형반(꽃 모양), 연화반(연꽃 모양) 등으로 구분한다. 때로는 다리 모양을 보고 호족반(虎足盤, 호랑이 다리 모양 상), 구족반(狗足盤, 개다리 모양 상), 마족반(馬足盤, 말다리 모양 상) 그리고 일주반(一柱盤, 다리가 하나이므로 단각반(單脚盤)이라고도 부른다.)으로도 나눈다.

소반은 지역적인 특색이 강하게 나타나므로 지역 이름을 붙여 소반을 구분하는 방식이 널리 쓰이고 있다. 남쪽 지역에서 많이 만들었던 대표적인 소반으로는 통영반과 나주반이 있고, 다음으로 많이 쓰였던 해주반과 강원반 그리고 충주반이 있는데, 이보다도 작은 지역에서 만든 특별한 소반으로 예천반과 우보반도 있다. 옛날부터 사람들이 많이 쓰던 상은 상판이 12각이었기에 일반적으로 소반은 12각 소반을 뜻했다. 12각반 이외에도 사람들이 많이 사용한 것은 사각반인데, 네 다리로 받친 4각반으로는 나주반과 통영반이 대부분이었다.

나주반이나 통영반 모두 소목장이 만들어 생활의 필수품으로 쓰였던 목가구이지만, 나주와 통영이라는 지역 이름이 함께 쓰일 정도로 두 가지 모두가 나름대로 독특한 특징을 갖고 있다. 우선 나주반은 나주 지방을 중심으로 많이 만든 소반인데, 천판(상판)에 두툼한 변죽을 따로 만들어 끼웠고 네 귀는 각지게 귀접으로 마감했다. 천판의 네 면 아래쪽으로 운각을 끼워 두르고, 네 귀퉁이에 세운 다리는 운각 안팎으로 맞물리게 끼워 넣어 안쪽은 천판과 닿게 했다. 다리와 다리 사이에는 운각과 평행으로 가락지라고도 부르는 중간대(중대)를 서로 물리게 연결하여 흔들리지 않게 했으며, 다리 아래쪽으로는 족대를 붙여 큰 힘을 받을 수 있게 만들었다. 무거운 음식 그릇을 올리고 사람이 들고 나르는 소반은 우선 가볍고 튼튼해야 하므로, 이러한 점을 고려해서 만든 나주반은 그 구조나 짜임새의 효율성을 높인 우리나라 대표적인 목가구라고 할 수 있다. 이러한 나주반의 특징이라면 굵고 곧은 다리와 가늘고 긴 선이 서로 연결되어 간단하면서도 강한 느낌을 준다고 하겠다.

나주반과 상대되는 통영반은 통영 지방을 중심으로 많이 만든 상인데, 운각에 나비나 꽃 따위의 무늬를 넣었고 다리도 대나무 모양으로 깎은 것도 많아 전체적으로 화사하게 만든 상으로 보인다. 통영반은 상판의 윗부분을 파내듯이 깎아냈고, 변죽은 상판 나무의 일부를 깎아 만들었으며, 네 귀퉁이는 변죽과 마찬가지로 상판의 끝부분을 둥글게 마감했다. 그래서 통영반에서는 상판과 변죽이 한 몸을 이루고 있다. 또한 네 다리는 상판에 홈을 파서 바로 끼워 넣었고, 네 다리를 연결하는 윗중대와 상판 사이에 여러 가지 무늬를 새긴 운각을 꽉 차게 끼워 넣었으며, 아랫중대를 하나 더 둘러 다리에 힘을 받게 했다. 물론 다리 사이에 족대를 연결해 큰 힘을 받게 한 것은 나주반과 마찬가지이다. 통영 지역은 특별히 나전칠기가 발달했기에 소반에서 중요한 칠 마감도 뛰어나다. 따라서 십장생을 비롯한 운학과 모란 또는 수복 따위의 문양을 상판이나 운각에 자개로 상감한 자개반이 또한 유명하다. 서로 유명하면서도 조금씩 다른 특징을 가진 나주반과 통영반의 가장 뚜렷한 차이는 나주반 다리가 운각을 거쳐 상판과 연결되는데, 통영반의 다리는 상판과 직접 연결된다는 점을 꼽을 수 있다. 다음으로 꼽는 차이는 나주

나주반. 사진 출처: 국립 중앙 박물관.

반의 상판에서는 변죽을 따로 만들어 붙여 상판이 휘는 것을 막았지만, 통영반의 상판은 윗부분을 파내고 바깥 부분을 깎아 변죽을 만들었기에 변죽이 가늘면서 상판과 한 몸이라는 점이 특징이다.

소반은 집에서 꼭 필요한 가구이기에 집마다 1~2개가 아니라 여러 개를 마련했다가 필요에 따라 썼다. 소반은 하루도 빼지 않고 썼던 것이니 여물게 만들어 오래도록 써야 하는 것이었다. 우리나라 대표적인 목가구인 나주반은 소반이 갖추어야 할 중요한 요소로 상판의 휘어짐을 방지하고자 상판의 가장자리에 변죽을 따로 만들어 덧붙이는 방법을 이용했다. 매일매일 소반을 쓰는 사람은 물론이고 나중에 소반을 모으는 사람들도 소반에서 가장 중요한 점은 상판이 언제나 평편해야 한다는 것이다. 상판이 휘어진 소반에 그릇을 올리면 그릇이 미끄러지거나 흔들려 음식이 쏟아질 염려가 있다. 따라서 사람들은 소반을 보관할 때

통영반. 사진 출처: 국립 민속 박물관.

엎어서 보관하도록 한다. 물론 목가구를 만들거나 수리하는 장인들도 소반은 엎어서 보관해야 한다고 말한다. 그러면 상판이 휘어지는 정도를 줄여 오래도록 사용할 수 있다는 것이다.

오래된 나주반의 상판과 변죽이 조금씩 밀리며 벌어지는 것을 볼 수 있다. 시간이 지나면서 나무로 만든 상판에서 조금씩 물기가 빠져 줄어들면서 변죽과의 이음새가 벌어져서 생기는 현상이다. 소반에서 이음새가 벌어지는 현상은 공기가 건조한 겨울철에 자주 나타나고, 습기가 많은 여름철에는 이음새가 다시 메워져 원래의 모습을 유지하기도 한다. 계절에 따라 이음새가 벌어지고 다시 메워지는 현상은 큼지막한 교자상에서 흔히 볼 수 있다. 교자상의 상판으로 쓸 만한 넓은 널빤지를 구하기가 쉽지 않아, 널빤지 주위로 나무쪽을 덧댄 틀을 만들어 상판을 더 넓게 만든 것이 교자상이다. 물론 나무쪽으로 만든 틀에 다리를 붙이면서 예쁜 무늬를 조각하여 멋지게 마무리했다. 한편 상판의 넓은 널빤지와 나무쪽의 틀 사이는 꼭 붙이지 않고 틈을 만들어 끼웠기에, 계절에 따라 틈이 벌어지기도 하고 다시 메워지기도 한다. 그러나 나주반은 처음부터 상판과 변죽을 꼭 끼워 붙였기에, 틈새가 벌어진 것은 변죽을 조금 줄여 수리해 사용하는 것이 좋다.

해주반과 강원반

황해도 해주 지역에서 많이 만들어 사용한다는 해주반은 널빤지 두 쪽을 상판 양쪽에 마주 보게 붙여 다리로 이용한 것이 가장 큰 특징인데, 이것을 판각(板脚), 즉 판다리라고 부른다. 상판은 두꺼운 통판 가운데를 파내고 바깥 부분을 전처럼 깎아 변죽을 만들었기에 통영반처럼 상판과 변죽이 한 나무로 만들어진 것이다. 상판의 네 모서리는 꼭짓점 부분을 안쪽으로 살며시 파면서 둥글게 굴려 꽃잎처럼 부드럽게 마감했다. 상판 아래 양쪽으로 마주 보게 붙이는 다리는 상판 아래쪽에 홈을 파고 다리 한쪽 끝에서 반대쪽으로 밀어 끼우면서 맞추는데, 상판 홈의 나머지 부분에는 나무 조각을 끼워 마무리한다. 이처럼 다리를 끼워 붙이는 방식을 특별히 '주먹장 끼움' 방식이라고 부른다.

  해주반의 판다리는 아래로 내려오면서 조금 바깥쪽으로 벌려서 받치는 힘을 나누고 보기에도 안정감을 느끼게 한다. 물론 두 다리 사이에는 앞뒤로 운각을 붙여 서로를 단단히 붙잡아 주고, 다리 아래에서 위쪽으로 1~2개 홈을 파내고 아래에 족대를 붙여 안정감을 높인다. 나무끼리 연결할 때는 대나무 못을 쓰거나 나무쐐기를 박아 튼튼하게 한다. 특별히 해주반의 판다리에는 모란문이나 당초문 또는 수복문이나 박쥐문 아니면 만자문 등의 여러 가지 무늬에 맞추어 구멍을 뚫어 멋과 아름다움을 더하는데, 운각에도 여러 가지 무늬에 맞춰 투각하는 것이 해주반의 특징이다.

해주반의 판다리에 구멍을 뚫어 조각한 무늬에 만자문(卍字紋)도 있는데, 이와 관련한 이야기 하나가 있다. 만자는 원래 불교에서 많이 쓰는 무늬로 위에서 아래로 내려그은 선이 마치 'ㄱ'자와 'ㄴ'자를 수직으로 붙여놓은 것과 비슷하다. 그런데 어떤 경우에는 만(卍) 자의 끝 방향이 원래 글자와 거꾸로 뒤집힌 모양이 보이기도 한다. 왜 그런지 궁금해서 어쩌면 해주반을 만드는 장인이 판다리에 만자문을 새겨 놓았다 정작 상판에 끼우면서 좌우를 구분하지 않고 끼우지 않았나 생각해 보았다. 그렇더라도 만자문 구멍을 뚫은 판다리의 바깥쪽 무늬 둘레에 얇은 홈을 파서 장식 효과를 높이고 안쪽과 바깥쪽을 구분했는데, 그때까지 장인이 만자문의 좌우를 구별하지 못했다는 것은 분명 어색한 설명이다. 그러다가 나중에 불교 문화 전문가와 이야기하면서 만자문에 대한 의문점을 해소할 수 있었다. 그의 말에 따르면 불경에도 만자문의 방향이 다른 것이 나오는데 이 모두를 함께 같은 만자로 사용한다는 설명이었다. 우리는 만자문의 방향과 무늬를 45도가량 비스듬히 돌려놓은 문양은 제2차 세계 대전 당시 독일의 나치가 사용했다는 사실을 알고 있기에 그만큼 방향에 집중했다고 생각해 보았다.

한편 해주반과 만드는 형식과 모양이 아주 비슷한 소반으로 강원반이 있다. 강원도 지방의 튼튼한 나무를 이용해 만든 강원반은 널빤지를

해주반. 사진 출처: 국립 중앙 박물관.

이용해 다리를 만든 판다리는 물론이고 상판과 다리를 연결하는 방법이며 소반의 전체적인 모양까지도 해주반과 닮았다. 그렇더라도 이들 사이에 차이점은 있는데, 강원반의 상판 모서리는 그냥 둥글게 마감해서 상판이 대체로 사각형이고, 상판과 연결된 다리는 수직으로 내려와 단순한 아름다움을 보여 준다. 다리 아래에 붙인 족대도 해주반은 구멍을 파고 끼워 아래쪽에서 쐐기를 박아 고정했는데, 강원반은 긴 족대에 홈을 파서 다리 길이에 맞추어 끼워 넣었다. 더욱 뚜렷한 차이점은 해주반의 판다리와 운각은 무늬에 맞추어 틈을 파내는 투각 기법으로 화려하게 만들었는데, 강원반의 판다리는 네모난 구멍만 뚫어 아주 단순한 모양이다. 물론 운각도 투각 기법을 쓰지 않고 나무쪽을 깔끔하게 다듬는 정도로 마무리했다. 이처럼 아주 단순한 강원반이지만 사람에 따라서는 오히려 단순한 강원반의 매력에 깊이 빠지기도 한다. 보면 볼수

강원반, 사진 출처: 국립 중앙 박물관.

록 단순한 아름다움이 더욱 아름답다고 하면서 말이다.

충주반과 개다리 소반

지금까지 예로 들은 몇 가지 소반 이외에도 충주반이라는 독특한 소반이 있는데, 이 충주반은 다른 지방의 소반보다 장식적인 면이 적을 뿐만 아니라 다리끼리 연결한 중대도 없고, 무엇보다도 개다리 모양을 하고 있기에 '개다리 소반'이라 불린다. 충주반의 상판에 사용하는 나무로는 다른 소반들과 마찬가지로 은행나무, 단풍나무, 느티나무는 물론이고 가구용으로 가장 널리 사용하는 소나무도 즐겨 사용한다. 물론 다리 재료로 사용하는 나무는 구부려도 잘 부러지지 않는 튼튼한 잡목을 많이 사용한다. 상판은 둥근 모양을 기본으로 하지만 12각이거나 8각인 다각 모양의 상판을 만들고, 다각면을 따라 전을 깎아 만들고 모서리를 부드럽게 마무리해 준다. 때로는 12각 상판이라도 안쪽으로 둥글게 원 모양으로 파내듯이 깎아 만든 것도 볼 수 있다.

충주반의 다리는 다른 지방의 소반과 달리 중대로 연결하지 않은 개다리 모양의 다리 4개가 상판 바로 밑에 붙어 있다. 물론 4개 다리 사이에는 다각형의 상판 아래에 변죽 안쪽으로 둥글게 판 홈을 따라 다른 호족반에서처럼 운각을 끼워 넣어 다리에 버티는 힘을 주었다. 개다리 모양의 다리는 특별한 장식이 없이 밋밋하게 깎은 넓은 쪽이 바깥을 향한 채로 항아리처럼 아래로 내려갈수록 바깥으로 둥글게 배를 내밀었다가 아래에서는 살짝 안으로 다시 굽어진다. 다리 발끝에서는 안쪽으로 큼지막하게 뭉쳐진 덩어리로 각을 만들어 깎아 놓았으며, 발끝에는 각각 다른 족대 2개를 서로 붙여 놓았다. 물론 다리 윗부분은 굵으며 아래로 내려갈수록 점점 가늘어지게 깎았고, 어깨로부터 시작하여 덩어리진 발끝까지 안쪽으로 휘어드는 곡선 처리가 개다리를 연상시키면서, 소반이 갖추어야 할 힘차고 튼튼한 맛까지 느끼게 해 준다.

언제부터인가 '개다리 소반'이라는 독특한 이름을 가진 소반을 생각하면서 가능하다면 나도 하나쯤 갖고 싶다는 생각이었다. 그러던 중에 우연히 고미술상에 있는 개다리 소반을 보게 되었다. 그런데 그 소반은 어딘지 모르게 한눈에 쏙 들어오는 모양이 아니라 아무리 살펴보아도 어색해 보이는 것이었고 조금은 어설퍼 보이기도 했다. 왜 그런 것인가 생각하며 이리저리 자료를 찾아보았더니 그럴듯한 답이 나왔다. 자료에 따르면 개다리 소반에는 두 가지 종류가 있는데, 그 하나는 전형적

개다리 소반. 사진 출처: 국립 중앙 박물관.

인 충주반으로 그야말로 누가 보더라도 늘씬하고 날렵한 세련된 모양의 소반이고, 다른 하나는 충주반과 비슷해 보이지만 북쪽 지방에서 만든 것으로 조금은 거칠고 투박한 느낌이 우러나는 것이라고 했다. 아마도 내가 보았던 소반은 후자에 속하는 것이었기에 어딘지 모르게 투박한 느낌이 우러나오는 것으로 예전에 보았던 것과 차이가 있었다고 생각했다.

사람마다 물건을 보고 느끼는 아름다움에 대한 차이가 있기 마련인데, 물건에 대한 선호도의 차이가 있다고 해서 그 물건이 나쁜 것이라고 할 수는 없는 일이다. 이를테면 소반을 만드는 재료와 방법은 모두가 같은 것을 사용했기에 그것이 가짜가 아니라는 것은 분명히 맞지만, 그러나 아쉽게도 사람들의 눈길을 끌어들일 만한 독특한 아름다움을 제대로 갖추지 못한 것이라고밖에 할 말이 없다. 아마도 그러한 아름다움에 대한 자그마한 차이는 오랫동안 솜씨를 가다듬은 장인이 얼마나 정성을 기울여 만들었느냐에 따라 결정되는 것이 아닌가 생각해 본다. 비록 겉으로 보기에는 조금은 거칠어 보이는 것이라고 하더라도 어디에서 어떻게 쓰이느냐에 따라서 새로운 아름다움을 만들어 낼 수도 있는 것이 예술품이다. 이를테면 투박해 보이는 개다리 소반 위에 매끈하게 빠진 자기 화병에 꽃이라도 한 송이 꽂아두면 분명히 새로운 아름다움이 더할 수도 있을 것이다.

예천반과 우보반도 있다

소반의 종류로는 이외에도 경상북도 예천 지역과 우보 지역에서 만든 특별한 소반도 있다. 그래서 이 소반들도 예천 소반(예천반((醴泉盤) 또는 예천상)이나 우보 소반(우보반 또는 우보상)이라 불린다. 사실 예천 소반은 아주 오래전부터 만들었던 것이 아니라 근대에 이르러 솜씨 좋은 장인이 이제까지의 소반과 다르게 독특한 멋을 낸 소반을 만들었는데, 이것이 지역 사람들에게 사랑받고 널리 유행하게 된 것이다. 우선 예천반의 특징은 12각 소반으로 상판 아래에 호랑이 모양의 다리 사이로 붙이는 운각을 아(亞) 자 모양으로 깎아 상판 아래쪽에 둥글게 홈을 파고 끼웠다. 또한 상판의 변죽은 상판 안쪽을 파내듯이 깎아 세우는데, 변죽의 안쪽 부분을 좀 더 깊이 깎아 만들었기에 손가락으로 잡아 보면 안쪽으로 파인 홈을 느낄 수가 있다. 예천반의 중요한 특징은 아자 운각과 홈이 파인 변죽이라고 할 수 있는데, 두 가지 특징을 모두 갖춘 것이 있는가 하면 한 가지 특징만 갖춘 것도 있다. 예천반은 많은 소반을 보아 온 사람조차도 특별한 관심을 기울여 보지 않으면 그대로 지나치는 경우가 많이 있다.

얼마 전에 새로 만난 동료 직원과 이런저런 이야기를 나누다가 그 직원의 고향이 경상북도 예천이라는 사실을 알게 되었다. 물맛이 좋아서 단술(醴)이 나는 샘(泉)이라 불리는 이곳에서 유명한 볼거리라고 한다면 마을 어르신으로부터 땅을 물려받아 세금까지 내는 소나무로 천연기념물 294호로 지정된 석송령(石松靈)이 있고, 흐르는 물길이 돌아 나가는 물돌이인 회룡포(回龍浦)가 있고, 그 근처의 낙동강과 내성천 및 금천의 세 가닥 물길이 만나는 곳에 예전부터 유명한 삼강 주막이 있다는 등의 이야기로부터 시작해서 전국적으로 이름난 맛있는 음식점까지 들먹여가면서 한동안 수다를 떤 적이 있었다.

그러다가 예전부터 예천 지방에서 만들어 사용하던 소반이 있어 그 이름이 '예천 소반'이라고 한다는 것을 아는지 물어보았더니, 그런 것이 있었냐고 하면서 자신은 전혀 몰랐다는 것이었다. 그러면서 하는 말이 얼마 전까지만 하더라도 어르신이 고향에 살았는데, 집을 정리하려고 쓰던 물건을 한데 모아 놓았더니, 어느 틈엔가 몇 가지 살림살이가 사라져 버렸다는 것이었다. 물론 그 안에는 밥상도 있었다고 했다. 진작 알았더라면 귀한 물건을 구할 수 있었을 텐데 하며 아쉬워했더니, 그런 것은 누가 사지도 않으니 지금이라도 그런 물건이 남아 있으면 그냥 줄 수도 있다는 것이었다. 그것이 시골 인심이라고 했다. 그래서 근처에 옛날 물건을 파는 집이 있느냐고 물어보았더니 요즘에는 옛날 물건을 찾아보기조차 어려워서인지 그런 가게는 남아 있지 않다고 했다. 하기야 요

전형적인 모양의 예천반. 필자 촬영 사진.

즈음 고미술품이나 민속품을 파는 가게는 큰 도시에서나 사람들이 사고팔고 하면서 거래가 이루어지고 있으니 소도시에서는 찾기가 어려운 형편이다.

    예천반과 비슷한 시기에 만들었다고 하는 우보반도 따지고 보면 서로 비슷한 길을 걷고 있다. 우선 우보라는 지역은 군위군에 속해 있는 하나의 면 단위로 자그마한 지역이다. 그런데도 이 지역에서 누군가가 처음으로 만들어 낸 특별한 소반이 사람들에게 사랑받고 널리 쓰인 것은 아마도 그만한 이유가 있었을 것이다. 우보반의 가장 큰 특징이라고 한다면 상판이 8각이라는 점이다. 대부분의 소반이 12각이기에 느낌으로는 비교적 둥글다고 할 수 있지만, 8각 소반은 아무래도 둥글다기보다는 오히려 각지게 보이므로 크기가 작아 보이는 편이다. 운각도 상판에 맞추어 8각을 이루지만 가운데에 다리를 끼워 붙이듯이 상판에 연결했기에 전체적으로 특징이 돋보이는 소반이다.

　물론 우보반도 예천반처럼 오래전부터 만들지 않았고 근대에 이르러 재주가 많은 장인이 만들었을 것인데, 아마도 처음에 이 상을 쓰기 시작한 집안을 시작으로 이웃까지 퍼져나갔을 것이다. 이처럼 개성이 강한 우보상의 존재를 알고부터 관심을 기울이며 찾아보았다. 그러다 우연찮게 전형적인 우보상을 만나게 되어 가까이에서 확인해 볼 수 있었다. 그 뒤에 뜻밖에도 조금 변형된 우보상을 만나 그 즐거움은 더욱 클 수밖에 없었다. 안사람이 친구와 더불어 일본 여행을 다녀오면서 조금 특이한 소반 하나를 친구가 구해 온 것이었다. 상판은 12각으로 나무와 물고기를 간단한 무늬로 자개를 박았는데, 다리를 붙인 운각은 8각으로 만든 것이었다. 조금 더 자세히 살펴보니 다리를 상판에 붙인 형식이 영락없는 우보반이었다. 더구나 호랑이 다리의 발바닥 아래는 염주문처럼 각을 깎아 만들어 한껏 멋을 부린 소반이었다. 아마도 예전의 전형적인 소반과 달리 멋을 부려 만든 우보반이지만, 여기에 더욱 새로운 멋을 더해 만든 아주 특별한 우보상이라는 느낌이 들었다. 아마도 우보상에 대한 이야기를 해야 한다면 이처럼 새로운 시도를 하면서 멋을 낸 우보상을 빼놓을 수 없을 것이다.

호족반이 가장 널리 쓰였다

사람들이 생각하는 소반의 대표적인 모양은 아무래도 12각의 상판을 가진 호족반일 것이다. 이제까지 우리 생활 속에서 널리 사용했고 또한

특별히 멋을 부려 만든 우보상. 필자 촬영 사진.

지금까지 남아 있는 소반 가운데 가장 많은 것이 12각 호족반이기 때문이다. 소반의 대표적인 모양이라고 할 수 있는 12각 호족반도 자세히 살펴보면 조금씩 차이가 나는 것도 있다. 우선 다리 모양을 살펴보면 전체적으로 다리 겉면을 둥글게 마무리하여 전체적으로 부드러운 느낌을 주는 것은 시대적으로 보아 조금 앞선다. 이렇게 부드러운 느낌으로 사람들의 눈길을 끌기 때문에 처음 보는 사람이라도 금방 소반에 빠져들게 된다.

그런가 하면 같은 모양의 소반이라도 어딘지 모르게 낯설게 느껴지는 것이 있다. 이 다리들을 자세히 살펴보면, 각지게 깎아서 마치 딱딱한 모서리를 잡는 것처럼 느끼게 한다. 사실 소반의 수요는 크게 줄지 않았는데, 소반을 만들 만한 나무 재료가 부족해서인지 적당한 두께의 판재를 골라 호랑이 다리 모양으로 깎아 소반 다리로 붙였다. 이처럼 각을 세우듯 깎아 만든 다리를 붙인 소반은 의외로 많이 남아 있다. 아마

11장   소반 이야기   269

도 경제적으로 어려웠던 시절에 공장에서 이런 소반을 많이 만들었다고 생각할 수 있다. 이른바 공장제 생산이라고 할 수 있다. 당시에 공장제 생산에 맞추어 대량으로 생산한 소반의 특징은 상판 밑에 상표를 붙였던 흔적이 남아 있는 것을 볼 수 있다. 소반은 마지막에 옻칠로 마감하는데, 상표를 붙였던 부분에는 옻칠 흔적이 없거나 아주 약하게 칠해진 것을 볼 수 있다.

한 가지 더 생각해 볼 것은 소반의 상판으로 쓸 나무는 통판이 가장 좋은데, 상판으로 쓸 나무가 부족하면 어쩔 수 없이 쪽판 2장을 하나로 붙여 상판으로 쓰기도 한다. 물론 소반을 만들고 맨 마지막에 옻칠할 때 여러 번 칠해 상판의 이어진 자국을 남기지 않을 수는 있지만, 오랜 시간이 지나면 판을 이은 흔적이 드러나 보이고 심지어는 연결 부분이 벌어지는 경우도 생긴다. 사람들이 소반을 오래도록 사용할 것이라면 처음부터 좋은 재료로 잘 만든 것을 찾으려 한다. 그래서 통판 대신에 쪽판을 이어 만든 소반은 아무래도 예쁘고 좋은 소반을 찾는 사람들의 눈에는 들지 않을 때가 있다.

아름다운 소반을 찾으려는 것이 사람들의 마음이기에 어떻게 해서든지 좋은 재료를 골라 예쁘게 만든 소반이라면 오래도록 많은 사랑을 받으며 살아남기 마련이다. 우리나라에서 여러 종류의 목가구를 만드는 재료로 가장 많이 이용하는 것이 소나무이다. 소나무는 비교적 단단하면서도 크고 빨리 자라므로 모든 목가구의 재료로 널리 쓰이고 있다. 소반은 비교적 작은 가구이므로 굳이 소나무가 아니더라도 단단하고 예쁜 무늬를 가진 나무라면 아무 종류라도 가리지 않고 사용했다. 소반의 재료로 이용하는 나무는 소나무 이외에도 은행나무, 느티나무,

12각 호족반. 사진 출처: 국립 중앙 박물관.

가죽나무, 물푸레나무, 참죽나무 따위도 많이 이용했다. 여러 종류의 나무를 소반 재료로 쓰더라도 무늬가 아름다운 것을 골라 상판으로 이용한다. 그래서 상판의 나무 무늬가 특별히 예쁜 소반은 옻칠을 연하게 해서 무늬가 잘 드러나게 만든 소반이 있다. 물론 운각과 다리는 진하게 옻칠해서 검은색으로 만들어 상판의 아름다움을 돋보이게 한 것은 당연한 일이다.

어쨌거나 아름답고 예쁜 소반이라면 상판의 무늬가 예쁜 것도 있지만, 무엇보다도 소반 모양이 우선 우아해 보여야 한다. 아무래도 소반의 모양은 다리가 예뻐야 하는데 짧고 뭉툭한 것보다는 길고 날렵한 모양이 우선 사람들의 눈에 들어온다. 아마도 이처럼 예쁘고 날렵한 모양은 경기도 지방의 목가구에서 자주 나타나는데, 이러한 목가구의 특징을 전문가들은 '경기 스타일'이라고도 부른다. 소반에도 이처럼 늘씬하게 뻗은 다리를 가진 것이 있는데, 다른 상보다도 다리 길이의 비율이 높아 마치 궁중에서 쓰던 것처럼 보이기도 한다. 경기 스타일의 예쁜 소반은 보통 크기의 소반보다 조금 작은 약상의 경우에 더욱 앙증맞고 한결 우아해 보이는 것들이 보인다.

   소반의 상판 무늬와 양식만이 아니라 소반이 보여 주는 전체적인 모습에서도 어쩌면 순수한 아름다움이 드러나기도 한다. 여러 종류의 소반 가운데에서 강원반은 아마도 가장 소박한 모습을 갖추고 있다. 상판은 해주반처럼 사각형 통판이고, 다리는 쪽판 2개를 마주 붙인 판다리 모양인데, 특별한 무늬를 조각하지도 않고 그냥 네모 모양으로 구멍을 뚫어놓았을 뿐으로 특별한 장식이나 멋을 내지 않았다. 그렇지만 어떤 강원반은 놀라울 정도로 순수한 아름다움을 드러내는 것도 있다. 어쩌면 가장 단순하면서도 소박한 아름다움이 그로부터 우러나온다고 할 수 있다. 나무도 소나무가 아닌 단단한 나무를 이용하지만, 곧게 뻗은 판다리가 강직함을 보여 주고, 단순하게 처리한 상판과 다리 모양은 군더더기를 빼 버린 소박한 아름다움을 보여 준다.

   오래전부터 우리가 사용했던 소반은 그냥 하나의 생활 도구로 끝나는 것이 아니었다. 우리 생활 속에서 우리 마음을 넉넉하게 만들어 준 소반이었기에, 우리 곁에 있어도 없는 듯이 아무 말도 하지 않고 묵묵히 온갖 도움을 주었다. 소반의 모양과 형식은 지방에 따라 다르지만, 그 지방 사람들의 생활 속에서 나름대로 멋과 아름다움은 물론이고 생활의 풍요로움까지 마련해 주었다. 이처럼 다양한 모양으로 그리고 아름다운 모습으로 우리 생활을 넉넉하게 지탱해 온 소반은 이제야 돌이켜 보면 이들의 고마움을 그동안 잊고 지냈던 것만 같다. 그동안 우리가 모른 채 지나쳐 왔지만, 이제라도 소반이 갖추고 있는 소박한 멋과 아름다움을 제대로 알아보는 기회로 삼았으면 좋겠다.

하나 더, 문화 상품으로 진화하는 소반

우리나라의 전통적인 이미지를 담은 공예품은 이제까지 우리 생활 속에서 충실한 기능과 더불어 소박한 아름다움을 지니고 있어 사람들에게 많은 사랑을 받아 왔다. 그러나 근대화 과정을 거치면서 우리의 전통적 공예품은 일상 생활에서 점점 거리가 멀어져 갔다. 최근에 이르러서야 우리의 전통적인 공예품에 대한 가치와 평가가 되살아나면서 전통 공예의 활성화를 위하여 관련 기관과 민간에서 활발히 연구가 진행되고 있으며 동시에 경쟁력을 갖춘 문화 상품의 개발을 위해서도 노력을 기울이고 있다.

  대한민국 관광 기념품 공모전이나 공예·디자인 상품 개발을 통해서 우리나라의 전통 공예품이 가진 아름다움을 새로운 모양의 작품에 담아내는 사람들의 노력이 좋은 결과를 가져오고 있다. 이 가운데에는 우리에게 잘 알려진 국보나 보물 도자기를 가져다 만든 도자기 캔들 작품이나, 생활 속에서 널리 사용하던 복주머니를 재해석한 홀더 작품이며, 전통 목가구의 장석(裝錫)을 본떠 만든 클립 작품 이외에도 전통 소반의 이미지를 가져다 만든 목걸이 작품 등의 경우를 살펴볼 수 있다. 이처럼 우리가 오래전부터 생활 속에서 널리 사용한 전통 공예품의 아름다움은 새로운 문화 상품으로 훌륭한 가치가 있다고 하겠다.

오래전부터 우리 생활 속에서 음식을 담은 그릇을 올려놓는다는 기본적인 자리를 지키면서, 가정의 행복과 건강을 지킨다는 깊은 뜻을 담고 있는 소반의 이미지는 어떠한 방향으로 이용되더라도 훌륭한 문화 상품으로서의 가능성이 있다고 본다. 우리의 전통 공예품 가운데 가장 가까이에서 쓰인 것이 소반인데, 그 가운데에서도 독특한 모양과 구조를 보여 주는 공고상(公故床)이 있다. 과연 이 공고상의 아름다움이 우리에게 새로운 문화 상품으로 살아남을 수 있을 것인지 그 가능성을 열어가는 논문이 있다. 정은미는 「한국의 전통 소반의 조형적 형태를 이용한 문화 상품 개발: 공고상의 조형적 특징을 중심으로」라는 제목의 논문에서 공고상이 가진 음식을 나른다는 이미지를 가져와 찻잔의 잔받침이라는 새로운 문화 상품으로 만들어 보았다.

요즈음 우리나라 사람이라면 대부분이 하루에도 서너 잔씩 차와 커피를 마시는 새로운 음식 문화의 유행에 맞추면서, 물론 아름다운 공고상의 이미지를 흩트리지 않고 크기만 아주 작게 만들어 찻잔 받침으로 만들었다. 오래전부터 우리나라에서 전해 오는 차문화를 이어받고 오늘날 크게 성행하는 커피 등의 음료 문화와 함께 어울리는 문화 상품으로서의 가능성을 열어 가고자 하는 것이다. 특별히 이 논문에서는 우리나라의 차문화와 다구에 대해 간단히 언급했고, 이와 함께 소반에 대해서도 간단히 설명한 부분이 우리에게도 많은 도움을 줄 수 있으리라고 생각한다.

소반의 일반적인 특징에 대해 다음과 같이 설명했다. 소반은 '편편한 반면상'이자 '밥이나 반찬 또는 그 외의 음식 등을 벌여놓고 먹는 작은 상'으로, 오랫동안 좌식 생활하는 동안에 사람들의 손길을 거쳐 쓰기 편한 구조와 튼튼한 짜임이 더해져 우리 문화를 대표하는 가구로 다듬어진 것이다. 우리 전통 가옥은 온돌방에서 좌식 생활하는 구조로 거실, 침실, 서재, 식당 등이 따로 구분되지 않았기에 조리한 음식을 소반에 올려 사랑채, 안채, 행랑채 등으로 옮겨와 먹었다. 따라서 소반은 음식 운반과 식탁 역할을 함께 담당했다. 방과 마루 사이의 문턱이 높고, 놋쇠나 사기 등으로 만든 그릇의 무게를 감당하면서 혼자 들고 나르기에 편리하도록 어깨 길이를 벗어나지 않는 작은 크기로 만들었다. 소반은 주로 은행나무나 소나무 등으로 가볍지만 쉽게 터지지 않는 나무를 써서 단단하고 치밀한 짜임으로 만들었다.

소반의 종류는 신분과 성별 또는 지위가 다른 사람끼리 한 상에서 먹지 않는 관습 때문에, 가정마다 많은 소반을 마련했을 뿐만 아니라 신분과 용도에 따라서도 규격과 격식을 달리했다. 따라서 소반의 크기, 옻칠이나 주칠 사용, 음식 종류와 가지 수에 따라 신분이나 접객에서 예우 정도가 나타났다. 또한 지방마다 오랫동안 유지된 모양이 자리 잡으면서 나주반, 통영반, 해주반, 강원반, 충주반 등으로 지명이 소반 이름에 붙여졌다. 지명 외에도 소반 명칭은 반의 형태, 다리의 형태, 재료, 용도 등에 따라서도 다르게 불렸고, 기본적인 개인상 외에도 크고 작은 집안 행사에 두루 쓰였다. 이처럼 우리나라 전통적인 주택과 생활양식에 따라 여러 가지 소반이 쓰였고, 이에 따라 소반은 우리 문화에서 독창적인 아름다움과 특징을 갖게 되었다.

우리 소반 가운데에서도 독특한 모양을 한 공고상에 대해 다음과 같이 설명한다. 공고상은 머리에 쓰고 집 밖으로 음식을 운반하여 그대로 먹을 수 있도록 만든 소반으로, 한쪽 손잡이용 투창 위에 수저를 넣는 서랍을 만들기도 했다. 관청에서 관인이 번(番)을 설 때 머슴이나 하녀들이 머리에 이고 집에서 관청으로 식사를 나르던 소반으로, 이러한 기능 때문에 번상(番床)이라고도 부른다. 공고상의 구조나 모양은 운반 기능에 가장 중점을 두고 제작했다. 공고상 밑바닥에 머리를 넣고 다리 앞면 또는 전후 양면 아래쪽에 앞이 보이도록 화두창(火頭窓)을 뚫어 발밑을 보면서 걸을 수 있도록 했다. 화두창 양옆으로 안상(眼象) 모양이나 네모 모양이나 둥그런 모양의 투창을 뚫고, 그 안에 만자문이나 아자문을 투조(透彫)하여 빛이 잘 들어오도록 만들었다. 만자문은 불교의 윤회 사상을 나타내고, 아자문은 으뜸이라는 길상의 의미를 상징한다. 또한 양옆에는 손잡이용 투공(透孔)을 만들어 손잡이 역할을 하도록 했다. 각판이라 불리는 다리판은 맞짜임으로 연결하면서 단단히 잡아 주기 위해 모서리에 장석을 박기도 했으며, 다리가 바깥으로 살짝 벌어진 일반적인 공고상과 달리 직선에 가깝도록 다리를 곧게 내려 만들기도 했다. 조선 후기에는 이러한 모양의 소반이 널리 쓰이게 되자 화두창에 시원함을 더하고자 단순히 구멍을 뚫어 놓은 풍혈 장식으로 바뀌면서 양반가에서는 풍혈반(風穴盤)이라는 이름으로도 불렀다.

　우리의 전통 문화를 되살리려는 노력으로 이 논문에서는 우리나라 전통 공예품인 소반을 활용하여 한국적인 정체성을 가지면서도 현대적 생활 방식에 어울리는 쓰임새를 가진 문화 상품을 개발하는 과정을 설명했다. 이와 같은 예의 하나로 우리나라 전통 소반 가운데 독특한 모양을 한 공고상에서 전통적인 이미지를 가져와 현대적 감각에 맞는 찻잔 받침과 컵 홀더를 만들어 새로운 공예 문화 상품으로 개발하고자 시도한 것이다.

12장
반만 닫는다고 반닫이
개성과 위엄을 갖춘 핵심 가구

얼마 전에 안사람으로부터 전해 들었던 이야기이다. 미국에 사는 딸 집에 갔던 친구 부인이 안사람의 선배 언니에게 했던 이야기를 다시 전해 들은 것이다. 아마도 미국에서 딸을 만나고 귀국한 이후였다면 직접 만나 서로 이야기할 수 있었겠지만, 친구 부인이 귀국하기 전이었기에 우선 두 사람이 전화로 주고받았던 이야기 내용을 서로 이야기하다 알려진 이야기였다.

내용인즉 미국의 딸 집 거실에 있는 우리나라 고가구인 반닫이를 보고 미국 사람이건 한국 사람이건 보는 사람마다 예쁘고 아름답다고, 집안 분위기를 돋우고 다른 것과 잘 어울린다며 칭찬하면서 이야기꽃을 피웠다는 것이었다. 그 반닫이는 아주 오래전에 안사람의 신배 언니 부부와 그 친구 부부와 우리 부부가 모두 함께 지방에서 만난 적이 있었는데, 그때 잠시 들렀던 고미술상에서 한번 보고 사서 집으로 가져갔던 반닫이였다. 친구 부인은 그 반닫이를 미국으로 간 딸에게 주어 보냈던 것이다. 그 후로 볼 수가 없었지만, 미국의 딸 집에 간 친구 부인이 다시 보고 또 주위 사람들이 칭찬하는 말을 듣고, 옛이야기가 생각나서 전화로 이야기한 것이었다.

나도 그 친구 부부와 함께 만나 반닫이를 샀던 기억이 남아 있는데, 그것은 자그마했고 자동차 트렁크에 실을 수 있을 정도였다. 게다가 반닫이 가격도 그런대로 적당한 편이었으며, 무엇보다도 크기가 작으면서 아기자기한 모양이 사람들의 눈길을 끌 만했기에 기억에 남았다. 그렇게 친구 부부의 마음에도 들었던 반닫이이었기에 미국으로 떠나는 딸에게 기쁜 마음으로 들려 보냈으리라 생각했다.

저마다 다른 개성 만점 반닫이

우리나라의 전통 목가구인 반닫이는 생활 필수품이었기에 집집마다 한두 점 이상 갖추고 있었다. 그래서 그 수도 많고 지역에 따라 그리고 쓰임새에 따라 반닫이의 모양과 크기가 서로 다르다. 앞서 이야기한 것처럼 특별히 크기가 작은 것은 앙증스럽다고 해서 '애기 반닫이'나 '알 반닫이'라고 부르면서 좋아하는 사람들이 꽤 많다. 또한 크기가 작은 반닫이 가운데 똑같은 모양의 반닫이 2개를 만들어 한 쌍으로 어울리게 만든 것이 있는데 이것을 특별히 '섬반닫이'라고 부른다. '섬'이라는 말은 주로 곡식이나 술 같은 액체를 다루는 단위로 썼으며, 두 가마가 한 섬이 된다. 같은 이유에서 똑같은 모양의 반닫이 2개를 '섬반닫이'라

반닫이. 용도에 따라서 크기가 달라졌다. 사진 출처: 국립 중앙 박물관.

고 부르는 것이다.

보통 크기이거나 큼지막한 크기의 반닫이는 사람들이 그러려니 생각해서인지 특별한 이름을 붙이지는 않는다. 다만 반닫이의 특별한 모양새나 쓰임새에 따라 적당한 이름을 붙이는 경우가 있다. 이를테면 앞판의 절반 정도를 여닫이문으로 쓰는 보통 반닫이와 달리, 그보다 훨씬 작은 크기의 문을 문판 한가운데에 붙인 반닫이가 있는데 '개구멍 반닫이'라 부른다. 다른 종류로는 문을 가로나 세로로 2개를 만들어 달았다고 해서 '원앙이 반닫이'라고 부르는 것도 있다. 그 밖에도 사랑방에서 책을 넣는 용도로 쓰였다고 해서 특별히 '책 반닫이'라 부르는 반닫이도 있다. 책 반닫이의 위판은 책을 펼쳐 놓고 읽는 서안의 천판처럼 양옆이 조금 길게 바깥으로 벗어난 경우가 많다. 따라서 양쪽에 두 귀를 단 것처럼 천판이 바깥으로 나간 것을 책 반닫이의 전형적인 특징이라고 생각하여 기준으로 삼는다.

어느 지방에서 많이 사용했는가에 따라 반닫이를 구분하기도 한다. 이를테면 경기도 반닫이, 강원도 반닫이, 충청도 반닫이, 경상도 반닫이, 전라도 반닫이, 평안도 반닫이, 제주도 반닫이 등으로 나누기도 하고, 지역을 더 세부적으로 나눠 군 단위 지역의 이름을 붙여 구분하기도 한다. 예를 들자면 경기도 반닫이 안에서도 강화 반닫이, 남한산성 반닫이, 개성 반닫이가 있고, 충청도 반닫이에서는 금산 반닫이, 충주 반닫이가 있으며, 경상도 반닫이 안에도 양산 반닫이, 충무 반닫이, 진주 반닫이, 김해 반닫이, 언양 반닫이, 남해 반닫이, 밀양 반닫이, 청도 반닫이, 거창 반닫이, 예천 반닫이 등이 있으며, 전라도 반닫이 안에도 전주 반닫이, 이리 반닫이, 나주 반닫이, 영광 반닫이, 여수 반닫이, 장

홍 반닫이 등이 있다. 이 밖에도 강원도 반닫이와 제주도 반닫이가 있고, 또한 북한 지역에서도 평안도 반닫이로 박천 반닫이, 평양 반닫이 등이 있다. 이름이 다른 만큼 모두가 나름대로 독특한 특징을 보여 주고 있다.

반닫이의 쓰임새

예전부터 집에서 함께 지내던 딸아이가 자라서 결혼하게 되면 "시집간다."거나 또는 "시집보낸다."라고 말한다. 물론 신랑과 신부가 혼례를 치르고 새로운 가정을 꾸리는 일이기에 당연히 축하하는 마음이지만, 딸아이의 부모는 아이가 남의 집으로 가므로 섭섭한 마음이 앞서기 마련이다. 그래도 섭섭한 마음을 달래고 새로운 살림을 꾸리는 데에 보탬을 주고자 혼수(婚需)라는 이름으로 살림살이를 마련해 딸아이와 함께 보낸다. 이처럼 부모님의 정성이 담긴 혼수에는 여러 가지가 있지만, 그 안에 빠지지 않고 꼭 들어가는 것으로 옷과 함께 넣어 준 곡식과 채소의 씨앗 봉지가 있다. 씨앗은 농사에 필요한 것이기도 하지만, 동시에 자식 농사도 그만큼 잘 지으라는 바람이 함께 들어 있다. 홍성 씨앗 도서관이 펴낸 『우리 동네 씨앗 도서관』(들녘, 2019년)이라는 책을 보면 혼수품으로 부모님으로 물려받아 키워 온 재래종 씨앗 이야기를 읽을 수 있다.

    신혼 살림에 필요한 물건을 챙겨 보내면서 어디에 담아 보냈을까? 예전에는 혼수품을 예쁜 상자나 작은 함에 담았지만, 살림이 넉넉한 집이라면 장롱이나 반닫이 같은 가구를 마련해 담아 보냈다. 신부의 신행은 이삿짐 운반과 다르므로, 정성을 기울이면서도 크기는 줄이고자 애썼을 것이다. 그러다 보니 장롱이나 반닫이도 크기가 작은 '애기 장롱'이나 '애기 반닫이'를 이용했을 것이다. 시간이 흐르면서 부모가 마련하는 혼수가 점점 더 많아졌을 것이고, 그에 따라 혼수를 담는 장롱과 반닫이의 크기도 조금씩 커졌을 것이다.

같은 종류의 물건이라도 크기가 작은 것도 있고 큰 것도 있는데, 작은 것이 더 예뻐 보일 때가 많다. 일반적으로 목가구는 작은 것이 큰 것보다 먼저 만들어진 것이라고 한다. 그만큼의 세월의 무게가 가구의 아름다움을 돋보이게 한다. 그렇다고 하더라도 반닫이는 크기에 상관없이 아름답고 듬직하다. 균형이 잘 잡혀 있고 가로, 세로, 높이의 비례가 가장 알맞게 나뉘어 있기 때문이다. 게다가 앞판을 반으로 갈라 만든 문짝도 그 크기 비례가 딱 맞는다. 또한 여러 가지 장석이 반닫이의 아름다움을 돋보이게 한다. 한국 전통 문화를 대표하는 목가구라 아니할 수가 없다.

프랑스 사람도 찾는 한국 고가구

1988년 서울 올림픽을 계기로 세계 여러 나라에서 우리 역사와 문화에 대한 인식이 새로워지기 시작했다. 올림픽이 끝나고 얼마 지나지 않은 때에 우리 문화재에 대한 흥미로운 이야기를 들었다. 당시에는 우리나라에서도 웬만큼 사는 집은 서양식 가구를 사용했고, 인테리어도 서양식으로 많이 했다. 유럽 가구를 들여와 팔면 많은 이익을 남길 수 있었기에 유럽 가구 수입이 상당히 인기가 있었다. 이런 분위기를 타고 유럽 여러 나라를 다니며 가구를 수입하는 상인과 만나 이야기를 나눈 적이 있었다.

당시 나는 독일 뮌헨에 잠시 머무르고 있었다. 그는 우리나라 고가구를 모아 컨테이너 1대 정도의 물량을 프랑스로 가져오면, 그만큼의 유럽 가구를 모아 한국으로 가져가게 한다는 일종의 물물 교환 형태로 거래를 한다고 했다. 그동안 가져온 물건을 건네주고 한국으로 가져갈 물건을 구하다가 마지막으로 뮌헨에서 나를 만나게 되었는데, 그동안 프랑스와 이탈리아에서 먼저 구한 물건보다도 뮌헨에서 본 물건들이 더 좋아 보이기에 먼저 이곳에 오지 않은 것이 무척 아쉽다고도 했다. 그때에는 그 상인의 이야기를 그런가 하면서 새기지 않았는데, 시간이 지나도 잊히지 않고 다시 생각나는 이야기가 되어 버렸다.

그로부터 몇 년이 지나고 프랑스에 다녀온 친구가 이야기 끝에 프랑스에서 한국 고가구를 찾는 사람이 있다고 말해 주었다. 한국의 고가구가 프랑스 사람들에게 인기가 많아, 있는 대로 구해 줄 수 있겠냐고 했다는 것이었다. 장롱이며 반닫이며 소반에 이르기까지 예전에 우리나라에서 사용하던 고가구라면 부서지지 않고 모양만 갖추어도 된다는 것이었다. 정말로 프랑스 사람들이 우리 고가구를 좋아하는 것일까? 아니 그 정도로 좋아한다면 이유는 도대체 무엇일까? 이런 의문이 생겼고 다시 한번 우리 고가구의 아름다움에 대해 생각해 보는 계기가 되었다.

그러다 보니 오래전에 뮌헨에서 만났던 가구 수입상이 생각났다. 그렇다! 그때에도 가구 상인이 한국 가구를 가져다 판 곳이 프랑스였다.

그렇다면 프랑스에서는 말 그대로 우리 가구가 먹힌다는 말이었다. 물론 프랑스 사람이라고 모두 그렇게 생각하지는 않겠지만, 적어도 한국 가구를 좋아하는 프랑스 사람들이 적지 않으니 내 귀에까지 들려온 것이다. 최근에는 인터넷의 발달로 지구촌 곳곳에서 일어나는 시시콜콜한 이야기까지 들을 수 있다. 아무래도 젊은이가 어르신보다 인터넷을 더 많이 사용하므로, 온라인으로 물건을 사고파는 것은 물론이고, 경매를 통해서도 필요한 물건을 구매하는 것은 젊은이들이 많이 한다. 실제로 프랑스에 거주하는 한국 젊은이들이 벼룩 시장이나 인터넷 장터에서 우리나라 고가구를 한두 점씩 산다는 이야기를 듣기도 했다. 이것은 프랑스에도 오래전부터 우리나라 고가구가 있었고 애호가도 적지 않았음을 말해 준다. 어쨌거나 우리나라 고가구는 외국 사람이 보아도 아름답고 멋지며, 외국 사람도 간직할 가치가 있다고 인정하는 물건임을 보여 주는 증거인 것 같아 반갑기만 하다.

지역마다 다른 반닫이의 특징

우리는 오래전부터 여러 지역에 살면서 지역마다 다른 문화를 가꾸며 살았다. 그리 넓지 않은 땅이지만, 산과 바다 그리고 강과 들판으로 나뉜 지역에 따라 사람들은 조금씩 다른 문화를 만들었다. 그러다 보니 시간이 흐르면서 지방마다 독특한 말이 만들어지고, 또한 의식의 발전에 따라 서로 다른 생활 문화가 만들어지게 되었다. 장과 농, 소반과 반닫이 등의 가구도 지방마다 달리 자라는 나무와 생활의 차이에 따라 지방의 특색이 드러났다.

　지금도 생활 속에서 널리 쓰이는 것으로 물건을 넣고자 나무로 짠 상자 모양의 가구를 사람들은 궤짝이라 부른다. 예전에는 과일이나 병 등을 넣고자 나무로 짠 상자를 사과 궤짝, 술병 궤짝이라 불렀는데, 요즘에는 플라스틱이나 종이로 상자를 대신하는 경우가 많다. 물론 예전에는 옷이나 그릇을 넣어 두는 가구로 궤를 만들어 사용했다. 반닫이는 물건을 넣는 가구로 쓰던 궤 가운데 하나이다. 반닫이는 궤의 한 면 절반을 문으로 만들어 여닫는다고 붙인 이름이다. 반닫이 가운데 앞면을 문으로 여닫으면 '앞닫이' 그리고 윗면을 문으로 여닫으면 '윗닫이'라 부르기도 한다.

　반닫이는 집안에서 책, 의류, 곡식, 엽전, 그릇 또는 제사용품 등 여러 가지 물건을 보관하고 관리했다. 반닫이를 꾸미는 장석은 반닫이 전체의 균형과 기능을 유지하면서 반닫이가 지닌 아름다움을 나타내고 있다. 특별히 반닫이 장석은 각 지방의 독특한 특징을 도드라지게 보여주고 있으며, 장석에 들어 있는 무늬는 기능을 넘어 사람들의 생각과 바람은 물론 생활 속에 깃들어 있는 철학까지 담아내고 있다.

　한반도 가운데에 자리한 경기도 지방에서 쓰던 반닫이는 다른 지방의 것과 비교하면 비교적 시원시원한 모양이다. 경기도 반닫이의 대표라고 할 수 있는 강화 반닫이는 단단한 목재를 사용하여 폭도 넓고 높이도 높아 시원시원하며, 기하학적인 무늬로 투각한 무쇠 장석의 아름다움이 더해지면서 그야말로 세련된 모양이다. 남한산성 반닫이 역시 듬직한 크기를 갖추었으며 앞면의 문짝을 아래 판과 비교해 조금 좁게 만들었는데, 이것은 중요한 물건을 깊숙이 간직할 수 있도록 설계한 것이라고 할 수 있다. 여기에 경첩을 비롯한 무쇠 장석에 만(卍) 자를 비롯한 여러 가지 문양을 넣어 독특한 형태를 갖추었고 이들이 모두 아름다운 모양을 만들고 있다.

경기도 반닫이의 한 종류인 개성 반닫이 역시 독특한 모양을 갖추고 있는데, 다른 목가구인 장롱에서 볼 수 있는 면분할 방식을 가져와 앞판의 가운데와 윗부분에 배치함으로써 반닫이이면서도 장롱과 비슷한 느낌을 맛보게 해 준다. 반닫이 문판에는 실패 모양과 호리병 모양의 경첩을 주석으로 만들어 붙였고, 자물쇠를 다는 앞바탕과 경첩에는 글자 모양과 꽃 모양의 무늬를 뚫어내고 붙였기에, 안방 가구인 장롱의 역할까지 맡는 것으로 보이는 반닫이의 특징이 나타난다.

경기도와 이웃한 충청도의 반닫이가 가진 특징은 장석을 많이 붙이지 않고 필요한 곳에만 썼기에 전체적으로 단정해 보이는 모양이 마치 이 지역 사람들의 마음을 나타내는 것처럼 보인다. 금산 반닫이는 지역의 특산물인 인삼 이파리 모양이거나 단순한 타원 모양의 앞바탕을 보여 주고, 충주 반닫이 앞면은 종종 강원도 반닫이와 비슷한 모양을 보여 준다. 충청도 반닫이는 필요한 장석만 사용해 단아한 모양인데, 장롱처럼 천판의 양쪽 끝이 옆판보다 약간 길며, 아래에 다리까지 붙어 있어 날씬해 보이는 것도 많다.

강원도 지역은 산지가 중심을 이루므로 외부로부터 들고나기에 교통이 불편했다. 그래서 다른 지역과 교류도 적어 그만큼 지역적 특징이 고스란히 남아 독특한 반닫이 모양을 하고 있다. 이 지역에서는 나무가 넉넉했으나 금속 세공이 충분히 발달하지 않아, 목재 구성은 좋으면서도 소박한 장석을 이용한 것이 강원도 반닫이의 특징이다. 위판과 밑판

책을 담던 경기 반닫이. 사진 출처: 국립 중앙 박물관.

및 양 옆판 모두를 사귀물림(4개의 귀물림)으로 짜 맞추고, 앞면에 나무 판을 끼워 넣고 고정하는 것과 같은 독특한 방법을 썼다. 그리고 앞을 향한 상하좌우 사면 판재의 안쪽을 둥글게 굴려서 마무리했다. 장석의 크기는 작지 않아도 두께는 얇으며, 앞판을 끼워 넣은 독특한 방법이므로 여러 개의 감잡이를 이용해 앞판 주변을 조였고, 여러 가지 무늬를 넣은 장석을 사용해 흔들리지 않도록 보강한 모양이 강원도 반닫이의 특징이다.

한반도 동남부에 자리한 영남 지방에서는 인재도 많이 나오고 생활도 넉넉한 편이었기에 여러 지역에서 독특한 모양을 갖춘 경상도 반닫이를 만들어 사용했다. 그중에는 반닫이 장식이 강한 것도 있고, 섬세하면서 풍성한 것도 있으며, 비교적 간단한 장식을 한 것까지 여러 가지 모양이 보인다. 경상도 남쪽 바닷가에 자리한 김해와 충무 그리고 진주 지방에서는 지역적인 특징이 잘 드러나는 반닫이를 만들어 사용했다. 김해 반닫이는 무쇠 장석과 주석 장석을 함께 사용한 것이 많으며, 앞바탕은 버선 모양으로 큼지막하게 만들었고, 장석은 만자문이나 칠보문 등의 문양을 촘촘히 뚫어 넣어 화려하게 만들었다. 충무 반닫이는 높이가 낮으면서 폭이 넓어 안정적이며, 경첩도 모양에 맞게 간결하면서 두껍게 만들었는데 여러 가지 문양대로 구멍을 뚫어 만든 것이 많다. 진주 반닫이는 충무 반닫이보다도 길이가 긴 것이 많은데, 앞판에 바깥으로 튀어나온 마름모 모양의 배꼽 장석을 덧붙여 독특한 장식 효과를 만들어 냈다. 경첩은 여의두(如意頭) 모양이 많은데 위보다 아래를 길게 만들었고 만자문이나 팔괘문으로 구멍을 뚫은 것이 대부분이다. (여의두 모양이란, 뿔이나 대나무 또는 쇠붙이 등으로 전자(篆字)의 심(心) 자를 나타내는 고사리 모양의 장식 문양을 말한다.)

남쪽 바닷가에서 조금 더 육지 쪽으로 자리한 밀양과 양산 지방 사람들이 만들어 사용하던 반닫이는 나름대로 지역적인 특징이 있다. 이 지역의 반닫이는 자연 환경에 힘입어 사람들의 생활이 넉넉했기에, 이 지역에서 사용한 반닫이 장석은 모양을 돋보이려고 화려하게 만들었다. 밀양 반닫이 경첩을 보면 앞면을 장식하듯이 만자문이나 당초문을 넣은 경첩을 4개까지 붙였는데, 가운데 2개는 양 끝의 2개보다 조금 작게 만들어 붙여 균형을 맞추면서 아름다움과 조화로움을 갖추도록 했다. 양산 반닫이 경첩도 앞판의 위아래 연결 부분에 덧붙임처럼 경첩코를 붙이거나, 연결 부분을 조금 길게 만든 경첩을 붙였는데 이 지역 반닫이의 특별한 모양이다. 좀 더 내륙 쪽으로 들어간 청도와 거창 지방에서 사용한 반닫이는 다리를 따로 만들어 덧붙인 모양이고, 예천 지방의 반닫이는 거북이나 박쥐 모양의 장석을 붙였고 특별히 감잡이를 다리 부분까지 붙인 독특한 모양도 있다.

전라도 지방은 호남 평야가 있는 곡창 지대이므로 곡식 생산이 많아 사람들의 생활이 넉넉했기에 풍류와 멋을 즐길 수 있었다. 더불어 무늬가 좋은 나무를 구해 생활에 필요한 여러 가지 목가구를 만들어 사용했다. 그래서 이 지역에서는 자연스레 목공예가 발달했고, 지역에 따라서는 멋과 아름다움을 갖춘 독특한 모양의 반닫이도 만들어 사용했다. 예전부터 목공예가 발전한 나주 지역에서는 소반과 더불어 독특한 멋과 아름다움을 갖춘 반닫이를 만들어 사용했다. 나주 반닫이의 특징은 장석을 최대한 줄이면서 나무가 가진 순수한 아름다움을 강조한 모양이다. 반닫이 대부분이 금속 장석을 많이 쓰면서 단단한 모양을 강조하는데, 나주 반닫이는 두께는 두껍지만 가느다란 일자 모양의 경첩이나 끝부분이 살짝 갈라진 제비초리 모양의 자그마한 경첩을 붙였고, 때로는 감잡이(거멀잡이) 장석까지 없애면서 단순하고 소박한 모양의 반닫이를 만들었다.

남원 반닫이 가운데 크기가 작은 반닫이는 위판과 옆판이 사귀물림이고, 옆판은 아래로 내려 다리 역할까지 맡겼고, 밑판과 다리의 앞쪽 공간에 풍혈을 덧대었다. 이러한 모양의 반닫이는 크기와 모양이 아담하고 예뻐서, 사랑방이나 안방에서 문갑처럼 중요한 물건을 넣어 두고 썼을 것이다. 또한 보통 크기의 반닫이는 장석을 작게 만들어 여백을 살렸으며, 장석은 호리병 모양의 경첩을 많이 사용했다. 익산 반닫이 역시 남원 반닫이와 전체적으로 비슷한 모양인데, 단순하고 소박한 모양의 장석을 사용하면서도 두께를 늘려 문을 여닫을 때 힘을 잘 받게 했

남원 반닫이. 사진 출처: 국립 중앙 박물관.

다. 경첩은 호리병 모양이면서도 많은 무늬를 뚫어 화려하게 만들었다.

영광 반닫이는 크기가 비교적 큰 편이지만 장석이 차지하는 면적이 좁으면서 결이 좋은 목재를 사용하여 나무가 지닌 아름다움을 강조했다. 고창 반닫이 역시 작은 크기의 경첩을 사용하면서 대체로 간단하고 소박한 모양을 갖추었는데, 자연스러운 나무 무늬의 아름다움을 강조한 반닫이라고 할 수 있다. 나무의 아름다움을 보여 주는 반닫이에서는 장석을 작게 만드는 대신에 보다 두껍게 만든 장석을 사용하여 조화를 이루게 하는 것이 일반적이다. 영광 반닫이나 고창 반닫이처럼 나무의 아름다움을 강조한 반닫이에서는 대체로 크기는 작더라도 두꺼운 경첩을 사용한 것들이 많다. 장흥 반닫이는 위판의 끝부분을 문판보다 약간 앞으로 내밀게 함으로써 지붕의 처마를 보는 것처럼 느끼도록 만들었다. 반닫이의 전체 여섯 면을 느티나무 통판으로 쓴 것이 많은데, 통판의 마름질을 깔끔하게 다듬어 붙인 반닫이가 있는가 하면 자귀나 까뀌를 이용해 자연스럽게 다듬어 나무 질감을 그대로 보여 주는 반닫이도 있다.

제주도는 바다 건너 멀리 떨어져 있는 섬으로 육지와 연락하려면 배를 이용해야만 했기에 그만큼 교류가 힘들었다. 그렇지만 그릇을 넣는 찬장이나 물건을 보관하는 반닫이는 독자적인 모양으로 발전했는데, 이것은 제주도 목가구의 특징을 이루려는 노력이 있었기 때문이다. 제주도 반닫이의 특징은 반닫이 크기에 비해 장석이 많고 크기도 크므로 언뜻 보아 거세면서도 힘찬 모양이다. 그러나 조금 더 꼼꼼히 살펴보면 장석의 두께가 얇고 단순한 무늬의 장석 여러 개를 붙인 것으로 보아, 제주도라는 지역 환경에서 금속 가공이 원활하지 않았음을 알 수 있다. 제주 반닫이 경첩은 큼지막한 실패 모양인데, 이러한 모양은 전라도 남해안 지역의 반닫이에서 많이 볼 수 있다. 아마도 거리가 가까운 지역에서는 가구를 만드는 방법과 기술을 서로 주고받은 결과라고 할 수 있다. 또한 제주도 반닫이 목재는 섬 안에 자생하고 있는 사오기(벚나무)와 굴구미(느티나무)로 만든 것이 있고, 그 이외에도 홍가시나무와 소나무를 많이 이용한 것도 볼 수 있다.

북한 지역의 반닫이는 대체로 장석도 크거니와 앞쪽을 거의 덮을 정도로 많은 장석을 덧붙인 것이 특징이라고 할 수 있다. 박천 반닫이는 크다. 차가운 날씨를 이겨 내야 하는 살림살이에서는 두꺼운 옷이 필수적이므로, 옷을 보관하는 반닫이도 크게 만들었다. 그래서 박천 반닫이는 우리나라 반닫이 가운데 아마도 가장 크다고 할 수 있다. 게다가 반닫이에 붙이는 장석도 큰 편이고 구멍이 숭숭 뚫려 있어서 사람들이

'숭숭이 장석'이라 부르는데, 이 지역에서는 장석 모양이 맞뚫렸다고 해서 '맞뚫음 장석'이라고 부른다. 목가구는 보통 나무의 원래 무늬를 살리는 편인데, 이 지역 반닫이에는 크고 많은 장석을 붙였다. 반닫이 앞면은 만(卍) 자나 아(亞) 자 또는 수(壽) 자 등의 글자 모양과 여러 가지 꽃 모양(화형(花形))이나 기하학적인 연속 무늬를 조각한 장석으로 가득 채우고 있다. 박천 반닫이는 재질이 약한 피나무를 두껍게 다듬어 이용한 것이 많지만, 평양 반닫이는 두꺼운 느티나무 널판을 써서 무거우므로 옆판과 천판 및 밑판의 네 귀를 사귀물림으로 단단히 맞물려 놓았다. 평양 반닫이 역시 북한 지역 반닫이 모양을 이어받아 큰 자물쇠 앞바탕과 많은 경첩을 붙였다. 앞바탕에는 여러 가지 글자 무늬를 넣었고, 꽃과 화병을 본뜬 경첩으로 화려하게 장식했고, 다산을 의미하는 물고기와 장수를 기원하는 복숭아꽃과 집안의 화목을 바라는 새 무늬 장석 등으로 아름답게 꾸몄다. 이처럼 화려한 장석을 많이 붙인 반닫이는 안방 살림에 많이 쓰인 것이라고 짐작할 수 있다.

반닫이를 만나는 색다른 이야기

반닫이는 어느 지역에서 만들어졌느냐를 가지고 구분하기도 하지만 집에서 어떻게 사용하느냐에 따라 다른 이름을 붙이기도 한다. 안방에서 쓰는 가구를 안방 가구라 하고 사랑방에서 쓰는 가구는 사랑방 가구라고 부르듯이, 안방에 놓고 쓰는 작은 크기의 반닫이는 '애기 반닫이'라 부르고, 사랑방 가구로 책을 넣는 것은 '책 반닫이'라 부른다. 특별히 엽전 꾸러미를 넣어 두는 큼지막한 반닫이는 '돈궤'라고 부르는데, 그 대부분은 엽전 꾸러미보다는 제사에 쓰는 무거운 놋그릇을 넣어 두는 경우가 더 많다.

대체로 책 반닫이는 그것이 놓인 사랑방의 크기에 따라 크고 작은 것이 있는데 대부분은 위판(또는 천판)이 옆판보다 바깥쪽으로 날개처럼 나간 모양이 특징적이다. 그래서 천판이 바깥으로 길게 나간 반닫이를 사람들은 책 반닫이로 보는 경향이 있다. 책 반닫이는 사랑방 가구의 하나인 만큼 화려한 경첩과 장석보다는 오히려 단순한 모양의 경첩과 장석을 붙인 것들이 많다.

오래전에 고미술상에서 단순한 장석이 붙은 반닫이 하나를 보았는데, 앞판의 문짝도 절반이 떼어져 있고 서랍 하나도 없어진 채로 먼지를 뒤집어쓰고 그야말로 험악한 모습을 한 것이었다. 비록 모습은 험하지만 수리하면 괜찮을 것 같아 가져다가 고가구 수리점에 수리를 부탁했다. 수리점에서는 물건의 상태가 험하고 크기도 일반적인 것과 달라 보이니 높이도 조금 낮추어 조절하는 것이 어떻겠냐는 의견을 냈지만, 나는 그러지 말고 있는 그대로의 모양을 살리고 부족한 부분만 보충해 달라고 부탁했다.

맨 처음 험한 상태를 보았기에 걱정이 좀 되었지만, 나중에 수리하고 난 후의 모습은 그야말로 물건이라고 할 만큼 크고 당당한 모습의 책 반닫이가 되어 있었다. 높이도 높고 폭도 넓어 그 모양이 크고 당당하고, 맨 위에 자리한 4개의 서랍은 폭이 조금씩 차이가 나서 바꿔 낄 수 없는 독특한 모습을 하고 있었다. 더욱이 자그마한 제비초리 놋쇠(황동) 경첩과 도드라진 광두정 배꼽 장식 그리고 보상화 무늬의 앞바탕과 함께 나뭇잎 모양과 가느다란 무쇠 감잡이(거멀쇠)가 보여 주는 모든 장석이 그저 단순한 것처럼 보이지만, 모두가 한데 어울린 모양은 책 반닫이가 지닌 독특한 멋과 아름다움을 말없이 드러내고 있었다.

한 가지 알 수 없는 점은 보상화 무늬의 앞바탕에 달린 뻗침대 장석이다. 책 반닫이도 반닫이이므로 자물쇠를 달 수 있어야 한다. 대부분의 반닫이 자물쇠는 앞바탕 가운데에 내린 뻗침대 밑을 말아 구멍을 만들고, 뻗침대 구멍 양쪽에 구멍 뚫린 못을 박아, 구멍 못과 뻗침대 끝의 구멍으로 자물쇠 고리를 끼워 자물쇠를 채울 수 있어야 한다. 그렇다면 앞바탕 아래쪽에는 못 2개를 박은 구멍 자국이 뻗침대 폭만큼 거리를 떼고 나란히 있어야 한다. 그런데 이 반닫이에는 아무리 찾아보아도 앞바탕의 아래쪽 가운데에 구멍 자국이 하나밖에 없었다. 또한 앞바탕 위쪽에도 아래쪽과 마찬가지로 뻗침대를 달아야 할 곳에는 가운데에 구멍 뚫린 못 자국이 하나만 남아 있는데, 이것은 뻗침대 위쪽에 구멍을 뚫어 끝을 말아 구멍을 만든 못과 뻗침대 위쪽을 연결한 것이니 자연스러운 구조였다. 그런데 뻗침대 아래쪽에 못 자국 구멍이 하나만 남아 있는 것은 우리에게 어떤 이야기를 하는 것일까?

큼지막한 반닫이에 다는 자물쇠는 반닫이 크기에 맞추어 큰 것이어야 한다. 그런데 이 반닫이 구멍의 크기로 보아 자그마한 자물쇠를 달았거나, 그것이 아니면 젓가락 굵기의 꽂이를 하나쯤 꽂았을 것으로 보인다. 반닫이와 자물쇠에 대해 이런저런 생각을 해 보다가 문득 자그마한 크기의 목가구인 망건통 장석이 떠올랐다. 뻗침대 아래쪽에 박은 구멍 못 자국이 하나만 남아 있다면 망건통의 장석과 같을 수도 있다. 망건통의 장석에서 뻗침대 아래쪽에 구멍 못이 하나밖에 없는 것은 굳이 자

간단한 장식을 갖춘 책 반닫이. 책을 보관했던 이의
열린 마음이 느껴진다. 필자 촬영 사진.

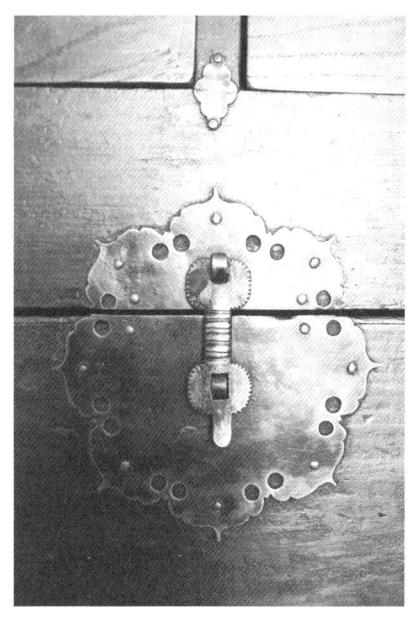

물쇠를 채우기보다 그저 뚜껑을 닫아 두는 정도로 괜찮다고 여겨서일 것이다. 그렇다면 사랑방 가구로 쓰이던 이 책 반닫이도 주인이 망건통에 다는 장석처럼 자물쇠를 채우기보다 그저 문을 닫아 두는 것만으로도 충분하다고 여겼기에 이런 장식을 달았으리라고 생각할 수 있다.

요즈음에도 책을 좋아하는 사람들은 서재에 모아 놓은 책을 보관할 때, 문도 없이 통째로 열려 있는 책꽂이에 책을 그냥 꽂아 두는 것이 보통이다. 혹시라도 문을 단 책장에 책을 보관하더라도 유리문을 달아 안에 있는 책이 보일 수 있도록 해 주는 경우가 많다. 유리문이 달린 책장에 책을 보관하면서 책장에 자물쇠를 채우지 않는 것처럼 책 반닫이에 자물쇠를 채우지 않은 것도 옛날이나 지금이나 서로 같은 마음이었을 것이다.

당당한 제주도 반닫이와의 만남

요즈음 사람들이 한 번쯤 해 보고 싶은 일 가운데 하나로 제주도에서 '한 달 살기'가 있다. 별것도 아닌 것만 같은데 도대체 사람들은 어째서 제주도를 이만큼 좋아하는 것일까? 모두가 아는 것처럼 제주도는 우리나라 남쪽에 자리하고 있어서 기온이 따뜻하므로 살기가 좋다고 여겨서일까? 아니면 번거로운 도시 생활에서 벗어나 한가로이 마음의 여유를 찾아보려는 뜻에서일까? 어쩌면 여기에는 특별한 한 가지 이유만 있는 것이 아니라 제주도에서만 맛볼 수 있는 지역적인 특성과 함께 나름대로 독특한 문화가 남아 있기 때문이라고 생각할 수 있다.

우리나라는 오랜 역사와 함께 지방마다 독특한 멋과 아름다운 문화 유산을 갖고 있다. 그러기에 각 지역에 사는 사람들은 그 지역 환경에 가장 잘 어울리는 삶의 방법을 찾아냈고, 살림의 지혜를 일구며 독특한 문화를 발전시켰다. 이를테면 제주도 사람들은 오래전부터 땡감으로 물들인 천으로 갈옷을 만들어 입었고, 여러 종류의 밭곡식과 푸성귀를 비롯하여 풍성한 물고기를 이용한 특별한 음식을 만들어 냈고, 이와 함께 거센 바람을 이겨 내기 위해 밧줄로 묶은 지붕과 돌을 쌓아 만든 돌담처럼 누가 보더라도 제주도에서만 볼 수 있는 독특한 생활 문화를 발전시켰다.

제주도 집에서 쓰는 살림살이 가운데에도 독특한 모양의 그릇과 가구가 많이 있다. 바다로 둘러싸인 섬이니 어부들이 타고 바다로 나가는 배부터 물고기를 잡기 위한 어구며, 물속을 헤엄치며 해산물을 따는 해녀들의 채취 도구는 물론이고, 바닷가에서 조개를 캐기 위한 도구들 모두가 독특하다. 그뿐만 아니라 집에서 쓰는 여러 가지 살림살이도 제주도에서만 볼 수 있는 독특한 물건들이 많다. 우리나라 모든 지역에서 물을 담는 그릇으로 항아리가 있는데, 특별히 제주도 항아리는 붉은색의 옹기라는 점이 도드라진다. 또한 나무로 만든 가구 가운데 부엌에서 쓰는 찬장은 제주도만의 독특한 모양이고, 방안에서 물건을 담아 두는 반닫이도 제주도만의 독특한 특징을 갖추고 있다.

우연한 기회에 제주도 한라산 중턱에 자리한 아담한 호텔에서 하룻밤 묵을 기회가 있었다. 세계적으로도 유명한 제주도 출신의 재일 교포 건축가 이타미 준(伊丹潤)이 설계한 포도 호텔인데, 전체 건물이 한 층으로만 이어진 독특한 모양의 건물이다. 건물도 독특한 모양인데다 실내

제주도 한 호텔을 장식하고 있는 제주도 반닫이. 필자 촬영 사진.

에는 예쁘고 멋있는 가구들을 배치해 놓아 머무르는 사람들에게 편안함을 느낄 수 있도록 해 준다. 복도에 놓인 소품 가운데 목가구 한 점이 눈에 띄었는데, 그것은 전형적인 모양의 제주도 반닫이였다. 예전에는 제주도에 가면 잘 볼 수 있었는데, 눈썰미 있는 사람들이 수집하면서 지금은 제주도에서도 찾아보기 힘든 가구가 되었다. 제주도 반닫이의 가치를 아는 사람들을 위해 전시된 것처럼 호텔 안에 자리를 차지하고 있는 것이 마치 여기가 바로 제주도라는 사실을 알려주는 것만 같아 보기에도 좋았다. 물론 한두 군데 상처가 나긴 했지만, 생김새며 당당한 모습이 하나도 흐트러짐이 없어서 누가 보더라도 당당한 제 모습을 오롯이 간직하고 있는 명품이었다.

제주도 반닫이에 한동안 마음을 빼앗기고 있다가 문득 얼마 전에 처제가 전해 준 이야기가 생각이 났는데, 전문 고미술상이 아니라 어느 중고품을 파는 곳에 갔더니 제주도 반닫이 비슷한 목가구가 있어 사진을 찍어 보내 주었던 일이 떠올랐다. 혹시나 아직도 그 물건이 가게에 남아 있는지 궁금해서 장소를 확인하고 찾아가 보았다. 어렵지 않게 그곳을 찾아 확인해 보니 아직 팔리지 않은 채 그대로 남아 있었다. 가게 주인은 "아, 그 물건 가져가도 그대로는 못 씁니다."라고 했다. 아닌 게 아니라 좀 험하게 다루었는지 바닥에 붙은 감잡이(거멀쇠) 몇 개는 바닥의 못이 떨어져 앞으로 튀어나왔고, 문판의 마름모 광두정과 옆판의 들쇠 하나는 떨어진 채로였다. 그래도 물건은 제주도 반닫이인데 속으로 생각하면서 "손 좀 보고 써야겠지요." 하고 말하면서 타고 온 차에 실으려는데, 가게 주인이 "어, 차가 렌터카네?" 하면서 조금 놀라는 눈치였다. 제주도 주민이 아닌 외지인이 어떡하려고 이런 물건을 사려는가 하는 생각에서였을 것이다. 그러는 동안에 지나가는 사람이 궁금해서인지 가격이 얼마나 되는지 주인에게 물어보고는 생각보다 싼 가격이었는지 "횡재했구먼……." 하고 말하는 것이었다. 그래서 "그러면 귀하께서 사시겠습니까?" 하고 물었더니, "아, 나는 못 삽니다. 가져가지도 못합니다." 하고 손사래를 치는 것이었다.

    예전에 사람들이 제주도 반닫이가 귀하다는 것을 알고는 먼저 구하려고 했지만, 요즈음에는 옛 물건을 찾으려는 사람도 많지 않거니와, 더욱이 옛 물건을 찾아보기가 더욱 어려워진 것이 현실이다. 그래도 옛 물건을 알아보는 사람은 한 점이라도 구하고자 하지만, 마음에 드는 물건을 구하기가 마땅치 않다. 물론 이름이 있고 상태가 좋은 물건이라면 값이 비싸더라도 구하려는 사람이 있지만, 상태가 험한 물건에 대해서는 사람들이 거들떠보지도 않기 때문에 주인을 만나기가 쉽지 않다. 그렇더라도 어느 정도 모양을 갖춘 물건이라면 장인에게 맡겨 수리하면 물건의 생명을 구할 수 있다. 그런 생각으로 물건을 하나 찾았다고 생각해 보았지만, 이 물건을 뭍으로 가져가려면 배보다 배꼽이 더 클 것이니 우선 마땅한 곳에 맡겨야 했다. 이렇게 우연한 기회에 제주도 반닫이를 만나 보았다는 것도 여행에서 맛볼 수 있는 즐거움 가운데 하나일 것이다.

하나 더, 반닫이도 족보가 있다

목가구는 말 그대로 장인들이 나무를 재료로 솜씨를 부려 만들어 낸 생활 도구로, 생활 속에서 필요에 따라 여러 가지를 아름답게 만들어 사용했다. 우리가 사는 데에 꼭 필요한 것은 의식주에 관한 것인데, 사람들은 사는 집을 짓고자 목재를 다듬어 이용했고, 여러 가지 옷을 담는 가구도 나무로 만들었으며, 끼니때마다 받아먹는 밥상도 나무로 만들어 사용했다. 나무로 만들어 집에서 쓰는 물건을 넣는 가구는 장롱과 반닫이를 꼽을 수 있다. 이처럼 우리 곁에 두고 편리하게 쓰던 목가구는 줄곧 우리의 삶과 함께한 것이기에 이들의 역사도 오래되고 또한 우리와의 인연도 그만큼 깊다고 하겠다. 이러한 생각을 바탕으로 김동귀는 「경남 지역의 반닫이에 관한 연구」라는 제목의 논문에서 우리나라 전통 목가구인 반닫이에 대한 특성을 잘 설명하고 있다.

조선 시대의 전통 가구는 지역에서 가장 많이 생산되는 재료를 이용하여 만들었고, 또한 가구를 이용하는 사람들의 요구에 맞추어 만든 주문 가구이기 때문에 지역에 따라 다른 문화적인 요소와 특성이 잘 나타나 있다. 우리나라 전통 목가구 가운데 반닫이는 소반과 함께 지역적인 특성이 잘 드러나는 것으로서, 지역에 따라 크기와 기능은 물론이고, 장석과 문양에서도 지역에 따라 다르게 나타나고 있다. 이러한 특징을 바탕으로 이 논문에서는 경상남도 밀양, 진주, 충무(현재 통영), 김해, 남해 및 양산 지역의 반닫이에 대해 지역적인 특성을 찾아 설명했다.

나무 널판으로 만든 직육면체 모양의 상자를 궤 또는 궤짝이라 부르고, 이 나무 상자 안에 물건을 넣고자 앞판이나 위판을 반으로 갈라 여닫이문을 만들어 집안에서 쓰는 가구로 이용했다. 이처럼 판의 절반을 갈라 문을 만든 궤를 우리는 반닫이라 부르고, 앞판을 갈라 문을 만든 것을 앞닫이 그리고 위판을 갈라 문을 만든 것을 윗닫이로 구분한다. 그렇지만 사람들은 대부분 앞닫이는 반닫이라 부르고 윗닫이는 궤라는 이름으로 더 많이 부른다.

궤는 위판에 물건을 올려놓으면 궤 안의 물건을 자주 꺼내기가 번거롭기에 한번 넣으면 자주 꺼내지 않는 곡식이나 제기 또는 엽전이나 무기 따위를 넣어 두는데, 어떤 것을 넣느냐에 따라 책궤나 돈궤 등의 이름으로 부른다. 궤에 비해 반닫이는 앞에 문이 있으므로 위에 물건을 올려놓아도 문을 여닫기에 지장이 없으므로 집안에서 자주 꺼내 쓰는 물건을 넣어 두는 가구로 널리 이용했다. 이처럼 생활 속에서 널리 사용한 반닫이는 각 지방에서 그 지역에 알맞은 모양으로 만들어 쓰는 중요한 생활 가구가 되었다. 그래서 각 지방에서는 독특한 모양의 반닫이를 만들어 쓰면서 자연스레 그 지방 이름이 붙은 반닫이로 불렸다. 우리나라 북쪽으로부터 남쪽에 이르기까지 평안도, 경기도, 강원도, 충청도,

경상도, 전라도, 제주도 이름에 반닫이를 붙여서 반닫이 이름으로 불렀고, 같은 지방에서도 지역에 따라 다른 특징을 가진 반닫이는 지역 이름을 반닫이에 덧붙여 부르기도 했다. 이를테면 평안도 반닫이에는 평양 반닫이와 박천 반닫이가 있고, 경기도 반닫이에는 강화 반닫이, 남한산성 반닫이, 개성 반닫이 등이 있다.

우리나라 지형은 동서보다도 남북으로 길게 벋어 내린 반도이다. 그러기에 북부 지방은 대륙성 기후의 영향을 많이 받아 겨울에는 추위가 심한 편이다. 북부 지방에 비해 남부 지방에서는 해양성 기후의 영향을 더 많이 받아 여름에 더위가 심한 편이다. 이처럼 지형에 따라 차이가 나는 기후의 영향으로 우리나라 북부 지방과 남부 지방에 사는 사람들의 살림살이도 조금씩 차이가 날 수밖에 없다. 대체로 온돌과 마루를 함께 갖추고 있는 우리 전통 주택 안의 살림살이에서 남부와 북부라는 지방에 따라 공간을 차지하는 궤나 반닫이의 크기와 비례가 다르기 마련이다.

북부 지방의 집에서는 겨울철 추위를 견뎌내고자 창문의 크기를 작게 하고 높이도 높은 곳에 만들었다. 이에 비해 남부 지방에서의 바람이 잘 통하도록 창문은 크게 하고 낮은 곳에 만들었다. 그러다 보니 방 안에 놓는 가구도 북부 지방에서는 높은 창문 아래에 두는 가구의 높이도 따라서 높아지고, 남부 지방에서는 이와 반대로 반닫이의 길이는 길고 높이는 낮아지는 경향을 보인다. 물론 북부와 남부의 중간인 중부 지방에서는 궤나 반닫이의 크기와 모양이 중간 정도라고 할 수 있지만, 그보다 더 뚜렷한 특징을 보이는 것은 가구에 붙인 장석의 모양이나 크기라고 할 수 있다. 북부 지방의 가구에는 비교적 큰 장석을 많이 붙이는데 평안도 반닫이에서 그러한 경향을 찾아볼 수 있다.

그렇다면 남부 지방에 속하는 몇 군데 경상도 지역에서 볼 수 있는 반닫이의 특징은 어떻게 나타나고 있는가? 지역에 따라 다른 모양을 보인다고 해서 그 지역의 반닫이는 꼭 그래야 한다는 것은 아니다. 가까이 붙어 있는 지역끼리 사람과 물건이 쉽게 오가는 만큼 서로 영향을 주고 받으며, 비슷한 모양의 가구를 만드는 경우도 많기 때문이다. 그렇지만 같은 경상도 지역이라도 내륙의 산지 지역과 남쪽 바다에 가까운 지역 사이에서는 반닫이의 모양도 서로 다르게 만들어 쓴다는 것은 지역적인 차이에 의한 것이라고 할 수 있다. 바닷가 지역에서도 교류가 활발한 지역 사이에서는 반닫이의 모양이나 크기 및 문양이 조금은 다르다는 것을 알 수가 있는데, 이것은 그만큼 지역 사이가 가까우면서도 동시에 삶의 모습이 조금이라도 다르므로 나타난 결과라고 할 수 있다.

경상도 남부 지역의 중심 도시로 자리 잡은 진주는 지역 사이에서 경제와 문화의 교류가 많은 곳으로 알려져 있다. 이 지역의 진주 반닫이에 사용한 장석의 문양이 남해 반닫이와 김해 반닫이에서도 나타나는 것으로 보아 이 지역의 문화가 서로 섞이면서 발전했다는 것을 알 수 있다. 더욱이 경상도 남부 지역의 반닫이는 다른 지역의 반닫이보다도 서로 다른 크기와 모양의 것이 많다는 것은 그만큼 이 지역 사람들이 주거 환경과 문화적 특성에 맞추어 생활에 필요한 반닫이를 많이 만들어 사용한 것을 알 수가 있다. 이처럼 경상도 반닫이를 대표할 수 있는 밀양, 진주, 양산, 남해, 김해, 통영 등의 지역에서 만들어 사용한 반닫이는 서로 다른 자연 환경 속에서 지역적인 전통을 만들어 내고 이것을 생활 속의 아름다움으로 발전시킨 조상들의 지혜를 보여 주고 있다.

13장
옛날 냉장고 이야기
석빙고와 옛사람들의 얼음 관리법

🔸 10년도 훌쩍 넘은 오래전 이야기이다. 우리 옛 물건이 좋아서 틈만 나면 고미술상을 찾아다닐 때였다. 오랜만에 가끔 찾는 고미술상에 들렀더니 눈에 들어오는 물건이 하나 있었다. 언뜻 보아 고급 캐비닛 같았지만, 아주 옛날 어렸을 적에 부잣집에서나 보았던 냉장고였다. 겉은 모두 얇은 나무판을 붙여 만들었는데, 세월이 흐르면서 나무에 기름때가 올라 오래된 장롱처럼 귀티가 나는 것이었다. 아주 어렸을 때의 기억 속 고급 냉장고와 닮아서 그랬는지 잠깐이나마 내 마음을 붙잡았다. 오랜만에 마음에 드는 물건을 보았기에, 귀한 물건을 볼 수 있어서 반가웠다는 말과 함께 이런저런 이야기를 사장님과 나누고, 다음에 들러 사진이라도 한 장 찍겠다고 미리 부탁해 두었다.

얼마 후에 다시 고미술상을 찾았더니 사장님이 기억하고는 어처구니가 없는 이야기를 해 주었다. 비교적 덩치가 큰 물건이었기에 바깥에 그대로 놔두었는데, 어느 날 누군가 몰래 가져가 버렸다는 것이었다. 가져간 사람은 고물이라 생각했는지도 모르지만 도둑질일 뿐이다. 아쉬운 마음을 뒤로하고 발길을 돌릴 수밖에 없었지만, 귀하고 예뻐 보였던 그 냉장고의 모습이 아직도 눈에 선하게 남아 있다. 지금처럼 스마트폰을 가지고 다닐 때였다면 그 모습을 사진으로라도 남겼겠지만, 그때는 휴대폰도 없던 시절이라 아쉬운 마음뿐이다.

얼음을 넣어 둔 석빙고

냉장고는 우리가 먹는 음식물을 신선한 상태로 오랫동안 보관하는 것이 가장 큰 목적이다. 우리가 매일 먹는 밥과 반찬을 그대로 두면 마르거나 무르거나 썩어 버린다. 그래서 사람들은 음식 재료를 햇볕에 말려 수분을 줄이거나, 소금이나 설탕으로 절여서 저장하는 방법을 고안해 냈다. 그러나 어떤 방법으로든지 음식물에 손대면 원래의 싱싱한 모습이 변한다. 따라서 음식물을 원래대로 오랫동안 보관하는 방법으로 습기가 빠지지 않게 조심하면서 저온에 놓아두는 방법을 생각해 냈다. 그것이 바로 냉장고 안에 음식물을 보관하는 방법이다.

물론 냉장고가 오래전부터 있던 것은 아니다. 옛사람들은 음식물을 그늘에 보관하거나 서늘한 곳에 두면 햇빛에 놔두는 것보다 싱싱함이 더 오래간다는 것을 알고부터 서늘하고 시원한 곳에 음식물을 보관하기 시작했다. 그리고 사람들은 차가운 날씨에 음식물 보관이 잘 되는 것을 알고부터 차가운 온도를 오랫동안 유지하는 방법을 찾아냈다. 겨울

경상북도 청도에 남아 있는 석빙고 모습. 골조가 그대로 드러나 보인다. 필자 촬영 사진.

날씨처럼 차가운 온도를 유지하고자 얼음을 적절히 이용했다. 그리고 겨울에 모아 둔 얼음을 보관하는 집을 짓고, 한여름까지 보관하고자 했다. 이 집이 바로 석빙고(石氷庫)와 같은 얼음 저장고이다.

석빙고는 말 그대로 돌을 쌓고 그 안에 얼음을 보관하는 창고를 말한다. 달리 말하면 돌로 창고를 만들고, 그 안에 얼음덩이를 보관하는 것이다. 석빙고는 돌로 만든 창고이니 적어도 집채만 하거나 그보다 컸고, 여기에 들어가는 돌도 작은 돌이 아니라 바위만큼 큰 돌을 다듬어 썼을 것이다. 큰 돌을 다듬어 바닥을 깔고 기둥을 세우고 벽을 쌓고 천정까지 널찍한 돌을 올려놓았고, 그 밖에도 크고 작은 돌을 깎고 다듬어 커다란 돌집을 지었으니 여기에 들어간 돌도 엄청났을 것이다.

커다란 돌집에 얼음덩이를 넣었으니, 얼음이 녹은 물이 흘러 빠지는 구멍을 만들고, 무엇보다도 얼음이 잘 녹지 않게 낮은 온도를 유지하고자 구덩이를 파고 돌집을 지었다. 이러한 조건을 맞추어 석빙고를 지으려면 비스듬히 경사면에 돌집을 앉히고, 지붕 위에 흙을 덮어 무덤의 봉분처럼 봉긋하게 흙을 쌓고 환기 구멍을 굴뚝처럼 세웠을 터이며, 아래쪽으로 물이 빠져나가는 배수로를 파놓았을 것이다. 이러한 조건을 고루 갖춘 다음에 얼음덩이가 잘 녹지 않도록 열을 차단해 주는 단열재는 생활 속에서 쉽게 구할 수 있는 볏짚이나 왕겨를 이용했다.

조선 숙종 때에 경상북도 청도에 만든 석빙고는 폭 5미터 길이 15미터의 돌집으로 얼음 창고의 전형적인 모습을 보여 준다. 이곳의 석빙고는 흙을 덮은 지붕까지 온전한 모습으로 남아 있는 것이 아니라, 흙더미는 물론 지붕돌까지 벗겨져서 얼음 저장고 안의 모습을 훤히 들여다볼 수 있다. 완전한 모습이 아니어서 찾는 이의 마음을 안타깝게 한다. 마치 자연사 박물관에서 볼 수 있는 커다란 동물의 화석처럼 큰 돌을 쌓아 만든 기둥과 벽 사이를 가로지른 아치 모양의 서까래 돌과 바닥에 깔아놓은 돌까지 그대로 드러나 보이므로, 예전 석빙고가 어떤 모습이었는지 잘 살펴볼 수 있다. 조선 시대에는 요즈음 냉장고 대신에 커다란 얼음 창고인 석빙고를 짓고 겨울에 강에서 얼음을 잘라 그 안에 저장하고 여름까지 이용했다. 이러한 조선 시대의 석빙고 흔적이 전국 6곳에 남아 있다. 서울의 동빙고동과 서빙고동은 석빙고를 중심으로 동쪽과 서쪽에 있는 동네라는 뜻으로 붙인 이름이다. 완전한 석빙고의 모습은 경주 반월성 안에서 살펴볼 수 있다. 사람들이 경주는 신라 시대의 서울이므로 월성 안의 석빙고도 신라 시대 유적으로 잘못 아는 경우가 많다. 이 경주 석빙고는 조선 시대에 만들어 쓴 것이라는 사실은 석빙고

앞에 세워놓은 표지판에도 적혀 있다.

찬 기온을 모아 둔 옛 유적지

조선 시대보다도 오랜 옛날에는 음식물을 어떻게 보관했을까? 대체로 지금과 같은 방법이었는지 아니면 전혀 다른 방법이었는지 의문이 생긴다. 한여름에 수박이나 참외를 시원하게 먹고자 차가운 샘물을 담은 그릇에 넣었다가 더위가 꺾인 한밤중에 식구들이 함께 모여 먹었던 기억도 있다. 물론 더욱 차갑게 하고자 과일을 줄에 매달아 우물 안에 넣기도 했다. 이처럼 더운 여름에 시원한 과일을 먹는다는 것은 예나 지금이나 사람들에게는 커다란 즐거움이다. 이런 식으로 오래전 사람들도 지금의 냉장고를 대신할 만한 장치를 만들어 이용했다.

부여 관북리의 백제 시대 유적지를 발굴하는 과정에서 특이한 모양이 흙 속에서 드러났다. 드러난 유적은 직사각형 구덩이를 깊이 파고, 벽은 일정하게 다듬은 나무로 빈틈없이 짜 맞추었으며, 나무 사이사이에는 진흙을 채워 외부와 통하지 않게 막았다. 이러한 유적이 5개나 발견되었는데, 그 가운데 하나는 돌을 다듬어 만들었다. 돌 안쪽에 나무를 쌓은 것은 다른 것과도 비슷했다. 게다가 이 유적에서는 한 말 이상의 참외 씨를 비롯하여 복숭아와 다래, 머루 등의 과일 씨앗까지 발견되었기에 음식물과의 관련성이 분명하다. 이 유적이 어떤 쓰임새였는지 정확히 알 수는 없지만, 발굴단에서는 이것이 어쩌면 당시에 냉장고 역할을 한 음식물 저장고가 아니었을까 조심스럽게 추정하고 있다.

발굴단의 의견대로 이 유적이 냉장고 역할을 한 저장고였다면 차가운 기운을 어떻게 오랫동안 유지하는지 설명해야 한다. 조선 시대에 만든 석빙고 구조와 비슷한 점이 있는지 알아보아야 하고, 저온 유지 원리와 얼음 이용 방법도 설명해야 한다. 옛날에는 사람들이 얼음을 직접 만들 수 없었으니, 겨울에 강이나 호수에 언 얼음을 잘라다 보관하면서 저온 상태를 만들었을 것이다. 그러자면 아무래도 차가운 기운을 오랫동안 유지하기 위해 어떻게든 독특한 단열재를 찾았을 것이다. 그러자면 얼음 저장고는 외부 공기가 들어오지 않게 잘 막았을 것이다. 저장고 안팎의 공기 흐름을 막고 동시에 안쪽의 찬 기운이 바깥으로 빠져나가지 않도록 가둬 두는 특별한 방법을 찾았을 것이다. 그러기 위해서는 우선 벽에 틈이 없어야 했으므로, 이 유적에서 보는 것처럼 잘 다듬은 나무로 빈틈없이 바닥과 천장을 마감했을 것이다. 나무 사이의 틈에도 고운 점토를 발라 틈을 없앤 것도 공기 흐름을 막는 방법이었을 것이다. 돌로 만든 유적 안쪽을 잘 다듬은 나무로 마감한 것도, 나무가 단열재로 이용되었기 때문일 것이다. 오래전에 서울 풍납동에서 발굴된 백제 시대 우물터에서도 나무 목곽 사이에 고운 점토로 마감하여 물이 스며들지 못하게 막은 흔적이 드러난 바가 있다. 이처럼 외부와 통하는 공기 흐름을 막기 위해 고운 점토를 이용했다고 추측할 수 있다. 이 유적지에 대한 정밀한 조사 결과가 나와야 자세한 내용을 알 수 있겠지만, 음식물 저장과 보관에 대한 옛사람들의 지혜를 살펴보는 자료가 되었다. 만약에 이 유적에서 단열 효과를 높이는 구조가 밝혀진다면, 오래전부터 우리 조상들이 오늘날의 냉장고를 대신하는 저장고를 이용했다는 놀라운 사실을 확인할 수 있다.

얼음 냉장고

조선 시대의 석빙고는 돌로 만든 얼음 창고이니 당연히 집채만큼 큰 규모이다. 그렇지만 요즈음 집에서 쓰는 냉장고는 크기를 줄여 하나의 가구처럼 만들었다. 한편 사람들이 오래전에 집에서 쓰던 냉장고는 지금 냉장고와는 사뭇 다른 모습이다. 다시 말하면 차가운 얼음덩이를 냉장고의 위쪽에 넣어 두어 얼음에서 나오는 찬 기운이 냉장고 안을 돌게 함으로써 냉장고 온도를 낮게 유지하도록 만들었다. 그러자면 냉장고에 차가운 냉기가 오랫동안 남는 것이 무엇보다도 중요하다. 이를 위해 냉장고 안팎을 분리하는 단열재를 잘 선택해야 하는데, 예전에는 냉장고 단열재로 톱밥을 이용했다. 그래서 옛날 냉장고는 톱밥을 가운데 채우고, 겉에는 양철이나 함석으로 감싼 두툼한 마감재로, 3면의 벽과 위아래 천장과 바닥은 물론 여닫는 문까지 만든 이른바 얼음 냉장고였다.

요즈음에는 톱밥이나 벼 껍질을 단열재로 이용한 냉장고를 사용하지 않지만, 사람들이 나들이 갈 때 챙기는 얼음 저장고(보통 아이스박스(ice box)라 부른다.)가 아마도 옛날 얼음 냉장고와 비슷한 물건이다. 요즈음 아이스박스는 스티로폼(styrofoam)을 단열재로 이용한 것으로, 스티로폼은 발포 스타이렌(expanded polystyrene) 수지로 만든 상품 이름으로부터 비롯된 말이다. 옛날에 만든 얼음 냉장고는 더 이상 찾아보기 어렵지만, 고미술품이나 민속품을 파는 골동품점에 가면 운 좋게 만나 볼 수 있다.

얼음 냉장고의 겉모습은 얇은 나무판을 덧대어 만들었기에 얼른 보면 가구처럼 보이지만, 안에는 함석이나 양철로 단열재를 감싸 만들었다. 양철은 주석을 붙인 얇은 철판이라 밝은색이고, 함석은 아연을 입힌 얇은 철판으로 조금 칙칙한 색깔이지만, 이들을 용도에 맞추어 썼다. 옛날에는 집에서 냉장고를 쓰는 것이 일종의 호사였다. 얼음덩이를 구하기 어려웠으므로, 살림이 넉넉한 집에서나 냉장고를 쓸 수 있었다. 그래서 예전에는 학생들의 생활 정도를 조사하는 생활 기록부의 조사 항목으로 자가용, 피아노, 텔레비전, 전축과 함께 냉장고라는 항목이 들어 있었다.

요즈음 우리가 말하는 얼음 냉장고는 예전에 얼음덩이를 넣고 쓰던 냉장고와는 사뭇 다르다. 차가운 공기가 순환되는 통 안에 음식물을 저장하는 냉장고가 아니라, 물을 얼려 만든 얼음을 조각으로 나누어 통 안에 저장하면서, 필요할 때 조금씩 꺼내 쓰는 기계를 말한다. 얼음 조각을 언제든지 꺼내 쓰는 얼음 냉장고는 물론 집에서도 쓸 수 있지만, 그보다 얼음 조각을 많이 쓰는 매장이나 음식점 또는 실험실이나 공장에서 주로 사용하는 자그마한 기계로 얼음을 만드는 제빙기(製氷機)라 할 수 있다.

요즈음에는 어느 집에서나 크고 작은 냉장고 하나쯤은 쉽게 찾아볼 수 있다. 많은 집에서는 냉장고만이 아니라 냉동고나 김치 냉장고까지 준비해 두고 필요한 대로 이용하고 있다. 싱싱하게 보관해야 할 채소나 과일은 신선실이라는 특별한 이름의 냉장실에 보관하고, 얼려서 오랫동안 보관해야 할 고기류는 냉동고에 넣어 보관한다. 물론 먼저 조리할 재료와 나중에 쓸 것을 적당한 양으로 나누어 보관하는 것도 요즘 시대를 살아가는 알뜰한 주부의 식품 보관 요령이자 자연스러운 살림의 지혜이다.

옛사람들의 식품 저장법

도대체 옛날 사람들은 음식물을 어떻게 저장했을까? 아무리 생각해도 궁금하기만 하다. 옛날에는 지금처럼 냉장고가 없었기에 음식물을 저장하는 것은 꿈도 꾸지 못한 것이 아닐까? 그래도 문화 인류학자는 원시 시대 사람들이 어떠한 방법으로 먹을거리를 준비하고 보관했는지 알아보고자 애쓰고 있다. 만약에 냉장고 같은 여러 가지 기구와 도구를 이용하는 현대인들이 옛날로 돌아가 생활한다면 어떤 방법을 생각해 낼 수 있을까? 그에 대한 답을 얻기 위해 학자들은 사람들의 발길이 닿지 않은 지역을 찾아가 오랫동안 옛날부터 살아온 방법대로 사는 사람들의 생활을 살펴보는 연구를 수행하고 있다.

지금으로부터 100년도 훨씬 전인 1900년에 러시아의 민족지학자인 블라디미르 요첼손(Vladimir Jochelson)이 미국 자연사 학회가 후원한 연구를 수행했다. 그의 연구는 한마디로 그때까지 철기 시대 삶을 사는 부족의 생활을 기록으로 남기는 작업이었다. 요첼손의 연구 대상이었던 부족은 캄차카 반도의 삭막한 환경에서 살고 있던 코랴크(Koryak)족이었다. 이들은 산과 들판 그리고 해안에 이르는 넓은 지역을 돌아다니면서 춥고 배고픈 상황에 내몰린 채 먹을거리를 채집했고, 때로는 순록과 바다표범 등의 동물을 사냥하며 살아가는 사람들이었다.

어려운 환경에서 살아가는 코랴크 족의 삶을 살펴보면 빙하기 수렵 채집인들이 어떻게 살았는지 이해할 수 있는 실마리를 엿볼 수 있다. 누구나 살기 위해 가장 중요한 것은 무엇보다도 음식물을 어떻게 확보하는 것인가이다. 다음으로 중요한 문제는 어렵게 확보한 음식물을 오랫동안 보관하느냐이다. 열악한 환경 속에서 살아남기 위해서라면 어렵게 확보한 음식물을 오랫동안 보관하는 방법을 당시 사람들은 알아야만 했다. 비록 이들이 채집한 크고 작은 열매라 하더라도 한꺼번에 모두 먹어 버리는 것은 아니었다. 이들이 생각해 낸 음식물의 보관 방법은 얼음 구덩이를 깊게 파낸 뒤에 그 안에 분홍바늘꽃(*Epilobium angustifolium*) 같은 나물을 넣어 두고 기나긴 겨울 동안 조금씩 꺼내먹는 것이었다.

길고도 추웠던 빙하기를 어렵사리 넘기고 가까스로 살아남은 사람들도 이와 비슷한 방법으로 먹을거리를 갈무리했을 것이다. 수렵과 채집을 하며 살던 구석기 시대 사람들이 어떻게 살아남았는지 알아보려는 고고학자도 1만 5000년 전에 살던 사람들의 생활터에서 이런저런 증거를 찾아냈다. 1년 내내 대부분이 얼어 있는 지역에서 살던 사람들의 생활 흔적 속에서 코랴크 족이 사용한 것과 비슷한 저장 창고용 구멍 흔적을 찾아냈다. 이러한 사실을 근거로 옛날 사람들도 음식물을 오랫동안 보관하는 방법과 기술을 찾아내어 이용했다는 것을 알 수 있으며, 이러한 지혜를 찾아내는 것이 그들이 살아남기 위한 필수적 조건이었다는 것을 새삼 느끼게 된다.

한편으로 생각하면 요즈음 사람들이 냉장고나 냉동고를 이용하는 것도 옛날부터 사람들이 살아남기 위해 꼭 필요한 기술이 이제는 생활을 여유롭고 편하게 해 주는 부수적인 기술이 아닌가 생각해 본다. 음식물의 저장이 그만큼 중요하다는 사실은 지금도 유효하지만, 오래전에 살던 사람들이 얼음 구덩이를 파고 음식물을 보관했다는 사실은 그야말로 자연 환경에 맞추어 삶을 지켜 온 옛사람들의 대단한 지혜로 볼 수 있다. 더욱이 이처럼 유용한 삶의 지혜는 옛날부터 지금까지 끊이지 않고 이어져 내려오고 있다. 우리 생활 주변에서 조금만 더 생각해 보고 또 살펴보면 옛날부터 전해 오는 여러 가지 삶의 지혜를 여기저기에서 찾아볼 수 있다.

대표적인 것인 이른바 조화로운 삶(Living the Good Life)을 찾는 사람들이다. 이는 미국의 스콧 니어링(Scott Nearing)과 헬렌 니어링(Helen Nearing)의 생활 정신을 이어받아 지키려는 사람들이 만든 모임이다. 이들이 말하는 조화로운 삶이란 현대 문명의 이점을 버리고 옛날 방식을 고집하는 것이 아니다. 어떤 것이 정신과 건강에 좋은 생활인가를 찾아 자신들의 삶에 이용하려는 맑은 생각을 담고 있다. 조화로운 삶을 찾는 사람들은 스스로 몸을 움직여 먹을거리를 기르고 생활에서 호사를 잊은 채 남는 시간 동안 건전한 생각을 하면서 정신적으로나 육체적으로 여유를 찾아 즐기며 산다는 쉽고도 단순한 뜻을 지키고 있다.

자연 속에서 깨끗한 마음으로 살려는 사람들의 생활에서는 자연 그대로의 환경을 이용하는 경우가 많다. 하나의 예를 들자면 여름부터 가을까지 정성껏 기르고 수확한 농산물을 지하 저장고에 보관해 두고 조금씩 꺼내먹는 방법을 지킨다. 아무래도 땅속은 온도 변화가 크지 않으므로 그만큼 오랫동안 식품을 보관할 수 있기 때문이다. 더욱이 여러 종류의 과일이나 뿌리 음식물은 상자에 담아 두는 것보다, 먼저 톱밥이 든 상자에 넣고 지하 저장고에 보관하는 방법이 효과적이다. 톱밥이라는 재료는 좋은 단열재이므로 예전의 얼음 냉장고에 이용했던 것과도 같은 의미이다. 이처럼 단순한 재료에 불과한 톱밥을 이용하는 것도 우리 생활 주변에서 얼마든지 찾아볼 수 있는 살림의 지혜 가운데 하나라고 할 수 있다.

냉장고의 원리

우리가 잘 아는 것처럼 물질은 고체, 액체, 기체 상태로 존재하는데, 상태가 바뀔 때 열을 받아들이거나 내놓는다. 예를 들어 얼음이 녹아 물이 되거나 물이 증발하여 수증기가 될 때는 열을 흡수한다. 이와 반대로 수증기가 액화하여 물이 되거나, 물이 얼어 얼음이 될 때는 열을 내놓는다. 고체가 액체로 바뀔 때 흡수하는 열이 액화열이고, 액체가 기체로 바뀌며 흡수하는 열이 기화열이다. 더운 날씨에 물을 몸에 바르면 시원하게 느끼는 이유는 물이 차가워서가 아니라 물이 증발하면서 피부의 열을 빼앗기 때문이다. 물보다 끓는점이 낮은 에탄올을 몸에 바르면 물을 발랐을 때보다 더 시원한 이유는 에탄올의 분자 사이에 작용하는 인력이 물보다도 약해 증발이 더 잘 일어나서 더 많은 열을 빼앗기 때문이다.

얼음 냉장고 윗칸에 얼음덩이를 넣는데, 얼음이 천천히 녹아 물로 바뀌면서 열을 빼앗아 차가운 공기가 만들어져 이것이 대류 현상으로 아래로 내려가면서 냉장고 안을 차갑게 유지하는 것이 얼음 냉장고의 간단한 원리이다. 차가운 공기는 아래로 내려가고 따뜻한 공기는 위로 향하는 이른바 공기의 대류 현상을 이용하는 냉장고에서 차가운 얼음을 윗칸에 두는 것은 당연한 일이다. 이처럼 얼음 냉장고의 원리는 얼음으로부터 얻은 차가운 공기를 순환시켜, 냉장고 온도를 차게 유지하는 방법을 이용한 것이다. 그래서 얼음 냉장고에는 항상 차가운 얼음덩이를 충분히 넣어 주어야 하고, 찬 기운을 오래 유지하고자 냉장고의 벽과 문은 효과적인 단열재를 찾아 이용한다.

요즈음 가정에서 쓰는 냉장고는 예전의 얼음 냉장고가 아닌 전기 냉장고이다. 전기 냉장고의 기본 원리는 얼음 냉장고의 원리와 크게 다르지 않지만, 시간이 흐르면서 사람들이 효과적인 방법과 기술을 찾아낸 것이다. 얼음이 물로 바뀔 때 필요한 액화열보다 물이 수증기로 바뀔 때의 기화열이 훨씬 크기 때문에 냉장고 냉매로 고체인 얼음보다 효과적인 액체를 찾고자 했다. 처음에는 사람들이 에테르의 기화열을 이용하는 냉장 장치를 만들려고 했다. 그러다가 사람들은 에테르보다도 냉장 효과가 좋은 물질을 찾으면서 더 좋은 장치를 고안해 냈다. 그것은 기체를 고압으로 압축하면 액체가 되는데, 이 액체가 기화하면서 더 많은 열을 빼앗는 효과적인 냉장 장치를 만들어 낸 것이다.

기체를 고압으로 압축하면 액체가 되고, 이 액체가 기화하면서 열을 빼앗는 효과적인 냉장 장치에서는 액화와 기화가 끊임없이 반복되어야 한다. 물론 냉장고의 냉매로 쓰이는 물질이 그대로 냉장고 안에 노출되어서는 곤란하므로, 사람들은 특별한 그릇을 만들어 그 안에 냉매를 담는 방법과 기술을 찾아냈다. 또한 사람들은 액체 냉매가 기체로 바뀌고 다시 기체가 액체로 바뀌는 과정이 쉽게 반복되는 장치를 만들었다. 액체가 기체로 바뀌면서 열을 빼앗는 부분은 냉장고 안에 두고, 장치 안에서 기체가 다시 액체로 될 때 열을 내놓는 부분은 냉장고 바깥에 두도록 만들었다. 이렇게 냉장고 안과 밖으로 나뉜 두 부분을 하나로 연결하는 관을 만들었고, 관을 통해 흐르는 냉매는 냉장고 안에 노출될 위험도 그만큼 줄어들기에 안정성도 높아졌다. 물론 관을 흐르는 기체를 모아 다시 액체로 되돌리는 장치는 전기를 이용하면서 사람들은 그야말로 새로운 냉장 장치를 개발해 냈다.

　냉장고가 잘 유지되려면 냉매가 기체가 되고 다시 액체가 되는 과정이 끊임없이 반복되어야 하는데, 이를 위해 냉장고에는 압축기와 응축기 그리고 모세관을 통해 증발기로 이어지는 네 부분의 구조가 하나로 이루어졌다. 냉장고의 기본 구조 가운데 냉장고 바깥에 자리한 압축기는 전동기의 힘으로 냉장고 안에서 기체로 바뀐 냉매를 고온과 고압 상태로 압축시켜 준다. 사람들이 컴프레서(compressor)라고 부르는 압축기는 냉매를 압축시켜 쉽게 기화하도록 준비하는 단계이다. 증발기로부터 넘어오는 저압의 냉매는 고압 상태가 되어야 비로소 냉장고 안을 잘 순환할 수 있으므로, 압축기는 전동기 힘으로 냉매를 압축하여 순환시킨다. 냉매를 압축시키는 압축기는 우리 몸의 심장과 같으며, 압축기에서 압축된 냉매는 약 섭씨 80도의 고온과 고압 상태이다. 가끔 냉장고에서 윙 소리가 나는 것은 바로 압축기가 작동할 때 나는 소리이다.

　압축기에서 나온 고온 고압의 기체 상태인 냉매가 응축기를 지나면서 액화되어 섭씨 40도 정도로 온도가 낮아진 액체로 바뀐다. 기체가 액체로 바뀔 때는 많은 열이 나오므로 응축기는 열을 잘 발산시키는 구조이지만, 항상 냉매가 순환하므로 뜨거운 상태여서 냉장고 뒤편이 뜨거운 이유를 알 수 있다. 응축기를 지난 냉매는 여전히 고압이어서 끓는점이 높아 여전히 기체로 바뀌기가 어렵다. 그래서 압력을 낮춰 주는데, 유체 속력이 빠르면 압력이 낮아지고 느리면 압력이 높아지는 베르누이의 원리에 따라 굵기가 가느다란 모세관으로 냉매를 통과시키면 냉매의 압력이 낮아져 차가운 냉매로 바뀔 수 있다. 모세관을 지나면서 저온 저압의 액체 상태로 바뀐 냉매는 증발기로 들어가 주변에서 열을 빼앗아 기체 상태로 바뀐다. 그러는 사이에 냉장고 온도를 급속히 떨어뜨려 냉장고 안을 차갑게 만들어 준다. 그런 다음에 기체로 바뀐 냉매는 증발기에서 나와 다시 압축기로 되돌아가기를 반복한다. 이렇듯 냉장고는 전기 힘으로 압축기를 작동시켜 냉매를 순환시키면서 기화열과 액화열을 이용하는 전기 기구라 할 수 있다.

전기 냉장고 안의 냉매

사람들은 액화와 기화 과정이 반복되는 냉장 장치에서 사용할 수 있는 새로운 냉매로 암모니아 기체를 찾아냈고, 1913년에 미국에서 암모니아 냉각제를 사용한 최초의 가정용 전기 냉장고를 만들었다. 그 후로 사람들은 냉장고에 쓰이는 냉장 장치와 효과적인 단열재를 끊임없이 발전시키면서, 가정에서 편리하게 쓰는 냉장고를 만들었다. 이전에는 냉장고의 냉매로 암모니아를 비롯하여 이산화황이나 염화메틸 등을 이용했으나, 이 물질들이 인체에 해로운 독성을 가졌고, 인화성과 부식성이 높고, 자극성이 있으며, 악취를 발생하고, 환경 오염을 일으키는 등의 여러 가지 문제가 있었다. 그래서 사람들은 이러한 문제를 해결하고자 대체 기체로 프레온(Freon, R-12)을 발명했는데, 프레온은 탄화수소의 플루오린화 유도체로 미국 듀폰 사의 상품명이 일반화된 것이다.

새로운 냉매인 프레온 기체(CFC-11)는 냉장고와 에어컨의 냉매로 널리 사용되었으나, 프레온 기체가 지구 오존층을 파괴하는 물질로 밝혀지면서 더 이상 사용하기 어려워졌다. 그리하여 1987년부터는 몬트리올 의정서에 따라 프레온 기체를 더 이상 사용하지 않기로 약속했으며, 2010년 이후 프레온 기체 생산과 사용이 전면적으로 금지되었으며, 현재는 프레온 기체의 대체 용매를 사용하고 있다. 얼마 전에 발표된 연구에 따르면 지구 대기 중에 프레온 기체 성분이 갑자기 늘어났는데, 국제 공동 연구로 추적해 보니 중국 동북부에서 배출한 사실이 밝혀졌다. 프레온 기체의 연간 배출이 갑자기 7,000톤가량 늘어난 것은 전 세계 증가량의 40~60퍼센트 정도이고, 이것은 오존 사무국에 보고되지 않은 생산과 소비의 결과로 보았다. 프레온 기체의 배출은 생산 과정뿐만 아니라 초기 충진 과정에서 나오므로 프레온 기체 배출지가 생산지와 반드시 일치하지는 않는다. 그러므로 지금까지 늘어난 프레온 기체 증가량은 생산량의 일부일 가능성이 있고, 더 나아가 새로운 사용 과정에서 프레온 기체가 더 많이 배출될 수도 있다고 한다. 이미 우리나라에서는 프레온 기체를 대신해서 가정용 전기 냉장고의 경우에는 R-132a와 천연 가스 이소 부탄(R-600a)을 대체 냉매로 사용하고 있다. 이처럼 사람들은 생각을 거듭하면서 생활에 필요한 여러 가지 좋은 물건을 만들어 내고, 잘못된 부분에 대해서는 더 이상 만들지 않거나 사용하지 않는 행동을 보이며, 또 다른 대체물을 만들어 내는 지혜를 꾸준히 발휘하고 있다.

한편 냉장고에서 쓰이는 냉각 방식에는 직접 냉각식(직냉식)과 간접 냉각식(간냉식) 두 가지 방법이 있다. 직냉식은 냉각기가 냉장고 안에 노출된 채로 들어 있는 방식이고, 간냉식은 냉각팬을 이용해 차가운 공기를 순환시키는 방식이다. 직냉식 냉장고에서는 냉각판 주변으로 성에가 잘 끼지만 소비 전력은 적고, 간냉식 냉장고에서는 성에가 덜 끼는 대신에 소비 전력이 더 많다. 물론 직냉식 냉장고의 냉각 성능이 간냉식 냉장고보다 높다. 또한 냉장고 안에는 온도 센서를 붙여 놓아 냉장고 안의 온도가 정해 놓은 범위 안에 들어가면 자동적으로 모터를 정지하도록 하고, 서리를 제거하기 위해 자동 제어 장치를 연결하는 등의 방법으로 냉장고의 효율을 높이고 있다.

어쨌거나 냉장고는 공간을 차갑게 유지해서 음식물이 상하지 않게 오랫동안 보관하는 장치이다. 얼음 냉장고는 냉매로 얼음을 이용하므로 효율이 낮지만, 그래도 아무 곳에서나 쓸 수 있는 장점이 있어 사람들은 지금도 휴대용으로 많이 이용한다. 얼음 냉장고와 달리 전기 냉장고는 얼음 대신에 액체 냉매를 기체로 바꾸면서 나오는 기화열을 이용하고, 기체를 다시 액체로 연속 재활용하는 전기 장치이므로 효율이 높아 사람들은 가정과 업소에서 즐겨 사용한다. 요즈음 사람들이 즐겨 쓰는 전기 냉장고는 냉장고 바깥에 열을 발산시키는 장치가 있으므로, 꽉 막힌 구석보다 바람이 통하는 곳에 놓고 열기를 빼 주거나 벽에서 떼어 간격을 벌려 주는 등의 주의를 기울여야 한다. 한편 냉장고의 냉동실 안 냉각판 주변에 낀 성에나 얼음을 제거할 때는 절대로 날카로운 송곳이나 칼을 이용하지 말고, 더운물이나 헤어드라이어의 더운 공기로 녹여내는 인내심이 필요하다. 이처럼 간단한 몇 가지 방법은 요즘 시대를 사는 현대인들에게 정작 필요한 살림의 지혜인 셈이다. 예전과 달리 시대가 바뀌면 그만큼 삶에 필요한 지혜도 새롭게 바뀐다.

하나 더, 석빙고는 얼음 저장고

모든 음식물에는 우리 몸에 필요한 여러 가지 영양분과 함께 많든 적든 물까지 들어 있다. 사람들은 하루도 거르지 않고 음식물을 먹어 잘 소화하여 힘을 얻고 살아간다. 마찬가지로 눈에 보이지 않는 미생물도 살기 위해 우리가 먹는 음식물을 먼저 먹으려고 호시탐탐 기회를 노리고 있다. 그래서 사람들은 우리가 먹는 음식물을 미생물의 침입으로부터 지켜 내고자 여러 가지 노력을 기울인다. 그 가운데 하나가 저온 상태를 유지하는 냉장고 안에 음식물을 보관하는 방법을 알았다. 그러자면 추운 겨울에 물이 얼어 만들어진 얼음을 오랫동안 보관하는 방법을 찾아내어 직접적으로나 간접적으로 음식물과 함께 이용하고자 했다.

돌로 만든 얼음 저장고인 석빙고는 오래전부터 우리 선조들이 찾아내어 생활에 이용한 지혜의 결과물이다. 우리 선조들이 석빙고를 언제부터 사용했고 또한 어떻게 만들었는지 우리가 그동안 눈여겨 살펴보지 않았던 내용을 꼼꼼히 따져보는 것도 필요하다. 더 나아가 예전의 석빙고가 요즈음 우리가 사용하는 전기 냉장고나 얼음 냉장고와 얼마나 닮았는지 그리고 어떻게 얼음 저장고 역할을 했는지 비교해 보는 것도 필요하다. 과학사 학자 김상협 외 다섯 사람의 저자가 발표한 「조선 후기 석빙고 홍예 구조와 조성 방법 연구」라는 제목의 논문에서 조선 시대에 사용한 석빙고에 대한 전반적인 내용과 더불어 석빙고를 어떻게 만들었는지 그 구조에 대한 설명이 실려 있어, 우리가 미처 가늠해 보지 못한 내용을 이해하는 데에 많은 도움을 주고 있다.

우리나라에서는 오래전 삼국 시대부터 곳곳에 얼음을 보관했다는 기록이 『삼국사기』나 『삼국유사』에 남아 있는 만큼 긴 얼음 보관의 역사가 있다. 지금까지 전해온 얼음 보관 창고, 즉 빙고(氷庫)가 전국에 걸쳐 있었다는 것은 고지도에 남아 있는 빙고의 위치로 확인할 수 있는데, 읍지도나 여지도에서 확인한 바로는 서울을 제외하고 전국의 관아 근처에 빙고를 세웠다고 하며, 그 숫자는 31곳에 이른다. 그렇지만 지금까지 남아 있는 빙고는 조선 시대 후기에 세웠거나 보수한 것으로 모두 6곳에 불과하며, 경주, 안동, 영산, 창녕, 청도 그리고 현풍으로 이 모두가 영남 지역에 남아 있다.

지금까지 남아 있는 돌로 만든 빙고, 즉 석빙고의 일반적인 모양은 땅 밑으로 얼음 방을 만들고, 옆에는 벽을 쌓은 다음에 홍예(虹蜺)라는 무지개 구조물을 올려놓아 공간을 만들었고, 그 위로는 흙을 얹어 지붕처럼 덮었고 여기에 잔디를 심어 관리하기 편하게 했다. 이러한 석빙고의 구조는 지붕 흙의 무게가 홍예에 전달되고, 이 무게를 떠받치는 모양으로 오랜 시간을 버텨 왔다. 이같이 반지하 상태의 얼음 방을 만드는 홍예 구조가 어떻게 힘을 받으며 지붕 무게를 떠받치는지 구조적인 특징을 살펴보고 있다.

석빙고의 얼음 방바닥은 박석이나 자갈을 깔아 얼음이 녹은 물이 바닥으로 스며들게 했고, 입구 반대쪽 경사진 끝부분에 배수로를 만들어 물이 바깥으로 나가게 했다. 빙고 안에는 재목이나 짚 또는 솔가지 등을 넣어 얼음을 효과적으로 저장했다. 얼음 방 벽은 자연석에 가까운 깬돌과 잘 다듬은 장대석으로 수직에 가깝도록 쌓았고 일정한 높이에 홍예 받침돌을 놓고 홍예를 올렸다. 얼음 방 천장에는 홍예 사이에 장대석이나 판석을 걸치고, 그 위에 잡석과 자갈을 깔고 석회를 섞은 진흙을 깔아 일정한 두께로 다졌다. 홍예에 걸친 판석 구간에 환기구를 만들어 여름에 습기를 빼고 겨울에 냉기를 가두었는데, 위에는 지붕돌을 얹어 햇빛이나 빗물이 들지 않도록 했다.

석빙고의 출입구에는 입구돌과 문지방돌을 놓아 바깥 공기가 바로 들어오는 것을 막았고, 열 손실을 막는 이중 구조를 갖췄다. 아마도 입구에는 돌판이나 나무판으로 문을 달았을 터인데, 지금까지 남아 있는 것은 없다. 석빙고 안의 온도를 일정하게 유지하고자 땅에서 2~3미터를 파낸 반지하에 얼음 방을 앉혔다. 이것은 대류 현상을 이용한 것으로 땅 아래쪽에 저장한 얼음이 오랫동안 남아 있도록 한 것이다. 혹시나 더운 공기가 안으로 들어오기라도 한다면 환기구를 통해 바깥으로 나가도록 만들었다. 겨울철 땅속의 돌은 섭씨 10~15도를 유지하는데, 석빙고 벽의 온도는 섭씨 0~5도까지 내려가 효과적으로 얼음을 저장하도록 했다. 화강암의 열전도율이 1.87로 진흙이 0.6인 것에 비해 3배나 효과적으로 얼음을 저장할 수 있다.

석빙고에서 중심을 이루는 구조인 홍예는 무지개 모양으로 출입구 위쪽의 무게를 지탱하고자 쐐기 모양의 돌이나 벽돌을 둥글게 쌓았다. 홍예는 대부분 원이나 타원 모양이지만 여러 가지 조합에 따라 모양이 다르게 만들어진다. 홍예는 바닥으로부터 홍예 받침돌까지 일정한 높이로 돌을 쌓고, 그 위에 홍예를 틀어 올리거나 아니면 아예 바닥에서부터 홍예를 틀어 올리기도 한다. 홍예의 모양은 크게 나누어 두 가지가 있는데, 둥그런 모양의 기둥 중심이 하나인 것과 기둥 중심이 둘인 것으로 구분한다. 석빙고의 구조는 간단히 말하자면 터널 모양의 구조인데, 석빙고 전체에 홍예를 틀어 올리지 않고 3칸에서 5칸으로 홍예를 틀

경주 석빙고 사진을 담은 일제 강점기 엽서. 깊이 56척, 높이 18척이라고 표시되어 있다. 사진 출처: 국립 민속 박물관.

어 올리고, 이것을 목구조의 보와 같이 뼈대로 삼아 홍예 사이에 기다란 판돌을 건너질러 얹어 놓은 모양이다. 그리고 홍예의 윗부분은 잡석이나 자갈을 얹고 그 위에 흙을 깔거나 널찍한 판돌을 깔아 마감했다.

지금까지 우리나라에 남아 있는 석빙고 여섯 곳 모두가 비슷한 구조를 보여 준다. 우선 모든 석빙고가 반지하 구조를 갖추었고, 중심을 이루는 얼음 방은 바닥을 경사지게 만들어 배수가 잘되게 했으며, 폭에 비해 길이를 길게 만들었는데, 폭을 넓히기보다 길이를 늘이는 방법으로 얼음을 저장하는 공간을 확보했다. 또한 모든 석빙고가 반원 모양의 홍예를 기본으로 하면서, 일정한 간격으로 홍예를 올리고, 그 사이로 널찍한 판돌을 얹었다. 석빙고 지붕에서는 환기구를 뺀 나머지에 잡석과 자갈을 채우고, 강회를 섞은 진흙을 일정한 두께로 덮었으며, 지붕 흙에

잔디를 심어 석빙고의 유지와 관리가 편하게 했다. 또한 석빙고의 특별한 구조인 홍예는 병렬식으로 설치하면서 기본 뼈대를 이루고 있는데, 이것은 돌다리나 성문에서 보이는 홍예 구조와는 많은 차이점을 보인다. 또한 홍예의 구조는 불국사 청운교, 백운교에 나타난 홍예와 비교할 때, 우리나라의 오래된 석조 건축물에서 볼 수 있는 것처럼 오랜 역사와 특수한 구조를 보여 주는 매우 중요한 자료가 된다.

5부 사랑으로

14장
모자의 민족
의관정제(衣冠整齊)의 마무리

요즈음 젊은이와 어르신들이 필요에 따라 모자를 많이 쓴다. 모자의 쓰임새는 여름에는 강한 햇빛을 가리고 겨울에는 추위를 막는 기본적인 역할이 있지만, 그보다는 오히려 멋으로 쓰는 치레거리(장신구)의 의미가 크다고 하겠다. 한여름에 뙤약볕이 내리쬐는 들판에서 일하는 사람들은 당연히 넓은 챙의 큰 모자를 쓰고 뜨거운 햇볕을 견디고, 야구장이나 골프장에서 경기하는 선수들도 모자를 쓰고 만약의 사고를 대비한다. 또한 편한 복장으로 산이나 들로 나들이 가는 사람들도 알맞은 모자를 골라 쓰고 간다. 그러다 보니 사람들은 누구나 모자를 한두 개씩은 가지고 있다.

모자는 꼭 하나만 고집해서 쓰는 것이 아니라 몇 개의 모자 가운데 적당한 것을 골라 쓰기 마련이다. 그런데 모자는 아무리 오래 쓰더라도 헤어져서 더 이상 쓰기 힘든 경우는 드물다. 사람들은 모자를 잠시 쓰다가 찾지 못하거나 허드레 것인 양 치워 버리는 경우도 많다. 요즈음에는 사람들이 예전과 달리 모자를 그만큼 귀하게 여기지 않는다는 뜻이기도 하다. 사람들이 생각하기로는 모자는 바깥에서 쓰는 것이기에 실내에서는 당연히 벗는 것이 예의라고 알고 있다. 그런데 요즈음에는 가끔 실내에서도 모자를 쓰고 있는 사람들이 있다. 시간이 흐르면서 그만큼 사람들의 모자에 관한 생각이 바뀐 것인지, 모자가 사람을 바꿔놓은 것인지 알쏭달쏭하다는 생각이 들기도 한다.

교복과 학생모의 추억

우리나라에서 학교 교육이 시작되면서 학생들이 입었던 교복은 일제 강점기를 거치고 지금에 이르기까지 학생들이 입는 단체복으로 이어졌다. 학생들이 학교에 갈 때는 아무 옷이나 입는 것이 아니라 모든 학생이 같은 모양의 교복을 입는 것은 예나 지금이나 마찬가지이다. 그렇지만 1983년부터 우리나라에서 시행한 교복 자율화 정책 이전과 이후는 교복의 의미와 모양에서 상당한 차이가 있다. 학교마다 조금씩 차이 나는 자율화가 이루어지기 전까지 우리나라의 모든 중·고등학교 학생들이 입는 교복은 학교를 구분할 수 없을 정도로 모두가 비슷한 모습이었다.

    예전에 남학생 교복은 어김없이 목테를 따라 짧게 올라온 카라와 금빛으로 빛나는 단추를 목에서 배꼽까지 한 줄로 길게 잠가 채운 모양이었고, 카라 양쪽 끝에 학교와 학년 표시 배지를 달고 가슴에는 학교마다 독특한 이름표를 붙인 검정 윗옷과 검정 바지가 겨울철 교복이었

2. 28 민주 운동 58주년 기념. 옛날 교복 행진. 대구 교육청 자료 사진.

다. 날씨가 더운 여름철에는 흰색의 반소매 남방셔츠와 회색 바지가 기본적인 학생복 모양이었다. 그러니 학생들이 입는 교복은 모두가 같은 모양으로 색깔만 바뀌었을 뿐, 군인들이 입는 군복과 닮은 느낌이었다. 더욱이 학생들은 검은색 챙모자까지 썼으니, 마치 검정 군복을 입는 학생이라 해도 무리는 없어 보였다. 다만 다른 점이라면 총 대신에 가방을 들었다는 것과 어린 나이의 학생이라 체구가 좀 작고 앳된 얼굴을 감출 수가 없다는 정도였다.

그런가 하면 여학생 교복 역시 남학생과 마찬가지로 모두가 한결같다는 점에서 같은 느낌이었다. 흰색 카라를 강조해 덧붙인 푸른색이나 검은색 세일러복의 윗옷과 함께 같은 색깔로 무릎까지 내려오는 치마는 기본이었고, 짧게 자른 단발머리는 여학생들의 상징이 되었다. 학교에 따라서는 조금 길게 기른 머리를 두 갈래 댕기 머리로 묶도록 허용하

14장 모자의 민족   331

기도 했지만, 대부분은 단발머리를 벗어날 수 없었다. 아주 특별한 경우를 제외하면 여학생은 바지를 입을 수도 없는 정도였다. 한 여학교에서는 학생 전체가 꼭지가 달린 빵떡모자를 쓰도록 했는데, 이는 다른 학교 학생들에게 부러움의 대상이 되었다. 당시에는 빵떡모자가 화가들이 즐겨 쓰는 모자로 여겼기 때문이기도 했다.

어쨌거나 학생들의 똑같은 교복은 우리나라에 신문화가 도입되던 무렵에 이화학당 학생들이 치마저고리를 입었고, 배재학당 학생들이 두루마기를 입었던 것이 시작이었다. 일제 강점기에 입었던 군복과 비슷한 모양의 교복이 해방 후에도 그대로 이어졌다. 그러다가 학생들이 입는 교복은 우리나라에서 경제 발전을 꾀하던 시기에 이르기까지 같은 모양이 이어졌기에, 교복은 그런 모양이라고 사람들이 생각했다. 따라서 우리나라 경제가 발전하던 시대상을 그린 드라마에서도 똑같은 모양의 교복을 입은 학생들 모습이 언제나 대표적으로 그려지고 있다. 그래서 당시를 경험하지 않은 젊은 세대들조차 예전의 학생들이 어떤 교복을 입었는지 잘 알고 있다.

예전 중·고등학교 학생들이 입는 교복은 단체복 개념으로 입는 옷이었지만, 점차 시간이 지나면서 학교마다 조금씩 차이가 나는 교복을 허용한 것이 교복 자율화이다. 교복 자율화 정책은 학교마다 나름대로 특징을 살리게 하고자, 당시 교육 담당 부처인 문교부에서 1982년에 두발 자율화와 함께 시작되었는데, 1년간 시범 기간을 거치고 1983년부터 교복 자율화가 본격적으로 시작되었다. 학교에서는 저마다 조금씩 다른 색깔과 모양을 한 교복을 학생들에게 입을 수 있도록 했지만, 한 학교 학생 모두 같은 모양의 교복을 입는 단체복이라는 개념을 떨치지 못한 것이 사실이다. 더욱이 여러 학교에서는 자유복을 교복으로 대체해 보았지만, 학생을 지도하는 부분에서 여러 가지 문제점들이 나타났다. 그래서 교복 자율화를 시행한 후로부터 3년이 지나지 않아 대부분의 학교에서는 지금과 같은 다양한 모양의 교복을 입는 방향으로 되돌아갔다. 그런 가운데에서도 학생들의 자유분방한 성격으로는 어떻게 해서든지 자신의 개성에 맞게 조금이라도 변형시킨 교복을 스스로 만들어 입는 것이 학생들의 바람이라고 생각하고 또한 그러한 행동이 유행처럼 이어지고 있다.

모자가 없으면 밖으로 나가지 않은 옛사람들

예전에 중·고등학교 학생들이 입던 교복 차림에서 어김없이 나타나는 것은 남학생이 쓴 모자이다. 물론 남학생이 모자를 쓴 것은 짧은 까까머리를 감추기 위한 것이라 하겠지만, 그보다도 남자는 모름지기 모자를 써야 제대로 옷을 갖추어 입었다는 예전부터 내려온 생각에서 비롯되었다고 할 수 있다. 옛날부터 사람들은 옷을 바르게 입은 다음에 반드시 모자를 바르게 쓰는 것을 강조했고, 이렇게 모자까지 바르게 써야 비로소 사람답게 갖춰 입었다고 모두가 생각했다. 그러기에 우리가 자주 쓰는 의관정제(衣冠整齊)라는 말이 그저 아무렇게나 나온 말이 아니라 오래전부터 우리가 사는 동안에 전통적으로 전해 오는 하나의 의식이었음을 알 수 있다.

우리가 오래전부터 이 땅에 살면서 자연 환경에 맞추어 옷을 지어 입고 나들이할 때는 어김없이 갓이라는 오늘날의 모자를 썼다. 물론 집에 머물러 있더라도 외출용 모자인 갓만 쓰지 않았지, 상투로 머리를 정리했고 그 위에 간단한 망건을 쓰거나 정자관이라는 모자를 썼다. 남자들이 상투를 트는 것은 장가를 가서 어른이 되었다는 사실을 당당히 밝히는 것이었고, 장가를 가기 전에는 머리가 길어도 상투를 틀 수 없어 긴 머리를 하나로 묶어 댕기머리를 했거나, 나이가 많으면 그냥 더벅머리로 지내는 경우가 많았다.

남자 어른을 나타내는 상투는 길게 자란 머리카락을 모아 위로 올려 정수리 위에서 돌돌 감아 묶은 머리 모양을 말하는데, 정수리 위로 올려 빗은 머리카락을 감아 뾰죽하게 만들고 거기에 동곳을 꽂아 고정한 다음 망건(網巾)을 썼다. 동곳은 금이나 은 또는 동과 같은 금속이나 나무나 뿔 등으로 만든 물건으로 머리카락을 고정하면서 장식적인 효과까지 갖추었다. 물론 장식 효과를 기대하지 않는다면 간단히 머리카락을 헝겊으로 둘둘 말아 묶는 경우도 많았다. 상투를 틀 때 머리카락이 흘러내리지 않도록 고정하기 위하여 말총으로 10센티미터가량 그물처럼 짠 것을 머리에 두르고 연결된 끈으로 묶은 것이 망건이다. 망건을 쓰는 이유는 머리카락이 얼굴로 흘러내리지 않도록 이마 둘레까지 눌러준 것이고, 바깥 나들이할 때 쓰고 나가는 갓의 받침이 된다.

남자들이 집안에 머무를 때는 상투머리에 망건을 쓰는 것이 대부분이지만, 말총으로 길게 줄을 세워 만든 탕건(宕巾)을 망건 위에 덮어쓰기도 한다. 탕건은 갓 아래에 받쳐 쓰는 건(巾)이지만, 탕건은 망건과 함께 흘러내린 머리카락을 감싸고 상투를 가리기 위한 것이며 망건의 덮개이자 갓의 받침으로 사용했다. 게다가 조선 시대 사대부층에서는 집에서 상투머리로 있는 것을 상스럽게 여겼다. 그래서 평상시에도 집에서는 관을 대신하여 탕건을 썼으며, 집안에서 탕건만을 쓰고 손님을 맞이하기도 하고, 외출할 때는 갓 아래 받쳐 쓰기도 했다. 또한 사대부 집에서는 평소에 집에서 갓을 쓰고 지내기 불편했기에, 탕건 위에 산(山) 자 모양의 정자관(程子冠)을 덮어썼다. 물론 정자관은 갓 대신으로 집에서 썼으며, 그러다가 나들이할 때는 정자관을 벗고 탕건 위에 갓을 쓰고 나갔다. 이처럼 옷을 차려입고 갓을 쓴다는 것은 나들이용 옷차림이라고 생각했기에, 이처럼 제대로 된 차림새를 갖추어 입는 것을 의관정제라고 부르는 것이다.

한편 옛사람들의 상투머리를 떠올릴 때마다 머리숱이 많거나 적은 사람들은 어떻게 감당했을지 생각해 보며 조금 의아한 느낌이 들 때가 있다. 아마도 옛날에는 요즈음처럼 머리숱이 적은 대머리에 대한 걱정이 적었을 것이다. 이발소에서 경험 많은 이발사와 이런저런 이야기를 나누다가 상투에 관한 이야기도 들어볼 수 있었다. 상투를 틀 때는 '백호친다.'고 하여 머리 한가운데 정수리 부분의 머리를 깎아내고, 나머지 머리만 빗어 올려 상투를 튼다고 말해 주었다. 이런 방법으로 상투를 트는 것은 많은 머리카락이 정수리에 모이면 머리에서 땀이나 열의 발산이 어려워 더운 여름철에는 견디기 힘들므로, 사람들이 상투를 틀 때 열을 발산시키기 위한 방법을 찾아낸 것이었다. 부모님으로부터 물려받은 몸을 훼손할 수 없다고 하면서 1895년 을미 개혁 때에 내린 단발령(斷髮令)을 반대하던 그 시대 사람들도 상투의 단점을 보완하고자 머리카락 일부를 잘랐다는 사실을 알게 된다면 요즘 사람들이 어떤 느낌인지 궁금하기도 하다.

위는 상투 위에 쓰던 상투관이고, 아래는 상투를 튼 머리에 쓰던 탕건이다. 두 사진의 축적은 다르다.
사진 출처: 상투관 국립 민속 박물관, 탕건 국립 고궁 박물관.

우리나라에서 사람들이 머리카락을 짧게 자르기 전까지는 남자나 여자나 머리를 길게 기를 수밖에 없었고, 긴 머리카락은 바람에 흩날리지 않도록 잘 가다듬어야 했다. 남자들은 상투를 틀어 머리카락을 가지런히 했고, 여자들은 긴 머리를 잘 가다듬어 머리 뒤쪽에 감아올리고 비녀를 꽂아 마감했다. 궁녀들은 머리에 가체(加髢)를 올리고 비녀와 꽃이 및 떨잠으로 장식도 갖추었다. 예전에는 이처럼 남자와 여자 모두 머리 손질에 많은 정성을 기울였다. 물론 머리카락을 자르는 일이 그리 어렵지 않은 지금도 자른 머리에 대해서 신경 쓰는 정도는 예전이나 지금이나 크게 달라지지 않았다.

요즈음 남자들이 머리를 다듬는 곳이 이발소이고 여자들 머리를 손질하는 곳이 미장원이라고 하지만, 언제부터인가 남자들도 미장원에서 머리를 다듬는 일이 자연스러운 일이 되었다. 아마도 이런 상황이 조금 더 계속되면 남자들 이발소는 살아남지 못할 것이라고 나이 든 이발사들은 말한다. 지금까지 이발소를 운영하는 이발사들은 모두가 20~30년 이상의 경력을 지녔으며 자신들이 손을 놓으면 더 이상 물려받을 사람이 없다고 말한다. 어쩌다 이발소가 이처럼 되었는지 물으면 모두가 눈앞의 이익을 바라고 퇴폐 영업을 한 이후로 주부들이 아이들 손을 잡고 미용실로 데려가면서부터 비롯되었다고 말한다. 아마도 이것은 자업자득(自業自得)의 대표적인 사례로 꼽을 만하다. 물론 미용실이라고 해서 파마와 고대 커트라고 하는 전통적인 머리 손질만 하는 것은 아니다. 요즘에는 미용실에서도 머리만 다듬는 것이 아니라 남자들 머리 손질도 하고 피부 관리와 마사지까지 하면서 사업 범위를 넓혀 가며 이익을 추구하고 있다.

남성의 대표적인 외출 모자인 갓. 사진 출처: 국립 민속 박물관.

모자로 추위를 막는다

사람들은 머리카락을 다듬었다고 머리 손질이 끝났다고 생각하지 않는다. 특수 약품으로 머리 모양을 굳히거나 독특한 색으로 머리카락을 물들이기도 하고, 특별한 경우에는 머리카락 일부만 깎아 무늬를 만들기도 한다. 그러다 머리 위에 또 다른 장식으로 모자를 쓰기도 한다. 요즈음의 모자는 예전에 남자들이 쓴 갓에 비할 바는 아니지만, 실용성보다는 오히려 패션용이나 스포츠용 또는 장식용으로 이용하는 경우가 많다.

모자는 날씨가 덥거나 추운 때에 상황에 맞추어 사용할 수 있다. 우리나라 기후에는 뚜렷한 사계절이 있고 그 가운데 더운 여름과 추운 겨울이 있어서, 사람들은 여름에는 강한 햇빛을 가리고자 모자를 쓰고 추운 겨울에는 추위를 이겨 내고자 모자를 쓴다. 이처럼 여러 가지 용도로 쓰는 모자는 더위를 피하기보다는 추위를 막고자 더 많이 쓴다고 하겠다. 지구 북반구 끝자락에까지 넓게 자리 잡아 겨울이 긴 러시아에서는 매서운 추위를 이겨 내려면, 사람들은 기본적으로 세 가지 물건을 갖추어야 한다고 말한다. 그 첫 번째가 두껍고 긴 외투이고, 다음으로는 목이 긴 부츠를 신어야 하며, 마지막으로 두꺼운 털모자를 써야만 한다. 긴 겨울 동안 추위를 이기려면 이들 세 가지가 필요하다.

사흘 동안 춥다가 이어지는 나흘은 날씨가 풀린다고 해서 삼한사온(三寒四溫)으로 일컫는 우리나라 겨울 날씨에 사람들은 추위를 이겨 내는 몇 가지 방법을 생각해 냈다. 우선 사람들은 겨울의 추운 날씨에는 당연히 집안에 머무르는 것이 가장 좋다고 하는데, 부득이하게 바깥에

나가야 할 때는 옷을 여러 겹 껴입는 것만으로 충분하지 않으면, 발에는 두꺼운 양말을 신고 손에는 장갑을 끼고 머리에는 모자를 쓰고 나가는 것이 추위를 이겨 내는 방법이라고 알고 있다. 그만큼 모자는 사람들이 장갑과 더불어 겨울의 추위를 이겨 내기 위한 필수품으로 보았다. 사람들이 추위를 이겨 내기 위한 전통적인 옷차림으로 모자는 물론이고, 모자와 비슷한 모양으로 머리에 쓰는 몇 가지 물건을 만들어 이용했다. 그것은 이른바 털모자와 비슷한 남바위나 조바위라 불리는 물건들이다.

눈보라 속을 헤치며 걸어가는 사냥꾼의 머리에 쓴 털모자가 떠오른다. 추위를 이겨 내고자 쓰는 털모자는 털가죽을 띠 모양으로 머리에 두르거나 머리 전체를 감싼 모양이다. 때로는 모자 양옆으로 털가죽을 이어 붙여 귀를 덮게 했으며, 아예 뒷머리까지 덮도록 털가죽을 이어 붙이기도 했다. 그런가 하면 털가죽을 더 길게 붙여 머리에서 어깨까지 덮게 만든 것도 있다. 굳이 사냥꾼이 아니더라도 일반인들도 겨울의 추위를 이기고자 뒷머리는 물론이고 양쪽 어깨까지 길게 내려오는 방한모(防寒帽)를 만들어 쓰기도 한다. 조선 시대에 사람들은 겨울 추위를 이겨 내고자 여러 종류의 방한모를 만들어 사용했는데, 그때는 이 방한모들을 통틀어 난모(暖帽 또는 煖帽)라는 이름으로 불렀다. 난모 가운데 사람들이 많이 사용한 것이 목덜미와 어깨까지 길게 내려오는 남바위였다. 또한 조선 시대 사람들이 썼던 방한모는 귀를 감싼다는 뜻으로 이엄(耳掩)이라 했는데, 성종이 지은 시제(詩題)에 "돈피이엄(獤皮耳掩, 담비 가죽으로 만든 이엄)"이라는 글이 있는 것으로 보아 조선 초기부터 있었다고 본다. 이엄은 다른 말로 바람을 막는다는 뜻으로 풍차(風遮)나 풍채 그리고 어깨를 덮는다는 뜻의 피견(披肩) 또는 호엄(狐掩)이나 호이엄

(胡耳掩)으로도 불렸는데, 조선 시대의 백과사전이라는 『지봉유설(芝峰類說)』에도 "지금의 이엄은 옛날의 피견이다."는 기록이 있다. 이엄은 털가죽과 함께 짙은 색깔의 비단 등으로 만들었으며, 지금까지 남아 있는 조선 후기 유물의 모양으로 보아 눈과 코 부분만 내놓을 수 있도록 했고, 머리 부분과 이마와 볼 그리고 어깨까지 덮을 수 있도록 했으며, 끈이 달려 있어 하나로 묶어 조일 수 있게 했다. 이엄은 우리말 이름의 볼끼, 남바위, 아얌, 조바위, 굴레 등과 마찬가지로 목까지 덮고 볼을 감싸도록 만들어 추위를 막는 방한모 기능을 갖추었다. 그래도 서로 다른 이름을 가진 만큼 방한모들은 모양과 재료에서 조금씩 차이가 나고, 그러다 보니 크기와 기능에서도 덩달아 다른 점이 뒤따를 수밖에 없다. 이를테면 여러 가지 종류의 방한모 가운데 남자들이 쓰는 것으로는 만선두리와 휘항이 있었고, 여자들은 아얌과 조바위를 썼으며, 남바위, 풍차, 볼끼, 굴레 같은 것은 남녀가 공통으로 사용했다.

난모의 하나인 휘항(揮項)은 머리서부터 이마를 덮고 등까지 내려와 추위를 막아 주는데, 이 방한모의 앞뒤와 바깥 가장자리를 담비 가죽인 초피(貂皮)로 둘러 선(線 또는 縇)을 만들었다고 해서 만선두리(滿縇頭里)라 불렀다. 만선두리는 옛 장수들이 무장하면서 쓰는 투구와 닮았다. 남녀가 두루 쓰던 남바위는 '이엄' 또는 '난이'라고도 불렸는데, 일반적으로 수달 가죽을 사용했으나 형편이 어려우면 값싼 족제비 가죽을 썼고 때로는 쥐 가죽도 이용했다. 남바위에 볼을 감싼다는 뜻으로 불리던 볼끼를 덧붙이면 풍차가 되는데, 그 생김새가 딱정벌레의 일종인 풍뎅이와 비슷해서인지 같은 이름으로 부르기도 했으며 더 나아가 남바위까지도 같은 이름으로 부르기도 했다.

우리나라에서 오래전부터 쓰던 대부분의 난모는 머리 위쪽이 트여 있고 볼과 목덜미까지 덮도록 하면서 겹으로 만들었으며 안쪽에는 털가죽을 덧대어 보온 효과를 높였다. 조선 시대 초기만 하더라도 난모는 양반들만 쓰는 것이었으나, 점차 시간이 지나면서 신분을 떠나 문인과 무인을 가리지 않고 남녀 모두가 쓰는 털모자가 되었다. 아마도 추위를 이겨 내기 위한 실용성이 옷차림에 신경 쓰는 겉치레보다 앞섰다고 보아도 좋겠다. 그런가 하면 난모는 머리 위쪽이 뚫려 있는 경우가 많은데, 이것은 아마도 "머리는 차게 하고 아래는 따뜻하게 하라."라는 한의학의 가르침을 따른 것이라고 할 수 있다.

추위를 막고자 머리에 쓰는 난모이지만, 보온 효과를 높이는 실용성과 함께 아름다움을 보여 주는 꾸밈새도 무시할 수는 없다. 특히나 여자용의 난모에는 여러 가지 색실로 수를 놓거나 구슬 등의 장식을 달았는데, 여성용의 조바위와 아얌은 특별히 예쁘고 아름답게 꾸민 것을 볼 수가 있다. 그런가 하면 남자들이 외출할 때는 항상 갓이라는 모자를 쓰기 마련인데. 겨울에는 갓에 바람이 통하므로 추위를 이겨 내기가 어렵다. 그런데 난모는 다행히 머리 위쪽이 트여 있어서 난모를 쓰고 그 위에 갓을 올려 쓰고 끈으로 묶을 수 있으므로 추위를 이겨 내면서 의관을 갖출 수 있었다. 이처럼 머리에 갓을 쓰면서 함께 난모를 착용하고 있는 남자들의 모습은 조선 시대 풍속화에서도 종종 찾아볼 수 있다. 물론 조선 후기의 풍속화나 외국인이 그린 그림을 보면 여자들이 머리에 쓰고 있는 예쁘고 아름다운 쓰개, 즉 여러 종류의 난모를 찾아볼 수도 있다.

화려했던 방한모 문화

조선 시대에는 검은색 갓을 비롯하여 여러 종류의 관모를 썼는데, 이들은 찬 바람을 막을 수 없다는 치명적인 약점이 있다. 그래서 조선의 사대부들과 장인들은 흰옷과 검은 갓의 기품을 살리면서도 추위를 막는 방법을 찾고자 노력했다. 그 결과로 조선 시대 전기에는 얼굴에서 추위를 가장 잘 느끼는 귀를 감싸기 위해 이엄을 만들어 쓰기 시작했다. 그러다 조선 후기에는 귀를 가리는 이엄에서 점점 이마와 볼 그리고 목과 어깨까지 감쌀 수 있는 완모(緩帽)라는 이름의 이른바 방한모를 만들어 쓰기 시작했다.

조선 시대에 사람들이 사용한 방한 도구로는 이엄을 꼽을 수 있다. 이엄은 일종의 귀마개로 추위에 민감한 귀를 덮어 몸을 보호하던 방한구였다 조선 시대에는 사람들이 겨울철에 갓이나 사모 밑에 이엄을 둘렀는데, 관리들도 품계에 따라 이엄에 쓰이는 재료를 달리했다. 이엄은 귀 부분을 가리는 것이기에 조선이나 청나라 사람들이 사용하는 이엄의 기능이나 모양이 크게 다르지 않았다. 청나라에서는 겨울옷의 깃에 털을 붙여 추울 때 깃을 올리면 목뿐만 아니라 볼까지 가릴 수 있었는데, 조선의 저고리 깃은 그렇지 않아 이엄의 길이를 길게 만들어 귀에서 볼을 지나 턱밑까지 감싸 주는 볼끼를 만들어 썼다.

볼끼는 길게 자른 털가죽 안쪽에 비단이나 헝겊을 댄 것으로, 양 끝에 가는 끈을 달아 정수리 부분에서 매도록 만든 방한구였다. 조선 시대 의궤에 '보을지(甫乙只)'나 '보을리(甫乙裡)'라는 말이 나오는데, 헝겊이나 가죽에 선(縇)을 두르고 갸름하게 만들어 두 뺨을 얼러 싸매는 방

1919년 한국을 방문한 영국의 판화 작가 엘리자베스 키스(Elizabeth Keith)가 그린 난모를 쓴 사람들. 국립 민속 박물관 소장 자료.

한구였다. 조선 후기 여인들은 가체라는 큰머리를 올리고 있어서, 날씨가 추워도 머리를 덮을 만큼 큰 방한 용구를 만들어 쓸 수 없었다. 때문에 이러한 한계를 극복하고자 목에서부터 귀와 뺨까지 덮을 수 있는 볼끼를 만들어 사용했을 것이다.

아얌은 겨울에 이마를 가리는 쓰개로 액엄(額掩) 또는 호액(護額)이라고도 하며, 중국의 방한모인 말액(抹額)에 해당한다. 겨울에 부녀자가 나들이할 때 춥지 않도록 머리에 쓰는 아얌은 위가 터져 있어, 이마만 두르게 되어 있고 뒤로는 아얌드림을 늘어뜨린다. 조선 시대 실학자들이 액엄 또는 이엄이라 부른 쓰개는 19세기에 선비들의 사랑방 풍경을 압축해서 그린 「책거리도」에서도 볼 수 있다. 이처럼 액엄은 선비들의 애장품인 문방사우들과 함께 걸려 있고, 그림의 중앙에 있는 것으로 보아 선비들이 즐겨 사용한 방한구로 볼 수 있다. 18세기 말에 여인들의 가체가 금지되면서, 19세기에는 여인들도 쪽진머리 위에 방한모를 쓸 수 있게 되었다. 그리고 점차 시간이 지나면서 이엄(아얌이라고도 부른다.)은 여성과 아이들까지로 그 사용이 늘어 갔다. 남에게 잘 보이려고 간사스럽게 군다는 뜻으로 쓰는 '아양떤다.'라는 말은 '아얌떤다.'라는 말에서 비롯되었다.

중국의 모자는 꼭대기가 막혀 있으나 우리 것은 상투를 틀어 모자 꼭대기가 반드시 뚫려야 하는 갓 이외에도, 쪽머리를 하는 부인의 것이나 머리를 땋아 내린 어린이의 것까지 모두 위가 뚫렸다. 이러한 아얌은 조선 후기에 널리 유행하면서 선비들은 물론이고 여자와 어린아이들까지도 널리 사용하는 겨울 모자가 되었다. 우리나라에서 사람들이 즐겨 사용한 겨울 모자에서 볼 수 있는 흥미로운 점은 여인들이 모자를 썼음에도 모자의 위쪽 부분이 막히지 않고 열려 있다는 점이다. 이것은 선비들이 상투를 튼 위에 방한 모자를 쓰고 갓을 얹기 위해 위쪽을 열어 두었던 것이 고유한 방한모의 형식으로 자리 잡아, 여인 것이거나 어린아이 것이거나 한결같이 조선 시대 방한모 특징으로 이어졌다고 본다.

조선 후기에 접어들면서 아얌을 비롯한 여러 종류의 난모들이 점차 사라지면서 조바위가 그 자리를 대신했다. 조바위는 큰 볼끼로 귀와 뺨까지 덮을 수 있는 위가 뚫린 방한모이다. 조바위는 상류 계급에서부터 일반인에 이르기까지 대부분이 사용했고, 그 가운데 양반집 부녀자들은 장식을 겸한 외출 모자로 이용했다. 조바위의 겉감 재료는 여러 종류의 비단이었고, 안감은 비단을 비롯하여 명주와 무명까지 사용했다. 부녀자들이나 어린이들이 사용하는 조바위에는 앞뒤에 술을 달아 예쁘게 꾸몄으며 술 위에 보석을 달아 꾸미기도 했는데, 특별히 앞이마의 양쪽과 뒤쪽 밑에는 은이나 비취 또는 옥으로 화려하게 장식하기도 했다. 술이나 보석을 연결하는 끈까지도 은이나 산호로 이었으며 금박이나 구슬을 넣어 수를 놓은 것도 있다. 조바위와 비슷해 보이는 남바위는 뒷부분을 목에서 등까지 이르도록 좀 더 길게 만든 것이 특징이다.

아름다운 모양으로 꾸민 남바위나 조바위 등의 난모는 밀물처럼 들이닥친 개화의 물결에 따라 점차 사라지면서, 요즈음에도 겨울에 이용하는 방한모와 목도리로 그 모습이 바뀌었다. 어쨌거나 사람들은 추운 겨울을 이겨 내고자 여러 가지 모양의 방한 도구를 만들어 이용하고 있지만, 털모자와 목도리라는 전체적인 모습은 그대로 남았으며 아름답게 꾸미려는 노력도 사라지지 않고 남았다. 요즈음에도 사람들이 사용하는 방한 도구로는 목은 물론이고 어깨까지 덮을 수 있는 길고 넓적한 숄(shawl)을 이용하며, 또한 롱패딩(long padding)이나 두꺼운 파커(parker) 외투에는 어김없이 머리까지 덮을 수 있는 털모자가 달려 있다. 이와 같은 요즈음의 방한 패션을 보면서 예전의 난모와 많이 닮았다는 생각을 지울 수가 없으며, 어쩌면 조선 시대 난모가 복고풍의 유행으로 되돌아오는 것이 아닌가 생각해 보기도 한다.

옷차림에서 빼놓을 수 없는 모자에 대한 옛사람들의 기록을 살펴보면, 모든 옷을 격식에 맞게 제대로 갖추어 입는다는 의관정제라는 점을 무엇보다도 먼저라고 여겼다. 그러다가 사람들의 살림 형편이 나아지면서 점차 멋지고 아름다운 모습을 찾았고, 그에 따라 조금씩 더 많은 돈을 쓰기 시작했다. 추위를 막는 난모 재료인 털가죽을 밀수하면서 나라 밖으로 금과 은과 많은 돈이 빠져나가게 되므로, 나라에서는 이를 경계하여 사치와 폐단을 금지했다는 기록도 있다. 지금으로 말하면 외국에서 들여오는 가죽과 털모자는 사치품이자 또한 대단한 투기 품목이 된 것이다. 따라서 생각이 있는 사람들은 겨울 한 철을 지내려고 많은 돈을 들이는 사치를 금지해야 한다는 요구를 했다.

그런 가운데 정조의 모자에 대한 이야기 하나가 『화성성역의궤(華城城役儀軌)』에 기록되어 있다. 화성에서 성을 쌓는 일에 동원된 일꾼들에게 가물고 더운 여름철에는 일을 잠시 쉬게 했고, 병을 예방하기 위해 약을 주었다는 기록이 있으며, 1795년에는 동지를 앞두고 장인들에게 추운 겨울을 대비하라고 모자 하나와 무명 한 필씩 나누어 주었다는 기록이 있다. "백성들의 추위가 나의 추위와 같다."는 정조의 생각처럼 추운 겨울이라고 해도 따뜻한 마음을 함께 나누면 사람들이 마음만으로도 푸근한 위안을 받을 것이라는 생각이 잔잔히 밀려온다.

19세기 풍속화 「풍차를 쓰고 있는 남자」. 국립 중앙 박물관 소장 자료.

하나 더, 모자도 옷감으로 만든 장식이다

사람이 살아가는 데에 없어서는 안 되는 중요한 것을 찾는다면 의식주에 해당하는 옷과 밥 그리고 집이다. 이 세 가지 가운데 제일 앞세우는 것이 옷인데, 사실은 옷보다도 밥이 더 필요한 것인데도 사람으로 지켜야 할 양식과 체면을 소중하게 생각해서인지 세 가지 가운데 가장 먼저 앞세우는 것이라고 할 수 있다. 어쨌거나 사람이 언제나 입는 옷은 자연환경으로부터 몸을 보호하려는 것이 가장 큰 목적이다. 그래서 사람들은 겨울에 추위를 견디고 여름의 더위까지 이겨 내며 건강을 유지하는 목적으로 계절에 맞는 옷을 만들어 입는다.

사람들이 입는 옷의 종류는 어떤 방법으로 나누냐에 따라 다르겠지만, 한마디로 말하자면 헤아릴 수 없을 만큼 많다고 해도 틀린 말이 아니다. 옷의 종류는 계절에 따라 나누기도 하고, 옷감의 종류에 따라 나누기도 하며, 크기나 두께 또는 색깔에 따라 나누기도 하기 때문이다. 이렇게 수없이 많은 종류의 옷이 있더라도 먼저 옷을 짓는 데 필요한 옷감이 있어야만 한다. 사람들이 옷을 짓는 데 필요한 옷감은 가죽이나 털을 재료로 하거나 누에고치에서 얻는 동물성 옷감이 있고, 모시, 삼베, 무명 등의 식물성 옷감이 있으며, 근대에 이르러 나일론과 아크릴, 폴리에스터, 폴리우레탄, 고어텍스 등의 합성 섬유로 만든 여러 가지 옷감이 있다.

옷을 짓는 옷감은 다른 말로 직물(織物)이라고도 하는데, 이 말은 옷감의 재료가 되는 실을 엮어서 옷감으로 짠 것이라는 뜻이다. 옷감을 짠다는 것은 가늘고 기다란 실을 한데 모아 튼튼하게 엮어 주는 것으로, 가장 기본적인 방법은 씨실(緯絲)과 날실(經絲)을 교차시켜 천으로 짜는 것이다. 이처럼 가늘고 긴 실로 천을 짜는 일을 손으로 하기에는 너무 힘들고 섬세한 작업이므로 기계의 힘을 빌려야 하는데, 이때 이용하는 기계가 직조기(織造機)이다.

사람들은 고대로부터 여러 가지 방법으로 옷감을 짜는 방법을 찾아냈는데, 가장 기본적인 직조(weaving) 방법을 비롯하여 니팅(knitting, 뜨개질 또는 편물(編物)이라고도 부른다.), 펠트(felt, 부직포(不織布, nonwoven fabric)와 같다.), 레이스(lace, 장식용 직물이라 할 수 있다.) 등이 있다. 가느다란 실을 여러 겹으로 꼬아 굵게 만들어 물건을 묶을 수 있는 것을 끈이라고 하는데, 이를 이용해 꼬기, 땋기, 매듭짓기 등의 엮음 기법으로 직물을 짤 수도 있다. 권은영과 이상은은 「한국의 전통 엮음 직물에 관한 고찰」이라는 제목의 논문에서 끈을 이용한 엮음 기법으로 짠 직물이 우리 옷에서 어떤 용도로 쓰이는지 우리에게 알려주고 있다.

엮음 직물이란 손이나 간단한 도구를 이용해 엮거나 가느다란 재료를 묶어서 만든 섬유 제품을 말한다. 이러한 물건은 문헌이나 유물로는 배우기가 쉽지 않으므로 손에서 손으로 이어져 내려온 전승 민속 공예에 속한다. 이처럼 손으로 만든 공예는 인류가 농사를 짓기 시작한 신석기 시대로까지 거슬러 올라간다. 그때부터 사람들은 식물의 줄기나 나무껍질 또는 짐승의 가죽과 같은 재료를 가져와 묶거나 매는 작업을 통해 생활에 필요한 수단으로 이용했다. 더 나아가 꼬거나 엮어서 만든 수공예품을 만들면서 사람들이 생각하고 느끼는 아름다움을 표현하기도 했다.

엮음 직물을 만드는 재료는 당연히 끈이나 끈목이 있어야 하는데,

끈목을 이용하기 시작한 것은 나무껍질이나 짐승 가죽을 가늘고 길게 찢거나 나무 덩굴을 그대로 묶거나 맺는 일을 하면서부터이다. 끈이나 끈목은 모두가 줄이라는 뜻으로 같이 쓰지만, 조금 더 질기고 튼튼하게 만들고자 두 가닥을 꼬아 쓰다가 나중에는 세 가닥이나 네 가닥 그리고 그 이상으로 짜는 끈으로 만들었다. 끈목은 매듭의 중요한 재료로 조선 시대에는 이처럼 짠 끈을 '다회(多繪)'라 하고, 끈 만드는 것을 '다회 친다.'고 했다. 또한 조선 시대로부터 비스듬하게 엮어서 둥글게 짠 매듭의 끈목을 원다회(圓多繪) 또는 동다회(童多繪)라 부르고, 평직(平織)이나 편직(編織) 또는 경무직(經畝織) 방법으로 폭이 좁거나 넓으면서 길이를 길게 짠 것을 광다회(廣多繪)라고 부르는데, 이러한 다회를 복식에서 여러 가지 용도에 맞게 사용했다.

우리 생활 속에서 자주 쓰는 복식(服飾)이란 말은 우리 몸을 덮는 모든 것을 일컫는다. 다시 말해서 복(服)은 몸통과 팔다리를 감싸는 옷을 말하며, 식(飾)은 머리에 쓰는 모자와 관은 물론이고 발에 신는 신과 함께 허리에 두르는 띠를 비롯한 여러 가지 장식까지 모두를 아우른다. 그렇다면 조선 시대 남자들이 입었던 도포와 함께 보이는 허리끈은 장신구가 아니라 의복의 한 요소로 보아야 한다는 말이다. 요즈음 사람들이 즐기는 청바지나 등산복을 비롯하여 운동 모자와 운동화 그리고 목도리와 가방 등의 모든 패션을 위한 옷차림이 모두 복식이라고 할 수 있다는 말이다.

옛사람들의 복식을 보더라도 여러 가지 모양의 끈목이 사용되었던 것을 알 수 있다. 관료들의 복식이나 일반 백성의 옷에서도 허리에 두르는 띠나 끈을 사용한 것을 볼 수 있고, 신발에도 끈 장식을 붙인 것으로 보아 이미 오래전부터 사람들은 여러 가지 모양으로 만든 끈목을 장식으로 사용했던 것을 알 수 있다. 한편 옛사람들의 복식에서 빼놓을 수 없는 것이 관모(冠帽)인데, 관모를 아름답게 돋보이고자 여러 모양의 장식을 덧붙이기도 했다. 조선 시대 초기부터 임금이 평상복을 입고 일 볼 때 썼던 익선관이나 대한제국 시기 고종의 어진에서 볼 수 있는 원유관에도 얇은 동다회 모양으로 장식했는데, 이것은 장식 효과만이 아니라 관모를 고정하는 데 도움을 주는 실용적인 면도 생각해서 만들었다. 더욱이 조선 시대에는 궁이나 관청에서 필요한 수공예품을 조달하는 일을 하는 데에도 다회장(多繪匠)이라는 장인을 두었다는 기록이 있는 것은 당시에 그만큼 끈목의 수요가 많았다는 것을 짐작할 수 있다.

 풀이나 짚을 이용해 옷을 만들어 입은 예는 많지 않지만, 짚이나 띠를 엮어 어깨에 걸쳐 두르는 비옷인 도롱이를 꼽을 수 있다. 물론 도롱이는 비옷이기는 하지만 가난한 사람들이 급한 대로 추위를 막거나 신분을 감추고자 할 때도 쉽게 이용했을 것이다. 또한 한여름에 더위를 피하고자 소매 안에 끼는 토시는 풀이나 짚을 엮음 기법으로 만들었는데, 바람이 잘 통하게 만든 것은 기능적인 면을 강조한 것이다. 한편 고려 시대부터 사람들이 '초립'을 썼다는 기록이 있는데, 초립은 황색의 가는 풀이나 대오리를 엮어 만들었다. 대나무를 가늘게 쪼갠 댓가지로 '갓' 모양으로 만든 '패랭이'도 초립과 비슷한 흐름이다. 패랭이 뒤를 이어 초립이나 갓을 많이 썼고, 특별히 갓에 흑칠하여 '흑립'이라는 이름을 얻게 된 것이 나중에 양반 계급의 관모가 되었다.

 오래전부터 사람들은 매듭을 매는 법을 알고부터 생활 속에 실용적인 수단으로 썼으며, 이와 더불어 기억과 표지 및 문자나 무늬로 만들어 쓰면서 문화를 발전시키는 거름이 되었다. 의복에서도 매듭은 여러 가지로 이용되었는데, 실용적인 면과 장식적인 두 가지 면에서 쓰였다. 조선 후기에 최고의 장식 모자로 꼽히는 조바위는 아얌이 점차 사라지면서 가장 널리 사용된 아녀자의 방한 모자 겸 머리 장식이며 젊은 층보다도 노인들이 많이 사용했다. 조바위는 조선 말기에 생겨나 양반에서 서민에 이르기까지 널리 사용된 쓰개로, 비단으로 만들었으며 이마 위에는 금, 은, 비취와 매듭 장식 등으로 꾸몄으며 앞이마와 뒤에는 끈이 달려 관모의 화려함을 더했다.

이제까지 살펴본 엮음 기법을 활용한 수공예품에서 우리 조상의 슬기와 아름다움에 대한 감각과 함께 생활의 지혜까지 느낄 수 있다. 하루가 멀게 수없이 쏟아지는 공산품과 비교해 보면 우리 조상들이 만든 수공예품에서는 그야말로 신선한 충격이 우러나온다. 이에 우리는 전통 민속 공예에 애정과 긍지를 느끼며 그 아름다움을 이어 가려는 의식을 가져야 하겠다. 이러한 의식과 노력이 있어야 전통 민속 공예의 아름다움을 이어 가며 우리 생활에 창조적인 아름다움을 만들어 갈 수 있을 것이다.

15장
고려 금속 활자 논쟁
진짜와 가짜 이야기

미국의 《월스트리트 저널》이 새천년을 맞이하면서 지난 1,000년을 대표하는 세계 10대 발명품으로 나침반, 총, 금속 활자, 금속 활판, 기계식 계산기, 베이글, 전구, 트랜지스터, 인공 위성, 복제양 돌리를 뽑았다. 물론 이 가운데에는 우리가 생각하는 것과 상당한 차이가 나는 것도 있다. 이를테면 베이글이 어떻게 여기 꼽혔는가 의아하게 생각할 수 있지만, 서양인은 아마도 혁명적인 음식이라고 생각했기에 한 자리를 차지했을 것이다. 또 하나 금속 활판과 금속 활자가 나열되어 있는 것도 의아해할 사람이 있을 것이다. 물론 이것은 독일의 요하네스 구텐베르크(Johannes Gutenberg)가 사용했다는 활판 인쇄기를 말하는데, 그래서인지 어떤 이들은 종이를 가져다 이를 대신해야 한다고도 말한다.

인쇄 문화의 탄생

종이는 나침반 및 화약과 더불어 중국의 3대 발명품이다. 중국 기록에 따르면 종이는 기원후 105년에 후한(後漢)의 환관 채륜(蔡倫)이 만들었다고 하는데, 고고학적 연구에 따르면 그보다 250년 이상이나 앞선 기원전 140년 무렵부터 만들어 썼다고 한다. 처음 사용한 종이는 문자를 기록하기보다는 약이나 물건 등을 싸는 포장 재료였다. 당시 사람들은 나무껍질을 잘게 부수어 물에 풀었다가 위에 뜨는 것을 거두어 옷감을 만들어 이용했고, 밑에 남은 부산물은 모아 굳혀 종이를 만들었으나 이것은 너무 거칠어 글을 쓸 물건은 아니었다. 이러한 것을 채륜이 개량하여 글을 쓸 수 있을 정도로 발전시켰다는 것이다.

중국에서 처음 만든 종이는 시간이 지나면서 점차 이웃 나라에 알려졌고, 서쪽으로는 중동을 거쳐 유럽까지 전해졌다. 기록에 따르면 751년 무렵에 중앙아시아의 사마르칸트에 제지술이 전해지고, 이어서 바그다드, 카이로, 모로코, 스페인을 거치면서 유럽으로 퍼졌으며, 14세기에는 유럽 각지에 종이 공장이 생겼다고 한다. 종이가 유럽에서 쓰이면서 그동안 기록 매체로 사용되던 양피지가 자취를 감추었고, 종이는 15세기 이후로 발전한 인쇄술과 함께 사람들에게 지식을 전해 주는 역할을 하면서, 종교 개혁에 이르기까지 모든 분야에서 큰 영향을 미쳤다고 한다.

인쇄술은 사람들의 생각과 지식을 기록하고 전파하는 능력을 비약적으로 증대시킴으로써 인류 문화를 발전시키는 계기가 되었다. 인쇄술은 당시 문명의 총화라 할 수 있다. 인쇄술 탄생에 필요한 여러 조건

가운데 하나라도 빠져서는 탄생할 수 없다. 메소포타미아에서 처음 쓰기 시작한 도장 기술이 중국에서 종이와 탁본 기술을 만나 조판이라는 새로운 기술로 발전했고, 드디어 인쇄술이라는 혁명적인 결과를 송나라 때 탄생시켰다. 진흙이나 돌판에 글자를 새기던 힘든 작업이 목판으로 바뀌어 필요한 경전을 쉽게 대량으로 찍어 내게 되면서, 그야말로 인쇄 문화는 눈부시게 발전할 수 있었다.

금속 활자의 발명도 따지고 보면 인쇄술의 탄생만큼이나 극적인 발전이었다. 곰곰이 생각해 보면 금속 활자를 처음으로 사용한 고려와 중세 독일에서는 서로 다른 사회적 상황이 전개되었다. 그렇기에 금속 활자를 이용한 인쇄술이 그에 맞추어 나름대로 발전했다. 우리나라에서 고려 시대에 처음으로 금속 활자를 이용한 인쇄술이 시작될 수 있었던 것은 오랫동안 축적된 목판 인쇄술이 있었기에 가능했다.

고려 시대에 금속 활자를 이용한 인쇄술을 발전시킬 수 있는 몇 가지 조건을 살펴보자. 먼저 고려는 목판 대장경을 국가적 사업으로 두 번이나 새긴 경험을 가진 나라라는 것이다. 이 과정에서 경험한 문제점을 개선하고자 하는 기술적 요구가 금속 활자를 이용한 인쇄 기술을 탄생시켰다고 할 수 있다. 당시 목판은 새기는 장인(각수)의 수가 적어 제작 시간이 오래 걸렸고, 목판 재료인 대추나무나 배나무가 충분하지 않아 나무를 구하기도 어려웠을 것이며, 서적을 이용하는 사람도 조정과 문벌 귀족, 사찰과 사대부 같은 상층 계급에 한정되어 굳이 많은 양의 책을 인쇄할 필요가 없는 상황이었기에 필요한 책이 있으면 그때그때 활자를 모아 활판을 만들어 책을 찍고 그 일이 끝나면 활판을 분해해 다른 책을 찍는 데 활자를 쓰게 할 수 있는 금속 활자 인쇄술이 당시 고려 상황에서는 잘 맞았을 것이다.

　고려 시대 상황과 비교하면 중세 독일의 구텐베르크는 처음부터 대량 인쇄를 통한 상업 출판을 목적으로 했고 그에 적합한 금속 활자 인쇄술을 찾아냈다. 당시 유럽에서는 일반인들도 서적을 구하려는 사회적인 요구가 있었고, 금속을 다루는 제련 기술이 발달하고 있었다. 당시 제련 기술이 고도로 발달한 마인츠에 살고 있었던 구텐베르크는 비교적 값싸게 금속 활자를 만들어 인쇄술을 발명할 수 있었다. 새 시대를 여는 인쇄술이 완성되기까지 필요한 여러 가지 요소들 가운데 어느 것 하나라도 빠졌더라면 우리는 조금 더 많은 시간을 기다려야만 했을 것이다.

금속 활자를 처음으로 만들다

세계 10대 발명품 가운데 하나로 당당하게 자리 잡고 있는 고려의 금속 활자이지만, 누가 언제 어디에서 어떻게 만들었다는 구체적인 기록이 남아 있지 않다. 그래도 다행인 점은 금속 활자로 인쇄했다는 『상정예문(詳定禮文)』에 대한 기록이 남아 있어서, 고려가 국가적 사업의 일환으로 놋쇠와 납 그리고 무쇠를 녹여 금속 활자를 만들었다고 추정할 수 있다. 『상정예문』 실물은 지금까지 남아 있지 않지만, 이규보(李奎報)가 쓴 「신인상정예문발미(新印詳定禮文跋尾)」의 기록을 보면, 오래전에 펴낸 『상정예문』 책을 보완하여 새로이 2부를 만들어 하나를 예관에 그리고 하나를 따로 보관했는데, 몽골의 침입으로 강화로 도읍을 옮기면서 다행히 하나밖에 남지 않은 최충헌(崔忠獻) 소장본(또는 이규보 소장본)을 근거로 다시 28부를 찍어 관청에 나누어 사용하도록 했다는 것이다. 이 글에는 『상정예문』의 분명한 제작 연대는 없지만, 이 책을 찍도록 허락한 최이(崔怡)가 진양공(晉陽公)에 책봉된 것이 1234년(고종 21년)이고, 책을 찍어 낸 이규보는 1241년에 세상을 떠났으므로, 그 사이 언제쯤에 책을 찍어 낸 것을 알 수 있다.

고려에서 금속 활자로 맨 처음 인쇄한 『상정예문』은 실체가 없어 정확한 내용은 확인하기 어렵다. 그렇지만 유네스코가 지정한 세계 기록 문화 유산 가운데 세계에서 가장 오래된 금속 활자본으로 고려에서 찍어 낸 『직지심체요절(直指心體要節)』이 있다. 고려 시대에 청주 흥덕사에서 1377년에 찍어 낸 이 책의 정확한 이름은 『백운화상초록불조직지심체요절(白雲和尙抄錄佛祖直指心體要節)』인데, 사람들은 14글자에 이르는 긴 이름을 줄여서 『직지심경(直指心經)』이라고 하거나 간단히 『직지(直指)』라고 하는 경우가 많다. 그렇지만 이 책은 불경이 아닌 요절, 즉 요약본이므로 엄격히 말하면 『직지심경』은 잘못된 표현이고 『직지심체요절』이라고 하는 것이 어울린다.

『직지심체요절』은 처음부터 상권과 하권으로 나누어 펴냈는데, 상권은 아직도 세상에 모습이 드러나지 않아 현상금까지 내걸어 찾고 있으며, 다행스럽게도 하권은 프랑스에 남아 자신의 존재를 세상에 알리고 있다. 『직지심체요절』은 1900년에 열린 프랑스 만국 박람회 한국관에 소개되었다지만, 당시에는 이렇다 할 주목도 받지 못한 채 그냥 세월 속에 잊혀졌다. 그러다가 프랑스 국립 도서관 사서로 근무하던 역사학자 박병선 박사가 1972년에 외규장각에 보관되었던 조선 왕실 의궤를 찾는 과정에서 이 책의 존재를 알게 되었다. 하권의 뒷부분에 이 책의 내력이 적혀 있기에 『직지심체요절』이 구텐베르크가 1455년에 찍어 낸 42행 성서보다도 78년이나 앞선다는 사실을 세상에 알렸으나, 그의 동료들조차 믿지 않고 철저히 무시했다. 그러나 박병선 박사는 굴하지 않고 고국의 학자들과 교류하면서 『직지심체요절』이 세계에서 가장 오래된 금속 활자 인쇄본이라는 사실을 증명해 냈다. 이러한 발견을 이루어 냈기에 사람들은 박병선 박사를 '직지 대모'라 부른다.

『직지심체요절』이 인쇄되기 전에도 고려에서는 『상정예문』이나 『남명천화상송증도가』, 『동국이상국집(東國李相國集)』 등의 책이 금속 활자로 인쇄되었다는 기록이 있다. 그러나 이 책들 가운데 어느 하나도 지금까지 남아 있지 않고 오직 『직지심체요절』 하권만이 이제까지 남아 있다. 그러기에 이 『직지심체요절』 하권이 세계에서 가장 오래된 금속 활자본으로 유네스코가 인정한 세계 기록 유산으로 등재되는 영광을 얻었다. 한편 유네스코와 우리 정부는 『직지심체요절』이 세계 기록 유산으로 등재된 것을 기념하고 세계 기록 유산 사업을 진흥시키고자 2004년에 '유네스코 직지상(UNESCO/Jikji Memory of the World Prize)'을 제정하고, 2005년부터 2년마다 세계 기록 유산의 보존과 활용에 공헌한 개인이나 단체에 시상하고 있으며, 상금과 비용은 청주시에서 부담하고 있다.

이제까지 알려진 가장 오래된 금속 활자 인쇄본인 『직지심체요절』이 세계 기록 유산으로 등재된 것은 분명히 우리나라의 오래된 기록 문화를 세계에 알리는 자랑스러운 일이다. 고려에서 펴낸 『직지심체요절』은 최고(最古)의 금속 활자본이지만, 금속 활자를 이용한 당시 고려의

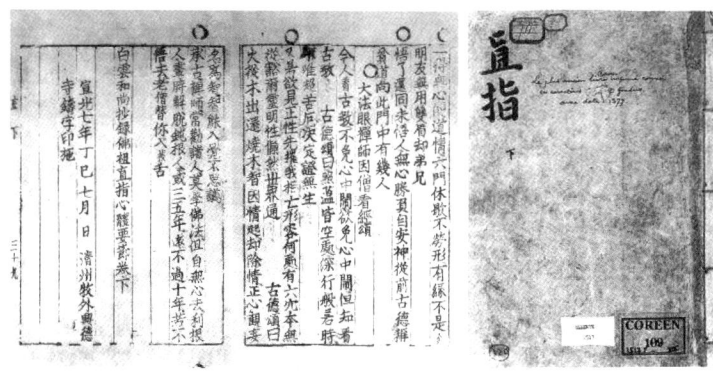

『직지심체요절』의 하권. 유네스코가 지정한 세계 기록 유산이다.

인쇄술은 가장 훌륭한 최고(最高)의 기술이었다고 말하기는 어렵다는 견해도 있다. 고려가 만들어 낸 가장 오래된 인쇄술이 반드시 가장 훌륭한 기술이었다고 말하기는 어렵다는 것이다.

『직지심체요절』을 잘 살펴보면 몇 가지 부족한 점이 있다. 당시 주조한 금속 활자가 완전한 모양이 아니었거나 아니면 여러 장인이 나누어 만들어서인지 글자 획이 굵거나 가늘면서 일정하지 않고, 인쇄된 글자 줄이 비틀리거나 흐트러진 부분도 있으며, 어떤 글자는 희미하거나 일부 획이 제대로 찍히지 않는 등의 잘못 인쇄된 부분들이 보인다. 물론 지금의 인쇄술과 비교하면 분명히 조악한 부분이 있겠지만, 『직지심체요절』이 나라에서 직접 찍어 낸 것이 아니라 지방에 있는 사찰에서 찍은 것이기에 그만큼 완성도가 떨어진다고 생각할 수도 있다.

고려 시대에 찍어 낸 금속 활자본인 『직지심체요절』 한 권으로 고려 시대의 인쇄술을 평가하기가 충분하지는 않다. 그렇더라도 가장 오래된 금속 활자본을 찍어 낸 고려에서는 금속 활자를 먼저 주조했고, 뒤이어 이를 이용한 인쇄술을 확보했다. 그러기에 어렵게나마 확보한 인쇄술을 나라에서 이용하는 것은 당연하고, 능력을 갖춘 지방 사찰에서도 이와 똑같거나 비슷한 수준의 인쇄술을 이용했을 것이다. 불교를 국교로 삼은 고려에서는 규모가 큰 사찰에서는 불경을 인쇄할 만큼의 큰 힘을 발휘할 수 있었다고 본다.

고려 시대부터 조선 초기에 이르도록 금속 활자로 찍은 서적에서 인쇄술의 발전이 크게 이루어지지 않았다. 고려 시대 인쇄본인 『직지심체요절』에서 나타나는 부족한 점들이 조선 초기인 태종 3년(1403년)에 주조한 계미자와 세종 2년(1420년)에 경자자로 찍어 낸 인쇄본에서도 그대로 드러나기 때문이다. 이 시기에 찍어 낸 인쇄본의 문제점은 어쩌면 금속 활자를 고정하는 활판에서 찾을 수 있다. 당시 인쇄술은 활판에 밀랍을 깔고 활자를 심었을 터인데, 이러한 조판 방법으로는 몇 번만 인쇄해도 판 전체가 흔들릴 수 있고, 더 나아가 작업 효율도 떨어졌을 것이다. 이런 문제점은 적어도 세종 16년인 1434년에 갑인자(甲寅字)를 주조해 사용할 때까지 해결하지 못한 인쇄술의 문제였다.

금속 활자를 이용한 인쇄술에서 활자를 어떻게 판에 고정하는가가 대단히 중요한 문제이다. 그래서 인쇄술을 이야기할 때는 금속 활자의 중요성과 함께 항상 활판의 중요성이 뒤따른다. 다시 말해서 활판은 크고 작은 여러 개의 활자를 판 위에 흔들리지 않게 붙잡아 고정하는 것이다. 독일의 구텐베르크는 많지 않은 알파벳과 문장 부호 등의 활자를 판 위에 올려놓고 조이는 방법으로 고정하고, 동시에 눌러 찍는 기술을 이용했기에 많은 양을 인쇄할 수 있었는데, 이것이 오늘날 쓰이는 대량 인쇄의 기틀이 되었다. 이처럼 여러 개의 활자를 판 위에 올려놓고 조여서 고정하는 조임 방법이 있고, 다른 방법은 기본 틀을 만들고 그 안에 여러 개의 활자를 끼워 판을 마무리하는 방법이 있다. 우리나라 초기 인쇄술은 밀랍을 이용해 활자를 고정하는 방법만 고집하지 않았다면, 다른 방법도 사용했으리라 생각한다. 그 밖에 인쇄에 필요한 먹과 종이 등에 관련된 여러 가지 과제는 시간을 두고 연구자들이 하나둘씩 찾아낼 것이다.

고려의 금속 활자 인쇄본

고려에서 1234년 무렵에 금속 활자본으로는 처음으로 『상정예문』을 찍었다는 기록이 있으나, 이 책은 전하지 않으므로 당시의 금속 활자나 인쇄술이 어떠했는지 알 수 없다. 금속 활자를 이용하는 인쇄술은 활자를 미리 주조해 놓고 책을 찍을 때마다 판을 짜서 인쇄한다는 장점이 있다. 그러나 한 가지 생각해야 할 점이 있다. 당시 고려에서 인쇄에 사용한 문자는 한자(漢字)였기에 뜻글자인 한자의 수많은 활자를 얼마나 많이 만들었고, 또한 이들을 어떻게 보관하면서 인쇄용 조판을 운용했을까 하는 문제점을 풀어야 한다. 더욱이 고려는 외세 침입으로 국가적 어려움을 겪었고, 후반기에는 강화로 수도를 옮겨야 하는 심각한 어려움에 이르렀는데, 이러한 어려움 속에서도 서적을 발행하는 일을 멈추지 않았던 것은 그저 놀랍다는 말로밖에는 달리 표현하기 어렵다.

고려가 몽골에 대항하고자 도읍지를 강화로 옮긴 적이 있는데, 고종 19년인 1232년부터 원종 11년인 1270년까지 38년간 강화는 임시 수도가 되었다. 당시에 고려의 최고 집권자였던 최우(崔瑀, 최이의 앞선 이름)가 천도를 주도했고, 무신 정권이 힘을 잃고 다시 개경으로 환도할 때까지 육지에 남은 백성들은 몽골 군대로부터 엄청난 고난을 겪었다. 그러나 이 시기에도 고려는 『상정예문』을 1234~1241년에 펴냈고, 『동국이상국집』을 1241~1251년에 펴냈으며, 또한 『남명천화상송증도가(南明泉和尙頌證道歌)』를 1239년 이전에 펴냈다. 『상정예문』은 지금까지 남아 있지 않지만, 『동국이상국집』은 고려 문신인 이규보의 시문집으로 1241년에 전집(全集) 41권과 이듬해에 후집(後集) 12권을 편집하여 간행했고, 1251년에 증보판을 간행했다. 이후에도 조선 시대에 여러 번 간행한 듯하며, 영조 때에 복각된 것이 완본으로 전해 오고 있다.

『남명천화상송증도가』는 당나라 스님 현각(玄覺, 665~713년)이 선종의 6조인 혜능(慧能)을 만나고 깨우친 도(道)의 경지를 표현했다는 증도가(證道歌)의 각 구절 끝에 송나라 남명(南明) 법천(法泉) 선사가 해설을 붙인 책이다. 이 책은 선가(禪家)에서 매우 중요하게 여기고 있다. 이 책 뒤의 지문(識文)에 다음 설명이 있다.

『남명증도가』는 선가에서 매우 중요한 서적이다. 그러므로 후학(後學) 가운데 참선을 배우려는 사람들은 누구나 이 책을 통해서 입문하고 높은 경지에 이른다. 그런데도 이 책이 전래가 끊겨서 유통되지 않고 있으니 옳지 않은 일이다. 그래서 각공(刻工)을 모집하여 주자본(鑄字本)을 바탕으로 다시 판각하여 길이 전하게 한다. 때는 기해년(己亥年, 1239년) 9월 상순이다. 중서령 진양공 최이가 삼가 적는다.

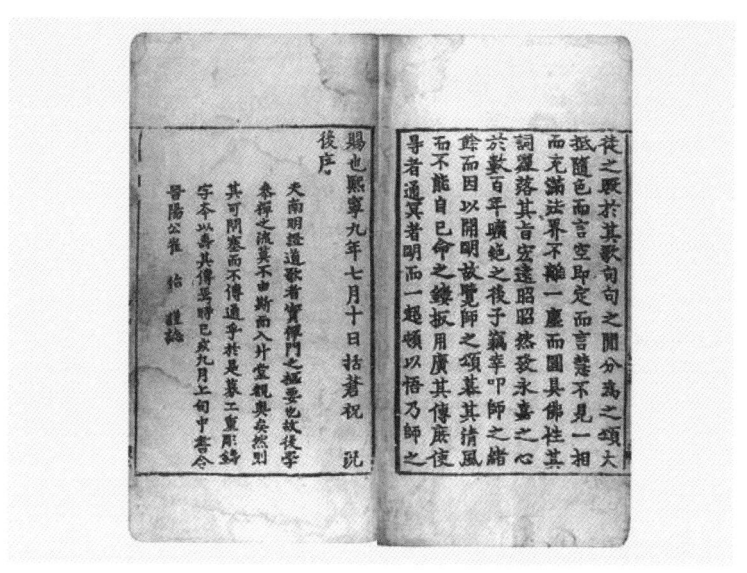

『남명천화상송증도가』. 마지막에 지문(識文)이 있어 더욱 귀중한 자료이다.

이 책은 최이가 1239년 이전에 발행된 '주자본'을 그대로 옮겨 목판본으로 간행한 것임을 알 수 있다. 지금까지도 『남명천화상송증도가』의 금속 활자본은 남아 있지 않지만, 책 뒤의 지문 내용으로 고려 시대 금속 활자 인쇄술에 관한 상황을 살펴볼 수 있기에 학술적으로나 연구용으로 매우 귀중한 가치를 지닌 자료이다.

고려의 인쇄 기술 확보

강화 천도 시기인 1241년에 처음 펴낸 『동국이상국집』도 조선 시대에 재간행되었는데, 마지막 부분에 "동국이국상집"이라고 글자 순서가 바뀌었고, 한 줄에서 글자 간격이 멀어지는 등의 현상이 보이는 것은, 이 책도 주자본을 근거로 펴냈다고 본다. 이처럼 강화 천도 시기에 간행한 책들로 미루어 보아 금속 활자를 이용한 서적 간행이 그치지 않고 이루어졌음을 알 수 있다. 우리는 여기에서 주목해야 할 것은, 나라가 전쟁 중이라 새로운 기술을 생각할 겨를이 없었을 텐데도, 서적을 찍는 일을 계속했다는 점이다. 참으로 놀랍기만 하다. 아마도 주조한 활자를 강화로 옮겨 서적을 편찬했거나 주조한 활자로 판을 짜는 기술을 확보해 시간을 아꼈으리라고 생각할 수 있고, 더 나아가 활자에 묻혀 찍을 수 있는 먹과 종이까지 확보했기에 가능했다고 생각할 수 있다. 그렇다면 활자의 보관 방법이나 활자판을 짜는 방법이나 인쇄용 먹까지 인쇄술에 필요한 여러 가지 기술을 어느 정도 확보하고 있었기에 전쟁이라는 어려운 시기에도 서적을 간행할 수 있었다고 볼 수밖에 없다.

 글을 쓰려면 필기구와 종이가 필요한 것처럼, 책을 찍기 위해서는 종이는 물론이고 인쇄에 필요한 활자를 확보해야 한다. 세계에서 처음으로 고려 시대에 금속 활자본 인쇄를 할 수 있었다는 것은, 고려가 세계에서 처음으로 금속 활자를 만들어 사용했다는 말이다. 사람들은 책을 통해서 지식과 정보를 함께 나눌 수 있는 것이니, 책을 찍어 내는 금속 활자를 만들었다는 것은 새로운 문화를 만들어 내는 기틀을 마련한 것이다. 이처럼 고려가 금속 활자라는 자랑스러운 문화 유산을 만들어 냈지만, 정작 우리는 고려 금속 활자를 세상에 드러내놓고 자랑할 만한 정도가 아니다. 왜냐하면 책 한 권이라도 찍어 낼 만큼의 고려 금속 활자를 확보하지 못했기 때문이다.

 지난 2001년에 세계 최초의 금속 활자본인 『직지심체요절』이 유네

고려 금속 활자 산 덮을 복(㠅)자. 국립 중앙 박물관 소장 자료.

스코 세계 기록 문화 유산으로 지정되었지만, 이 책을 찍어 낸 금속 활자에 대해서는 거의 알려지지 않았다. 다만 지금까지 우리가 확보한 고려 금속 활자는 국립 중앙 박물관에 1점과 북한에서 발견된 또 1점의 금속 활자 뿐이다. 국립 중앙 박물관의 고려 금속 활자는 산 덮을 '복(㠅)'자를 새긴 것으로, 고려 시대 무덤에서 출토되었다고 전하는데, 일제 강점기인 1913년에 일본인 골동품상 아카보시 사시치(赤星佐七)로부터 이왕가 박물관이 당시로서는 파격적인 12원에 구입했다고 한다. 이 활자는 가로×세로가 각각 1.07센티미터×1.17센티미터로 거의 정사각형에 가깝고 높이가 가장 높은 곳이 0.7센티미터이며 무게는 4.1그램이다. 또한 글자를 새긴 면이 반듯하지 않아 실제로 사용하지 않고 무덤에 꺼문거리로 넣었을 것이라고 하는 사람도 있다. 어쩌면 이것은 아카보시가 개성의 어느 무덤에서 발굴한 것을 사들였다고 한 것에 근거를 둔 설명일 수도 있다.

개성 역사 박물관(조선 중앙 력사 박물관)에 있는 전(牋) 자 활자는 고려 왕궁이 있던 개성 만월대 신봉문(神鳳門)에서 서쪽으로 약 300미터

고려 금속 활자 전(㪉) 자 활자. 개성 력사 박물관 소장 자료.

떨어진 곳에서 발굴되었다. 이 활자의 가로×세로 길이는 각각 1.25센티미터×1.0센티미터로 직사각형에 가깝고, 글자 면의 가로×세로 길이가 1.05센티미터×0.9센티미터이며 최대 높이가 0.85센티미터이고 무게는 6.7그램이다. 활자 옆면이 울퉁불퉁하여 가지런하지 않고, 글자 모양에 맞춰 활자를 만들었는지 글자를 빼면 여백이 없으며, 언뜻 보아도 이 활자는 한쪽으로 기울었다. 또한 활자의 밑면은 가운데가 움푹 들어가 있어서 이 안에 밀랍이라도 채워 활자를 고정할 수도 있었겠다. 국립 중앙 박물관의 복 자 활자 역시 밑면이 동그랗게 안으로 움푹 파여 있어, 두 활자 모양과 쓰임새가 서로 비슷해 보이는 것이 고려 금속 활자임이 분명하고, 또한 이를 바탕으로 고려의 인쇄술을 가늠하게 하는 귀중한 자료이다. 처음에는 한 자리에서 함께 일했을 법한 이 2개의 고려 금속 활자가 지난 2006년 여름에 국립 중앙 박물관에서 진행된 "북녘의 문화 유산: 평양에서 온 국보들"이란 이름의 전시회 동안 마주 앉은 채 사람들의 눈과 마음을 따뜻하게 해 주었다.

    지금은 남과 북이 나뉘어 있지만, 이전에 하나이던 우리 문화와 역

고려 금속 활자 오로지 전(傳) 자. 개성 출토.

사의 발전을 위해 학계와 기관에서 여러 가지로 노력하며 힘을 보탠 바 있다. 그 대표적인 사례는 남쪽과 북쪽의 전문가들이 공동으로 개성 만월대의 유적을 발굴 조사해 새로운 금속 활자를 발견한 것이다. 이 개성 만월대의 '남북 공동 발굴 조사'는 고려 왕조의 궁궐터를 학술적으로 규명한 성과를 냈고, 남북 연구진이 문화 유산 복원과 보존 기술을 교류하는 현장 사업으로 평가받고 있다. 2007년에 처음 시작하여 2015년까지 계속된 공동 발굴은 그동안 냉탕과 온탕을 번갈아 오가는 냉온욕처럼 그동안 진행된 남북의 정치 상황에 따라 어쩔 수 없이 중단과 재개를 반복했다. 이 결과 2015년 11월 금속 활자 한 점이 발견되었다. 6개월이란 시간 동안 발굴을 진행하면서, 금속 활자를 찾을 전담 팀을 꾸려 지표면 아래 20~30센티미터까지 파낸 흙을 체로 쳐서 거르는 힘든 작업으로 겨우 찾아냈다. 이 활자는 가로×세로 높이가 각각 1.36센티미터×1.3센티미터×0.6센티미터이며(글자 면을 제외한 몸체의 두께는 0.16 센티미터) 밑면에 다른 활자와 마찬가지로 둥근 홈이 파여 있다. 글자는 언뜻 전일할 전(傳) 자로 보이지만, '아름다울 단'이나 혹은 '한결같은 전'이라고도 하며, 북한 측에서는 이 글자를 '사랑스러울 전' 자로 읽었다. 더욱이 오른쪽 아래의 자획이 모날 방(方) 자로도 보여, 이에 대한 추가 검토가 있어야겠다. 어쨌거나 이 활자는 고려에서 문서를 담당한 장서각에서 만들어 사용했던 것으로 보인다. 이렇게 우리는 세계에서 가장 오래된 금속 활자를 최소한 3점까지 확보하게 되었다.

고려 초기 금속 활자를 찾아서

지난 2010년 9월에 경북 대학교 문헌 정보학과 남권희 교수는 뜻밖의 연구 결과를 발표했다. 한국 고미술 협회 전 회장이자 다보성 고미술 대표인 김종춘 씨가 소장한 100여 점의 금속 활자 가운데 12점이 고려 시대 금속 활자인 증도가자(證道歌字)라는 내용이었다. 이 내용이 사실이라면 그동안 우리가 찾지 못해 사라진 것으로 생각하며 아쉬워했던 귀중한 문화 유산이 눈앞에 나타난 것이기 때문이다. 고려 시대에 금속 활자로 찍었다는 책 가운데 지금까지 남아 있는 가장 오래된 『직지심체요절』(1377년)보다도 앞선 시기에 찍어 낸 『남명천화상송증도가』(1239년 이전)를 찍는 데 쓰인 활자라는 말이므로, 우리 금속 활자의 역사를 적어도 138년 이상 앞당기는 셈이 된다.

    그동안 문헌으로만 남아 있고 말로만 전해 듣던 그 활자의 실제 모습이 우리 눈앞에 나타났다니! 이것은 누가 보아도 국가의 보물인 것은 물론이고 세계적으로도 가치 있는 문화 유산의 하나로 자리매김할 수 있는 것이다. 그러기에 관련 학계에서는 이에 대한 진위를 확실히 밝히고자 여러 가지 논의와 검토를 진행했으며, 또한 사람들은 그 결과를 관심 있게 지켜보았다. 그러던 이듬해에 소장자는 금속 활자를 국가 지정 문화재로 지정해 달라는 청원을 하면서, 증도가자의 진위 논쟁은 더욱 열기를 띠게 되었다. 국가 지정 문화재로 지정해 달라는 청원이기에 관련 기관인 문화재청(1961년에 문화재관리국이 설치되었다가 1999년에 문화재청이 되었고 2024년에 국가 유산청으로 이름이 바뀌었다. 이글에서는 당시의 이름을 그대로 썼다.)에서는 이 문제를 어떻게든 마무리해야 하는 과제를 안게 되었다.

증도가자의 진위 문제는 곧바로 학계에서 논란거리로 떠올랐다. 오랜 기간 증도가자를 연구하여 발표한 결과에 대해 일부 학자들은 사실이 아니라고 반박하니 진위에 대해 결론을 내리기 어려워졌다. 증도가자에 대한 진위가 결정되어야 그에 따라 문화재로 지정되는데, 답해야 하는 문화재청에서도 입장이 난감한 것이었다. 문화재의 진위 결정은 문화재 전문가들의 몫인데, 어느 한쪽의 일방적 의견이나 다수결로 결정하기도 어려운 문제이다.

물론 논란이 된 고려 금속 활자가 증도가지인지 아닌지 알아보려면 전문가의 의견을 따르면 되겠지만, 진위에 대한 논란이 일어난 문제이기에 믿을 만한 자료와 확실한 근거를 바탕으로 평가해야 할 것이었다. 이렇게 문화재 지정이 보류된 상태였기에 문화재청에서는 문화재 위원회가 제기한 종합 학술 조사의 필요성을 받아들여, 2013년 10월에 금속 활자에 관한 연구 경험이 있고 또한 연구를 진행할 수 있는 사람들에게 연구 용역을 주어 그 결과를 바탕으로 문제를 마무리하고자 했다. 문화재청에서는 이에 따라 고려 금속 활자에 관한 연구 과제를 공모했는데, 이 과제를 수행할 수 있는 전문가로는 증도가자를 발표한 남권희 교수를 책임자로 하는 연구진이 아니고는 연구할 상황이 아니었다.

 이런 과정을 거쳐서 연구 용역을 맡은 경북 대학교 산학 협력단에서는 국립 중앙 박물관에 소장된 1점과 다보성 고미술관에 소장된 101점 및 청주 고인쇄 박물관에 소장된 7점의 금속 활자에 대해 '증도가자 기초 학술 조사 연구 용역'을 진행했다. 용역 과제를 맡은 연구진에서는 2014년 6월부터 11월까지 6개월 동안에, 문제 해결을 위해 서지학 분야의 연구로부터 활자의 서체 및 인쇄에 관한 인문학적인 연구는 물론이고, 금속 활자의 3차원 분석과 엑스선 촬영 및 금속 성분 분석과 활자에 묻어 있는 먹의 방사성 탄소 연대 측정에 이르기까지 가능한 모든 과학적인 방법을 동원하여 얻어낸 자료를 정리하고 분석한 다음에 이를 연구 결과 보고서로 제출했다. 그리고 2014년 12월에 문화재청에서는 완료된 연구 결과를 바탕으로 금속 활자의 연대 측정과 서체 비교 및 제작 기법에 관한 세 가지 분야의 조사단을 구성하여 재검토에 들어갔다. 그로부터 2개월 뒤인 2015년 2월에 109점의 금속 활자 가운데 62점을 증도가자로 볼 수 있다는 연구 결과를 발표했다.

 그러자 반대자들은 최초 발표자에게 연구를 맡긴 것부터가 잘못된 일이고, 연구 결과와 다른 분석 실험 결과를 제시하며, 이 문제에 대한 전면적인 재검토가 이루어져야 한다고 주장했다. 이에 따라 문화재청에서는 금속 활자와 관련한 모든 분야에서 더 많은 수의 전문가들에게 연구 결과에 대한 재검토를 의뢰했는데, 2015년 6월부터 10월까지 고려 금속 활자 지정 조사단을 구성하고, 각각의 분야에서 다양한 과학적인 조사가 필요하다는 의견을 내놓았다. 이러한 과정에서 연구자들 사이에서는 세계에서 가장 오래된 금속 활자의 진위 문제를 놓고 시간이 흐르는 동안에 결말을 못 내고, 또다시 진위에 대한 공방을 이어 가게 되었다.

고려 금속 활자의 진위 논란은 국립 과학 수사 연구원(국과수)에서 한국 문화재 보존 과학회에 발표한 논문 때문에 다시 불이 붙었다. 국과수에서 청주 고인쇄 박물관의 금속 활자 7점에 대해 3차원 금속 컴퓨터 단층 촬영을 했더니 활자 테두리를 따라 단층이 하나 더 있는데 이것은 부식을 인위적으로 꾸몄다는 것이었다. 또한 활자 안팎의 금속 성분 비중에 차이가 나는 것은 있을 수 없는 결과이며, 2점의 활자 뒷면에 땜질 흔적이 있는 것으로 보아 가짜로 보인다는 내용이었다. 이에 대해 경북 대학교 산학 협력단에서는 금속 활자 주조법과 서지학 정보가 부족해 잘못 해석했다고 반박했다. 좀 더 설명하자면 오래된 청동 유물은 내부에서부터 부식되는 경향이 있으므로, 겉과 안의 밀도가 달라 이중 구조처럼 보일 수 있다고 했다. 그리고 금속 성분 비중의 차이는 활자 성분이 균일하게 배합되지 않은 것이므로 겉과 속의 주성분을 단정하는 것이 무리라고 하면서, 이미 부식된 표면에 땜질하는 것은 전혀 불가능하다며 논문 내용을 반박했다.

국과수에서 논문을 발표한 시기는 2015년 10월인데, 이때는 문화재청에서 고려 금속 활자 지정 조사단을 구성하고 각 분야에서 과학적 조사가 필요하다는 의견에 따라 일을 진행하던 무렵이었다. 시간이 흐르면서 고려 금속 활자가 가짜라는 주장과 함께 이를 뒷받침하려는 증거를 제시하면서 구입 경로에 대한 문제도 제기하자, 문화재청은 결론을 내리고자 지정 조사를 하게 되었다. 그리하여 다보성에서 소장한 고려 금속 활자 101점에 대해 국립 문화재 연구소 문화재 보존 과학 센터에 컴퓨터 단층 촬영(CT) 분석 등을 의뢰했고, 국과수에 서체 분석 등을 의뢰했으며, 고려 금속 활자의 3가지 유형에 따라 주조와 조판에 대한 가능성 등을 조사하도록 용역 사업으로 지정했다.

지정 조사단에서 진행한 조사는 앞서 경북 대학교 산학협력단에서 실시한 종합 학술 조사 내용과 크게 다르지 않지만, 조선 시대 주조 활자와 비교하는 점이 차이라고 할 수 있었다. 조사단 가운데 국과수에서 진행한 서체에 대한 비교 분석 결과는 대조군으로 사용한 조선 활자 임진자에 비해 고려 금속 활자의 유사도가 통계적으로 의미가 있는 수준 이상으로 낮았다고 했고, 활자 주조에 관한 검증 결과에서는 글자 면과 바탕 면을 따로 주조하는 것이 불가능하다는 등의 부정적인 조사 결과가 나왔다. 이러한 조사 결과를 종합하면 고려 금속 활자는 증도가자가 아닐 가능성이 크다고 분석했다. 문화재청에서는 조사 결과에 대해 공개 검증을 진행했고, 이후에 공개 검증 과정에서 제기된 문제를 검토하는 간담회도 열었으며, 조사 결과를 바탕으로 문화재 지정 조사 위원회에서 위원들이 금속 활자에 대한 조사 보고서를 작성했다.

지난 2017년 4월에 문화재청은 "문화재 위원회(동산 문화재 분과)가 증도가자에 대한 국가 문화재 지정 심의 결과 부결을 만장일치로 결정했다."라고 발표했다. 발표에 앞서 증도가자 재검증을 진행한 '고려 금속 활자 지정 조사단'에서는 '지정 보류' 의견을 냈지만, 문화재 위원들이 부결을 전격적으로 결정한 것으로 확인되었다. 아마도 그 이유는 지난 2013년에도 이 문제에 대해 한 차례 보류 결정을 내렸기에, 또다시 같은 결정을 하기가 부담되었을 것이라는 분석도 있었다. 다른 한편으로는 금속 활자의 정확한 출처와 구입 경위가 명확하지 않다는 것도 이유가 되었다고도 했다. 물론 고려 금속 활자의 국가 문화재 지정에 대해 부결이라는 결정을 내리면서 조사 결과를 바탕으로 했고 또한 적법한 절차에 따라 진행했다고는 하지만, 이를 뒷받침하는 조사 결과는 명쾌한 결론을 끌어내지 못한 부분이 있기도 했다. 이를테면 '오래된 활자는 맞지만, 증도가자라고 하기는 어렵다.'라는 조금은 모호한 설명이 있기 때문이었다. 어쨌거나 문화재청에서는 7년 동안이나 끌어 왔던 이 문제를 한 마디로 잘라 해결한 것으로 보이지만, 그 과정에는 이런저런 어렵고도 복잡한 문제가 실타래처럼 얽혀 있었다고 하겠다.

증도가자는 정말로 가짜인가?

이제까지 이야기한 내용은 증도가자의 진위를 두고 벌어진 논란의 역사를 요약한 것이다. 맨 처음 고려 금속 활자가 증도가자라고 주장한 남권희 교수의 의견에 따르면, 금속 활자로 찍은 『남명천화상송증도가』를 그대로 똑같이 목판을 만들어 찍어 낸 책이 남아 있으므로, 이번에 찾아낸 고려 금속 활자가 증도가 책을 찍은 활자인지 밝혀낼 수 있다는 것이었다. 그런 생각이 맞는지 밝히고자 고려 금속 활자의 글자와 목판본인 『남명천화상송증도가』에 인쇄된 같은 글자끼리 대조하니,

금속 활자의 글자 크기와 서체가 서로 맞아 떨어지므로 금속 활자가 바로 증도가자라는 사실을 밝혀냈다는 것이 그의 주장이다.

또한 금속 활자에 대한 금속 성분의 구성과 비율을 알아보려고 활자 뒷면에서 부식이나 산화가 없는 표본으로부터 분석한 결과는, 구리가 85퍼센트 이상이고 주석은 7퍼센트 정도였다고 한다. 또한 몇 점의 금속 활자를 엑스선 회절 분석 방법과 형광 엑스선 분석 방법으로 비파괴 검사를 해 보니, 구리와 주석 그리고 납 등으로 이루어진 청동 재질임을 확인했다. 그리고 전자 현미경으로 관찰한 결과는 구리가 38~45퍼센트, 주석이 30~35퍼센트, 납이 18~25퍼센트로 활자에 따라 조금씩 차이가 나는 결과를 얻었다. 특별히 활자에 묻어 있는 먹을 떼어 한국 지질 자원 연구원과 일본 팔레요 라보(Paleo Labo) 사에 보내, 먹 안에 있는 탄소 성분의 방사성 동위 원소를 가속기 질량 분석계로 조사해 연대 측정을 해 보니 모두가 1280년대 이전으로 나왔다. 그 가운데 슬플 비(悲) 자의 먹은 1160~1280년으로 측정치 중에서 가장 늦은 시기로 조사되었다. 몇 가지 과학적 분석 결과와 금속 활자에 묻어 있는 먹의 방사성 탄소 연대 측정 결과로 추정한 활자의 주조 연대가 『남명천화상송증도가』를 처음 펴냈을 때와 거의 비슷한 시기임을 알았다. 따라서 고려 금속 활자는 『남명천화상송증도가』를 찍었던 증도가자로 볼 수 있으며, 당연히 고려 시대에 주조한 증도가자라는 활자의 주조 연대는 1160~1200년대 초반으로 추정할 수 있다고 보았다.

고려에서 처음 주조한 금속 활자가 증도가자라고 발표하면서 남권희 교수 연구진에서는 증도가자를 포함한 고려 초기 금속 활자 모양을 조사한 내용까지 세상에 알렸다. 고려 초기 금속 활자는 세 가지 형태가 있는데, 가장 먼저 금속 활자의 특징이라 할 수 있는 것은 활자 뒷면에 둥근 홈이 파진 활자 (1)이다. 활자 밑면에 홈이 파진 것은 국립 중앙 박물관에 있는 고려 금속 활자 복 자와 같은 특징이다. 다음 특징은 (1)번 모양의 활자와 같이 밑면에 홈이 파였지만, 활자의 아랫부분 왼쪽과 오른쪽에 폭과 높이가 각각 1밀리미터의 날개가 달린 활자 (2)이다. 그래서 (1)번 모양 활자를 홈형 활자라고 부른다면, (2)번 모양 활자는 날개 달린 홈형 활자로 서로를 구분할 수 있다. (2)번 모양의 돌출 날개를 가진 금속 활자는 조선 시대에는 물론이고 아직 제작 사실이 학계에 보고된 바 없고, 더욱이 외국에서도 전례가 없는 매우 독특한 모양이다. 이 외에도 활자 아랫부분에 다리가 4개 있는 금속 활자 (3)가 있는데, 이들은 글자 면이 높고 형태가 선명하며, 크기가 (1)과 (2)보다도 조금 크고 주물의 두께가 얇아서 기술적으로 높은 수준의 활자 주조 능력을 보여 준다. 이들 세 종류의 활자가 확인되었는데, 글자 크기와 서체를 바탕으로 보면 홈형 활자 (1)와 날개 달린 홈형 활자 (2)의 두 종류만을 증도가자라고 볼 수 있다는 것이었다.

    여기에서 한 가지 의문이라면, 홈형 활자 (1)로 인쇄할 수 있도록 판을 짤 수 있었다면 굳이 날개 달린 홈형 활자 (2)를 왜 만들었느냐는 점이다. 고려 초기 금속 활자 모양을 보면 글자 면이 활자의 옆면과 거의 붙어 있을 정도로 활자와 글자 사이에 여백이 많지 않다. 활자를 모아 판을 짜고 인쇄를 마치면, 세로쓰기의 한문에서 줄 사이 간격이 너무 붙어 있으므로 읽어 내리기에 답답했을 것이다. 이러한 답답함을 줄이고자 날개 달린 활자를 만들어 함께 사용한 것으로 볼 수 있다. 이와 함께 판을 짜는 과정에서 활자가 비틀어지지 않게 고정하는 역할을 강조

고려 금속 활자 증도가자. 왼쪽부터 날개 홈형과 홈형 및 네다리형으로 구분한다.

하고자 날개 달린 활자를 이용했다고 생각할 수도 있다. 물론 시간이 흐르면서 활자를 모아 판을 짜는 조판 기술이 조금씩 나아지자, 굳이 날개 달린 금속 활자를 사이사이에 끼우지 않고도 활자의 줄을 가지런히 맞출 수 있었기에 날개 달린 활자를 더 이상 사용하지 않았고, 그에 따라 더 이상 만들지도 않았으리라고 본다.

고려 금속 활자 가운데 네발 달린 활자는 조선 최초의 활자인 계미자와 크기와 생김새가 비슷해 보이는데, 고려 후기에 사용한 금속 활자와 조선 건국 초기에 주조한 계미자와의 사이에서 나타나는 시간 차이는 불과 10년 정도에 불과하다. 이 점을 알고 활자를 이용한 인쇄를 가늠해 보면, 조선 초기에 사용한 활자는 고려 시대에 사용한 활자 일부를 함께 사용했으리라고 생각할 수 있다. 조선 초의 계미자와 고려 금속 활자 가운데 네발 달린 금속 활자는 이러한 설명이 가능하다는 예가 될 수도 있을 것이다. 물론 이들 두 가지 활자 모양을 자세히 보면 차이도 있겠지만, 크기는 비슷해 보이므로 한동안 두 가지 종류의 활자를 섞어 사용했을 가능성도 있다고 하겠다.

전문가 의견에 따르면, 고려 금속 활자에서 삼수변(氵)은 글자가 이어진 채로 한 번 두 번 꺾였는데, 계미자 활자에서 삼수변은 한 줄로 연결되지 않고 정자체로 떼어 쓴 글자 모양으로 차이가 난다고 한다. 또한 고려 금속 활자 서체는 조금씩 흘려 쓴 것처럼 보이지만, 계미자의 서체는 비교적 정자체로 또박또박 쓴 것으로 보인다고 한다. 그렇다면 계미자로 인쇄한 인쇄물에서 어쩌면 고려 금속 활자와 섞어 사용한 흔적을 찾아볼 수도 있겠다. 계미자 활자로 인쇄한 『사시찬요』가 최근에 예천에서 발견되었으니 혹시라도 그 안에 이러한 흔적이 남았는지 찾아보는 것도 흥미로운 조사가 될 수 있겠다.

증도가자 진위 논란 요약

우리나라에서 가장 오래된 고려 초기의 금속 활자는 증도가자라는 주장과 더불어 증도가자에 대한 국가 지정 문화재 신청에 대해서 문화재청이 주관한 문화재 위원회(동산 문화재 분과)가 문화재 지정을 부결한다고 발표하면서 다음과 같은 몇 가지 근거에 대한 설명 자료를 제시했다. 그러나 증도가자를 주장하는 측에서는 설명이 옳지 않다면서 받아들이기 어렵다고 주장했다. 이처럼 서로 다른 주장을 조금이라도 접근시켜 보려고 국회 의원이 앞장서서 의원 회관에서 관련 학술 토론회를 개

최했다. 여기에서 논의된 증도가자의 진위 논쟁에 대한 중요한 쟁점은 이미 언론(《뉴시스》 2017년 9월 29일)에 비교적 상세히 보도되었지만, 다음과 같이 몇 가지 쟁점에 대한 부결 설명과 이에 대한 반론을 요약해 보았다.

① 금속 활자의 납 산지가 중국이다. 문화재청은 금속 활자의 내부에서 접합이나 가공 흔적이 없고, 표면 조사에서 덧칠이나 유기물 흔적이 없다고 했다. 활자의 납 성분 동위 원소 분석에서 확인되는 zone 3 구역은 한국 남부와 중국 남부가 연결되는 광범위한 구역이므로 산지 추정이 어렵다고 했다. 반론에서는 문화재청이 공개한 2016년 12월 보도 자료에서 zone 3 구역은 한국 남부라고 이미 밝혔는데, 이번에는 중국 남부까지 확장된 납 산지에서 나온 것일 수도 있다고 하므로, 만약에 중국산 납이고 탄소 연대 측정이 맞는다면 최초 금속 활자를 중국에서 만들었다고 설명해야 하는 또 하나의 웃음거리를 만드는 것이라고 했다.

② 가짜는 아닌데 진짜라고도 할 수 없다. 지정 조사단의 조사 보고서에 금속 활자의 조작 흔적은 없었지만, 최근 발전된 기술로 성분을 조성해 활자를 제조하면 과학 장비로도 확인이 어려우므로, 유물의 분석 자료와 위조품의 제작 기술과 정보를 지속적으로 확보해야만 확인이 가능할 것이라 했다. 반론에서는 보고서 내용이 상식적으로 이해할 수 없다고 했다. 현재의 분석 장비와 기술로 가짜임을 밝히지 못했다면 진짜가 맞고, 나중에라도 발전된 기술로 가짜임을 밝히면 지정이 취소된다고 했다. 지정 조사단은 과학적으로 검증했으니 가짜라는 증거를 찾지 못했으면 진짜인데, 굳이 '진짜는 아님'이라는 단서를 다는 것이 희

귀하다고 했다.

③-1 방사성 탄소 연대 측정은 신중해야 한다. 조사 보고서는 5차례 방사성 탄소 연대 측정 결과는 삼국 시대부터 고려 시대에 해당하는 연대가 나왔고, 이르면 11세기 초에서 늦으면 13세기 초까지로 그리고 중간값은 12세기 초로 나왔다고 했다. 그러나 통제가 완전하게 이루어진 발굴터에서 나온 유물로부터 표본을 구한 것이 아니므로, 측정값을 그대로 인용하기는 무리이고 과학적 증거와 인문학적 해석까지 종합해야 한다고 했다. 반론은 완전한 상태의 표본을 찾으려면 발굴 현장의 표본 외에는 찾을 수 없다는 말이라고 했다. 유물 연대를 알아보는 방사성 탄소 연대 측정인데, 측정 결과를 보지 않고 다른 조건을 보는 것은 왜곡하려는 것과 같다고 했다. 고려 금속 활자는 이제까지 알려진 것이 없는데, 어떤 과학적 증거와 인문학적 해석을 덧붙여야 하는지는 조사단에서 제시해야 한다고 했다. 또한 분석의 신뢰성은 인정한다면서 단서를 다는 것은 온전히 받아들이지 않으려는 모습이라고 했다.

③-2 표본의 먹이 고려 것이 아니다. 조사 보고서는 연대 측정을 위한 먹의 표본이 표본으로서 신뢰성 조건을 충족하는지 불투명하다고 했다. 지하수나 침출수 등으로 먹 성분이 교란되어 동위 원소 구성에 영향을 미칠 수 있다며, 먹의 시대별 분석 자료와 성분 분석 자료가 없으므로 고려 먹이라고 확정하기 어렵다는 것이었다. 마지막에는 연대 측정 결과와 별개로 고려 먹이라는 증거를 발견하지 못했다고 했다. 반론으로는 유기 물질이 퇴적된 먹이 금속 활자에 묻어 있을 가능성은 얼마나 될 것이며, 어느 기관에서 그것을 밝힐 수 있겠냐고 되물었다. 먼저 활자를 만들고 나중에 찍으면 먹과 활자 연대는 당연히 차이가 나므로

그것이 전혀 이상하지 않다는 것이었다. 그리고 활자에 묻은 먹이 누가 고려 것이라고 밝힐 수 있겠는가? 활자 납도 그리고 먹도 고려 것이 아니라면 활자는 결국 중국에서 만든 것이라고 주장하는 것인가? 먹의 연대로부터 활자 연대를 추정하려면 다른 과학적 증거와 비교하고 인문학적 자료를 대조해 해석하라고 하는데, 구체적인 방법이 무엇이란 말인가? 라고 반문하면서, 이러한 추상적 해석과 결론은 연대 측정 결과를 부정하고자 하는 것밖에 안 된다는 것으로 보았다.

④ 서체 비교에서 차이가 유의미하다. 조사 보고서는 금속 활자(증도가자) 모형과 증도가(목판본) 인쇄 글자의 윤곽선을 수학적 계산법으로 서체를 비교한 결과는 유사도가 0.81~0.97로 평균은 0.92였다. 이와 비교한 임진자와 임진자 번각본 글자의 유사도는 0.90~0.97이고 평균은 0.95로 둘 사이에서 평균의 차이는 0.03이었다. 이 결과로 보아 임진자의 유사도가 신청 활자보다 통계적으로 유의미하게 높게 나타났다고 했다. 또한 객관적인 수치화 학습법(딥 러닝)으로 검증한 결과에서 신청 활자의 유사도는 74.6919이고 임진자 유사도는 79.2949로 신청 활자의 유사도가 통계적으로 유의미하게 낮았다고 했다. 이와 함께 증도가자 활자본이 없지만 번각본이 활자본과 같다는 전제이므로 조사는 적절했다고 덧붙였다.

이에 대한 반론에서는 유사도 0.03의 차이가 과연 유의미한 것인지 의문이라고 했다. 특수 소프트웨어를 이용한 딥 러닝 방법에서도 유사도 차이는 5퍼센트 미만이었는데, 두 활자의 주조 시기는 500년 이상 벌어지고 조선 시대에 주조한 임진자의 상태가 우수한 점을 생각하면 5퍼센트 정도의 차이가 정말로 유의미한 것인지 의문이라고 했다. 서체 비교에서도 중국과의 연계 가능성을 시사하는 것도 의도적이라고 볼 수 있으며, 유사도 차이가 적은데도 유사도가 낮고 편차가 크다는 것은 잘못 해석하는 쪽으로 이끄는 것이라 했다. 활자본과 번각본의 차이가 있음은 분명한데도 이들이 같다는 전제로 분석한 것은 상식을 무시한 처사라고 했다. 이전에 신청 활자가 이중 구조를 보인다는 이유로 가짜라고 주장했으나, 문제가 없는 것으로 밝혀져 이미 신뢰가 떨어진 국과수에 다시 분석을 의뢰한 것도 이해할 수 없는 일이라고 했다.

⑤ 소장 경위가 분명하지 않다. 문화재청은 보도 자료에서 출처와 소장 경로가 불분명한 것도 부결 사유라고 했다. 또한 금속 활자와 관련되는 청동 수반 및 초두와의 비교 조사가 불가능하여 고려 금속 활자로 판단하기 어렵다고 했다. 반론은 교토의 고미술상으로부터 이어지는 구입 경로에 대해 당사자에게 확인했다고 문화재 위원회에서 문화재 지정 부결을 발표할 때 이미 밝혔는데, 부결 사유로 또다시 소장 경위를 들고 나온 것은 납득할 수 없다고 했다. 금속 활자의 출처가 분명하지 않다고 하는데, 출토 문화재의 특성이 그러하므로 명확한 규명이 불가능하다고 했다. 더욱이 이제까지 지정된 수많은 동산 문화재의 출처는 모두 명확한 것이며 또한 이를 확인하고 지정한 것인지 되묻는다고 했다. 청동 수반과 초두는 금속 활자와 직접 관계가 없는데 이를 부결 사유로 꼽는 것도 부당한 것이라고 했다.

지금까지 요약한 내용을 종합해 보면 다보성 고미술이 소장한 금속 활자에 대해 3차원(3D) 컴퓨터 단층 촬영(CT) 등의 방법으로 조사했으나 인위적인 조작은 없었다는 국립 문화재 연구소의 재검증 결과였다. 그러나 국립 과학 수사 연구원에서 서체를 비교한 조사 결과는 가짜일 가능성이 높다는 결론으로 조사 기관에 따라 의견이 엇갈렸다. 그러나 문화재 위원회에서 이 문제에 대해 부결을 결정한 것은 금속 활자의 출처와 구입 경로가 불확실한 것이 결정적이었던 것이라는 보도가 있었다. 국가의 상징인 국보나 보물이라면 위조나 도난품 의혹이 없도록 출처가 명확해야 한다는 의견이 있었다고 관계자가 전했다. 이에 관한 소장자의 자료에서는 중간 소유자들이 사망해 입증하기 어려웠고, 또한 출처를 규명하기 어려운 점과 또한 함께 발견된 것이라는 청동제 수반과 초두의 소재가 분명하지 않은 것도 부결에 영향을 주었다고 보도되었다.

한편 문화재청은 신청 유물이 고려 금속 활자일 가능성은 있으므로 이를 증명하는 자료가 확보되면 국가 문화재 지정 조사를 다시 할 수 있다면서 여운을 남겼다. 이에 따라 문화재 지정을 신청한 금속 활자는 '증도가자'가 아니라 '고려 금속 활자'라는 이름으로 다시 논란거리가 될 가능성이 열린 셈이다. 그렇지만 이 경우에도 전제가 되는 것은 출처에 대한 규명이라는 문제가 여전히 남아 있다고 본다. 어쨌거나 이렇게 해서 증도가자에 대한 문화재 지정에 대한 논란은 적법한 과정과 행정적 절차에 따라 일단 매듭지어졌지만, 이와 함께 논란거리로 떠올랐던 '증도가자'가 적어도 가짜 활자가 아니라는 사실은 과학적인 방법으로 설명되었으니, '고려 금속 활자'라는 이름으로 문화재 지정이 이루어질 수도 있으리라 기대해 본다.

논쟁은 아직 끝나지 않았다

고려 금속 활자가 증도가자라는 사실을 증명하고자 몇 가지 과학적인 방법으로 조사한 결과를 바탕으로 그 가능성을 검토해 보면 금속 활자가 가짜라고 할 수 없다는 결론에 이른다. 이 문제를 놓고 당국에서는 명확한 결론을 얻기 위해 어떤 점을 보완하고 조사할 것인지 구체적인 방향을 제시하지 못했다. 금속 활자의 진위를 결정하는 조사와 연구에서 구체적 방향을 제시하지 못한다면, 더 이상 과학적인 조사가 필요하지 않다고 해야 할 판이다. 그런데도 과학적이고 인문학적인 조사가 보충되어야 한다는 표현으로 에둘러 말한다면, 누가 보아도 금속 활자의 진위를 밝히는 본질에서 벗어났다고 할 수밖에 없다.

그렇다면 증도가자가 고려 금속 활자라는 주장의 진위를 결정하는 가장 근본적인 문제는 무엇인가? 금속 활자에 대한 과학적 조사와 서체에 대한 비교 조사 결과에서도 진짜가 아니라는 명확한 결론을 얻어내지 못했다. 그렇다면 결과적으로 문제점이라면 출처가 불명하다는 점을 생각할 수밖에 없는데, 이러한 문제를 이유로 문화재 지정이 불가하다고 결론짓는다면 본질적 중심에서 벗어난다는 사실을 스스로 드러내는 것이 된다. 다시 말하면 가짜는 아닌데, 출처를 모르므로 문화재로 지정할 수 없다는 것이다. 언뜻 들어보면 당연한 말로 들리지만, 여기에도 문제는 있다. 차라리 금속 활자가 중국에서 만든 것이라고 해 버리면, 이리저리 따져보고 싶은 것도 감추고, 아닌 양 둘러대는 등의 곤혹스러운 짐을 간단히 벗을 수 있는데, 그러자면 우리나라 고려에서 처음 금속 활자를 만들었다는 사실을 묻어 버리는 모양이 되니 그럴 수도 없는 문제이다.

'가짜는 아니지만, 그렇다고 진짜라고 할 수도 없다.' 이 말을 돌려보면 어쩔 수 없이 진짜로 인정해야 하는데, 진짜로 인정하기 싫다는 속마음을 드러낸 것이라 할 수 있다. 이와 비슷한 표현으로는 모두가 잘 아는 것처럼 「홍길동전」에서 길동이가 아비를 아비라 부르지 못함을 한탄하는 부분이다. 증도가자는 분명히 고려 금속 활자인데, 더 이상 증도가자로 부를 수가 없으므로 이제는 할 수 없이 이름을 붙인다면 고려 금속 활자라고 부를 수밖에 없다. 물론 증도가자가 바로 고려 금속 활자이니 어떻게 부르더라도 문제가 되지 않을 것이라 할 수도 있다.

이 땅에서 찾은 유물에 이름을 붙이려는데 무엇이 그리 복잡하게 얽혀 있는지, 이것은 이래야 하고 저것은 저래야 한다는 절차가 사람을 피곤하게 만든다. 사람들이 이야기하는 대로 '우리나라에서는 안 되는 것도 없지만, 또한 되는 것도 없다.'라는 말처럼 쉬운 일이지만 안 되는 것이 있고, 어려워 보이는 데도 되기도 한다는 것이 그저 신기하다고만 하기에는 무엇인가 설명하기조차 부족하다. 아무리 생각해도 본질이 무엇인가를 집어내지 못하고 일을 진행하기에 일어나는 현실적 문제라고 할 수도 있다.

고려 금속 활자라는 유물이 시간과 공간의 제약을 이겨 내고 시나브로 우리 앞에 나타났고, 이것을 문화재로 지정하자는 것인데, 이런저런 이유를 들어 안 된다는 것은 우리 문화재 가치를 우리에게 알지도 못하게 만드는 것이라 하겠다. 금속 활자의 출처가 불분명하다는 말은 달리 말하면 누군가 훔친 물건일 수도 있다는 뜻일 텐데, 지금까지 누구도 금속 활자를 도둑 맞았다고 신고하지도 않았고, 잃어버린 금속 활자를 찾는다고 현상금이라도 내건 사람도 없다. 아무리 봐도 금속 활자가 어떤 도난 사건과 연루된 장물이 아니라는 것이다. 어쩌면 누군가가 아무도 모르게 금속 활자를 찾아서 몇 사람의 손을 거쳐 소장자에게 팔았다고 하더라도 그 과정을 낱낱이 증명할 수도 없는 노릇이니, 출처가 문제라고 하면서 짐짓 모르는 척하는 것이라 하겠다. 만약에 그런 과정이 있었다고 하더라도 언제 일어난 일인지도 알 수 없는 노릇이고, 모르는 일이기에 밝힐 수도 없는 과정을 근거로 해서 혹시나 국가라도 나서서 모든 것이 국가 소유라고 일방적으로 주장할 수도 없는 일이다. 무엇보다도 금속 활자의 진위를 결정하는 것이 우선이니, 출처가 문제라면 그것은 다음에 결정하는 것이 상식적인 일이라 하겠다.

금속 활자는 우리나라 고려에서 처음 만들어 낸 것이기에 금속 활자가 나오면 중국도 아니고 일본도 아닌 고려의 수도였던 개성이 가장 유력할 것이다. 우리나라에 남아 있는 출처가 분명한 고려 금속 활자 3점은 모두가 개성에서 출토되었다. 그러기 때문에 증도가자라는 고려 금속 활자도 당연히 개성 근처에서 출토되었으리라고 사람들은 믿고 있다. 언젠가 개성 근처에서 흙일하던 일꾼이 바닥에 앉아 쉬면서 자기도 모르게 흙을 한 움큼 쥐었다가 손가락 사이로 흘려 보내던 중에 딱딱한 쇠붙이가 만져져서 확인해 보니 금속 활자였다는 이야기도 전해온다. 그래서인지 2015년 남북 공동 발굴 조사에서도 흙을 체로 걸러 금속 활자 1점을 찾아내는 성과를 냈는지도 모른다. 어쨌거나 오래된 금속 활자가 중국 어느 곳이거나 일본의 어느 곳에서 출토되었다고 하면 사람들은 당장 그것은 가짜라고 생각할 것이다. 왜냐하면 금속 활자는 당연히 우리나라 고려에서 만들었다는 것을 모두가 알고 있기 때문이다. 모두가 우리 것이라고 하는 고려 금속 활자를 우리 문화재로 지정하지 못하면 우리가 스스로 올가미를 씌우는 것이라고 할 것이다.

개성 만월대에서 진행된 남북 공동 발굴 조사에서 고려 금속 활자 1점을 찾았다는 소식이 2015년 12월 2일쯤에 전해졌다. 그 후로 이제껏 발굴 작업에 관한 이야기가 없는 것으로 보아 더 이상의 발굴이 없다고 생각했다. 물론 인터넷 자료를 검색해도 추가된 발굴 이야기가 없었다. 그런데 전문가 이야기로는 그 후에도 북측 발굴팀에서 또다시 네 점의 고려 금속 활자를 찾았다고 했다. 어쩌면 공동 조사단에서는 확실한 고증을 거친 다음에 공개하고자 아직도 비공개로 남겨둔 것인지 모르겠으나, 고려 금속 활자는 조금 더 열심히 찾으면 분명히 좋은 성과를 얻을 수 있을 것이다. 왜냐하면 서적을 인쇄하려고 만든 금속 활자는 분명히 넉넉한 양을 확보했을 것이므로, 이전에 금속 활자를 찾았던 지역 근처에서 또다시 찾을 가능성이 크다고 보기 때문이다.

그러다 2018년에 남한의 문재인 대통령과 북한의 김정은 위원장이 판문점 '자유의 집'에서 만나 감격적인 남북 정상 회담이 이루어졌고, 다시 판문각에서 두 번째 만남에 이어 세 번째 만남이 문재인 대통령의 평양 방문으로 이루어졌다. 이와 더불어 남북 간의 교류 협력이 이루어지면서 개성 만월대의 공동 발굴 사업이 또다시 이어지게 되었다. 물론 그동안 북측에서 단독으로 만월대 지역을 발굴하여 금속 활자 4점을 더 찾았다고 알려졌다. 만월대 공동 발굴 사업이 중단된 사이에 북한 조사단이 찾아낸 네 점의 금속 활자는 물 흐르는 모양 측(汌) 자와 지게미 조(醩) 자, 이름 명(名) 자 및 눈 밝을 명(眀) 자로 알려졌다. 이 4점의 금속 활자 모양은 이전에 발굴한 것과 모양이 똑같다고 한다.

개성 만월대 지역의 역사 유적은 고려 멸망 이후에 그대로 남아 있는 것처럼 보이지만, 오랜 시간이 지나는 동안에 여러 번에 걸쳐 크고 작은 변화를 겪은 곳이었기에 원형이 많이 훼손되어 발굴 작업이 쉽지 않았다고 한다. 일제 강점기에는 만월대 지역에 비행장을 건설하려 하면서 원래 모습이 바뀌고 땅바닥의 흙까지도 이리저리 옮겨졌기에 땅속 깊숙이 묻혀 있거나 비교적 크기가 큰 유물은 그런대로 남아 있지만, 크기가 작은 조각들은 찾아내기 어려운 형편이었다고 한다. 고려 금속 활자는 그 크기가 작은 것이기에 쉽게 훼손될 가능성이 크고, 찾아내는 방법도 금속 탐지기를 동원하거나 파낸 흙을 체로 걸러 확인하는 방법에 따라야 했으므로 찾아내기가 더욱 어려웠다. 고려 금속 활자를 찾아낸 곳도 만월대 조사 지역의 중심부가 아닌 주변부에서 어렵게 찾아냈다고 한다.

남북과 민관의 전폭적 협조가 필요한 고려 금속 활자 연구

우리가 증도가자라는 금속 활자에 대한 문화재 지정을 놓고 논란을 벌이고 있는 사이에 시중에서는 짝퉁 금속 활자가 떠돌았다. 그것도 A, B, C 등급을 매길 정도로 아주 그럴듯하게 만든 것부터, 잘 보면 금방 가짜임을 알아볼 수 있는 정도까지 여러 수준의 짝퉁 금속 활자가 나타났다. 그것은 증도가자에 대한 문화재 지정을 신청했다는 내용이 입소문을 타고 도는 사이에, 문화재로 지정되면 금속 활자는 비싼 값에 거래될 것이라고 보고, 짝퉁 금속 활자가 암암리에 거래되고 있었다. 그런데 짝통 금속 활자는 3D 프린터라는 새로운 기술을 이용하여 아주 그럴듯하게 만들었다는 이야기까지 나왔다. 그러면 이러한 가짜 금속 활자를 진짜와 구별해 내는 방법은 없는 것일까?

유물 감정에서 가장 쉬운 방법은 물건을 실물보다도 크게 확대해 보는 것이다. 환자를 진료할 때 의사가 청진기로 환자 몸속에서 나는 소리를 들어보는 것처럼, 유물을 감정하는 사람은 돋보기 안경을 끼고 보거나 돋보기로 직접 확대해 보면서 진짜와 가짜를 구별한다. 금속 활자는 크기가 크지 않기에 돋보기로 확대해도 큰 효과를 기대하기 어렵다. 그렇지만 크기가 작은 금속 활자라도 사진을 찍어 컴퓨터 화면으로 확대하면 비교적 수월하게 가짜인지 아닌지 구별할 수가 있다. 이처럼 컴퓨터를 이용한 확대 방법으로 가짜 금속 활자를 구별할 수는 있지만, 확대 화면으로 표본을 분석할 수 있는 전문적 지식이 어느 정도 뒷받침되어야 한다는 어려움이 뒤따른다. 필요한 지식은 다른 유물을 감정하는 것과 마찬가지로 진짜와 가짜를 비교해 보는 많은 시간과 경험이 축적되어야 비로소 꽃피울 수 있다.

가짜 금속 활자를 진짜와 쉽게 구별할 수 있는 사람이라면 컴퓨터 바이러스에 대한 백신을 공개해 누구나 쉽게 치료하듯이 진짜와 가짜 금속 활자를 구별하는 방법을 공개하는 것도 바람직하다. 만약에 그런다면 시중에 나도는 가짜 금속 활자는 곧바로 가짜임이 드러나 더 이상 발붙이지 못하고 사라질 것이다. 이와 함께 가짜 금속 활자를 진짜로 믿도록 감정서를 위조하거나, 가짜 금속 활자를 진짜라고 속여 파는 사람도 조만간 사라질 것이다. 만약에 짝퉁 금속 활자와 진짜를 구별하는 방법이 확실하다면 고려 금속 활자에 대한 문화재 지정도 그렇게 어려운 것만도 아니다. 진짜와 가짜를 구별하는 분명한 방법이 있어도, 누군가가 이 방법을 독점하려거나 또는 상대방을 믿지 못하고 의심하는 상황이라면, 아무리 좋은 방법이 있더라도 이것이 자리 잡아 바람직한 제도로 정착하기에는 힘에 부친다. 누군가는 이러한 틈새를 이용해 자기만의 이익을 추구하거나, 그것이 아니면 부정한 방법까지 동원해 무리를 이루면서 더 많은 이익을 원하기 때문이다.

가짜 금속 활자와 진짜를 구분하는 감정 능력을 누군가가 확보했거나, 어느 기관에서 확립했다면 유물과 관계되는 사람들이 선망과 시샘을 할 것이다. 그러다가 혹시나 개인이나 기관이 그 능력을 독점적으로 행사할까 염려하는 분위기라면, 겉으로는 이를 막아야 한다고 하면서, 다른 한편으로는 이러한 특별한 능력을 먼저 공유하고자 보이지 않는 경쟁을 벌이기도 한다. 이처럼 보이지 않게 시샘하는 경우는 이익을 추구하는 기업이 가장 먼저 나서겠지만, 특별한 경우에는 공공 기관에서도 이 같은 기회를 확보하려고 힘쓸 것이다. 이익과 실제적인 업적을 먼저 추구하는 현실은 우리가 살면서 가장 가까이에서 마주하는 문제이기도 하다.

어느 나라나 귀한 문화재를 오래도록 기리고 남기려는 뜻에서 문화유산으로 지정하여 보호하는데, 그 과정은 나라마다 조금씩 다를 수 있다. 우리나라에서도 중요한 문화재는 특별한 문화 유산으로 지정하여 보호하고 있다. 국가에서 문화재로 지정하여 보호하는 것은 중요도에 따라 국보, 보물과 같은 국가 지정 문화재가 있고, 지방 자치 단체에서 중요하다고 지정하는 것이 지방 문화재이다. 문화재에 따라 다르게 지정되었다고 하더라도 사람들이 중요한 문화재라고 생각하므로 모두가 보호해야 한다는 의미는 크게 다르지 않다.

이웃 일본에서 문화재를 지정하는 과정을 보면 우리보다 조금은 더 자유롭다는 생각이 든다. 일본에서 국보 1호로 지정된 광륭사의 목조 미륵 보살상은 분명히 우리나라에서 만든 미술품이라는 것을 알면서도, 일본 안에 있는 문화재라고 하면서 당당히 국보로 올렸다는 점이 어찌 보면 우리보다도 조금은 더 자유스러워 보인다는 생각이 든다. 우리 국보는 당연히 우리가 만든 것이어야 하겠지만, 오로지 나의 것 더 나아가 우리 것이어야만 한다는 생각을 고집하지 않는다는 점이 그러하다는 것이다.

분명히 우리 문화이고 또한 우리 문화재라고 할 수 있어도 지금은 우리 땅에 남아 있지 않으므로 어찌할 수 없는 문화재는 그저 안타깝다는 생각뿐이다. 예를 들자면 만주 벌판에 남아 있는 고구려 시대의 고분 벽화를 꼽을 수 있다. 그뿐만이 아니라 북한 지역에 남아 있는 고구려 고분 벽화에 대해서도 어찌할 수 없는 것은 마찬가지이다. 불과 반세기 남짓 전에는 한 나라이었지만, 지금은 남과 북으로 갈라져 있어 여러 가지 어려움을 겪는 것은 서로가 마찬가지이다. 지금까지 남과 북이 같은 말과 글을 쓰는 한민족이기에 하나의 뿌리에서 자라 꽃피운 문화 유산을 가지면서도 지역이 다르다고 서로 다른 문화처럼 데면데면하게 볼 것이 아니다.

지금은 남과 북이 서로 갈라졌지만 얼마 전까지 한 문화를 이루고 있었기에 장소가 다르다고 서로가 다르다는 생각은 해 보지 않았을 것이다. 자리를 옮길 수 없는 하나뿐인 문화재 경우는 나름대로 의미와 가치를 가졌으므로 오로지 단 하나의 가치만 지니고 있다. 그러나 장소를 옮길 수 있다면 어떤 의미와 가치를 가질까 궁금하다. 물론 지역적 특징을 가진 것이라면 비록 자리를 옮겼다고 하더라도 어느 지역 것인지 알아보고 그 의미와 가치를 따져볼 수 있을 것이다. 우리 생활에서 널리 쓰이는 생활용품은 지역에 따라 조금씩 차이가 있으므로, 어디에 있든지 그들 본래의 고향을 찾을 수 있다. 그렇지만 지역적 특징이 없거나 하나뿐인 문화재가 자리를 옮겼다면 어떻게 이들의 탄생 이력을 찾을 수 있을 것인가는 쉽지 않은 문제이기도 하다.

개성 만월대의 남북 공동 발굴 사업이 중단된 동안에 북측 발굴단에서 새롭게 찾아낸 고려 금속 활자가 바로 우리나라에서 주장한 증도가자와 같은 금속 활자라고 발표하고, 동시에 중요 문화재로 지정하는 절차가 진행 중이라고 가정한다면, 우리는 이에 대해 어떤 반응을 할 것인가? 혼자 이런저런 생각을 해 본다. 그야말로 우리 스스로 결론을 맺지 못하고 부끄러운 논쟁으로 시간만 끌다가, 결국에는 이도저도 아니라는 애매한 결정을 내린 고려 금속 활자에 대해 북측에서 먼저 고려 금속 활자에 대해 특별한 문화재로 지정한다는 결정이라도 내린다고 한다면, 우리는 그야말로 닭 쫓던 개 지붕만 쳐다본다는 우스운 모양새가 되는 것은 뻔한 일이다.

어떻게 해서든지 남과 북이 힘을 합쳐 고려 금속 활자에 대한 공통 의견을 모아 우리 문화 유산의 가치를 온 세상에 밝혀야겠다. 진위 문제로 논란이 되었던 고려 금속 활자가 가짜가 아니라고 한다면, 에둘러 말하지 않더라도 진짜일 수밖에 없다는 말이다. 게다가 고려 금속 활자가 나올 수 있는 장소는 한 군데밖에 없으며, 누가 말을 하든 말든 지금까지 고려 금속 활자가 나온 장소는 한반도의 개성뿐이다. 시간이 많이 지난 다음에 누군가 말할 수 있겠지만 아직은 아무도 말하지 않는다. 그야말로 힘든 발굴 작업으로 이제까지 모두 5점의 고려 금속 활자를 찾았고, 앞으로 더 많은 금속 활자가 나오리라는 희망이 있지만, 전문가들은 기대만큼 쉽지 않으리라 생각한다.

만월대 발굴 조사팀은 이제까지 고려 금속 활자 5점을 찾아낸 것으로 보아 활자를 만들었던 주자소(鑄字所)가 자리했을 것으로 기대하고 있다. 물론 주자소 자리였을 수도 있지만, 어쩌면 금속 활자를 이용해 책을 찍었던 인쇄소일 수도 있고, 많은 활자를 모아 두었던 보관소였을 수도 있으며, 더 나아가 주자소와 인쇄소 및 보관소가 한데 어우러진 복합 기관이었을 가능성도 있다. 지금까지 만월대에서 찾아낸 고려 금속 활자와 같은 모양과 재질을 가진 증도가자라는 고려 금속 활자를 하나의 집단으로 모아 놓고 특징에 따라 구분한다면 재미난 결과를 얻을 수도 있을 것이다. 금속 활자에 같은 글자가 얼마나 있는지, 어떤 특정한 부수나 발음을 가진 활자들이 들어 있는지 등을 찾아보는 것도 흥미로운 일이다. 왜냐하면 고려 시대에 한자 분류는 부수에 따라 나누었는지 변에 따라 나누었는지 아니면 우리말의 발음에 따라 나누었는지 등의 활자 보관 체계와 그리고 조판의 편리성을 위해 어떤 분류를 했는지 찾아볼 수 있기 때문이다.

어쨌든 이 땅에서 나온 고려 금속 활자에 대해 정의하고 문화 유산으로서 가치를 높여야 할 시점에 있다. 세계 최초의 금속 활자 발명국인 우리나라에서 찾아낸 금속 활자의 가치는 우리가 되살려야 하는 것이 지극히 당연하다. 출처가 불명하다고 우리 스스로 내친다는 것은 생각할 수 없는 일이다. 귀한 유산이 다른 나라가 아닌 우리나라 안에 남아 있는 것만도 감사할 따름이다. 고려 금속 활자가 우리 눈앞에 모습을 드러낸 것이 우리에게 행운을 가져온 것이고, 전 세계에 우리 문화 유산을 자랑할 수 있는 계기가 되는 것이다. 더욱이 남과 북이 힘을 합쳐 우리 문화 유산을 세계에 알릴 수 있는 아주 좋은 기회로 만들 수 있기 때문이다.

한 가지 유물에 대해 남과 북이 서로 다른 결정을 할 수 없으므로 어떤 식으로든지 하나의 결론을 얻을 수 있겠지만, 그 과정에서 우리가 보여 준 내용은 너무나 부끄러운 일이 될 수도 있기 때문이다. 남과 북으로 갈린 이때 북한 지역의 문화 유산이 남한의 문화 유산과 다른 것이라고만 할 것인가? 자리를 옮긴 문화재에 대해서 하나의 문화 유산이 아닌 다른 것으로 구분해야만 하는 것인가? 남과 북에서 서로 다르게 문화재로 지정한 것이기에 이들은 과연 서로 다른 종류의 문화 유산이라고 해야 하는 것인가? 더 나아가 미래의 어느 시기에 남과 북이 다시 하나가 된다면 어떤 방법으로 문제를 해결해야만 할까? 여러 가지 답답한 의문이 꼬리를 물고 이어진다.

하나 더, 고려 금속 활자가 중국산이라고?

우리나라에서 고려 금속 활자인 증도가자에 대한 진위 평가를 어설프게 처리하고 있는 동안에 중국에서는 전혀 다른 이야기를 만들어 발표하고 있다고 한다. 최근에 중국에서는 세계에서 가장 오래된 금속 활자를 중국 송나라와 원나라 시대에 양쯔 강 하류나 화난 지역 일대에서 만들었다고 주장하는 논문을 발표하면서 금속 활자 유물을 공개했다는 소식이 전해졌다. 중국에서 논문에 발표한 유물을 확인한 전문가는 중국에서 공개한 유물이 바로 고려 금속 활자인 증도가자와 같은 것이라고 했다. 이것이 사실이라면 중국에서는 역사 왜곡인 동북 공정(東北工程)에 이어 문화 유물에 대해서도 또 다른 동북 공정이나 문화 왜곡을 시도하고 있는 셈이다.

고려 금속 활자에 대한 문화재 지정 문제는 우리나라와 북한이 힘을 합쳐 진행할 수 있는 중요한 협력 사업이 될 수 있다고 본다. 벌써 중국에서는 고려 금속 활자에 대한 엉뚱한 주장을 펼치고 있는 이때 국가가 앞장서서 이 분야의 전문가와 힘을 합쳐 사업을 진행하는 것이 바람직하다고 본다. 물론 우리나라의 문화 행정 당국에서는 이 사항에 대한 분명한 의지를 안팎에 드러내어 발표한다는 전제를 하고서 말이다. 이 일은 대표자 한 사람의 의지로만 되는 것이 아니라 일을 맡아서 처리하는 담당자들의 일치된 행동이 뒤따라야 한다는 것은 두말할 나위가 없다. 비록 어려움이 있을지라도 남과 북이 힘을 모아 우리 문화의 우수성을 세계에 알리는 중요한 일을 성공적으로 마무리할 수 있기를 진심으로 바라마지 않는다.

최근에 중국에서 발표한 금속 활자에 관한 내용을 잠깐 살펴보자. 발표 내용에서는 중국 송나라와 원나라 시대에 양쓰 강 하류나 화난 지역 일대에서 만든 금속 활자 97점이 나왔다고 하면서 자기들이 처음 만든 금속 활자라고 주장했다. 금속 활자의 출처에 대해서는 1912년에 일본의 제실 박물관(현재 도쿄 국립 박물관)에 임시로 보관되었던 것으로 중국 청나라의 나진옥(羅振玉, 러저위)이라는 학자의 소유였다고 밝히고 있다. 원래 중국 유물인 금속 활자를 누군가가 일본에 팔려고 가져간 것을 되찾았다는 이야기이다. 물론 그에 대한 임시 보관 문서를 자료로 함께 제시하고 있지만, 아마도 그 문서는 최근에 작성한 것일 수밖에 없을 것이라는 의견이다. 이러한 중국 학자들의 발표 논문과 자료를 검토하고 작성한 감정 의견서로부터 시작되는 일련의 진행 과정은 고려 금속 활자에 대한 또 다른 동북 공정이라 할 수 있는 문화 왜곡인 셈이고, 이러한 일은 한 번으로 그치지 않고 아마도 계속 이어지리라고 볼 수 있다.

중국에서 발표한 97점 금속 활자에 대해 중국 화폐 박물관과 베이징 인쇄 학원의 연구자들이 현미경과 핸디용 엑스선 분석기 등을 이용한 비파괴 분석으로 명나라 중기 이전에 만든 청동 활자이고, 금속 성분은 원나라 지정지보(至正之寶)와 유사하다고 발표했다. 금속 활자의 주조는 반복해서 사용할 수 있는 주물사 주조법 가운데 번사법(翻沙法, sand casting)에 따랐다고 설명했다. 그러면서 활자의 형태나 서체 등이 조선의 활자나 일본의 동활자와 다르다고 하면서 중국 활자라는 점을 주장했다.

이러한 주장의 근거로 제시한 것은 97점의 금속 활자 가운데에는 활자 다리에 구멍이 뚫린 활자가 5점 있다는 점을 들었다. 활자에 뚫린 구멍은 인쇄할 때 흔들리지 않도록 철사를 꿰어 행간에 넣고 조판하여 책을 찍었지만 오래가지 못했다는 기록이 원나라 때에 왕정(王楨)이 펴낸 『농서(農書)』에 있는 것을 근거로 금속 활자가 중국의 것이라는 주장을 펴고 있다. 그러나 전문가의 의견에 따르면 우리나라에서도 구멍 뚫린 활자는 점토자와 목활자에서 찾아볼 수 있다고 한다. 더욱 놀라운 사실은 다리에 구멍이 뚫린 금속 활자 가운데 온전한 1점인 금속 활자 권(卷) 자는 지난 2017년 1월까지 우리나라에 있었던 것으로 연구자의 눈에 띄어 사진으로 찍혀 그 기록이 남아 있는 것이라는 점이다.

중국에서 발표한 금속 활자에 관한 주장에 앞서 더욱 중요한 사실은 이미 우리나라에서 지난 15년간의 금속 활자에 관한 연구를 중국에서는 전혀 모르고 있거나, 아니면 의도적으로 아예 언급하지도 않았을 가능성이 크다는 점이다. 우리나라에서는 이미 이 활자들을 대상으로 엑스선, CT, 자외선, 적외선, 열화상, XRF, SEM-EDS, XRD, 라만 분석 등으로 금속에 대한 비파괴 및 파괴 분석이 이미 이루어졌고, 표면에 붙어 있는 먹에 대해서도 방사성 탄소 연대 분석을 마쳤으며, 금속 성분 중에서 납 동위 원소 분석에 다른 산지 추정 등의 과학적인 분석까지도 완료한 상태이다. 또한 이 활자들 중에 바닥에 홈이 있는 활자가 증도가 자임을 밝혔고, 이 활자로 찍은 책이 『남명천화상송증도가』, 『동국이상국전집』, 『고금상정예문』이라는 것도 확인했다.

중국에서 발표한 금속 활자에 관한 주장이 논란거리이지만, 이 활자들은 이미 우리나라에서 알려진 증도가자와 네다리 활자가 분명하며 옆에 구멍이 뚫린 활자와 터널 형태의 활자는 초기에 주조와 인쇄 과정에서 개량하거나 발전하는 과정에서 시험적으로 만들어진 것으로 보인다. 실제로 우리나라에 있는 활자에는 먹이 많이 붙어 있지만, 중국에 남은 활자들에는 먹이 거의 없다. 또한 금속 표면도 산화가 많이 진행되어 모서리가 둥글어지고 글자 획의 폭도 넓어져 있다. 어쨌거나 이들을 포함해서 지금까지 알려진 고려 시대 금속 활자의 숫자는 300여 점에 이르며, 그 가운데에서 증도가자는 150점 전후로 파악된다.

우리나라에서 2010년부터 수십 점의 증도가자가 알려진 이후 금속 활자 1점이 2015년 개성 만월대 서부 건축군 터에서 남북한이 공동 발굴 사업을 진행하는 중에 발견되었다. 이 활자의 형태적 특징과 서체는 이미 알려진 증도가자와 일치했다. 그리고 이듬해 2016년 4월에 이 활자가 발견된 곳으로부터 3미터 떨어진 곳의 20~50센티미터 지층에서 4점이 추가로 발견되었다. 이 활자들의 성분은 청동이 60~70퍼센트이며 주조 시기는 12~13세기로 밝히면서, 이에 대한 근거로는 당시의 금속 화폐 주조 기술과 함께 『동국이상국집』의 기록 등을 들었다. 북한에서의 금속 활자에 대한 연구는 우리나라에서 2010년부터 계속 연구해 온 증도가자에 대한 내용이 언급되지 않은 것으로 보아 관련된 내용을 전혀 모르는 것으로 보인다.

우리가 잘 아는 것처럼 고려 금속 활자는 당연히 고려의 수도였던 개성에서 출토될 수밖에 없다. 고려 금속 활자는 바로 고려의 대표적인 유물이기 때문이다. 비록 고려 금속 활자가 시간이 흐르면서 이곳저곳 떠돌아 다니다가 우리나라가 아닌 다른 나라에서 발견되었다고 하더라도 그것은 고려 금속 활자일 수밖에 없다. 비록 출처를 알 수 없다고 해서 고려 금속 활자의 가치가 떨어지는 것은 아니다. 오히려 외국에 있는 것이라면 고려 금속 활자라는 사실을 분명히 밝히고 되찾거나 돈을 들여서라도 사와야 하는 의무가 우리에게 있다. 더욱이 출처를 모른다는 핑계로 유물에 대한 진정한 평가를 외면하는 어리석음을 버려야 하는 것도 그것이 바로 우리 모두의 귀중한 문화 유산이기 때문이다.

어쨌거나 고려 금속 활자가 중국의 것이라고 하는 주장에 대해서 우리는 학술적인 이론과 함께 우리가 찾아낸 유물의 실체를 증명하면서 체계적이고도 논리적으로 바르게 대처할 수 있도록 준비해야 한다. 우리 유물에 대해 학술적으로 그리고 과학적으로 밝혀야 하는 것은 우리의 몫이고 또한 우리밖에 할 수가 없는 일이다. 이처럼 우리가 애써서 찾아낸 고려 금속 활자에 대한 자격과 품위를 공고히 지켜 내기 위해서라도 분명한 검토와 체계를 세워야 하고, 더 나아가 고려 금속 활자를 유네스코의 세계 문화 유산으로 등재하려는 노력을 기울이는 것이 바람직하다고 본다. 세계에서 가장 오래된 고려 금속 활자의 실체가 분명히 존재하고 있으므로 세계 문화 유산(또는 세계 기록 문화 유산)으로 지정하는 데는 결코 부족함이 없다고 보기 때문이다.

16장
『훈민정음 해례본』 수난사
그 상주본 이야기

🔔 지난 2017년 4월 12일에 경상북도 상주 군위 의성 청송 선거구의 국회 의원 보궐 선거에서 사람들이 전혀 예상하지 못한 희한한 일이 있었다. 당선을 예상하지 못한 후보가 기적적으로 당선되었다는 그럴듯한 소식은 아니지만, 정당 추천이 없이 무소속으로 등록한 배익기 후보가 선거 이틀 전인 10일에 불에 그을린 고서 사진 몇 장을 공개했다. 그 자리에서 후보자는 언젠가 자신이 공개해야 한다고 생각했기에 조금 늦은 감이 있지만 선거에 맞춰 일부를 공개한다고 하면서, 이왕이면 선거 전에 공개함으로써 조금이나마 선거에 도움이 되었으면 하는 바람을 숨기지 않는다고 했다.

국회 의원 후보자가 선거에 도움이 되고자 고서 사진을 공개하는 것이 조금은 엉뚱한 일처럼 보였는데, 후보자가 내건 공약도 엉뚱한 것은 마찬가지로 훈민정음을 국보 1호로 지정하자는 것과 지역에 박물관을 세워 훈민정음을 보관하도록 하겠다는 것이었다. 언뜻 보아 국회 의원 후보자의 선거 공약으로는 생뚱맞아 보였지만, 후보자 내력을 살펴보면 그럴 만도 하겠다는 생각이 들 것이다. 우선 그가 공약과 함께 공개한 사진은 자신이 갖고 있다는 『훈민정음 해례본(訓民正音解例本)』의 불에 그을린 사진이었다.

값을 매길 수 없는 무가지보

『훈민정음 해례본』은 성삼문, 박팽년, 정인지 등의 집현전 학사들이 세종이 창제한 한글의 자음과 모음, 그 창제 원리 그리고 쉽게 배울 수 있는 용법까지 자세하게 설명해 놓은 책이다. 지금은 우리가 쓰는 한글을 세종이 직접 만들었다는 사실을 누구나 잘 알고 있지만, 일제 강점기의 어용 학자들은 세종이 문창살을 보면서 비슷하게 본떠 한글을 만들었다고 폄훼했다. 또한 조선의 실학자들이 18세기에 『훈민정음 해례본』을 한글로 풀어쓴 언해본을 찾아냈음에도, 해례본의 언해본이 18세기에 가짜로 만들어 낸 위서(僞書)라고 주장하면서 사실을 덮어 버리고자 했다. 그러기에 우리가 『훈민정음 해례본』을 찾아내지 못했다면 한글의 기원은 어쩌면 고대 문자나 몽골 문자 또는 범자(梵字) 아니면 문창살로부터 비롯된 것이라는 왜곡된 사실에서 벗어나지 못했을 수도 있다.

    우리 역사와 문화에서 이처럼 중요한 『훈민정음 해례본』은 크게 '예의(例義)'와 '해례(解例)' 부분으로 나뉜다. 예의 부분은 세종이 직접 지은 것으로 서문을 포함해서 한글을 만든 이유와 한글의 사용법을 간

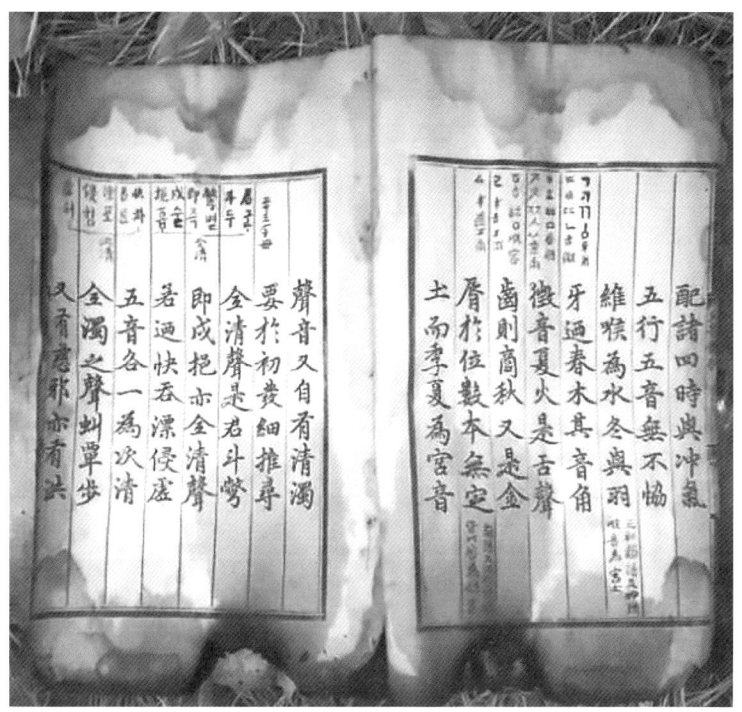

『훈민정음 해례본』상주본. 불에 탄 흔적이 보인다.

략하게 설명한 글이다. 함께 붙어 있는 해례 부분은 세종을 도우면서 함께 한글을 만들었던 집현전 학사들이 자음과 모음을 만든 원리와 이에 대한 이용법을 설명해 놓은 글이다. 누구나 국어 시간에 배웠던 "나라의 말이 중국과 달라"로 시작되는 문장은 예의의 첫머리에 있는 한문 서문을 우리말로 바꾸어 놓은 것으로, 이것이 바로 『훈민정음 해례본』의 언해본에 있는 내용이다. 훈민정음 서문이 포함된 예의 부분은 내용이 길지 않아 『세종 실록』이나 『월인석보』에도 들어 있었기에 우리가 잘 알고 있는 내용이다. 그러나 한글 창제 원리를 밝히는 해례는 『훈민정음 해례본』이 발견되기까지 그 내용이 자세히 알려지지 않아 사람들을 애태웠다.

한글의 궁금증을 밝혀 주는 『훈민정음 해례본』이 그 모습을 드러낸 것은 1940년의 일이다. '예의' 부분과 '해례' 부분이 모두 들어 있었다. 그러나 이 『훈민정음 해례본』은 곧바로 세상에 모습을 드러내지 않고 한동안 숨어 있다가, 일제 강점기를 지나 우리나라가 독립한 후에야 비로소 한글 학자들과 사람들에게 모습을 드러냈다. 그동안에는 『훈민정음 해례본』을 찾았다는 기쁜 마음에 섣불리 공개했다가는 혹시라도 일제에 의해 해코지당할까 염려되어 감추어 두었다가, 어려운 시기가 지나고 드디어 우리나라가 해방되었을 때 안심하고 기쁜 마음으로 모두에게 모습을 보여 준 것이었다.

한 나라와 민족의 힘이 되는 것이 문화라면, 그 근본은 바로 고유한 말과 글이다. 조선을 식민지로 만들고 우리말과 우리글이 없기를 바란 일제는, 우리 문화의 뿌리가 되는 『훈민정음 해례본』을 그냥 두지 않고 어떻게든 없애고자 했을 것이다. 중국의 영향에서 벗어나 우리 것을 찾으려는 조선의 실학자들이 『훈민정음 해례본』의 언해본을 찾아냈는데도, 이를 위작이라고 폄훼한 것만 보더라도 그들의 생각을 엿볼 수 있다. 그래서 『훈민정음 해례본』을 누가 먼저 찾아내는가 하는 문제는, 우리 민족과 일제 사이에 알게 모르게 진행되었던 문화 전쟁의 숨 막히는 첩보전이었다고 말할 수 있다.

우리 문화의 뿌리를 찾느냐 마느냐 하는 이 긴박한 상황에서 활약한 주인공이 바로 우리 문화재 수장가인 간송 전형필 선생이다. 그는 1930년대 말 국문학자 김태준으로부터 『훈민정음 해례본』에 대해 대한 엄청난 이야기를 전해 들었다. 당시에 일제는 우리나라에서 싹트는 민족주의와 사회주의에 대해 감시의 눈길을 멈추지 않았다. 이때 문화적 민족주의자인 간송과 사회주의 학자인 김태준 두 사람이 만나 그것도 일제가 눈독 들이는 『훈민정음 해례본』에 대하여 이야기하며 찾아 나서는 것은 누가 보더라도 위험천만한 일이었지만, 두 사람은 조심스럽게 만나 일을 추진했다.

김태준의 이야기로는 그의 제자 이용준의 선조에게 여진족을 토벌한 공을 치하하며 세종이 『훈민정음 해례본』을 하사했고, 그것이 그의 외갓집 종가에 남아 있다는 놀라운 내용이었다. 이 이야기를 들은 간송은 큰 위험을 무릅쓰고 종손의 마음을 움직여 거래에 성공했고, 그 값으로 1만 원을 내면서 별도의 사례비로 1,000원을 더했는데, 이것은 당시 기와집 10채에 해당하는 금액이었다고 한다. 이처럼 많은 금액을 내놓은 간송의 생각은 '마땅히 보물 대접을 받아야 한다.'는 것이었다. 이렇게 눈물겨운 노력으로 간송의 품에 안긴 『훈민정음 해례본』은 그야말로 값으로 매길 수 없는 무가지보(無價之寶)가 되었다. 큰 거래를 마무리한 간송은 『훈민정음 해례본』을 애지중지하면서 조심스럽게 간직하다가 한국 전쟁이 일어나자 이 보물을 품에 안고 피난을 떠났고, 피난길에서도 항상 곁에 두고 끝까지 지켜 내어 오늘에 이르렀다. 그리고 1956년에 후학들의 연구를 돕고자 『훈민정음 해례본』을 한 장 한 장 사진을 찍어 영인본으로 공개했다. 우리 문화를 지키려는 간송의 간절한 마음 덕분에 우리말 우리글의 뿌리가 되는 『훈민정음 해례본』 이야기가 세상에 알려졌고, 드디어는 1962년 12월에 『훈민정음 해례본』은 국보 제70호로 지정되었고, 이어 1997년 10월에 유네스코 세계 기록 유산으로 등재되어, 우리나라만이 아니라 세계의 문화 유산이라는 큰 영광을 안게 되었다.

상주본의 등장

한글의 창제 원리와 이용법을 풀이한 『훈민정음 해례본』은 우리가 사용하는 한글에 관한 내용을 당시의 문자인 한문으로 설명한 것이다. 따라서 『훈민정음 해례본』을 달리 부른다면 『훈민정음 정본』이라 할 수 있고 이를 간단히 줄여서 『훈민정음』이라고도 부른다. 물론 한문으로 펴낸 『훈민정음 해례본』을 나중에 한글로 풀이해 놓은 것이 바로 『훈민정음 해례본』 언해본이다. 이렇듯 『훈민정음 해례본』은 우리 한글에 관한 가장 중요한 자료가 되기에 간송 전형필 선생이 찾아내어 그가 만든 간송 미술관이 보관하고 있는 단 하나뿐인 『훈민정음 해례본』을 '간송본(澗松本)'이라 부르거나, 안동에서 찾아낸 것이라고 해서 '안동본(安東本)'이라고도 부른다.

세월이 지나도 『훈민정음 해례본』은 단 한 권만 남은 것으로 알려졌는데, 앞서 이야기한 것처럼 지난 2008년 7월에 경상북도 상주에서 간송본과 똑같은 판본의 책이 한 권 더 나타났다. 경상북도 상수시에서 고서 수집가 배익기가 집을 수리하고자 짐을 정리하는 중에 찾았다고 하면서 안동MBC에 제보하여 또 한 권의 해례본이 전국적으로 알려지게 되었다. 이 『훈민정음 해례본』은 상주에서 발견되었다고 '상주본(尙州本)'이라는 이름으로 불리게 되었다. 이 상주본에 대해 이제까지 알려진 바에 따르면 간송본과 같은 판본이면서 서문 4장과 마지막 한 장이 없는데, 보존 상태는 간송본보다 나은 편이고 간송본에는 없는 연구자들이 적어 놓은 소리의 표기 방법과 사용 방법에 관한 주석이 달려 있다는 점에서 이 상주본의 학술 가치가 높다는 평가를 받고 있다.

사람들이 궁금하다고 생각하는 『훈민정음 해례본』 상주본에 대한 학술적인 내용을 「훈민정음 해례본(상주본)의 서지와 묵서에 대한 내용」이라는 제목의 논문에서 저자인 김주원과 남권희가 정리해 설명해 준 바 있다. 논문의 내용 일부를 그대로 옮기면 다음과 같다.

> 당시에 한국 국학 진흥원의 소속 연구원이 실사하여 간송 미술관 소장본과 동일한 판본임을 확인했다. 책의 일부 또는 전부를 안동 MBC 뉴스 방송팀이 촬영했다. 당시 안동 MBC에서 촬영된 화면을 통해서 책을 살펴본 필자(남권희)도 역시 세종 당시에 간행된 원본으로 간주한 바 있다. …… 이 글은 안동 MBC에서 촬영한 자료를 바탕으로 하여 책에 대해서 개괄적으로 소개함과 동시에 책에 적힌 묵서의 내용에 대해서 고찰함으로써 묵서의 기입 근거와 시기에 대해서 밝히고자 한다.

저자들은 이 책에서 찾아볼 수 있는 형태와 내용에 관해 다음과 같이 발표했다. 우선 이 책의 모양을 살펴보면 처음 4장이 빠져 있고 그 외에도 본문에서도 여러 장이 빠져 있으며 또한 마지막 장도 없다. 책의 표지는 나중에 붙였고 제목은 『훈민정음 해례본』이 아닌 『오성제자고(五聲制字攷)』로 적었는데, 이것은 원래의 소유주가 책을 새로이 장정하

『훈민정음 해례본』 간송본.

면서 이름을 추정해 적은 것으로 보인다. 이 책은 지금 남아 있는 『훈민정음 해례본』 간송본과 같은 판목에서 인쇄된 것으로 보이는데, 간송본은 책의 위와 아래가 잘려 나갔지만, 이 책은 잘린 흔적이 없는 것으로 보아 출간 당시의 모양을 유지하고 있다. 아쉽게도 책의 앞장부터 몇 장은 아랫부분의 3분의 1 정도가 심하게 얼룩지고 훼손되었다.

이 책에는 글자를 어떻게 만들었는지 설명한 제자해(制字解)를 시(詩)로 요약한 결(訣) 부분의 위와 아래의 여백에 먹으로 글을 적어 놓은 묵서가 있다. 위쪽 여백에 적어 놓은 묵서 내용은 제자해의 내용을 요약하거나 정리하여 다시 적은 것이어서 특별한 것은 아니다. 그 내용은 초성 23자모에 대하여 오성(五聲), 오음(五音)의 배합과 예자(例字) 및 청탁(淸濁) 등을 요약 정리했고, 중성 11자도 적어 놓았다. 특별히 오성과 오음의 배합이 이전에 알려진 책에 적힌 내용과 다르게 되었다는 점을 지적했는데, 이와 같은 내용은 묵서를 기록한 당시에는 일반적인 의견이었다고 본다. 묵서를 적어 놓은 시기는 한자음의 음가 표기로 보아 경상도 방언이 나타나고 있으므로 아무래도 18세기 이후에 써 놓은 것으로 추정했다. 이상의 내용을 밝히면서 나중에라도 연구에 도움을 주고자 찍어 놓은 사진 자료와 묵서 내용을 복구하여 논문에 부록으로 붙여 두었다.

그야말로 홀연히 『훈민정음 해례본』 상주본이 세상에 알려진 것이다. 그런데 얼마 안 되어 뜻밖의 논란이 생겼다. 상주에서 고미술상을 경영하는 조모 씨가 상주본은 원래 자기 가게에 있던 물건인데 상주본 제보자가 자기 물건을 훔쳐 뉴스로 나가게 한 것이라는 내용이었다. 다시 말해서 상주본의 소유권을 주장하는 또 한 사람의 주인이 나타난 것이다. 그 후로 이 상주본의 소유권을 놓고 어려운 일들이 얽히고설키며 해결을 보지 못하고, 결국에는 법원의 판결을 받아 겨우 정리되는 듯했지만, 아직도 실물은 어디에 있는지 그 모습을 드러내지 않고 있다.

『훈민정음 해례본』 상주본의 출현은 당연히 방송사로서 매력적인 내용이었다. 이제까지 단 1권만 있다고 알려진 『훈민정음 해례본』은 귀중한 국보 문화재인데, 상주본의 출현은 또 하나의 국보 문화재가 세상에 얼굴을 드러냈기 때문이다. 더욱이 방송사로서는 단독 보도라는 성과를 낼 수 있는 소중한 기회이기도 했다. 맨 처음 『훈민정음 해례본』에 대한 제보를 받은 기자는 이 서적이 진짜인지 아닌지 확인하고 보도해야 했기에 우선 고서 전문가에게 연락해 보았는데, 먼 곳에 떨어져 있었기에 함께 볼 수 있는 형편이 아니었다. 고서 전문가라도 실물을 앞에 두고 보면서 확인하는 것이 바람직하지만, 특종 기사를 놓칠 수 없는 기자는 차선의 방법으로 보도용 카메라로 촬영한 사진을 보이고 전문가의 확인을 받았다는 이야기도 전하고 있다. 이처럼 긴박한 과정을 거쳐 특종 기사로 보도된 『훈민정음 해례본』 상주본은 어쩌면 너무 빨리 세상에 알려졌기 때문인지, 그 후로 여러 가지 어려운 문제가 뒤따랐다고 말할 수 있다.

고미술품의 상거래

『훈민정음 해례본』 상주본을 두고 고서 수집가인 배 씨와 고미술상 주인인 조 씨 사이에서 불거진 소유권 분쟁의 근본적인 이유는 무엇인가? 이것은 수집가와 가게 주인 사이에서 일어난 분쟁이므로, 두 사람 사이에서 어떤 형태이든지 거래가 이루어졌다고 볼 수 있다. 그렇지만 가게 주인은 그 물건을 수집가가 훔쳤다고 말하고, 수집가는 집에 있던 것이었다고 하니, 서로의 주장에 차이가 큰 것이 분명하다. 먼저 가게 주인은 가게 안에 있는 물건을 수집가가 훔쳤다고 주장하는데, 수집가는 훔친 것이 아니라고 주장하므로, 문제의 책은 수집가가 샀다는 것으로밖에 달리 보기 어렵다. 그렇다면 수집가와 가게 주인은 어떤 식으로든 거래하는 과정에서 문제가 된 이 책이 『훈민정음 해례본』이라는 것을 언제 알았고 또한 그 가치에 대해서도 제대로 알았는지 생각해 볼 필요가 있다.

이 문제를 놓고 누구나 한 번쯤 곰곰이 생각해 본다면 어느 정도 실마리를 찾아볼 수 있다. 우선 가게 주인이 이처럼 귀중한 물건을 다른 물건들과 함께 섞어 놓고 팔았다면, 아마도 이 책에 대한 가치를 충분히 알지는 못했으리라 짐작해 볼 수 있다. 한편 수집가는 가게에 있는 물건을 훔치지 않았다면 아마도 다른 물건과 함께 살 수도 있었을 터인데, 그렇다면 아주 많은 금액으로 사지는 않았으리라고 본다. 물건을 사려는 사람은 어떻게 해서든지 싼값에 사려 하고, 파는 사람은 이왕이면 돈을 더 많이 받으려는 것이 보통 사람들의 마음이다. 고미술품을 사는 사람들도 물건 하나하나마다 제값을 쳐서 사지만, 어떤 경우에는 통째로 사는 것도 흔히 있는 일이다. 이처럼 통구매 또는 일괄 구매할 때 사는 사람은 물건을 싸게 사서 좋고, 많은 물건을 파는 주인은 기분에 따라 덤을 주기까지도 한다. 물건을 매매할 때 사는 사람과 파는 사람이 서로 좋은 통 구매 또는 일괄 구매는 옛날 책을 사고팔 때 흔히 일어나는 일이다.

무더기로 사고파는 거래에서는 때때로 생각지도 않은 일이 일어난다. 어쩌다 여러 개가 한데 섞인 물건을 통째로 사면, 그 안에는 좋은 것도 있고 좀 못한 것도 있을 수 있다. 오래된 책도 비교적 흔한 책이면 한 권에 얼마씩 쳐서 무더기로 사고파는 경우가 있다. 더욱이 한자로 쓴 종이나 문서는 일일이 내용을 확인하기 어렵기 때문에, 어림잡아 전부 해서 적당한 값을 쳐 준다면 모른 채하고 팔아 버리는 경우가 있다. 물론 주인은 기쁜 마음으로 1~2개를 덤으로 얹어 줄 수도 있다. 책에서도 앞뒤가 떨어졌거나 내용을 제대로 알지 못하면 종이로 취급받아 잡동사

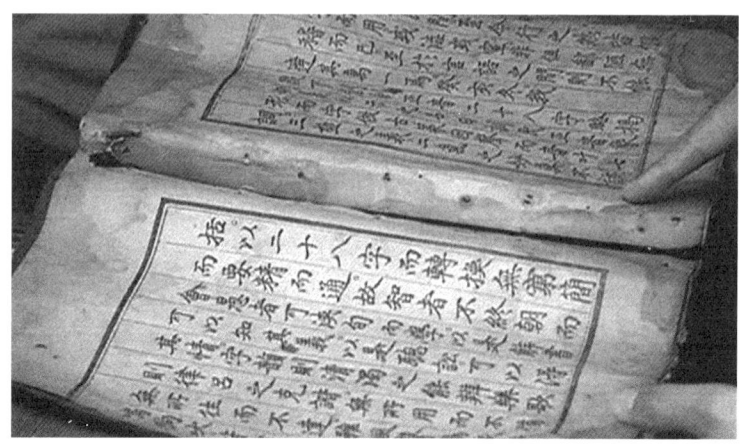

『훈민정음 해례본』 상주본. 방송 화면.

니처럼 휩쓸릴 수도 있다. 다만 수집가의 눈에 띄어 본래의 가치를 알게 되면 이른바 횡재하는 경우가 되는 것은 두말할 필요가 없다.

『훈민정음 해례본』 상주본도 어쩌면 이와 비슷한 과정을 거쳐 세상에 알려진 것이라 할 수도 있다. 수집가 눈으로 보면 분명히 좋은 물건 같아 보이므로, 내용을 잘 아는 사람이나 전문가에게 보이면서 물건의 가치를 확인해 보고자 했을 것이다. 그런 생각이 아니었다면 귀중한 책을 자신이 갖고 있다는 것을 널리 알리고 싶은 생각에서 방법을 찾다가 방송사에 제보했다고 생각할 수 있다. 더욱이 『훈민정음 해례본』 상주본의 상태는 앞과 뒤가 떨어졌으니 빨리 전문가의 감정을 받고 싶다는 생각이 컸다고 볼 수 있고, 다른 한편으로는 어느 정도 책의 내용을 파악한 수집가의 생각으로는 귀한 책의 존재를 세상에 알려 자신의 존재를 알리려 했을 수도 있다.

분쟁으로 번진 소유권 문제

앞에서 이야기한 대로 방송에서는 귀중한 문화재가 될 수 있는 『훈민정음 해례본』이 새롭게 발견되었다는 소식을 전하게 되었고, 그 소식을 알게 된 가게 주인은 어떻게 해서든지 이 책을 되찾아 보려고 자신이 주인이라고 나선 것이 아닌가 생각해 볼 수 있다. 그러다 보니 가게 주인과 수집가 사이에서는 소유권 문제를 놓고 다툼이 일어났을 것이고, 두 사람 사이에서는 고소와 고발로 이어져 분쟁은 법정 문제로까지 번져 나간 것이다. 그런데 이 문제는 두 사람의 분쟁에서 물건을 인도하라는 민사 소송으로부터 시작되어 남의 물건을 훔쳤다는 절도 혐의로 형사 소송으로까지 이르렀으며, 급기야는 문화재의 도난 사건이므로 문화재청까지 연결되어 걷잡을 수 없이 커졌다.

한편 고서 수집가 배 씨와 고미술상 조 씨 사이에서 일어난 『훈민정음 해례본』 상주본 소유권 분쟁은 상주본이 조 씨 것임을 증명해야 했는데, 검찰 수사에서 1999년경에 문화재 절도범인 서 씨가 안동 광흥사(廣興寺) 안에 있는 나한상의 불복장 유물을 훔치면서 상주본을 함께 훔쳐 고미술상 조 씨에게 팔았던 장물이라고 했다. 그러나 문화재청에서는 신라 시대에 창건한 광흥사 불상 안에서 불경이 아닌 상주본이 나왔다는 것을 의심스럽게 보았고, 이전에도 절도범 서 씨는 중요 사건마다 자신이 저지른 일이라고 한 점 등으로 미루어 믿을 만하지 않다고 보았다. 한편으로 상주본은 고미술상 조 씨가 경상북도 어느 종갓집에서 짐 정리하면서 내어 놓은 종이 뭉치 안에 있었다는 이야기도 전하고 있다. 그렇다면 종갓집 관리를 맡은 사람이 짐을 정리하다 나온 잡동사니에 휩쓸려 나갔다는 셈이다. 물론 상주본의 겉장이 떨어져 나간 상태였으므로 그 가치를 제대로 알아보지 못하고 이러한 일들이 연쇄적으로 일어난 것이었다고 생각할 수도 있다.

상주본을 놓고 두 사람이 벌인 소유권 분쟁이 법정 다툼으로 이어지면서, 소유권을 인정받아 되찾으려는 민사 소송만이 아니라 절도에 따른 형사 소송까지 맞물리게 되었다. 어쨌거나 이런저런 우여곡절을 거치며 대법원까지 올라간 소유권 분쟁은 결국 2012년에 이르러 상주본의 소유권이 고미술상 조 씨에게 있다는 최종 판결로 마무리되었다. 이후에 조 씨는 상주본을 문화재청에 기부하기로 했고, 2012년 5월에 국립 고궁 박물관에서 기증식까지 열렸다. 그렇지만 그 기증식에서는 상주본의 실물은 없었고, 기증서만이 전달되는 것으로 끝났다. 그리고 얼마 지나지 않은 같은 해 12월에 조 씨는 세상을 떠났다. 정작 실물 없이 이루어진 기증식으로부터 남은 것은 기증서이지만, 이를 근거로『훈민정음 해례본』상주본은 서류상으로 이제 국가 소유가 되어 버렸다.

두 사람의 주장이 엇갈려 소송이 진행되는 사이에 정작 중요한 상주본의 행방은 알 수 없게 되었다. 법정 다툼에서 문제의『훈민정음 해례본』상주본을 증거품으로 확보하고자 검찰에서는 배 씨 집을 압수 수색까지 했지만, 증거품을 찾지 못한 것이었다. 증거품에 대한 소유권은 조 씨가 인정받았지만, 배 씨는 여전히 증거품의 행방에 대해 말하지 않으므로, 사람들은 배 씨가 자기만 아는 곳에 나누어서 보관했거나 어쩌면 외국으로 보냈을 수도 있다는 말까지 나돌았다. 그러다 배 씨가 상주본을 낱장으로 뜯어 자신이 보관하고 있다고 주장하면서도 끝까지 감추고 버티는 바람에, 배 씨는 문화재를 훼손했다는 이유로 문화재 보호법 위반으로 구속되었다. 그다음에 검찰에서는 배 씨를 절도범으로 징역 15년을 구형했고, 2012년 2월에 대구 지방 법원 상주 지원에서 열린 선고 공판에서는 소유권을 결정한 대법원 판결에도 따르지 않는 등 죄질이 나쁘다고 하여 징역 10년을 선고했다. 그러나 배 씨는 이를 받아들일 수 없다며 항소했고, 같은 해 9월에 열린 고등 법원 항소심에서는 배 씨의 혐의에 대해 증거가 불충분하다며 무죄 판결을 내렸다. 이처럼 재판이 진행되는 동안에 한편에서는 배 씨가 무죄 판결을 받으면 물건을 내놓을 것이라는 말도 있었고, 그런가 하면 다른 한편에서는 영영 물건을 내놓지 않을 것이라는 말도 있었다. 어쨌든 검찰에서는 다시 대법원에 상고했으나 2014년 5월에 대법원에서 상고가 기각되면서 결국에는 배 씨의 무죄 판결이 확정되었다.

　이렇게 진행된 두 가지 재판 결과를 보면 『훈민정음 해례본』 상주본의 주인이라고 인정한 사람에게는 정작 물건이 없고, 이 물건을 훔쳤다고 하는 사람에게는 죄가 없다는 판결이므로, 결국에는 절도 혐의자가 훔치지는 않았다거나 바꿔 말하면 훔쳤다는 증거를 찾을 수 없다는 말이 되었다. 이 결과를 간단히 줄이자면 주인에게는 물건이 없고, 물건을 가진 사람은 도둑이 아니라고 한다. 그렇다면 이 물건의 진짜 주인은 누구란 말인가? 이에 대한 법적인 답은 물건의 주인이 국가라고 한다. 여기에서 한 발짝 더 나가면 물건을 감춘 사람이 주인인 국가에게 물건값을 후하게 쳐주고 가져가라고 주장한다. 도대체 이러한 해괴한 두 가지 재판의 판결 내용을 보고 일반 사람들은 어떻게 생각하라는 것인지 의아할 뿐이다. 아무리 생각해도 어째서 이런 판결이 나올 수밖에 없었던 것인지 이해하기 어려운 부분이 너무나 많다.

미궁에 빠진 상주본

『훈민정음 해례본』 상주본에 대한 이상한 수수께끼를 풀어 나가자면 무엇인가 처음부터 잘못 시작한 부분을 찾아보아야 한다. 처음에는 옳은 방향이라고 생각하여 시작한 것이지만, 나중에 결과는 엉뚱한 방향으로 나가 버렸다. 이른바 안개가 짙게 낀 숲속에서 길을 잃고 한참을 헤매다가 다시 제자리로 돌아온 것과도 같은 느낌이다. 어쨌거나 『훈민정음 해례본』 상주본에 관한 두 가지 사안의 재판 과정에서 먼저 짚고 넘어가야 한다면, 그 하나는 형량 부분이고 다른 하나는 원인을 모르는 화재 사건이 있다.

먼저 문화재 훼손 혐의에 대해 피의자에게 내린 검찰의 15년 구형량은 과연 적당한 것인지 생각해 보자. 책 한 권을 훔친 절도 피의자에게 부여하는 형량은 아무리 계산해도 살인이나 강도 피의자에 비하면 많지 않을 것이다. 또한 문화재 훼손 혐의자에게 내리는 구형량도 살인이나 상해를 범한 흉악범에게 내리는 것보다는 적을 수밖에 없다. 그런데 문제가 되는 물건이 문화재이고 그 문화재의 가치가 어마어마하다면 피의자에게 구형하는 형량도 만만치 않을 것이다. 마치 사기범이나 경제 사범 또는 뇌물 수수자에게 구형하는 형량은 혐의와 관계된 금액이 많으면 많을수록 구형량도 늘어나기 때문이다. 그렇다면 문제가 되는 『훈민정음 해례본』 상주본의 가치를 과연 얼마로 잡느냐가 바로 검찰에서 구형량을 결정하는 열쇠가 되는 셈이다.

물론 『훈민정음 해례본』 상주본의 가치가 얼마인지 정확히 따져볼 수는 없다. 그렇지만 무가지보라고 하는 『훈민정음 해례본』 간송본과 비교해도 크게 다르지 않으리라 생각할 수도 있다. 이처럼 정확한 평가액 추정이 어려운 『훈민정음 해례본』 상주본이기에 아무리 능력 있는 고서 전문가라도 선뜻 세상에서 말하는 값을 매기기 어렵다. 그러므로 검찰이나 재판부에서도 도대체 어느 정도의 값을 매기고 그에 따라 형량을 결정할 것인지 난감했을 것이다. 그래도 현실적 가치를 추정한다면, 그와 비슷한 정도의 가치를 가진 문화재가 외국 나들이할 때 정하는 보험료를 기준으로 해서 역으로 추정하는 방법이 있기는 하다. 그러나 보험료의 역산만으로는 충분한 평가액이라고 하기 어렵고, 그 문화재가 지닌 눈에 보이지 않는 미래 가치까지도 보태어 평가한다면 훨씬 더 높은 평가가 나올 수밖에 없다. 그러기 때문에 여러 명의 전문가에게 평가액에 대한 자문을 구하는 과정에서 누군가가 어쩌면 1조 원 이상의 가치가 있을 것이라는 조심스러운 의견을 냈을 터이다. 그런 다음에 재판에 관여한 담당자들은 그러한 의견을 참고로 형량을 결정했을 수도 있다. 처음에는 참고 의견에 불과한 1조 원이란 금액이 나중에는 또 다른 파문을 불러일으킬지는 누구도 생각하지 못했을 것이다.

　어쨌거나 문화재 훼손 혐의로 구속되었던 고서 수집가 배 씨는 결국 절도 혐의로 1심에서 10년 징역형이라는 상당히 무거운 선고를 받게 되었다. 죄지은 사람들이 붙잡혔다가 10년 징역이라는 형을 받으면 사람들은 그만한 죗값을 받는다고 생각할 수 있다. 그런데 스스로 죄가 없다는 사람에게 무거운 형을 내리면 당연히 이에 불복하고 다음 재판을 신청할 것이다. 그러기에 배 씨 입장에서는 '내가 훔치지도 않았는데 훔쳤다고 하고, 또한 내 물건을 2~3개로 나누건 낱장으로 쪼개든 내 마음대로 한 것인데 그게 무슨 잘못이 되느냐.'라고 생각하면서 당연히 다음

재판으로 가는 항소 절차를 밟았을 것이다. 이렇게 배 씨 사건은 2심으로 넘어가 판결받은 결과는 무죄로 선고되었기에 검찰은 다시 대법원에 상고했는데, 그 결과는 2014년 5월에 상고 기각으로 결국 배 씨는 2심 결과와 같이 무죄가 결정되었다. 무죄가 결정되자 배 씨는 1년 동안이나 억울한 옥살이를 했다고 하면서 국가를 상대로 손해 배상을 청구하여 승소하면서 4000만 원을 받았다.

여기에서 한 가지 더 생각해 볼 것이 있다. 배 씨에 대한 무죄 판결이 있은 다음에 문화재청에서는 세상을 떠난 조 씨의 기증서를 근거로 국가 소유가 된 『훈민정음 해례본』 상주본을 국가에 제출하라는 공문서를 배 씨에게 보내어 반환을 요구하며 행정적인 절차를 진행했다. 그러나 배 씨는 이에 응하지 않았는데, 그러던 중 2015년 3월에 배 씨가 사는 집에 원인 모를 불이 났다. 이 불 때문에 배 씨 집안에 있던 고미술품은 물론이고 집에 있던 집기 등이 불에 타 버렸다. 이 과정에서 배 씨가 지닌 『훈민정음 해례본』 상주본이 고서적과 함께 타 버렸을지도 모른다고 사람들은 우려했지만, 그 여부는 더 이상 정확히 알 수가 없어서 사람들 사이에 여러 가지 이야기들만 나돌았다.

배 씨 집에서 일어난 화재 이후에 언론에서는 아마도 배 씨가 감추었다는 상주본이 불탔을 가능성이 있다고 보도하기도 했다. 그렇지만 또 다른 이야기로는 불탄 자리에서 누군가가 상주본을 꺼낸 흔적이 있었다고 했는데, 어쨌든 사람들은 상주본이 온전한 상태가 아니라 일부라도 훼손되었을 가능성이 크다고 보았다. 또한 불이 나기 얼마 전에 누군가가 상주본을 복사해서 갖고 다니며 팔고 싶은데 얼마나 받겠느냐며 물었던 사람이 있었다는 이야기로 보아, 아마도 배 씨는 가능하다면 물건을 팔고자 했다는 사람도 있었다. 그런가 하면 상주본을 제출하라고 압박해 오자 배 씨는 이를 피하려고 자기 집에 불을 낸 자작극이 아닐까 생각하는 사람도 있었다. 그런데 또 다른 이야기로는 배 씨가 물건을 어딘가에 감추고 도무지 내어놓지 않으니 어떻게 하나 보려고 누군가가 일부러 배 씨 집에 불을 내고 지켜보았을 것이라고 이야기하는 사람까지도 있었다.

자기 집에 스스로 불을 냈다거나, 어쩌는지 보려고 남의 집에 불냈다는 이야기는 모두가 믿기 어렵다. 그러나 분명한 것은 배 씨 집에 불이 났고, 그 원인을 아직도 알지 못한다는 것이 사람들에게 여전히 판단하기 어렵게 만들었다. 이처럼 아리송한 의문들이 이어지면서도 한 가지 분명한 사실은 『훈민정음 해례본』 상주본의 가치가 그만큼 크기 때문에 사람들이 욕심을 채우기 위해서라면 누구도 생각하지 못한 일도 서슴지 않고 저지를 수 있다는 생각까지 가능하게 만든다는 것이었다.

새로운 방향으로 진화해 가는 문제들

2015년 10월 한글날에 즈음하여 배 씨가 신문과 인터뷰에서 자기 생각을 밝혔다. 자기가 가진 『훈민정음 해례본』 상주본을 최소한 1000억 원 이상에 국가에 팔 수도 있다는 것이었다. 『훈민정음 해례본』 상주본의 가치는 1조 원 이상의 가치이니 10퍼센트에 해당하는 1000억 원을 최소한의 금액으로 제시한 것이었다. 문화재청에서도 그동안 『훈민정음 해례본』 상주본을 확보하는 계획을 검토하고 있다고 언급했기에, 사람들에게는 적절히 보상하면 확보할 수 있겠다는 희망적인 생각을 하게 해 준 셈이었다. 그렇지만 여기에도 문제가 없는 것이 아니었다.『훈민정음 해례본』상주본이 법적으로는 국가 소유이므로 굳이 보상금까지 지불하고 확보해야 하는지 의문을 제기하는 사람도 있겠지만 실제로 그런 의문을 제기하는 사람은 거의 없고, 다른 한편으로는 문화재 관련 법령에 따라 강제 집행를 하거나 소송을 통해 환수할 수도 있다는데, 이러한 문제를 어떻게 풀어야 할지가 또 다른 문제점이다.

배 씨가 제시한 1000억 원은 문화재청으로서 감당하기 어려운 금액이라 할 수 있다. 왜냐하면 문화재청 한 해 예산은 3000억 원 남짓인데, 그 많은 금액을 어떻게 확보하겠느냐가 문제이다. 더욱이 문화재청에서 감당할 문화재는 수없이 많은데, 문화재 한 점에 그만큼 집중할 수도 없는 일이다. 그래서 어떻게든 다른 방향으로 일을 추진하고자 상대방과 대화를 시도했지만, 도무지 배 씨는 응하지 않고 그야말로 배짱을 부리는 모양새이다. 그 한가운데서 누구와도 타협할 기색이 없이, 그렇게 일은 해결되지 않은 채 시간만 흘러갈 뿐이었다.

그러던 2017년 4월에 국회 의원 보궐 선거가 있었는데, 경상북도 상주 군위 의성 청송 선거구에서 배 씨가 무소속 후보로 나선 것이었다. 그리고 그가 당선되면 자신이 감추어 둔『훈민정음 해례본』상주본을 국보 1호로 지정하도록 하겠다는 것을 공약으로 내면서 한쪽이 불에 그을린『훈민정음 해례본』상주본 사진을 공개했다. 그는 선거 관리 위원회에 후보 등록할 때 후보자 재산 신고에『훈민정음 해례본』상주본 값으로 1조 원을 적어 제출했으나, 선거 관리 위원회에서는『훈민정음 해례본』상주본의 실물 보유를 확인할 수 없다는 이유로 재산 등록을 반려했다. 배 씨의 훈민정음에 관한 공약으로 국회 의원 선거에서 당선되기는 쉽지 않았기에 0.5퍼센트도 안 되는 득표로 낙선했다. 배 씨는 이런저런 방법으로『훈민정음 해례본』상주본이 자신의 소유임을 알리려고 노력했지만, 지금까지 모든 일들이 생각처럼 매끄럽게 이루어지지 않아 보인다.

가시밭길을 걷는 훈민정음 해례본 상주본

우리 문화의 꽃이라고 할 수 있는 한글의 창제 원리를 밝혀 주는『훈민정음 해례본』의 상주본이 어쩌다가 이렇게 어려운 길을 걷게 되었을까? 밝고 아름다운 꽃길 대신에 험난한 가시밭길을 걷게 된 시작은 도대체 무엇일까? 사람마다 다르게 생각할 수는 있겠지만, 그래도 누구나 생각할 수 있는 원인을 찾아보는 것도 의미 있는 일이다. 무엇이 잘못되었는지 그 원인을 제대로 밝혀낸다면 다음에는 같은 잘못을 미리 막을 수 있기 때문이다.

『훈민정음 해례본』상주본이 가시밭길을 걷기 시작한 이유는 아마도 소유권 분쟁에서 찾을 수 있다. 이제까지 고미술품 거래에서의 관례는 매매 계약서는 물론이고 거래 명세표나 영수증도 거의 없다. 따라서 고미술품 거래에서 문제가 생기면 이를 해결하기 위한 증거를 밝혀내기가 어렵다. 이번에 문제가 된『훈민정음 해례본』상주본 경우는 실물조차 확인할 수 없는 경우였다. 물론 고미술상에서는 세무서의 권고에 맞추어 거래 명세를 기록하기는 하지만, 그것을 믿을 만한 기록이라고 보는 사람은 거의 없다. 이처럼 고미술품 거래에 허점이 많다는 것은 이미 알려진 사실이지만, 이에 대한 제도적인 정비를 위해 노력한다고 하더라도 여전히 현실적으로 많은 어려움이 있다.

가게 주인과 수집가인 두 사람이 물건 하나를 놓고 벌이는 소유권 분쟁을 바라보는 다른 사람들은 어떤 형식으로든지 거래는 있었던 것으로 본다. 거래가 있은 지 얼마 후에 뉴스가 나왔고, 그 뉴스 다음에 가게 주인은 수집가가 자신의 물건을 훔쳤다고 주장한 것이었다. 아무도 몰래 가게에 도둑이 들어 물건 하나만 훔쳐 낸 것이라고 자랑할 사람은 아무도 없을 것이다. 그렇기에 거래는 있었다고 볼 수 있다. 그런데 나중에 보니 그것이 엄청난 물건이었기에, 가게 주인은 덤으로 주지도 않았는데 무더기로 들어간 것은 수집가가 훔쳤다고 할 수밖에 없다는 것이다. 이같이 서로 엇갈린 주장은 타협하든지 법의 판결을 받든지 어떻게든 결판이 났다면 마무리되기는 했을 것이다.

어떻게든 두 사람 사이에서 끝나면 좋았을 법한 일이 큰 판으로 불거진 것은 물건을 확보하지도 않은 채, 가게 주인이 물건을 국가에 기증한다는 것이 또 다른 시작이었다고 할 수 있다. 물론 엄청난 가치의 문화재이기에 언젠가는 국가에 들어가는 것이 바람직하고 또한 기증자의 뜻과 행동은 존중되어야 마땅하다. 그런데 소유권 분쟁이 진행 중이고, 더욱이 물건도 없는 상태에서 기증하겠다고 발표한 것은 무엇인가 석연치 않은 대목이 있다고 생각할 수 있다. 어쩌면 누군가가 중간에서 이러저러한 방향이 좋겠다며 권한 것은 아닌지 생각하게 만든다. 어쨌든 문화재청에서는 기증자의 뜻을 받아들여 2012년 5월에 기증식을 열었는데, 물론 여기에서는 실물이 없어 영인본이 그 자리를 대신했다. 기증식이 있고 얼마 지나지 않아 기증자는 세상을 떠났다. 죽은 자는 말이 없다고 기증자의 죽음으로 기증자는 어떤 뜻과 생각으로 또 어떤 경로를 거쳐 기증하게 되었는지 자세한 내용은 더 이상 들어볼 수 없게 되었다.

『훈민정음 해례본』상주본을 소유한 수집가 배 씨는 여전히 일반인들의 생각과 다른 길을 걷고 있다. 그는 기회가 있을 때마다 이런저런 말을 하는데, 아마도 그는 정말로 하고 싶은 말이 남아 있기 때문인 것 같다. 배 씨의 입장에서는 자신이 가진 『훈민정음 해례본』상주본을 어떻게든지 빼어내려고 모든 일이 잘 짜인 각본대로 움직이며 자신을 압박한다고 생각할 것이다. 배 씨는 자신이 확보한 『훈민정음 해례본』을 놓고 가게 주인은 자신이 훔쳤다고 덮어씌우고, 또한 문화재를 훼손했고 훔쳐 감췄다고 잡아들여 10년이나 징역형을 내리고, 가게 주인은 자기 것이라 하며 국가에 기증하는 등의 일이 모두 하나인 듯 보이기 때문일 것이다. 재판에서 보더라도 자신에게 엄청난 형량을 구형하여 두려움을 느끼도록 만들어 물건을 내어놓게 만들려고 한 것은 아닌지 의심해 볼 수도 있겠다는 생각이 든다.

해결 방법은 없는 것인가?

국가에서 문화재를 담당하는 문화재청 직원들은 국가 공무원인 만큼 높은 직급일수록 보직을 돌아가며 맡는다. 그래서 얼마간 시간이 지나면 자리를 옮겨 다른 업무를 보므로 그동안 더욱 열심히 맡은 일을 한다. 그러다 보면 국가 정책을 우선으로 생각하기 마련이다. 거기에 개인적인 바람을 덧붙인다면 보직 기간에 눈에 띄는 공적을 남기고자 개인적인 사정은 자칫 무시해 버리는 경우도 생길 수 있다. 어쨌거나 배 씨는 문화재 담당 공무원으로부터 그러저러한 느낌을 받았는지,『훈민정음 해례본』상주본만큼은 목숨처럼 여기고 철저히 지키면서 자기 생각대로만 움직이려는 것인지도 모른다. 어쩌면 문화재를 다루는 당국에 대한 불신이 깊어서 누가 무슨 말을 하더라도 믿지 않고 자신의 판단에 따라 행동하려는 마음이 더 강했다고 생각할 수 있다.

『훈민정음 해례본』상주본에 대한 문제를 가장 간단히 해결하는 방법은 당국이 소유자인 배 씨에게 충분히 보상해 주고 문화재를 받으면 될 것이다. 다시 말하면 국가가 개인으로부터 문화재를 사서 나라가 보관하는 것이다. 그렇지만 배 씨의 주장은 앞서 밝힌 것처럼 1조 원 이상의 가치와 1,000억 원 이상을 고집하며, 조정 위원회에서도 원만한 타협을 권하고 있으나 여전히 합의점을 찾기는 어려워 보인다. 여기에 덧붙여 배 씨는 문화재청 직원의 형사 처벌이 먼저이고 다음으로 박물관을 세워『훈민정음 해례본』을 보관해야 한다는 주장을 펴고 있는데, 형사 처벌과 박물관 건립은 또 다른 문제이니 조정 위원회에서는 받아들이기 어려운 조건이라고 할 수 있다.

『훈민정음 해례본』상주본의 가치는 1조 원 이상이라는 평가가 있기는 하지만, 실제 금액은 누구도 정확히 결정하기 어렵다. 같은 판본인『훈민정음 해례본』간송본이 이미 존재하지만, 그렇다고 상주본의 가치가 크게 뒤진다고 볼 수도 없다. 두『훈민정음 해례본』모두가 우리에게 귀중한 자료임이 분명하지만, 이제까지 상주본을 두고 전개된 여러 가지 일들이 녹아들어 사람들이 생각하는 문화재로서의 가치를 떨어뜨린다. 더욱이 불길에 그을려 지울 수 없는 상처까지 남은 상주본은 볼 때마다 사람들에게 안타까운 기억을 떠올리게 만든다.

『훈민정음 해례본』 상주본이 발견된 당시와 비교해 화재로 얼룩이 생겼다고 해서 그 가치가 없어진 것은 아니다. 그렇지만 1조 원이라는 평가가 미래의 문화적 가치까지 포함되었다고 한다면, 실제로 거래될 수 있는『훈민정음 해례본』상주본의 가격은 이상적인 금액보다는 낮을 수밖에 없다. 문화재를 다루는 전문가들의 의견을 들어본다면 큰 차이가 있기는 하지만, 대체로 100억 원 이상의 가격을 예상한다. 아마도 이런 정도의 실제적인 가격을 참고해서 몇몇 사람들이 예상 금액의 절반인 50억 원 이상의 금액으로 중재에 나서겠다는 사람도 있고, 국가에서 보상하기가 어렵다면 모금해서라도 만들겠다는 의견을 내놓았으나, 아직도 원만한 해결의 실마리가 풀리지 않고 있다. 1,000억 원 이상을 말하는 배 씨의 주장에는 무리와 억지가 있기는 하지만, 그것이 소유자의 마음이니 어쩔 도리가 없다. 다만 조정 위원회가 구성되어 원만히 타협하여 해결하는 것만이 국민의 성원을 얻는 길이라고 본다.

이즈음에 한 가지 프랑스의 문화재 담당 공무원들의 한국 문화재 반환에 대한 강한 거부감을 나타낸 일이 떠오른다. 프랑스 군인들이 강화도에서 가져간 외규장각 도서를 양국의 협의로 반환을 결정했지만, 우리나라 고서인 의궤를 보관하고 있던 프랑스 국립 도서관의 사서들은 한목소리로 결정에 따를 수 없다고 강하게 반발했다. 물론 우리나라 고서에 대한 가치를 제대로 평가하지 못한 채 창고에 보관하고 있더라도, 문화재를 빼앗기듯이 내어주지는 않겠다는 강한 의지를 나타낸 것이라고 할 수 있다. 결국에는 영구 임대 방식으로 우리나라에 돌아오기는 했지만, 그들의 강력한 반발 때문에 외규장각 의궤는 우리나라에 있으면서도 명목적인 소유권은 프랑스에 남아 있다.

2019년 봄 무렵에 상주본을 가진 배 씨는 해례본의 도난 사건에 관한 판결에서 거짓 진술한 부분에 대해 무효 판결해 달라는 내용의 소를 제기했으나, 법원에서는 이에 대해 이유 없다고 판결했다는 언론 보도가 있었다. 아마도 해례본 보관자인 배 씨는 재판에서 한 진술이 거짓이었다는 판결을 근거로 소유권을 인정받으려 했겠지만, 이제는 더 이상 어찌해 볼 도리가 없이 상주본의 소유권은 국가에 남아 있는 것이 되어 버렸고, 더 나아가 배 씨는 자신의 소유라고 생각하는 문화재가 국가 소유로 바뀐 채 자신이 무단 점유하는 모양새가 되어 버렸다.

문화재 소장자가 자신의 소유를 인정받지 못하니 국가나 다른 기관에 기증이나 기탁은 물론이고 판매조차 할 수 없게 되어 버렸다. 더욱이 이 문화재가 세상의 빛을 보게 되면 무단 점유에 대한 처벌까지도 받아야 하니, 어쩌면 다시는 이 세상에 얼굴을 나타내지 못하고 어둠 속에서 생을 마감할 수도 있다. 오래전에 다른 나라에 빼앗긴 문화재도 어떤 형태로든지 돌아와 우리와 얼굴을 마주하고 있는데, 우리나라 안에 있는 귀한 문화재가 다시는 햇빛을 보지 못하고 어둠 속에서 사라진다는 것을 도저히 이해할 수 없다. 도대체 어떻게 이런 일이 우리나라 안에서 일어나고 있는지 생각하면 할수록 안타깝기만 하다. 그야말로 슈퍼맨이라도 나타나 속 시원히 해결해 주었으면 하는 마음이다.

하나 더, 『훈민정음 해례본』 간송본 해설

세종이 1446년에 훈민정음을 반포하고 거의 500년이 지난 1940년에야 비로소 세상에 모습을 드러낸 『훈민정음 해례본』은 간송 미술관에 소장되어 있으므로 간송본이라고 말한다. 간송본은 1962년에 국보 제70호로 지정된 문화재이고, 1997년에 유네스코 세계 기록 유산으로 지정된 문화 유산이기에 일반에게 공개하기가 쉽지 않아 연구하는 데에도 어려움이 있었으나 영인본이 제작되면서 연구할 수 있었다. 김주원은 「훈민정음 해례본의 뒷면 글 내용과 그에 관련된 몇 문제」라는 제목의 논문에서 영인본으로부터 찾아낸 몇 가지 내용을 우리에게 알려주면서 간송본이 가진 가치와 중요성을 말하고 있다.

간송본에 대한 연구를 위해 원본을 직접 확인하기가 어려우니 어쩔 수 없이 필사본이나 영인본을 근거로 확인할 수밖에 없다. 따라서 김주원은 지금까지 알려진 영인본 가운데 가장 잘 만들어졌다고 평가받는 이상백의 영인본(1957년)을 바탕으로 몇 가지 새로운 내용을 밝혀냈다. 우선 영인본에 이용한 사진은 원본의 배접이 끝난 후에 촬영된 것으로 보이는데, 배접하기 전에 원본의 책장 뒷면에 쓰인 글씨를 촬영해 두었는지에 대한 언급이 없는 점이 아쉬운 대목이다. 대체로 고서의 뒷면에 글씨가 있다면 배접한 후에는 복원할 수 없으므로 먼저 촬영하여 기록을 남겨두는 것이 바른 순서이기 때문이다.

먼저 원본에서 드러나는 책의 형식에 대해 살펴본 내용은 다음과 같다. 간송 전형필이 처음 원본을 손에 넣었을 때 책의 상태가 어떠했는지 지금은 알 수가 없다. 당시에 원본 앞부분의 2장을 보충했다는 내용은 알려졌지만, 표지나 장정에 대하여는 알려지지 않았다. 그로부터 17년이 지난 1957년에 국립 박물관 총서로 영인했는데, 이때 원본을 해체해서 영인했기에 사진으로나마 책의 상태에 관한 정보를 얻을 수 있다. 사진이 분명하지는 않더라도 흰 점 부분과 검은 점 부분을 확인할 수 있는데, 흰 점은 크고 둥글고 검은 점은 작고 날카롭다. 배접한 상태로 찍은 사진으로 보는 것이니, 흰 점은 원래 책을 묶고자 뚫었던 구멍, 즉 침눈(針眼)이 배접한 종이 위에 나타난 것이고 검은 점은 배접한 이후에 뚫은 자국이 나타난 것이다. 이러한 사실은 보수된 앞부분의 두 장에서는 흰 점은 없고 검은 점만 보이는 것으로 확인할 수 있다.

책에 있는 원래의 구멍은 모두 13개인데, 위에 2개, 가운데에 3개 그리고 아래에 3개가 뚜렷이 보인다. 책을 묶기 위해 송곳을 찔러 구멍을 만든다면 한 번 찌르면 구멍은 하나가 나오므로 원본은 최소한 두 번에 걸쳐 다시 장정한 흔적이 나타난 것으로 본다. 또한 흰 점의 위치를 보면 한가운데에 있는 점을 중심으로 맨 위와 맨 아래에 점이 있고, 중간과 맨 위 맨 아래 점 사이로 균형이 잡히듯이 2개의 점이 하나씩 있는 것으로 보아, 원본은 맨 처음에 구멍 5개를 뚫어 책을 묶은 오침안정법(五針眼訂法)으로 장정한 것을 보여 준다.

사진에서는 흰 점과 함께 검은 점도 보이는데 모두 13개이다. 사진의 검은 점과 같이 원본이 책이 묶였다면, 현재 원본이 보여 주는 침의 위치와 정확히 들어맞는다. 그렇다면 1957년 영인본을 만들기 이전부터 원본은 책에 4개의 구멍을 뚫은 사침법(四針法)에 따라 만든 것으로, 이를 해체하여 1장씩 촬영한 후에 다시 원래의 구멍에 맞추어 사침법으로 책을 맨 것이라고 본다. 이러한 결과를 바탕으로 보면 책은 원래

오침법으로 묶었던 것인데, 지금은 사침법으로 묶인 상태이니 원래 상태인 오침법으로 되돌려 놓는 것이 바람직하다고 하겠다.

다음으로 볼 것은 지금 우리가 보는 간송본은 원래의 크기에서 아래위가 상당히 잘려 나간 책이라는 점이다. 물론 일부분이 잘려 나갔다고 해서 원문이 손상된 것은 아니므로, 문제 삼을 만한 정도는 아니라고 본다. 그렇지만 책의 원래 모습이 훼손되지 않고 원래 상태대로 남아 있다면 책의 품격이 올라간다. 책에서도 여백의 아름다움은 더욱 돋보이기 마련이다. 책의 위아래가 잘려 나갔다는 것은 구멍의 위치를 비교해 추정할 수 있다. 그러나 그보다 확실한 것은 종이 뒷면에 써놓은 글자가 잘려 나간 것으로 확인할 수 있다. 당시에는 종이가 귀해 여백이나 책의 뒷면에도 글자를 쓰기도 하는데, 처음부터 잘린 글자를 일부러 쓸 수 없는 것이므로 써 놓은 글자가 잘려 나간 것이라고 볼 수밖에 없다.

영인본을 보는 사람이라면 뒷면에 쓰인 글씨가 어떤 내용인지 궁금하다. 원본의 책장 뒷면에 쓴 글씨는 경계선에 맞추어 쓴 것이기에, 낙서가 아니라 어떤 책의 내용을 필사한 것으로 볼 수 있다. 만약에 필사한 내용이 어떤 것인지 확인할 수 있다면 언제쯤 필사가 이루어졌는지 따져볼 수 있다. 논문 저자는 뒷면 글씨 가운데 눈에 띄는 단어인 "평양"을 알아보고 이 지명은 평양(平壤)이 아니라 평양(平陽)을 말하는 것이라는 경험을 바탕으로, 이러한 내용이 『십구사략언해(十九史略諺解)』의 일부라는 사실을 찾아냈다. 뒤이어 뒷면에 필사된 내용은 모두가 『십구사략언해』의 권1에 해당하는 것이었음도 확인했다.

『십구사략언해』는 여러 번 발간한 기록이 있는데, 어떤 판본을 보고 필사한 것인지 알아낸다면, 필사한 연대의 상한선을 밝힐 수 있고 가능하다면 하한까지도 알아낼 수가 있다.『십구사략언해』는 알려진 바로는 간행 시기를 확인할 수 있는 다섯 판본이 있다. 이 판본들을 바탕으로 해례본 뒷면의 필사 내용은 18세기 초에 발간된 것으로 보이는 무간기 고본(無刊記 古本)과 일치하는 점이 많다. 필사본의 내용에서 무간기 고본의 내용과 비교하면 구개음화가 많이 진행되었다는 것을 알 수 있다. 지금까지 밝혀진 바로는 구개음화 자료에 의해서는 상한만을 추정할 수 있는데 대략 17세기쯤으로 볼 수 있다. 경상 방언에서 'ㆍ' 변화가 18세기 후반에 나타나는 것을 고려하면, 필사에서는 구개음화는 많지만, 'ㆍ' 변화가 없는 것으로 보아 17세기와 18세기 사이에 필사된 것으로 볼 수 있다.

원본의 앞부분에서 2장이 떨어져 나간 시기에 대해서 어떤 이는 연산군 시기에 언문 탄압이 심했을 때 일부러 뜯어낸 것이라고 하는데, 그렇다면 우선 표지와 속표지를 뜯었을 것이고 다음으로 "어제훈민정음(御製訓民正音)"이 적힌 장도 뜯었을 것이다. 원본에서 앞부분의 1~2장을 더 뜯거나 덜 뜯거나 훼손되는 것은 같지만, 마지막에 훈민정음이라는 책 이름이 붙어 있는 것으로 보아 탄압과는 무관한 일이라고 본다. 또한 뜯겨 나간 2장에도 뒷면에 필사한 내용이 적혀 있었다면 당연히 필사한 시기 이후에 2장이 뜯겨 나간 것이다. 그렇다면 그 시기는 연산군 후의 일이 될 수밖에 없다.

저자는 논문에서 이제까지 간송본에 대해 제대로 알려지지 않았던 몇 가지 사실을 밝혀내는 동시에 해례본의 뒷면에 적힌 내용을 바탕으로 관련된 내용을 널리 알리고 있다. 해례본 뒷면에 적힌 내용은『십구사략언해』이며, 이를 필사한 시기가 17세기와 18세기쯤으로 보았다. 여기에는 필사자의 방언인 경상 방언이 나타나고 있다. 다음으로 영인본 사진을 바탕으로 해례본 원래의 모습을 추적한 바로는 처음 책의 장정은 오침안정법으로 되었으며, 원래 책의 크기는 지금 것보다도 조금 더 컸던 것으로 밝혀졌다. 이와 더불어 지금까지 알려진 것과 달리 앞의 2장이 떨어져 나간 시기는 18세기 이후에 일어난 일이며 연산군의 언문 탄압과는 무관한 것으로 보았다. 또한 간송본은 1940년 그 존재가 알려지기 전에 원래 소장자에 의해서 한글을 가르치기 위한 교재로 사용되었다. 다시 말해서 다락에 갈무리되어 있던 책을 우연히 발견한 것이 아니라 집안에서 한글 교육에 사용되던 교재였다는 것이다. 아마도 "사람마다 쉽게 익혀 편히 쓰고자" 했다는 세종 임금의 뜻에 맞게 제대로 쓰이고 있었다는 것이다. 마지막으로 논문의 저자는 연구 결과를 바탕으로 컴퓨터를 이용해 간송본을 완전한 복원본으로 제작하자고 제안하고 있다.

6부

마당으로

17장
돌로 만든 생활 문화
맷돌이 빚어낸 우리 삶

🪨 우리 문화의 시대 구분은 선사 시대와 역사 시대로 나누는데, 선사 시대는 석기 시대로부터 시작하여 청동기 시대 그리고 철기 시대로 이어지고, 그 후는 역사 시대로 삼국 시대와 통일 신라 시대, 고려 시대와 조선 시대 그리고 근현대로 넘어간다. 석기 시대는 일반적으로 구석기 시대와 신석기 시대로 나누는데, 그사이를 중석기 시대로 따로 구분하기도 한다.

구석기 시대에는 물론 돌이라는 흔한 재료를 사용했는데, 그 가운데에서도 단단한 돌을 골라 돌과 돌을 부딪쳐 깨뜨리면 나오는 날카로운 면을 이용했다. 이처럼 돌을 깨뜨려 만든 도구를 뗀석기 또는 타제 석기(打製石器)라 부른다. 신석기 시대에 만든 도구는 단단한 돌을 골라서 겉면을 갈아 반드르르하게 만든 것이기에, 이것을 간석기 또는 마제 석기(磨製石器)라 부른다. 간석기는 청동기 시대와 철기 시대에 이르기까지 오랫동안 사용되었다. 예를 들자면 청동기 시대 사람들의 무덤 속에서 돌을 갈아 만든 석검이나 돌도끼 등이 많이 나오며, 더 나아가 철기 시대 무덤 속에서도 쇳덩이와 함께 많은 양의 돌도끼가 나온다. 돌로 만든 도구가 후대에까지 널리 사용되었음을 알 수 있다.

요즈음도 우리 생활 속에서 돌로 만든 도구들을 찾아볼 수 있다. 돌솥비빔밥의 돌솥을 비롯하여 다듬잇돌, 돌절구, 돌확, 돌구유 그리고 연자방아와 맷돌에 이르기까지 이런저런 생활 도구를 찾아볼 수 있다. 그렇다면 석기 시대 돌 문화가 지금까지 그대로 이어지고 있는 것일까? 우리 문화에서 돌로 만든 생활 도구가 많았던 것은 우리나라에는 그만큼 단단한 화강암이라는 돌이 많이 있기 때문이다.

돌로 쌓은 성벽을 비롯하여 다양한 유적지에서 돌로 만들어진 건축물의 유구와 흔적을 살펴볼 수 있다. 중국에서는 돌 대신에 흙을 구워 만든 벽돌을 많이 이용했기에 전돌 문화의 특징을 볼 수 있으며, 일본에서는 나무를 많이 이용했기에 목조 문화의 특징을 볼 수 있다. 같은 동아시아라도 자연 환경에 따라 다른 문화가 발전했다. 동아시아 삼국 모두 불교가 융성했는데, 우리나라에는 석탑이 많고, 중국에서는 전탑이 많으며 일본에는 목탑이 많다.

돌도끼의 매력

석기 시대의 대표적 유물인 돌도끼는 여러 크기로 만들었는데, 큰 것은 팔뚝만 하고 작은 것은 한 손으로 쥘 만큼 자그마하다. 옛사람들은 단

간석기 제작 기법으로 만든 다양한 돌도끼, 돌끌, 홈자귀, 별도끼, 달도끼 등이 섞여 있다. 국립 중앙 박물관 소장 자료.

단한 돌을 갈아서 이것들을 만들었을 텐데, 도대체 얼마나 시간과 공을 들여 갈아냈을지 생각할수록 궁금하기만 하다. 지금 같아서는 전동기를 붙인 연마기로 잠깐만에 뚝딱 만들어 낼 수도 있으련만, 옛사람들은 움막 근처에 자리 잡고 몇 날 며칠을 쉬지 않고 갈고 또 갈았으리라. 그렇더라도 근처에 널려 있는 아무 돌이나 주워 대충 갈아내지는 않았을 것이다. 적어도 가장 알맞다고 생각하는 크기의 돌을 골라 그것도 경험으로 판단컨대 단단한 돌을 골라 오랫동안 갈아내는 놀라운 솜씨를 발휘했을 것이다.

언젠가 고미술상에서 구한 자그마하면서 예쁘장한 돌도끼 한 점이 생각난다. 책상 위에 두고 시간 날 때마다 이리저리 만져 보면서 책을 읽다가 쉴 때는 돌도끼를 가져다 펼쳐 놓은 책 위에 그대로 눌러 놓았다

다시 책을 읽을 때는 옆으로 밀어놓는 식으로 이용했다. 마치 사람들이 붓글씨를 쓸 때 펼쳐 놓는 한지가 미끄러지지 않도록 종이를 누르는 데 쓰는 문진(文鎭)처럼 쓴 것이다. 이는 옛 살림살이를 모으는 이만이 누리는 자그마한 즐거움의 하나였다. 돌도끼를 문진으로 쓰는 이가 또 누가 있을까?

석기 시대 돌도끼는 고미술상에서 기회가 된다면 일반인도 살 수 있는 물건이기도 하다. 돌도끼 1점의 가격은 모르는 사람들이 생각할 정도로 엄청나지는 않고, 좋은 기회를 만나면 친구들과 어울리는 술자리 비용 정도로도 충분히 구할 수 있다. 오래된 시간만큼 비싼 것은 아니다. 그렇다고 혹시나 요즈음 만들어진 짝퉁이 아닌가 하는 걱정은 하지 않아도 된다. 왜냐하면 옛사람들이 돌도끼를 만드는 데 쓴 단단한 돌은 어느 곳에서나 구할 수 있는 흔한 돌이 아니기 때문이고, 다음으로 단단한 돌을 갈고 다듬는 시설과 장비를 갖춘 현대인이 있다고 해도 굳이 돌도끼처럼 그리 비싸지 않은 옛날 물건을 흉내 낼 필요가 없기 때문이다. 마지막으로 어렵게나마 가짜를 만들더라도 세월의 무게를 한순간에 덧씌우지 못해 새로 만든 티가 나 전문가가 보면 쉽게 들키기 때문이다. 이처럼 가짜 돌도끼 제작으로는 큰돈을 만질 수가 없으므로, 생각 있는 사람이라면 이처럼 힘든 작업을 하려고 덤비지도 않을 것이기 때문이다.

옛날 사람들, 그러니까 삼국 시대 이후 사람들은 석기 시대에 쓰이던 돌도끼에 대해 어떤 생각을 했을까? 이러한 의문은 우리에게 새로운 사실을 찾아 나서게 하는 호기심을 샘솟게 한다. 석기 시대라는 단어 자체가 19세기에 이르러 근대적인 학문 체계를 갖춘 고고학 분야가

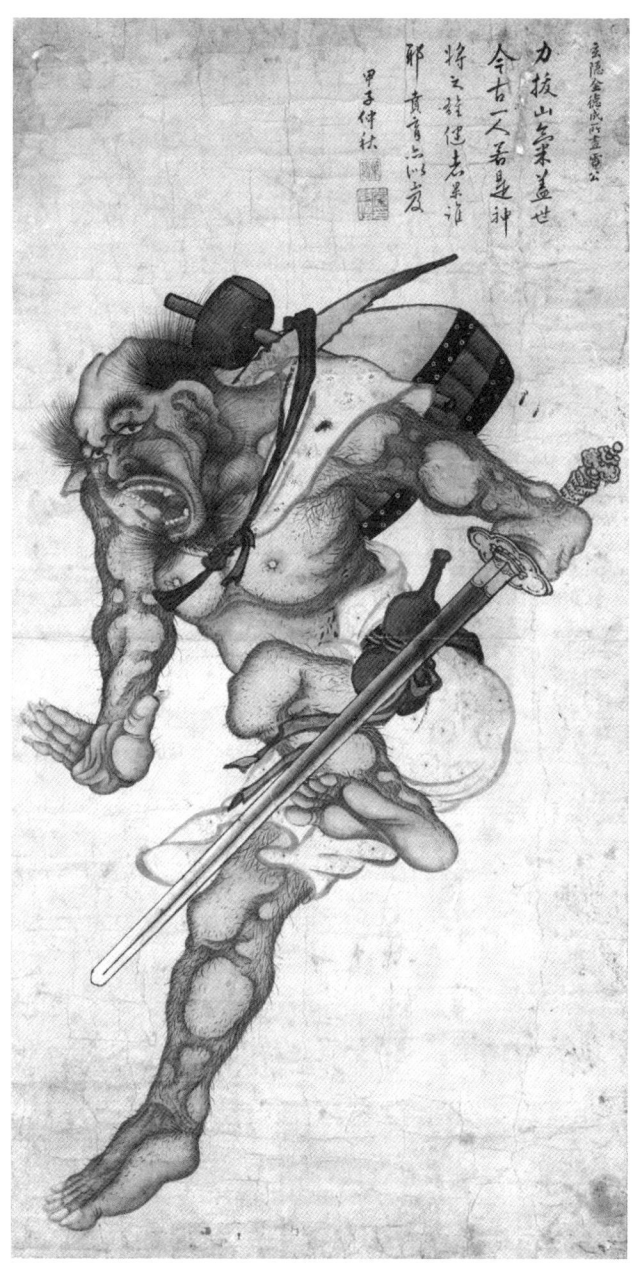

조선 시대 뇌신의 모습, 김덕성(1729~1797년)이 그린 뇌공도, 18세기 후반. 국립 중앙 박물관 소장.

17장 돌로 만든 생활 문화

발전하면서 비로소 등장했다. 돌도끼에 관한 기록 자체는 조선 시대에도 조금씩 나타나는데, 당시 사람들은 오래전에 선조들이 만들어 사용한 물건이라는 사실은 감히 생각조차 하지 못한 것으로 보인다. 조선 시대 사람들은 비바람이 불고 천둥과 번개가 지나간 다음에 냇가나 들판에서 우연찮게 사람들의 눈에 띈 돌도끼를 하늘에서 천둥과 벼락을 내리는 신이 두고 간 물건으로 여겼고 '벼락도끼'라 불렀다. 이러한 돌도끼는 나쁜 기운을 물리치는 신비한 능력을 지녔고, 나아가 병까지 고칠 수 있는 영험한 물건이라 생각했다. 그리고 이것을 임금님께 진상품으로 올렸다는 기록이 『조선왕조실록』에 남아 있다. 이러한 사람들의 믿음이 나중까지 이어져 노리개 같은 물건에 벽사진경(辟邪進慶, 나쁜 귀신을 물리치고 경사스러움으로 나아간다.)의 의미로 가끔 도끼 모양 같은 것을 넣기도 했다. 조선 시대에 성리학 중심의 사회 질서와 제도가 자리를 잡아가면서 벼락도끼는 더 이상 신의 물건이 아니라 자연의 기운이 모여 만들어진 물건이라고 생각하게 되었고, 시간이 지날수록 『조선왕조실록』 같은 기록에서도 더는 나타나지 않게 되었다. 국립 중앙 박물관에서는 고대 유물에 대한 사람들의 인식 변화를 보여 주기 위하여 지난 2016년에 "벼락도끼와 돌도끼"라는 제목의 전시회를 개최하기도 했다.

석기 시대 이후에도 살아남은 돌로 만든 생활 도구들

사람들이 오래전부터 돌을 깨뜨리거나 다듬고 갈아 만들어 사용하던 생활 도구로는 여러 가지가 있다. 가장 널리 사용한 것은 농기구와 생활 도구이다. 농기구로는 흙을 파기 위한 돌삽이나 이삭을 따기 위한 반달 칼이나 돌낫 따위가 있고, 수확한 곡식 껍질을 벗겨 열매를 얻는 데 쓰는 돌절구나 연자방아 등도 있으며, 곡식 가루를 얻는 데 사용하는 갈돌과 갈판도 있다. 또한 생활 도구로는 돌도끼를 비롯하여 돌칼이나 돌끌, 돌자귀 등이 있고, 별도끼나 달도끼 등의 작업 도구도 있다. 돌로 만든 농기구나 생활 도구는 조선 시대까지도 쓰였지만 시간이 지나면서 쇠로 만든 도구들이 그 자리를 대신했고 사용도 줄었다. 그래도 끝까지 살아남아 살림에 보탬이 된 돌 도구들도 있다. 곡식 껍질을 벗겨 알곡을 얻는 돌절구와 연자방아라고도 불리는 연자매는 석기 시대부터 근대에 이르기까지 오래도록 사람들의 생활 속에 함께했고, 물을 담는 돌확은 지금도 전통 가옥 주위에 자리 잡고 있으며, 가축 여물통으로 쓰이는 돌구유 또한 집안의 외양간 한 켠을 오랫동안 지켰다.

사람들이 옷을 짓고 빨아 입는 동안에 함께하는 다듬잇돌은 집안에서 꼭 필요한 물건이기에 얼마 전까지도 집집이 1~2개씩은 남아 있었다. 지금은 집에서 찾아보기 어렵지만, 마당이 있는 집에서는 한 편에 장독대를 마련하고 항아리를 모아 두었는데, 그 옆에 돌절구 1개 정도는 항상 자리 잡고 있었다. 또한 돌절구 옆에 돌확도 1~2개 정도는 놓아두었다. 돌절구나 돌확이 있는 집에서는 맷돌까지 마련해 두었다. 돌절구는 곡식을 안에 넣고 공이로 찧어 껍질을 벗기는 도구이고, 껍질을 벗긴 알곡을 갈아 가루로 만드는 것이 맷돌이다. 곡식 가루는 여러 가지 음식을 만드는 데에 꼭 필요한 재료이므로, 어떻게 해서든지 사람들은 곡식을 가루로 만드는 방법을 알아야만 했다. 요즘에는 음식 재료를 갈 때는 사람들이 분쇄기를 이용하지만, 옛날에는 맷돌이 없으면 가루를 얻기가 어려웠다. 맷돌이 없으면 돌절구에 넣고 공이로 찧어 만든 부스러기를 체에 걸러 가루를 얻는 방법이 있지만, 절구에서 찧기가 어렵고 또한 여러 번 퍼내어 체로 거르는 작업도 번거로운 일이었다. 그러기에 맷돌은 곡식 가루를 얻기 위해 가장 효과적인 생활 도구였다.

옛사람은 어떻게 곡식을 얻었고 또한 곡식을 가루로 만들었을까? 우리는 벼농사를 지어 얻은 쌀로 밥을 짓지만, 서양에서는 밀농사로 얻은 밀을 가루로 만들어 반죽한 다음에 부풀린 것을 가마에 넣고 구워 빵으로 만들어 먹는다. 그러자면 밀가루를 얻는 도구를 만들어야 한다. 농사를 짓기 시작한 신석기 시대 사람들은 수확한 곡식을 가루로 만들기 위해서 반반한 돌판 위에 잘 말린 곡식을 올려놓고 길쭉한 돌멩이를 앞뒤로 밀고 당기며 곡식을 갈아 가루로 만들었다. 이것이 바로 곡식 가루를 얻기 위한 갈판과 갈돌이라는 도구이다. 물론 갈판 옆으로 밀려나는 곡식 가루를 모으고자 멍석과 같은 깔개를 미리 깔아 두어 모았을 것이다.

세계 곳곳의 오래된 문명마다 사람들은 크기는 조금씩 다르더라도 비슷한 모양의 갈판과 갈돌을 만들어 썼다. 그러다가 사람들은 조금 더 편리하게 가루를 얻는 방법을 찾았고, 그 결과 매라는 도구를 만들었는데 이 매를 돌로 만든 것이 바로 맷돌이라는 도구이다. 수메르 문명 등이 탄생한 중동 지역에서도 비교적 둥그스레하며 반반한 돌 위에 한쪽이 조금 더 튀어나온 둥그렇고 넓적한 돌을 짝을 맞추듯 포개 놓은 맷돌을 이용했다. 위쪽 돌에는 구멍을 2개 뚫었는데, 바깥쪽 구멍에 막대를 꽂아 손잡이 삼아 돌리면서, 안쪽 구멍으로 곡식을 조금씩 흘려 넣어 갈아냈다. 짝으로 합쳐진 위아래 돌이 같은 크기가 아니더라도, 위쪽 돌이 아래쪽을 지그시 누르고 판돌 사이에 끼인 곡식을 이리저리 굴리면서 갈아내는 방법은 우리나라에서 사용하는 맷돌과 모양이나 방법에서 큰 차이가 없다. 요즈음 우리가 보는 맷돌은 석기 시대의 갈판과 갈돌로부터 비롯된 것이기는 하지만, 지금과 같은 모습을 하게 된 것은 아마도 삼국 시대이거나 그 전쯤일 것이다. 맷돌은 윗돌에 손잡이를 꽂아 사람의 손으로 돌린다. 그러기에 맷돌은 무조건 크게 만드는 것이 아니라 사람의 힘으로 편하게 돌릴 만큼 적당한 크기로 만들어야 한다. 그러나 많은 양의 곡식을 가루로 만들기 위해서는 이보다 훨씬 커다란 맷돌을 만들어 혼자가 아니라 여러 사람이 힘을 모아 큰 돌을 돌리거나 아니면 가축의 힘을 빌려 돌리도록 했다. 이것이 바로 마을에 하나 정도 있을 법한 연자방아인데 다른 말로는 연자매라고도 부른다. 이처럼 연자매는 맷돌과 달리 규모가 훨씬 크므로 소나 말이 윗돌을 돌리도록 특별한 모양으로 만들었다.

맷돌은 비비는 운명이다

옛사람들이 만들어 지금까지 남아 있는 맷돌은 위아래로 둥그런 돌 2개를 짝을 맞추듯 포개놓은 모양이다. 위짝 돌을 암돌 또는 암맷돌이라 하고, 아래짝 돌을 숫돌 또는 숫맷돌이라 부르는데, 아래짝과 위짝이 맞닿는 한가운데에 구멍을 파고 쇠막대를 꼽아 맷돌의 중심을 맞춘다. 맷돌 한가운데 꼽는 쇠막대를 중쇠(암돌과 숫돌에 꼽는다고 해서 암쇠와 수쇠라고도 한다.)라고 하는데, 맷돌 위아래 돌이 이리저리 흔들리지 않고 균형을 맞추어 돌아가도록 만들었다. 위짝 돌에 ㄱ자 ㄴ자 모양의 꺾인 손잡이를 끼우는데 이를 맷손이라 부르며, 맷손을 손으로 잡아 돌렸다. 맷손을 다른 말로 어처구니라고 부르는데, 이것이 없으면 맷돌을 돌릴 수가 없으므로 이로부터 '어처구니가 없다.'는 말이 나왔다.

오래전부터 사람들이 사용한 맷돌도 지역에 따라 조금씩 모양이 다르다. 중부 지방에서 많이 사용하는 맷돌은 위아래 짝을 이룬 돌이 거의 같은 크기이고, 남부 지방의 맷돌은 아래짝이 위짝보다 크고 넓은 것이 많으며 대개는 옆으로 길게 뻗어 주둥이가 달린 것들이 많다. 위아래 짝이 같은 크기인 맷돌로 갈아낸 곡식 가루는 처음부터 맷방석과 같은 깔개를 깔아놓고 모으거나, 맷돌을 담은 함지(매함지)에 담아내거나, 또는 Y자 모양의 삼발이나 매판 위에 맷돌을 올려놓고 갈아 떨어지는 가루를 모은다. 남부 지방에서 아래가 넓은 맷돌을 이용할 때는 매함지나 매판을 쓰지 않아도 되지만, 맷돌이 그만큼 크기 때문에 마음대로 장소를 옮기기가 쉽지 않은 점도 있다.

맷돌은 말 그대로 돌로 만든 매를 말하는 것으로, 우리나라에서 오래전부터 사용한 매는 크게 세 종류로 나눈다. 우선 곡식 가루를 얻기 위한 맷돌이 있고, 옷에 풀을 먹이기 위해서 물에 불린 쌀을 가는 풀매가 있는데, 이 풀매도 돌로 만들어 사용했다. 다음으로 곡식 껍질을 벗기기 위해 나무로 만든 매가 있다. 곡식 가루를 얻기 위한 맷돌의 위아래 짝이 맞닿는 면은 오톨도톨하게 쪼아서 마찰력을 높여 곡식이 잘 갈리도록 만들었지만, 풀매의 위아래 짝이 맞닿는 면은 부드럽게 다듬어 물에 불린 쌀이 아주 곱게 갈리도록 했다. 더욱이 풀매는 사용 빈도가 낮아 마을에서는 1~2개만 만들어 마을 우물가에 놓고 아낙네들이 빨

맷돌의 두 가지 모양. 아래짝이 넓은 맷돌과 위아래 짝이 같은 크기의 맷돌.

래하면서 공동으로 사용하기도 했다. 한편 곡식 껍질을 벗기기 위한 매는 나무로 만들어 무게를 가볍게 했고, 나무통 위아래가 마주치는 면은 톱니바퀴처럼 홈을 파서 벼나 보리 등의 곡식을 넣고 돌리면 껍질만 벗겨지도록 했다. 가루를 얻는 맷돌은 지름이 40~50센티미터에 이르지만 풀매는 이보다 조금 작은 정도이고 껍질을 벗기는 매는 대체로 크게 만들었다. 그래도 사람들이 함께 쓰거나 공동으로 쓰는 맷돌이라면 집안에서 쓰는 것보다는 훨씬 크게 만들어 사용하기도 했다.

맷돌에 감춰진 살림의 지혜

오랫동안 우리 생활 속에서 편리한 도구로 쓰인 맷돌을 자세히 살펴보면 그 안에는 대단한 살림의 지혜가 깃들어 있다. 석기 시대부터 옛사람들이 곡식 가루를 얻으려고 갈판과 갈돌을 이용한 것은 모두가 잘 알고 있지만, 갈판과 갈돌은 사람들이 앞으로 밀고 뒤로 당기는 왕복 운동을 통해서 가루를 얻는 방법이다. 선조들이 생각해 낸 맷돌은 위짝에 꽂아놓은 손잡이를 잡고 돌리는 회전 운동을 이용한 것으로, 왕복 운동에 비해 훨씬 쉽게 가루를 얻는 도구를 찾아낸 것이다. 오래전에 석기를 사용하던 우리 선조들이 그야말로 '움직이는 도구'인 맷돌을 만들어 낸 것이라고 할 수 있다.

맷돌이라는 움직이는 도구를 생각해 낸 선조들은 맷돌을 사용하는 편리한 방법도 찾아냈다. 혼자서 맷돌을 돌리기보다 두 사람이 마주 앉아 한 사람은 위짝 구멍으로 곡식을 떠 넣고 다른 사람은 맷돌 위짝을 돌리는 것이다. 맷돌의 도는 힘으로 갈린 가루는 맷돌 바깥쪽으로 밀려나 맷돌을 올려놓은 매함지로 흘러내리므로 쉽게 가루를 모을 수 있다. 맷돌의 위짝은 항상 원운동을 하고 있으므로 중심 부분으로 흘러들었다가 갈린 가루는 자연스럽게 중심에서 바깥으로 밀려나는데, 이러한 원심력의 효과를 높이고자 위짝 바닥에 달팽이집 모양으로 동그라미 홈을 파서 갈려진 곡식 가루가 바깥으로 잘 밀려나도록 했다. 맷돌의 중심을 맞추고자 아래짝 가운데를 봉긋하게 높이고 위짝 아래는 오목하게 만들기도 했는데, 그보다 쉬운 방법으로는 맷돌 한가운데에 중쇠를 박아 맷돌 중심을 고정해서 맷돌이 흔들림 없이 돌도록 했다.

  옛사람들이 곡식 가루를 얻고자 맷돌을 생각해 냈지만, 맷돌로 간 곡식 가루는 요즈음 집에서 전기 분쇄기로 만든 가루와 달리 영양소 파괴가 적고, 음식의 맛도 훨씬 좋다고 한다. 그뿐만 아니라 맷돌을 이용하면 곡식을 갈 때 생기는 열을 바로바로 식혀 주기 때문에, 영양 성분의 변화가 거의 없어서 영양소 파괴가 그만큼 줄어들고 영양분이 그대로 유지되어, 맛있고 영양이 풍부한 음식 재료로서 효과가 크다고 한다. 이처럼 단순해 보이는 맷돌의 이용은 오늘날에 돌이켜 보아도 다시 한번 되살려 볼 만한 생활의 지혜라고 생각한다.

오래된 맷돌을 찾아

오래전부터 맷돌은 생활 속에서 널리 사용되었지만, 지금까지 남아 있는 오래된 맷돌은 그 숫자가 많지 않다. 돌로 만든 도구는 1,000년이라는 시간이 훌쩍 넘더라도 그대로 남아 있는데, 여러 지역에서 많이 사용했을 법한 오래된 맷돌이 그렇게 많지 않다는 것이 오히려 이상할 정도이다. 돌로 만든 유물은 삼국 시대 석굴암을 비롯하여 돌부처와 석탑 그리고 승탑(부도) 등의 불교 문화재로 많이 남아 있다. 그런데도 우리가 지금까지 보는 맷돌은 거의 조선 시대 후기에 만들었거나 아니면 근대에 만들어 쓰던 것들이다. 그렇다면 그 전 시대에는 집안에서 맷돌보다도 절구를 더 많이 사용했으리라 생각할 수 있다.

지금도 전국 곳곳의 오래된 사찰 마당에는 언제부터 쓰던 것인지 정확히 알 수는 없지만 큼지막한 맷돌이 하나쯤 놓여 있다. 경상북도 군위군 법주사에는 우리나라에서 발견된 맷돌 가운데 가장 큰 것으로 보이는 맷돌이 남아 있다. 이 맷돌은 적어도 300년 전쯤에 만들어진 것으로 보이는데, 50여 년 전에 절에서 남쪽으로 한참 떨어진 밭두렁에 반쯤 묻혀 있던 것을 신도들이 절터로 옮기고 보호각을 세워 보존하고 있다. 그리고 사람들은 이 맷돌을 '법주사 왕맷돌'이라는 이름까지 붙여 주었고 경상북도 민속 자료 제112호로 지정해 보호하고 있다.

법주사 왕맷돌의 위짝 암돌과 아래짝 숫돌은 지름이 115센티미터에 이르고 두께가 15.5센티미터나 되는 큼지막한 크기이며 적어도 10명 이상이 한꺼번에 힘을 모아야 겨우 들 수 있을 정도로 엄청난 무게를 자랑한다. 이 왕맷돌의 암돌 안쪽에는 구멍이 4개나 뚫리고 바깥쪽에도 구멍이 4개나 뚫렸는데, 이것은 암돌 옆으로 뚫린 구멍과 연결된 것이 여느 맷돌과 다르다. 이처럼 암돌 위쪽 가장자리에서 옆구리에 뚫린 구멍까지 연결된 것은 흔히 보는 맷돌 구멍이 아니다. 그렇다면 이 구멍은 막대를 끼워 손잡이로 썼다기보다는 오히려 구멍에 끈을 끼워 무엇인

군위 법주사 왕맷돌. 보호각을 세우기 이전의 모습이다.

가를 묶어서 사용한 것으로 볼 수 있다.

　맷돌은 위아래 짝을 포개 놓고 곡식을 가루로 만드는 도구이므로, 윗돌 바깥쪽이나 가장자리에 구멍이나 홈을 파고 나뭇가지를 끼워 손잡이(어처구니)로 이용한다. 왕맷돌은 크기가 크고 무거우므로 가장자리와 옆구리를 연결한 구멍에 끈을 끼우고 마주 보는 끈과 끈으로 긴 막대를 묶어 끝부분을 손잡이로 이용했을 것이다. 서로 마주 보는 위치의 구멍에 넣은 끈으로 긴 막대 2개를 십(十) 자 모양으로 묶고, 막대 끝을 붙잡고 밀면서 커다란 암돌을 돌렸을 것이다. 물론 갈아야 하는 곡식 양이 많을 때는 사람의 힘으로 돌리는 대신에 연자방아처럼 소나 말 등 가축의 힘을 빌려 돌렸을 것이다.

　법주사 왕맷돌처럼 큰 맷돌은 만들기가 쉽지 않은데, 그래서인지 위아래 돌을 같은 재질의 돌로 만들지 못하고 각각 다른 재질의 돌로 만들어 합쳤다. 오랜 시간 동안 바깥에서 비바람을 맞고 있을 때는 위아래 돌이 달라 보이지 않았지만, 보호각을 세우고 그 안에 보존하니 위아래 암돌과 숫돌의 색깔이 점점 차이를 보이며 서로 다른 재질임이 드러나 보인다. 어쩌면 맷돌에서 위아래 돌의 재질이 조금 다른 것을 쓸 때는, 강도의 차이에서 나오는 높은 마찰력을 이용해 가루를 만들기가 쉽다는 것을 알았는지도 모른다. 일반 맷돌보다도 더욱 고운 가루를 만드는 작은 풀매는 위아래 짝으로 같은 재질의 돌을 이용했는데, 맞닿은 면의 압력을 높이고자 그렇게 만들었는지도 모르겠다.

커다란 맷돌은 집안에서 사용했다기보다는 사람들이 한꺼번에 많은 양의 곡식을 가는 큰 사찰에서나 사용했을 것이다. 가정집에서는 작은 크기의 맷돌을 사용했을 것이다. 전국 곳곳에는 조선 시대 후기부터 만들었을 만한 작은 크기의 맷돌들이 많다. 아마도 사람들의 생활이 조금씩 넉넉해지면서 집에서 만드는 음식도 다양해지고 이에 따라 여러 가지 음식 재료가 필요하다 보니, 맷돌의 수요가 높아진 탓이라 볼 수 있다.

오래전부터 우리 선조들이 한결같이 사용해 온 맷돌이라는 도구도 시대에 따라 그 모양이 조금씩 바뀌었다고 본다. 갈판과 갈돌로부터 시작한 맷돌이 어느 틈엔가 넓적한 돌판 2개를 포개 놓았을 것이고, 위짝 돌을 돌려 보다가 지금의 맷돌과 비슷한 모양을 갖추었고, 나아가 위짝에 구멍을 뚫고 막대를 꽂아 손잡이를 만들어 돌리며 곡식을 가는 방법을 찾았을 것이다. 그러는 사이에 연속해서 곡식을 넣어 주는 구멍을 위짝 가운데에 뚫어 지금과 같은 맷돌 모습을 갖추었다고 생각한다.

회암사지에 남아 있는 맷돌 2개. 정비 전 촬영 사진.

오래된 절에서 만난 맷돌

경기도 양주 회암사(檜巖寺) 옛터에 커다란 맷돌 2개가 남아 있는데, 동쪽 편에 남북으로 나란히 자리 잡고 있다. 그 옆에는 큼지막한 돌확이라 불리는 석조가 함께 있는 것으로 보아 아마도 창고 자리였을 터이고, 절의 규모도 대단했을 것이다. 회암사는 12세기 때부터 있었으나 고려 말에 나옹 선사가 크게 중수한 사찰로 그 규모가 266칸에 이르렀다고 한다. 이 절에 조선의 건국을 도왔던 무학 대사가 머물렀고, 조선 시대에도 그 위세는 오랫동안 지속되었다가 중기 이후에 많이 훼손되었다가 폐사에 이르렀다고 한다.

고려 말에 절의 규모가 커진 것으로 보아 남아 있는 맷돌 2개도 그때쯤에 만들어졌다고 본다. 회암사 맷돌은 크기가 비슷한 2개의 화강

암에 매함지와 아래짝 맷돌을 하나로 만들었다. 그 가운데 하나는 아래짝의 숫맷돌을 함지 바닥에서 위로 봉긋이 솟게 양각(陽刻)으로 만들었고, 다른 하나는 함지 바닥에서 움푹 파이게 음각(陰刻)으로 만들어, 마치 한 쌍처럼 조화를 이루었다. 음각으로 파낸 맷돌에서 갈린 가루는 주둥이 쪽으로 나지막이 파놓은 홈을 따라 흘러나오도록 했다. 위짝의 암맷돌은 하나만 남았고 다른 하나는 오래전에 없어져 처음부터 2개의 암맷돌이 서로 같았는지 아니면 달랐는지 알 수가 없다. 맷돌 크기는 아래짝의 숫맷돌의 긴지름이 173센티미터이고 짧은지름이 151센티미터이며, 암맷돌은 지름이 53센티미터이고 두께가 24센티미터이다. 서쪽으로 뻗어 있는 매함지의 주둥이는 타원 모양으로 길쭉한 것은 주둥이가 뭉툭하게 짧은 조선 시대 맷돌과 다르다. 또한 매함지 안쪽으로 위짝 암맷돌과 맞닿은 마찰면의 한가운데에는 암맷돌과 연결하는 중쇠를 박았던 구멍이 남아 있다.

 맷돌을 돌리기 위한 손잡이 막대(맷손)는 가장자리에 꽂도록 만드는데, 이 맷돌에서는 가운데로 몰린 자리에 꽂게 만든 것이 특이하다. 맷돌을 사용하는 방법은 한 사람이 맷돌 손잡이를 잡아서 돌리고 다른 사람은 아가리에 곡식을 조금씩 흘려 넣어 준다. 그런데 회암사지 맷돌처럼 맷돌이 크거나 갈아야 할 곡식이 많을 때는, 손잡이에 가위다리 모양으로 벌어진 맷손을 걸고 2~3명이 노를 젓듯이 앞뒤로 밀어 가며 곡식을 갈기도 했다. 그래서인지 회암사 암맷돌의 손잡이 자리가 일반 맷돌과 달리 중심부에 치우쳐 있는 이유라고 할 수 있다. 이러한 특징을 갖고 있기에 회암사 맷돌은 1978년 10월에 경기도 민속 문화재 제1호로 지정되어 보호받고 있다.

청도 용천사 맷돌. 2016년 답사 시 찍었다.

경상북도 청도군 비슬산 동쪽 기슭에 자리한 용천사(湧泉寺)는 670년에 의상 대사가 옥천사(玉泉寺)로 창건한 해동 화엄 불교의 10대 사찰 가운데 한 곳이다. 이 절은 1267년(고려 원종 8년)에 일연이 중창하면서 불일사(佛日寺)라고 불렀다가 다시 용천사라는 원래의 이름으로 고쳐 부르고, 임진왜란 후인 1631년(인조 9년)에 조영(祖英) 대사가 세 번째로 중창했으며, 1805년(순조 5년)에 또다시 의열(義烈)이 크게 중수했지만, 시대의 흐름에 따라 쇠락하다가 크게 번성하지 못한 채 오늘에 이르고 있다.

우리나라 전역의 절이 그러하듯이 용천사도 마당이 깨끗하며 고요하다. 용천사라는 이름도 맑고 깨끗한 물이 끊임없이 용솟음쳐 흘러내리는 모양에서 비롯되었다. 이처럼 풍부한 용천의 샘물이기에 가물거나 장마가 지더라도, 사시사철 한결같이 일정한 양의 물이 흘러나와 겨울에도 얼지 않는다고 한다. 언제나 물이 흘러나오는 용천사 마당에는 물이 흘러넘치는 돌확이 자리하고 있고, 마당에서 절집으로 오르는 돌계단 옆에 큼지막한 돌로 만든 오래된 맷돌 하나가 있다.

오래전 용천사가 세워질 때부터 있던 맷돌이라고 볼 수도 있지만, 그렇다고 신라 시대부터 있었던 것이라고 보기에는 조금은 무리라고 할 수 있다. 어쨌거나 돌로부터 우러나오는 느낌은 분명히 오래된 것으로 보이지만 지금은 위짝이 없어 더 이상 사용할 수 없다. 오래된 맷돌이 그렇듯이 이 맷돌도 매함지와 아래짝을 하나로 붙여 만들었고, 매함지 한쪽이 긴 타원 모양으로 맷돌에서 갈린 가루가 흘러내리도록 주둥이까지 홈이 파였다. 매함지가 붙어 있는 타원 모양의 숫맷돌 긴지름은 어림잡아 1미터 남짓으로 보이고 숫맷돌의 한가운데에 중쇠를 끼워 넣는 구멍이 파였다. 이처럼 오래된 흔적이 드러나는 매함지의 돌 색깔이나 겉모양을 보고, 또한 주둥이까지 달린 맷돌의 생김새로 미루어 보아, 비록 삼국 시대에 만들지 않았더라도 적어도 조선 시대 것보다는 오래되어 보이므로, 어림잡아 고려 시대쯤으로 생각해 볼 수도 있겠다.

예쁘고 멋진 맷돌

옛 물건이 좋아 이곳저곳 다니다가 남쪽 해안 도시 근처에서 찾아냈다는 아주 특별한 모양의 맷돌을 볼 수 있었다. 맷돌이라면 조선 시대에 집에서 많이 사용하던 원통 모양의 맷돌이 대부분이고, 조금 특별한 것이라면 매함지와 숫맷돌이 하나로 붙어 있는 것이다. 조금 더 특별한 모양이라면 매함지에 주둥이가 붙어 있는데, 이러한 모양은 요즈음에 새로 만든 것으로 연륜이 짧아 생돌 느낌이 나는 것들이다. 제법 오래되어 보이는 맷돌이라면 길쭉한 주둥이가 붙어 있는 매함지에 숫맷돌이 함께 만들어진 타원 모양인 것을 꼽을 수 있는데, 주둥이가 길수록 오래된 물건이라고 보는 경향이 있으나 무엇보다도 돌에서 우러나오는 세월의 흔적이 우선이라고 할 수 있다.

이제까지 본 맷돌 가운데 위짝인 암맷돌에 무늬가 새겨진 것은 거의 찾아볼 수 없고, 매함지와 숫맷돌을 하나로 만든 아래짝에도 특별한 무늬를 새겨 놓은 맷돌은 거의 찾아볼 수 없다. 물론 요즈음 장식용으로 만든 맷돌이라면 어느 정도 가능하지만, 오래전에 만들어 연륜이 쌓인 맷돌에서 특별한 무늬를 새긴 것은 여간해서는 보기 어렵다. 그런데 눈앞의 맷돌은 위짝은 물론 아래짝에까지 무늬를 새긴 특별한 모양이었고, 한눈에 봐도 오래된 연륜이 드러나 보이는 겉모양만으로도 좀처럼 만나 보기 어려운 맷돌이었다.

위짝 암맷돌의 곡식을 넣는 아가리 주위로 연꽃잎이 돋을새김되어 있고 맷손을 끼우는 가장자리 홈 주위를 따라 U자 모양으로 물고기 무늬가 돋을새김되어 있다. 매함지로 만든 아래짝은 제법 기다란 주둥이가 붙어 있는데, 주둥이 전체가 거북이나 용 모양을 한 상서로운 동물 머리이며 매함지 어깨 부분까지 불꽃 무늬나 갈기 모양의 무늬가 가늘게 이어져 있다. 더욱 놀라운 모습은 맷돌에서 갈린 가루가 빠져나오는 곳은 그냥 홈으로 파인 것이 아니라 상서로운 동물 모양의 입으로 토해 내듯이 입에 구멍이 뚫렸다는 것이다. 누가 보더라도 범상치 않아 보이는 모습이고, 한번 보는 것만으로 끝나지 않고 보면 볼수록 정감이 가서 자꾸만 보고 싶다는 생각이 들 정도로 멋있고 아름다운 모양이었다.

특별한 모양의 맷돌. 위아래 특별한 무늬가 새겨져 있다. 필자 촬영 사진.

　주인에게 허락을 얻어 사진 한 장을 얻었지만, 보는 것만으로도 즐겁다는 생각이 들어 종일토록 입가에 미소가 떠나지 않았다. 내친김에 궁금한 것을 물어보았더니 남쪽 어느 시골집에 있었는데 할머니가 빨래하면서 빨랫감을 위짝 돌에 올리고 비벼 빨았기에 윗돌이 조금 하얘졌다는 것이었다. 믿어도 되고 안 믿어도 되는 말이었지만, 누군가 그렇게 말할 수도 있는 것이었다. 오래된 맷돌이 아닌 요즘 것이라면 위아래 돌이 같은 것이어야겠지만, 예전에는 위아래 돌이 똑같아야 하는 것이 아니라 필요에 따라 어떤 것이든 가능한 일이었다. 크기는 어림잡아 위짝 지름이 40센티미터 남짓이고 아래 매함지의 긴 지름이 1미터는 되어 보였고, 혼자서는 들기 어려워 2~3명이 힘을 합해야 가능할 정도로 제법 크고 무거운 것이었다. 도대체 언제쯤 만든 것일까 궁금했지만, 이런저런 특징을 따져보고 적어도 화려한 불교 문화가 꽃피었던 고려 시대

어느 유명한 절에서 사용한 것이 아니었을까 나름대로 생각해 보았다.

맷돌에 대한 향수

요즘 젊은 사람들은 맷돌이 어떤 것인지 잘 알지 못해 궁금해하기도 한다. 예전에는 바다에 빠진 맷돌에서 쉬지 않고 소금이 나와 바닷물이 짠 것이라는 동화도 많이 읽었기에, 맷돌이 어떤 것인지 어린아이 때부터 들어서 알고는 있었다. 그러나 언제부터인가 우리 전래 동화는 슬며시 서양 동화로 바뀌었고, 젊은 층이 가진 우리 문화에 대한 개념과 지식은 그만큼 얇아졌다고 할 수도 있다. 요즈음에는 사람들이 맷돌이라고 하면 동성애자를 빗대는 말로 알아듣는 경우가 많으며, 자식이 없는 부부를 일컬어 맷돌 부부라 부르기도 한다. 물론 우리나라에서도 예전부터 두 짝이 서로 비비고 돌아가는 맷돌의 모양을 빗대어 남색이나 환관을 가리키는 말로 쓰기도 했다. 어쨌든 예나 지금이나 맷돌이 가진 모양은 세월이 흘러도 변할 수 없으므로, 다른 것들이 가질 수 없는 특징을 오롯이 간직하고 있다고 할 수 있다. 그렇지만 지금 우리 주변에서는 맷돌이 거의 사라지고 없다. 경제 발전이 빠르게 진행되면서 1950년대 말부터 전국 곳곳에 정미소가 세워지고 제분기 이용이 확대되고, 1970년대에 이르러서는 전국 곳곳에 전기가 보급되어 각 가정에서도 믹서기라고 불리는 분쇄기가 널리 쓰이면서 맷돌은 점점 우리 곁에서 사라져 갔다. 이제는 맷돌을 보고자 한다면 박물관이나 민속촌에 가야만 한다. 우리 옛 물건을 팔고 사는 고미술상에서도 맷돌의 흔적은 점점 사라져 가고 있기 때문이다.

그야말로 요즘은 한 번만 누르면 금방 가루를 얻을 수 있는 편리한 세상이 되었으니, 맷돌이 아무리 우리 몸에 좋은 음식 재료를 만들어 준다고 하더라도 그저 번거로울 뿐이라고 여길 것이다. 그렇더라도 잠시나마 여유를 갖고 다시 한번 맷돌에 대해 생각해 보면 어떨까?

우리가 매일 먹는 곡식도 크게 보아서는 물질의 하나인데, 사람들이 물질의 모습을 바꾸어 이용하는 데는 세 가지 중요한 기술이 있다. 먼저 부수거나 갈아 물질의 형태를 바꾸는 물리적인 기술이 있고, 다음으로 가루로 만든 물질을 더 잘게 부수어 분자 구조를 원자 단위로 재구성하는 화학적인 기술이 있으며, 마지막으로 그 원자를 분해함으로써 에너지를 얻어내는 핵기술이 있다. 요리는 기본적으로 원재료의 형태를 바꾸고 불을 이용해 가열했다 태웠다 녹였다 얼렸다 하는 것이다. 그렇다면 우리가 먹는 음식에는 물리적 기술과 화학적 기술이 담겨 있다. 언젠가 기술이 더 발전하면 핵기술을 요리에 응용하는 날이 오지 않을까?

하나 더, 그 많던 맷돌은 다 어디로 갔나?

우리는 하루라도 곡식을 먹지 않고는 살아갈 수 없다. 곡식에는 사람들이 사는 데에 필요한 에너지를 제공하는 영양소인 탄수화물이 들어 있기 때문이다. 곡식은 우리가 먹기 위해 기르는 작물의 열매를 말하는데, 곡식 종류는 여러 가지이고 그 가운데 밥을 짓는 쌀과 가루로 빻아 빵을 굽는 밀도 당연히 포함된다. 그 외에도 곡식 종류는 보리, 콩, 조, 수수, 팥, 메밀, 깨 등의 여러 가지가 있지만, 모두가 작물의 열매로 하나같이 껍질에 싸여 있다는 것이 공통점이다. 그래서 사람들은 곡식을 먹기 위해서 당연히 껍질을 벗겨야만 한다. 만약에 사람들이 벼의 껍질을 벗기지 않고 그대로 밥을 해 먹는다면 그 밥맛은 어떠할까? 아마도 밥 짓기조차 어려울 뿐만 아니라 먹기에도 괴로울 것이다. 그래서 곡식은 반드시 껍질 벗기기, 찧기, 쓿기, 갈기, 빻기 등의 과정을 거쳐서 먹기에 좋은 상태로 만들어야 한다.

우리가 오래전부터 이 땅에 자리 잡고 살면서 농사를 지었는데, 해마다 추수한 곡식을 어떻게 저장하고 관리했을까? 무엇보다도 추수한 곡식은 잘 말렸다가 껍질을 벗겨 먹기 좋은 상태로 만들었을 터인데, 이처럼 껍질을 벗기는 과정에서 사용한 도구는 어떤 것이었을까? 곡식 낱알이 크더라도 하나하나 손으로 벗기지 않았을 터이고 한꺼번에 껍질을 벗길 수 있는 도구를 이용했을 것이다. 그래서 사람들이 가장 먼저 만들어 낸 도구라면 갈판과 갈돌이고 다음으로는 맷돌과 절구 그리고 방아를 만들었을 것이다.

김재호는 「도정 도구의 변천 과정과 연자방아의 도정 도구사적 의의」라는 제목의 논문에서 오래전부터 조선 후기 및 근대에 이르기까지 곡식 껍질을 제거하는 도정 도구의 발전 과정을 살펴보았다. 그는 이 논문에서 조선 시대인 18세기 이후부터 도정 도구의 기계화가 본격적으로 이루어지는 1950년대까지 한국 농촌의 대표적인 도정 제분 도구의 하나였던 연자방아를 대상으로 실제 농촌에서는 어떤 용도로 어떻게 이용했는지 현지 답사를 하면서 살펴본 결과를 설명하고 있다.

곡식 껍질을 벗기는 도정 도구에서 이용하는 방법은 곡식을 갈아서 벗기는 것과 찧어서 벗기는 것의 두 가지가 있다. 마찰력으로 곡식 껍질을 벗겨 알맹이를 얻기 위해 가는 방법은 역사적으로 볼 때 갈돌이나 돌확 그리고 맷돌이라는 순서 다음으로 연자방아가 이어지는데, 이같이 연자방아는 가장 마지막에 자리하는 도구라고 볼 수 있다. 곡식을 찧어서 껍질을 벗기는 방법에서는 갈돌이나 맷돌처럼 마찰력을 이용하는 것은 마찬가지이지만, 떨어지는 힘으로 마찰력을 얻는다는 점에서 차이가 난다. 여기에는 절구, 디딜방아, 물방아, 물레방아가 있다. 이와 같은 전통적인 도정 도구는 우리나라가 산업 사회로 들어가면서 정미기나 정맥기라고 부르는 기계로 바뀌었으며, 요즘에는 전기 모터를 이용하는 가정용 정미기까지 이용되고 있다.

모두가 잘 아는 것처럼 오래전부터 사람의 힘을 이용한 갈판과 갈돌은 곡식을 갈아서 껍질을 벗기는 도구이므로, 아랫돌 위에 얹은 윗돌을 돌려서 곡식을 갈아내는 맷돌은 갈돌과 같은 원리로 쓰는 도구라고 볼 수 있다. 이와 달리 절구는 곡식을 절구 안에 넣고 공이로 찧어서 껍질을 벗기는 방법이므로, 가는 방법을 이용한 도구와는 차이가 있다. 그렇다면 맨 처음 만들어 쓴 갈돌이라는 도구로부터 갈아내는 방법으로 쓰는 맷돌과 찧는 방법으로 쓰는 절구가 따로따로 나뉘어 발전했다고 보기보다는, 갈돌로부터 갈아내는 방식인 맷돌이 먼저 발전했고 뒤이어 찧는 방식인 절구가 발전한 것이라고 보는 것이 더 그럴듯하다. 그렇다고 한다면 가는 방식인 갈돌과 맷돌이 절구보다 더 오래된 도구라고 볼 수 있다. 그렇다고 해서 이 두 가지 방식이 따로 떨어진 것이 아니라 함께 같이 쓰다가 서로 다른 도구로 나뉘었거나, 아니면 특별한 기능으로 고정된 것이라고 할 수 있다. 이를테면 맷돌이 처음 나왔을 때 곡식을 찧고 빻는 도구로 쓰다가 디딜방아나 연자방아 그리고 물레방아처럼 능률이 높은 도구가 나온 다음에는 콩이나 쌀을 빻고 가는 쓰임새로 전문화된 것이라고 할 수 있다. 어쨌거나 전통적인 도정 도구인 맷돌과 절구를 비롯한 여러 도구들이 산업화 과정 이전까지 쓰였고 능률이 좋은 물레방아와 연자방아는 거의 같은 시대에 사용되었다고 본다.

우리가 주식으로 삼는 벼에서 껍질을 벗기는 도정 도구의 변화를 보면, 나중에 만들어 이용한 연자방아는 맷돌이 가진 생산 능력을 훨씬 크게 만든 것이다. 맷돌은 아랫돌과 윗돌을 마주하여 포개놓은 채로 중심에 회전축을 놓고 수평으로 돌리면서 도정하는 도구이다. 이에 비해 연자방아는 아랫돌 가운데 축과 윗돌의 축 각각 두 축이 수직으로 만나 윗돌이 아랫돌 축을 가운데 두고 회전하면서 도정하므로, 맷돌에 비해 힘이 덜 들어가도록 만든 것이다. 더불어 연자방아의 윗돌은 안쪽의 지름이 좁은 원통 모양으로 만들어 회전과 마찰이 한꺼번에 일어나 도정할 수 있게 했으며, 회전할 때는 윗돌이 바깥으로 빠져나가지 않도록 했다. 더욱이 윗돌은 정확한 원통 모양이 아니라 바깥 면은 중심을 향해 우묵하게 파놓았으므로 윗돌과 아랫돌이 마주치는 부분에서 보면 터널처럼 조금 뜬 공간이 보인다. 이것은 연자방아가 돌아가는 동안에 곡식이 윗돌과 아랫돌 사이에 끼어 부서지는 것을 막아 주도록 만든 것이다.

맷돌로부터 연자방아로 발전할 수 있었던 배경에는 17~18세기에 논농사에서 이앙법이 보급되면서 쌀 생산량이 증가했고, 이에 따라 인구가 많아지고 마을의 크기가 커졌으며 더 나아가 농사에 도움을 주는 소의 수도 늘어나는 등 농촌사회가 발전한 것과 관계가 있다. 이러한 사회적 변화에 따라 전통적으로 사용하던 맷돌이나 디딜방아 수준에서 연자방아나 물레방아처럼 도정 능력이 높은 도구로 나아간 것으로 본다. 맷돌의 도정 능력을 높이려면 윗돌을 크게 만들면 되지만 너무 커지면 사람의 힘으로 돌리기가 어려워 가축의 힘을 이용하는 수밖에 없다. 그래서 사람들이 만들어 낸 것이 바로 연자방아이다. 우리나라 연자방아의 윗돌은 지름이 대략 110~140센티미터에 이르고 두께는 30~40센티미터이며 무게는 600킬로그램이 넘는 경우가 대부분이다. 그래서 연자방아 윗돌과 아랫돌 사이에 곡식이 끼이면 으스러지기 때문에 연자방아로 도정할 때는 한 번에 한 가마 정도로 많이 넣어 곡식이 으스러지지 않도록 했다.

연자방아로 하루에 벼 5가마를 도정할 수 있다고 하는데, 집짐승의 힘으로 돌리는 맷돌로는 하루에 밀 2섬을 간다는 것으로 보아 연자방아는 맷돌보다도 대략 2배 이상 도정 능력이 높다고 할 수 있다. 결과적으로 도정 도구가 맷돌에서 연자방아로 바뀌면서 사람들은 도정 능률을 2배 이상 높인 것이라고 할 수 있는데, 가축의 힘으로 돌리는 맷돌의 능력을 비교 대상으로 한 것이기에 사람의 힘으로 돌리는 맷돌과 비교한다면 그 차이는 훨씬 더 클 수밖에 없다. 이처럼 연자방아가 보여 주는 생산 능력은 맷돌보다 훨씬 커서 효과적이지만, 한꺼번에 많은 양의 벼를 넣고 돌려야 하므로, 쌀 생산이 많은 곳에 만들어 두고 관리와 운영은 마을 공동체에서 공동으로 하는 경우가 많았다. 한편 연자방아만큼이나 효율적인 물레방아는 설치할 수 있는 장소가 제한적이기 때문에 곳곳에 연자방아가 더 많이 이용되었다. 이에 비해 맷돌은 크기도 작고 적은 양의 벼를 도정할 수 있고, 또한 필요한 곡식 가루를 얻을 수 있는 생활 도구이므로 그만큼 집안에서 널리 이용했다고 할 수 있다.

18장

샘과 우물 그리고 수도
옛사람들의 상수도 관리법

사람을 비롯한 모든 생물은 물 없이는 살 수 없다. 최초의 생명체도 바다, 즉 물에서 시작했으며 지금까지 지구 생물은 모두 물을 바탕으로 살아왔다. 그리하여 지구에 사는 모든 동물과 식물은 물론이고 미생물까지도 생명의 근원을 물에 두고 있다. 자연 철학의 시조인 고대 그리스 철학자 탈레스(Thales, 기원전 624~545년)는 물이 만물의 근원이라고 하면서, 자연의 모든 이치를 물을 바탕으로 설명하고자 했고, 그 뒤를 이어 엠페도클레스(Empedocles, 기원전 490?~430?년)는 물뿐만 아니라 흙과 불 그리고 공기가 적당히 결합하여 만물을 이루고 있다고 설명했다. 한편 동양에서는 흙과 물 그리고 불과 바람(地, 水, 火, 風)이 만물을 구성하는 요소라고 생각했다. 이러한 설명은 모두가 생물이 살 수 있는 조건을 중심으로 생각한 것이라고 보아도 거의 틀림이 없다.

우리가 사는 이 땅에서 물은 끊임없이 돌고 있다. 하늘에서 내린 비는 땅에 떨어져 땅을 촉촉이 적시다가 어느덧 가느다란 물줄기를 만들어 흐르면서 시내를 이루고 다시 이들이 모여 강을 따라 흐르고 드디어는 바다에까지 다다른다. 바닷물은 햇빛을 받아 하늘로 올라가 구름을 이루고 다시 비가 되어 땅으로 떨어져 내려오기를 반복한다. 그러기에 이브(Eve)의 자손들이 아직도 에덴 동산에서 사용했던 물을 지구의 어느 곳에선가 다시 사용하고 있다는 말이 결코 틀린 말이 아니다. 그런가 하면 물이 부족하면 모든 생물은 고통을 받고, 너무 많으면 생명의 위협을 받기도 한다. 이처럼 물은 지구에 사는 모든 생물의 생존권을 쥐고 있다고 할 수 있다.

물은 낮은 데로 흐른다

이 땅의 물은 크게 바닷물(海水)과 민물(淡水)로 나뉘는데, 바닷물은 전체 물의 97퍼센트 이상을 차지하고 나머지 3퍼센트도 안 되는 정도가 민물이다. 얼마 되지 않아 보이는 민물도 70퍼센트가 조금 안 되는 비율로 빙하와 빙산 같은 얼음에 갇혀 있고, 30퍼센트 정도가 땅속을 흐르는 지하수이며, 땅 위에 남은 지표수의 비율은 불과 0.3퍼센트 정도이다. 더욱이 우리가 눈으로 보는 지표수 가운데 호수 비율이 87퍼센트에 이르고, 늪지 비율은 11퍼센트이며, 나머지 2퍼센트 비율이 강에서 흐르는 물이다. 우리 눈에는 대단히 많은 물이 흐르는 것처럼 보이는 강이라 하더라도 전체 물의 분포에서는 아주 적은 정도이며, 오히려 땅속을 흐르는 지하수가 강이나 호수와 비교할 수 없을 만큼 많다고 하겠다. 지지하수는 한마디로 땅속에 들어 있는 물인데, 그 대부분이 비와 눈 또는 우박 등의 물기가 땅으로 스며들어 만들어진다. 이렇게 만들어진 지하수는 전체 민물의 30퍼센트에 이르고, 우리가 마시는 물의 대부분은 땅속 지하수를 비롯하여 땅 위에 있는 호수와 강에서 얻는다.

우리나라 연평균 강우량은 약 1,300밀리미터로 남한 면적인 약 10만 제곱킬로미터에 내리는 전체 물의 양은 약 1300억 세제곱미터에 이르는 막대한 양이다. 이 가운데 약 55퍼센트인 700억 세제곱미터가 강과 내를 따라 흐르고, 나머지 약 45퍼센트에 해당하는 600억 세제곱미터가 공기 중의 수증기로 날아가 버린다. 한편 강과 내를 따라 흐르는 물의 일부는 땅으로 스며들어 지하수와 합쳐지면서 땅속에 남아 이용되는데 그 양은 약 2퍼센트에 이르는 26억 세제곱미터이다. 땅속으로 스며든 물은 지표면과 바위 사이에 머무르는데, 사람들이 사용하는 지하수 대부분은 지표면으로부터 750미터 안에 있는 물이다.

지표면에서 땅속에 있는 바위 사이의 공간은 물이 들어 있는 양에 따라 위에서부터 아래로 지표면, 토양, 통기대(불포화대), 지하수면, 포화대, 암반으로 구분된다. 맨 아래 암반은 물이 스며들지 못하는 불투수층이다. 이러한 구조에서 통기대는 땅속의 흙이나 바위 안의 공간이 주로 공기로 채워져 있다. 통기대 부분은 물이 일부 들어 있기는 하지만 그 양이 매우 적어서 전체 공간을 완전히 채우지 못한다고 해서 불포화대라고도 부른다. 이와 달리 포화대는 흙이나 바위 안의 모든 공간이 물로 채워져 있으며, 포화대에 들어 있는 투수성이 높은 돌멩이나 흙이 있는 부분을 특별히 대수층이라고도 부른다. 통기대와 포화대의 경계를 이루는 부분이 바로 지하수면이다. 이러한 지하수면이 지표면과 만나는 곳에서는 강이나 호수 그리고 늪이나 내가 만들어진다. 물론 지역에 따라 내리는 강우량이 일정하지 않기 때문에 지하수면도 지역과 계절에 따라 변하기 마련이다.

땅 위에 떨어진 빗방울이 땅 밑으로 스며들었다가 그 양이 점점 많아지면 중력의 영향으로 조금씩 아래쪽으로 흐르게 된다. 한참을 그렇게 아래로 흐르다가 단단한 바위를 만나면 더 이상 내려가지 못하고 바위 위에 고이거나 옆으로 스며들 수밖에 없다. 이같이 바위층을 만나 더 이상 내려가지 못한 물이 지하수이다. 물을 머금을 수 없는 불투수성인 바위라도 벌어진 틈새로 물이 스며들거나 바위 사이에 고이기도 하는데, 이런 물을 특별히 암반수라 부른다. 암반수는 대체로 오염에 노출되지 않은 바위틈에 남아 있으므로 당연히 오염되지 않은 깨끗한 물이다. 한편 사람들은 깨끗한 지하수를 얻고자 불투수성인 바위가 있는 곳까지 구멍을 파서 물이 고이도록 했는데, 이것이 바로 우물이다.

한여름에도 시원한 우물물

무더운 여름날 땀 흘려 일한 뒤에 시원한 물이라도 한 대접 들이키면 시원하고 상쾌하다. 어디 그뿐인가? 뜨거운 햇볕 아래 열심히 일하고 시원한 우물물로 등목이라도 해야 몸과 마음이 개운하다. 더운 날에는 차가운 우물물 한 바가지만으로도 더위를 잊을 수 있지만, 얼음 조각을 동동 띄운 수박화채나 오이냉국이라도 한 그릇 먹고 나면 더없이 행복한 기분을 느낀다. 찌는 듯한 무더위가 기승을 부리던 한낮 더위가 지나고 시원한 바람이 솔솔 부는 밤에는 온 식구가 마당 한가운데 평상에 앉아 시원한 우물물에 담가 놓은 수박이며 참외를 깎아 먹는 맛도 잊을 수 없는 한 편의 추억이다.

여기에서 한 가지 공통점은 시원한 물이 필요하다는 점이다. 물을 얼린 얼음이 있다면 얼마든지 차가운 얼음물을 얻겠지만, 얼음을 얻는 냉동고나 냉장고가 없던 옛날에는 어떻게 시원함을 얻었을까? 그에 대한 답은 이미 정해져 있다. 시원한 곳에서 흐르는 물이 시원할 수밖에 없기 때문이다. 그러기에 사람들은 깊은 산속 계곡에서 흐르는 물을 찾아 시원함을 즐겼다. 그런데 깊은 산속 계곡은 가까이에 있지 않아 당장 손에 쥘 수 없으므로 그야말로 그림의 떡인 셈이다. 그런데 그처럼 시원한 것은 아니더라도 그에 버금갈 정도로 시원함을 즐길 수 있는 것이 바로 우물물이다.

우물물은 지하수에서 나오는 물이니, 우물물 온도는 지하수 온도인 셈이다. 땅속을 흐르는 지하수는 공기 영향을 받는 땅 위의 온도와 달리 1년 내내 거의 일정한 온도를 유지하고 있다. 그것은 땅속 온도는 변화가 적기 때문이다. 대체로 땅속 온도는 사계절의 평균 기온보다 조금 낮은 섭씨 10~15도를 유지한다. 그래서 날씨가 더운 여름철에는 땅속 지하수는 땅 위 온도보다 훨씬 시원한 온도를 유지하고 있으며, 추운 겨울철에는 영하의 바깥 날씨보다도 훨씬 높은 온도이므로 갓 퍼 올린 두레박 물을 맨손으로 만지더라도 은은한 온기가 느껴질 정도이다. 모든 우물물이 일정한 온도를 유지하는 것은 아니라, 어느 지역에 있는 우물이고 얼마나 깊은 곳에 있는 우물인지에 따라 우물물 온도는 조금씩 차이가 나는 것은 당연하다. 그렇더라도 우물물에서 여름철의 시원함과 겨울철의 따스함을 느낄 수 있는 것은 변함없는 사실이다.

한 가지 놀라운 사실은 사람들이 물을 마시면서 맛있다고 느끼는 온도는 대체로 섭씨 10~15도라고 한다. 이 정도 온도를 유지하는 물이라면 바로 땅속의 지하수로부터 나오는 우물물 온도와 거의 일치한다. 아마도 그래서인지 옛날부터 사람들은 우물물을 길어다 마시는 물로 이용했는지 모른다. 요즈음에는 두레박으로 퍼 올려 바로 마실 수 있는 우물물을 더 이상 이용하지 않고, 수도관으로 부엌까지 연결한 수도꼭지에서 나오는 수돗물을 이용한다. 물론 아파트에서는 옥상에 자리한 커다란 물탱크에 저장했던 수돗물을 각 가정에서 쓰는 체계를 갖추고 있다. 가정에서 쓰기 좋게 만든 시설이지만, 수돗물 온도는 주위 환경에 가까이 노출되어 우물물처럼 일정한 온도를 유지하기 어렵다. 그래서인지 사람들은 더욱더 수돗물을 바로 마시지 않고, 한 번 끓인 다음에 냉장고에 넣어 두고 마시거나 아니면 정수기로 한 번 거른 물을 이용하는지도 모른다.

지하수는 어떻게 흐를까?

땅속 바위 위, 즉 암반 위 포화대에 모인 지하수는 그대로 있는 것이 아니다. 지하수도 물이기 때문에 중력의 영향을 받아 지하수면이 높은 곳에서 지하수면이 낮은 곳으로 흐르기 마련이다. 대체로 지하수의 흐름은 하루에 몇 밀리미터에서 많게는 몇 센티미터에 불과하며, 1년을 통틀어도 몇 미터 이동하는 것으로 알려져 있다. 그렇지만 지하수 이동 속도는 지역과 환경에 따라 다를 수밖에 없다. 실제로 지하수가 흐르는 것은 이동하는 방향에 따라 바위가 얼마나 있고 또는 퇴적물이 어떤가에 따라 달라지기 때문이다. 일반적으로 지하수가 흐르는 방향으로 모래가 뭉쳐 만들어진 사암이 있거나, 흙 속에 단층이나 절리 같은 틈이 생긴 곳이 있다면 당연히 지하수는 더 잘 흐른다.

땅 위에서 흙 속으로 스며든 물은 통기대를 통과하는 동안에 이물질 등이 걸러지므로 포화대에 머무르는 지하수는 대체로 깨끗하다. 그러나 사람들이 만들어 낸 오물이나 생활용수, 빗물에 뒤섞인 먼지, 주유소에서 나오는 기름 찌꺼기, 쓰레기 매립지에서 흘러나오는 침출수, 공장에서 만들어진 산업 폐기물, 농업 생산으로부터 나오는 비료와 농약 등의 오염 물질은 지하 깊숙한 곳까지 흘러들어 지하수를 오염시키기도 한다. 실제로 국가별 수질 오염 조사 결과를 보면 우리나라 역시 중국, 인도, 브라질과 마찬가지로 사람들이 아주 깨끗한 물을 마시지 못하는 나라에 포함된다. 이에 비해 북아메리카, 유럽, 오스트레일리아에서는 사람들이 깨끗한 물을 마실 수 있다고 한다. 한편 아프리카에서는 4명 가운데 1명은 깨끗한 물을 마시지 못하는 안 좋은 상태로 나타나고 있다.

사람들이 생각하기로는 지하수는 무한정 사용할 수 있다고 알고 있지만, 새로 보충되는 지하수 양보다 사람들이 사용하는 양이 더 많은 지역에서는 지하수가 점점 줄어들어 회복하기 어렵기도 하다. 이런 지역에서 부족한 지하수가 다시 채워지려면 수천 년의 긴 시간이 걸리거나 아예 고갈되어 없어지기도 한다. 예를 들자면 넓은 땅에서는 지하수가 마르는 일이 드물지만, 좁은 넓이의 섬 지역에서 지하수를 많이 쓰다

보면 지하수층이 점점 낮아지면서 큰 문제를 일으킬 수 있다. 만약에 이러한 섬 지역에서 지하수 관리를 잘못하다 보면 혹시라도 주변의 바닷물이 이 틈을 파고들어 지하수 전체가 짠물로 바뀌어 더 이상 지하수 사용이 어려워질 수 있다. 우리나라는 제주도를 비롯한 섬들이 많으므로 이러한 문제가 일어나지 않게 미리 준비하고 대비해야 한다.

'흐르는 물은 썩지 않으나, 고인 물은 썩는다.'라는 말이 있다. 흐르는 시냇물과 강물은 아래로 흘러내려 결국에는 바다에 이르게 된다. 그래서 바다라는 큰 못에는 엄청나게 많은 양의 물이 모여 있지만, 우리는 바닷물이 썩는다고 생각하지 않는다. 그것은 도대체 왜 그런가? 그 이유는 바로 소금 때문이다. 바닷물 속에는 약 3퍼센트(30퍼밀)의 소금 성분이 포함되어 있다. 생물이 살지 못하고 죽어 버린다는 죽음의 바다, 즉 사해(死海)에는 보통 바닷물보다 거의 10배나 많은 소금 성분이 들어 있다. 우리 몸 안의 염 농도는 1퍼센트에 조금 못 미치는 정도로, 생리적 식염수라고 부르는 링거액의 염 농도도 0.9퍼센트로 맞춰져 있다. 오랫동안 식품을 저장하는 가장 간단한 방법으로 소금을 뿌리는 것도 부패 미생물의 활동을 막아 썩지 않게 하는 방법을 찾은 것이다.

우리 몸은 단백질, 지방, 무기질 및 물로 구성되는데, 몸의 부위나 체형에 따라 다르겠지만 몸은 55~95퍼센트가 물로 이루어졌다. 아마도 외계인이 지구로 들어와 사람들의 몸을 조사해 보고 물주머니라고 불러도 할 말이 없는 셈이다. 이러한 상황에서 사람들은 몸속의 물이 1~2퍼센트만 부족하면 심한 갈증과 식욕 부진을 느끼며, 10퍼센트 이상 부족하게 되면 사망에까지 이를 수 있다. 우리 몸이 정상적으로 기능하기 위해서는 매일 2리터 정도의 물을 마셔야 탈수 현상을 막을 수 있다. 이처럼 중요한 생명의 요소인 우리가 마시는 물의 대부분을 어디에서 어떻게 가져와야 하는가?

물은 어떤 자원보다 귀하고 소중하다는 사실을 우리는 오래전부터 알고 있었다. 『동의보감』을 지은 허준(許浚)은 물을 생명의 근원이라고 단정했다. 『동의보감』「탕편(湯編)」의 「수부(水部)」는 "하늘에서 처음 생긴 것이 물이므로 물을 처음에 싣는다."라고 시작하면서 "물은 생로병사(生老病死)의 열쇠를 쥐고 있다."라고 적었고 물을 35가지로 구분했다. 물의 종류 가운데 새벽에 처음 긷는 우물물인 정화수(井華水)를 으뜸으로 쳤으며, 다음으로는 찬 샘물인 한천수(寒泉水), 국화 꽃잎이 덮인 못에서 길어온 국화수(菊花水), 동지 후 세 번째 개 날(臘日)에 오는 눈을 받은 납설수(臘雪水), 정월에 처음 내린 빗물인 춘우수(春雨水), 이외에도 설매수(雪梅水), 추로수(秋露水), 동상수(冬霜水), 매우수(梅雨水), 천리수(千里水), 지장수(地藏水) 등을 설명하고 있다.

물은 사람들이 살아가는 동안에 없어서는 안 되는 중요한 조건이다. 사람들이 사는 환경 속에서 물은 너무 많아도 위험하지만, 그렇다고 너무 적어서도 안 된다. 물이 넉넉한 곳에서는 알맞은 정도로 사용하고, 부족한 곳에서는 필요한 만큼만 아껴 쓰면서 모두가 물이 주는 혜택을 고루 나누어야 한다. 물을 아끼는 생활을 하면서 모두가 노력해야 환경과 삶의 조화가 유지될 수 있다. 제주도에서는 '놋 싯을 때 물 하영 쓰민, 죽엉 가민 다 먹어사 혼다.'라는 속담이 있는데, 이는 '세수할 때에 물을 헤프게 쓰면 저승에 가서 세수할 때 썼던 물을 다 먹어야 한다.'는 내용으로 물을 아껴 쓰라는 가르침이다. 유엔에서도 매년 3월 22일을 '물의 날'로 정하여 사람들에게 물의 고마움을 알리고 그 중요성을 깨닫게 하고 있다.

지하수가 솟는 우물과 샘

땅속에서 솟는 우물과 샘은 지하수에서 비롯된다. 땅 위에 있는 강과 호수와 늪의 물이 지표수라면, 지하수는 땅속에서 조금씩 흐르다가 급한 경사를 만나면 다시 땅 위로 솟는다. 다시 말해서 땅속에 있는 물이 어디엔가 뚫린 구멍을 만나 솟는 것인데 이를 간단히 줄이면 지혈출수(地穴出水)라 할 수 있다. 오래전부터 사람들은 자연 상태에서 솟는 물줄기를 찾아 생활에 이용했다. 산길을 걷다가 만나는 약수터나 마을 뒷산이나 바위틈에서 솟는 샘을 비롯하여 논둑 아래에서 솟는 물을 가둔 둠벙 따위가 모두 같은 맥락이다. 그러다가 사람들은 점점 땅에 대한 지식과 이용 방법을 찾아보다가 의도적으로 땅에 구멍을 뚫어 지하수를 이용하기 시작했다.

사람들이 지하수를 이용하는 방법은 샘과 우물이 있다. 샘은 지하수가 자연적으로 땅 위로 흘러나오는 것이라면, 우물은 땅속 지하수가 있는 대수층(帶水層)에 통이나 관을 박고 퍼내는 모양으로 사람들이 만든 시설이다. 사람들이 필요한 물을 얻으려는 샘과 우물은 태어난 방법이 다르므로, 그 모양도 차이가 날 수밖에 없다. 샘의 뜻은 사이에서 나오는 물로, 땅에서 솟는 물인 용출수(湧出水)를 의미한다. 지역에 따라 샘을 '새암', '시암', 또는 '샴' 등 여러 가지로 다르게 부르기도 한다. 샘은 자연적으로 솟는 물구멍(出水口) 아래쪽을 파내고, 흙이 무너지지 않도록 나무나 돌 또는 넓은 판석을 세워 벽을 만든 물웅덩이에 물이 차오르면 사람들이 퍼내어 쓰도록 했다. 물을 어떻게 뜨느냐에 따라 다른 이름으로 부르기도 하는데, 쪽박으로 뜨면 '쪽샘', 두레박으로 뜨면 '두레샘' 그리고 펌프로 물을 퍼 올리면 '작두샘'이라고 한다.

땅속에서 물이 솟는 샘이기에 물을 가둘 수 있는 웅덩이를 만들어 깨끗한 물을 얻어야 하므로, 나무나 돌로 웅덩이 안을 둘러싸거나 웅덩이 위쪽까지도 감싸 주는 틀을 만들어 얹기도 한다. 웅덩이를 만들고자 파낸 흙이 물속으로 쓸려가지 않도록, 둥글거나 모나게 돌을 쌓거나 아니면 나무로 틀을 만들어 얹는다. 웅덩이 위로 올리는 틀은 나무로 네 모서리를 엮어 만들다 보니 자연스레 정(井) 자 모양이 되었다. 그래서 우리나라에서는 샘이나 우물을 만들면서 둥그렇게나 또는 사각으로 틀을 짜는 것이 전통적 방식으로 자리 잡았다. 도시의 길이 직각으로 만나는 형태를 정형(井形) 도시라고 부르는 것도 여기서 비롯되었다.

샘은 자연적으로 만들어진 것이고 우물은 인공적으로 만든 것이기는 하지만, 이 둘을 엄격히 구분하기는 어렵다. 우물이나 샘이 얼마나 깊은지 또는 어느 위치에 있고 어떻게 사용하는가에 따라 확실히 나누는 것도 아니기 때문이다. 예를 들어 우리가 말하는 정화수라고 하더라도, 오직 우물물만을 말하는 것이 아니기에 그만큼 우물과 샘의 실제적인 구분이 애매할 수밖에 없다. 더욱이 옛사람들은 집을 지을 때는 무엇보다도 중요한 물을 어디에서 얻을 수 있을 것인지 먼저 살펴보고 집터를 잡았다.

사람들이 집을 지을 때는 마을 안 적당한 장소를 골라 터를 잡는 것이 일반적이다. 그러기에 여러 집이 옹기종기 모여 있는 마을 위치도 그만큼 중요하다. 마을이 들어서기 좋은 경사지는 몇 가지 좋은 점이 있다. 우선 비스듬한 언덕배기이기에 지하수가 솟기 좋을 뿐만 아니라, 지하수 위치가 높고 수량이 많아 물을 얻기도 좋은 곳이다. 또한 이 언덕배기가 햇빛이 잘 드는 곳이라면 남쪽을 바라보는 곳이기에 일조량이 많고, 겨울에는 차가운 북서풍을 막아 주므로 따뜻하게 지낼 수 있는 장점이 있다. 게다가 언덕배기이므로 아래가 잘 내려다보여 외부 침입으로부터 마을을 방어하기에 좋고, 땔감을 얻기도 쉬우며, 물 빠짐이 좋아서 살기에 적당하며, 재해로부터 안전하다는 등의 여러 가지 좋은 점이 많아 오늘날까지도 사람들이 찾는 조건을 갖추었다.

옛날부터 사람들은 필요한 물을 어디에서 구할 것인지 알아보고 집터를 잡았다. 그래서 사람들은 먼저 우물을 판 다음에 그 주변에 집을 지었다. 집안에 우물은 파기도 했지만, 여러 집이 한 우물을 공동으로 이용하는 경우가 많았다. 오래전 신라 시대에 경주에서는 한 골목으로 이어진 다섯 가구마다 하나의 우물이 있었던 흔적이 발굴된 바가 있다. 또한 조선 초기인 1415년에는 태종이 나라에 가뭄이 들어 물 부족으로 백성들이 고생하는 것을 보고, 한양에 사는 사람들에게 5가구마다 공동으로 우물 하나씩 파도록 하여 사람들의 생활이 편하게 했다는 기록도 있다. 이처럼 우리나라 곳곳에 지하수가 많아 우물을 만들기가 쉬웠다. 조선의 첫 궁궐인 경복궁 안에도 우물이 24개나 있었다.

우물을 뜻하는 정(井) 자와 장마당을 뜻하는 시(市) 자가 합쳐진 시정(市井)이란 말은 '많은 집들이 모여 있는 거리 또는 사람들이 모여 사는 곳'이란 뜻으로 쓰인다. 마을 안에서 우물을 공동으로 이용하고자 사람들이 모이면서 우물이 마을의 중심을 이루었기 때문이다. 이처럼

경복궁 안 강녕전의 어정(御井).

 우물이 있는 곳은 사람이 많이 모이기에 여러 가지 물건을 사고팔면서 상업이 시작될 수 있었다. 우선 우물물은 사람들이 마시기도 하며 또한 많은 것을 씻는 정화 작용도 한다. 사람들이 많이 찾는 우물가는 아낙네들이 물을 긷거나 빨래도 하고, 지나가는 나그네도 물 한 바가지를 얻어 마시고 가기도 했다. 마을 안에 자리한 우물은 자연스레 사람들이 만나는 장소이면서 동시에 마을의 중심이 되었다.

 마을 안에서 이웃끼리 만나 이야기를 나누는 장소는 마을 어귀에 있는 정자나무나 빈터에 자리한 모정이 있고, 집에서는 사랑방이 그 역할을 대신한다. 이러한 만남의 장소는 주로 남성들의 공간이었고, 바깥나들이가 자유롭지 못했던 여성들은 우물가와 샘터가 사랑방이자 만남의 장소였다. 집안일을 맡았던 아낙들은 하루 세끼를 준비하면서 우물가에서 만나 마을 이야기며 세상살이에 대해 이런저런 이야기를 나누었다. 우물과 샘은 항상 깨끗이 다루어야 하고, 더러운 때를 없애고 부정한 것도 물리치는 곳이기에 해마다 정한 시기에 굿과 제사를 지내며, 물이 마르거나 변하지 않기를 빌었다. 또한 마을의 안녕과 무병장수 그리고 풍년 농사까지 기원하는 민속 신앙의 터전이었다.

물을 담는 그릇

우리나라에서는 20세기에 들어서야 비로소 일부 지역에 상수도가 놓이기 시작했으니, 그전에는 우물과 샘에서 물을 얻을 수밖에 없었다. 사람들이 많이 사는 도시에서부터 상수도 시설이 들어서기 시작했으나, 처음에는 보급률도 낮아 사람들은 여전히 우물과 샘에 의존할 수밖에 없었다. 그렇더라도 예전에는 집집이 우물이나 샘을 만들어 물을 얻을 수 있었던 것도 아니었다. 따라서 사람들은 마을 공동 우물이나 샘에서 물을 길어다 마시고 생활용수로 이용했다. 더욱이 물은 오랫동안 집안에 놓아두고 마실 수 없었기에 매일매일 부지런히 물을 길어다 쓸 수밖에 없었다.

마을의 공동 우물에서 물을 길어 물을 담은 자배기나 동이를 머리에 이고 나르던 아낙들의 모습은 흔히 볼 수 있는 광경이었다. 더욱이 어린아이를 포대기로 싸서 등에 업은 아낙의 머리에 인 물동이에서 조금씩 넘쳐흘러 떨어지는 물방울을 한 손으로 훔치는 모양은 외국인의 눈에는 우리나라 사람들의 전형적인 살림 모습으로 보이기도 했다. 한편

허벅과 구덕. 사진 출처: 국립 민속 박물관.

제주도에서는 물을 담는 병 모양의 물허벅을 '구덕'이라 부르는 긴 상자 모양의 대바구니에 담아 등에 지고 날랐는데, 이것은 물을 긷는 샘이 집에서 다소 떨어진 거리에 있었기 때문이다. 한편 구덕은 물허벅을 넣기도 하고 때로는 갓난아기를 재우는 용도로도 쓰이는데 이들을 각각 '물 구덕'과 '애기 구덕'이라고 구별하여 부른다.

    물은 사람들이 음식을 조리하고 마시는 용도로 쓰는 것만이 아니라, 설거지는 물론 빨래와 청소에 이르기까지 쓰임새가 다양하다. 물은 집에서 쓰는 양이 많을 수밖에 없고, 여러 그릇에 담아 편리하게 써야 하므로 물을 담는 그릇도 여러 가지이다. 우물에서 길어온 물을 담는 큰 그릇으로 물 항아리와 물두멍을 꼽는다. 물 항아리에서 조금씩 덜어 쓰는 동이와 자배기 그리고 푼주 외에 병이나 주전자가 있다. 항아리를 비롯한 그릇 대부분이 옹기인데, 작은 그릇으로는 음식을 담는 자기와 유기가 있으며, 집 밖에서 쓰는 큼지막한 그릇으로는 돌을 깎아 만든 물확(돌확)이나 돌수반이 있다.

우리 생활 속에서 오랫동안 함께한 우물과 샘은 20세기에 상수도가 보급되면서 점점 사라지고 있다. 그나마 남아 있는 우물조차 위생적인 이유로 뚜껑을 덮어야 했고, 두레박 대신에 펌프로 물을 퍼 올리게 했다. 그러나 시간이 지나면서 생활의 변화가 빨라지고 지하수 오염이 일어나 더 이상 우물과 샘을 사용하기 어려워졌다. 그러다 보니 오늘날에는 집에서 수돗물을 쓰면서 우물가나 샘터에서 사람들이 만나 이야기하는 것은 이미 추억 속으로 사라져 버렸다.

수돗물은 말 그대로 물길을 따라 보내는 물이기에, 수도꼭지를 틀면 나오는 물을 받아 그대로 쓰면 된다. 물길 따라 흐르는 물이지만, 물은 언제나 높은 곳에서 낮은 곳으로 흐르기에, 계곡 밑에 자리한 집이 아니라면 자연적인 조건에서는 수도꼭지를 틀어 바로 물을 받아 쓸 수 없다. 더욱이 고층 아파트에서 사는 사람들이 어려움이 없이 수돗물을 쓸 수 있는 것은, 물을 보내 주는 시설이 갖추어져 있기에 가능한 일이다. 물을 보내 주는 시설이 갖추어졌다고 하더라도 어떤 물을 보내느냐 하는 것이 또한 중요하다.

사람들이 마실 수 있는 물, 다시 말해서 사람들이 마시고 탈이 없는 물을 보내야 안심할 수 있다. 사람들이 마시고 쓰는 물을 보내 주는 시설이 바로 상수도 시설이다. 하늘에서 내리는 물을 한 군데에 모아 놓은 수원지에서 물의 일부를 끌어와 침전지에서 불순물을 가라앉히고, 정수장에서 물을 깨끗이 처리한 다음에 소독까지 해서 배수지로 보내 각 가정으로 보내는 물이 수돗물이다. 물론 고층 건물에서는 건물 꼭대기에 마련한 저장 탱크에 수돗물을 모았다가 각 가정으로 보내 준다. 물을 보내는 급수 과정에서 혹시나 불순물이나 병원균에 오염되는 것을 막고자 관리하는 법을 제정한 것이 음용수 관리법이다. 음용수 관리법을 새로 보완하면서 먹는물 관리법으로 바꾸었다. '음용수'라는 한자어를 우리말 '먹는물'로 바꾼 것이다. 이제 우리는 수돗물 대신에 먹는물을 마시는 셈이다. 조금은 이상하지만 나라가 국민에게 물을 먹이는 셈이 된 것이다. 그래서인지 사람들은 수돗물을 그대로 마시지 않고 끓여 마시거나 플라스틱병에 담긴 생수를 사서 마신다. 그런데 이 생수병에도 내용물을 알리는 표지에 먹는샘물이라고 써 있다. 이래저래 우리는 어쩔 수 없이 물을 먹어야 하는 모양이다.

"새미 기픈 므른 가마래 아니 그츨쌔, 내히 이러 바라래 가나니. (샘이 깊은 물은 가뭄에도 끊이지 아니하므로, 시내를 이루어 바다로 흘러가나니.)" 「용비어천가」의 이 문장은 정말 유명하다. 우리는 우물과 샘을 곁에 두고 관리하며 수백 년 수천 년을 살아왔다. 기나긴 세월이 흐르면서 이들이 우리 곁에서 점점 멀어져 가고 있어 아쉬움이 크다. 그냥 눈을 질끈 감고 사라져 가는 우물과 샘을 모른 척하기보다는, 우물과 샘에 관한 이야기와 조상들이 마시며 살아온 역사를 살펴보는 것이, 이들에 관한 아쉬움을 달래고 또한 내일의 새로운 꿈과 희망을 찾기 위해서도 매우 뜻깊은 일이 될 것이다.

하나 더, 둠벙을 찾아서

논 근처를 지나면서 논두렁 가를 눈여겨 살펴보면 작은 물웅덩이를 볼 수 있다. 이것이 바로 '둠벙'이다. 국어 사전에는 웅덩이의 방언이라고 설명되어 있지만, 우리가 오래전부터 농사를 지으면서 활용한 물웅덩이를 가리키는 말이다. 둠벙은 농사를 짓기 위해 만든 하나의 생태 연못이라고 할 수 있다. 벼가 자라는 논에는 여름철 내내 물이 있어야 하는데, 장마철에 내리는 빗물만으로는 충분하지 않으므로, 논둑 옆에 작은 웅덩이를 만들어 물을 저장하면서 농사를 지었다.

둠벙은 연못보다는 작은 편으로 지름이 4~5미터이고 깊이는 40~50센티미터이지만, 항상 둥그런 모양이 아니라 지형에 맞추어 길쭉한 모양도 있다. 벼농사는 여름에 물이 있어야 하지만, 겨울에는 필요 없어서 물을 빼 버리는 경우가 많다. 더욱이 가을에 벼를 수확할 때는 당연히 논에서 물을 빼야 하고, 요즈음에는 겨울철에 물을 뺀 논에 마늘과 같은 다른 작물을 심기도 하는데, 이런 경우에는 물이 없어야 작물이 잘 자란다. 넓은 들판은 물론이고 평평한 곳이라면 어디든지 농지 구획 정리를 하면서 예전에 있던 둠벙까지 메워 버리는 경우가 많았다. 그래서 요즈음에는 물이 있는 둠벙을 찾아보기 어렵다. 그러나 최근에는 둠벙이 가진 생태적 가치를 소중히 여겨, 이를 복원하고자 지자체를 중심으로 여러 곳에서 많이 노력하고 있다.

김승호, 김재현, 김재근이 함께 발표한 「서부 민간인 통제 구역에 존재하는 둠벙의 유형 분류」라는 제목의 논문에서, 한국 전쟁 이후 지금까지 사람들의 출입이 통제된 비무장 지대 일원에서 자연 상태로 남아 있는 둠벙을 어떤 모양으로 만들었는지 조사하고, 그 결과를 둠벙 복원에 이용하려는 노력을 보여 준다.

조사 지역의 논은 대부분이 천수답 형태이며, 논농사 지역의 약 89퍼센트가 둠벙에 의존하여 농사를 지으므로 물 공급에 중요한 역할을 맡고 있다. 둠벙은 땅속에서 물이 솟는 샘으로부터 물을 가두어 농사에 활용하는 작은 공간이지만, 천수답에서 벼농사를 지을 때 물을 일시적으로 가두는 저장고를 말하기도 한다. 둠벙은 물을 저장하는 이외에도 홍수 조절, 수서 생물의 서식처, 부유 물질, 질소, 인 등을 제거하는 수질 정화 기능까지 담당한다. 그러므로 최근에는 여러 지자체에서 둠벙의 생태적 기능을 인정하고, 친환경 농업으로 둠벙을 복원하는 사업을 벌이고 있다.

논에 사는 생물인 미꾸라지도 논에서 물을 빼면 논 밑으로 들어가기보다 둠벙으로 가고, 붕어와 피라미 등도 둠벙으로 몰려든다. 따라서 둠벙이 있는 논에서는 둠벙이 없는 논보다 생물종이 35~47퍼센트 높은 것을 보더라도, 둠벙의 역할은 수서 생물의 다양성을 보존하는 데에 매우 중요하다. 한편 많은 생물 종 가운데 보존 가치가 높은 종의 96퍼센트가 수위 변화가 거의 없는 영구형 둠벙에서 발견되었다. 봄철에 농사를 짓고자 많은 물을 논으로 내고, 물이 빨리 채워지지 않으면 수서 생물이 살아남기 어렵다.

조사에서는 대부분 지하수가 용출되는 둠벙에서 생물들이 많이 발견되었다. 이것은 지하수로부터 흘러나오는 물을 모을 수 있는 둠벙은 1년 내내 고른 수심을 유지하고, 겨울철에도 일부 둠벙은 물이 얼지 않으므로 겨울 철새에게는 매우 중요한 월동지가 된다. 이곳은 계곡이 69

퍼센트로 대부분을 차지하는 만큼 농경지 대부분이 계곡에 위치하고, 물이 많아 둠벙 주변도 연중 습한 상태를 유지하기 때문에 둠벙의 생태도 주변의 생태 환경과 잘 어울린다. 또한 주변의 숲으로부터 많은 물이 흘러 들어와 물과 주변 환경이 잘 어울리면서 많은 생물이 둠벙을 중심으로 잘살고 있다. 다양한 생물의 생존은 논에 물이 고립되었거나 범람하거나 차이가 없었다. 이러한 특징을 종합하면 보호 가치가 높은 좋은 언제나 물이 솟아 항상 고여 있는 둠벙이 더 좋다는 것을 알 수 있다.

논문의 저자는 둠벙의 형태를 크게 네 가지로 나누는데, 우선 1년 내내 둠벙의 수위가 변하지 않는 것과 계절에 따라 수위가 변하는 것으로 나누고, 수위 변화가 없는 것에서는 둠벙과 논 사이에 물이 교환되지 않는 고립형과 물이 교환되는 물 교환형으로 나눈다. 고립형은 둠벙 주변의 둑이 높아 논과 자연스러운 물 교환이 차단된 둠벙을 말한다. 고립형은 지하수로부터 물이 솟아 수위가 항상 일정하므로 '샘통형'이라 부른다. 물 교환형은 둠벙 주변의 둑이 낮거나 일부가 트여 있어 둠벙과 논 사이에서 물 교환이 일어난다. 즉 건기에는 둠벙에서 논으로 물이 흐르고, 우기에는 논에서 둠벙으로 물이 이동한다. 물 교환형에 공급되는 물은 지하수와 지표수인데, 물이 서로 교환되면서 특징적인 생물상이 나타나므로 이것을 '물흐름형'이라 부른다. 계절에 따라 수위가 크게 변하는 것은 어떤 물이 이동하냐에 따라 둘로 나눈다. 흐르는 물이 지하수와 지표수이면 '괸물샘통형'이라 부르고, 빗물이 모여 흐르는 지표수이면 '괸물형'이라 부른다.

조사 지역에서 둠벙의 유형에 따라 살펴본 숫자는 각각 샘통형 : 물흐름형 : 괸물샘통형 : 괸물형 둠벙의 수가 23 : 11 : 36 : 15로 나타났다.

이 네 가지 둠벙 유형의 특징을 간단히 살펴보면 다음과 같다.

① 샘통형 둠벙: 샘통형 둠벙은 지하수위가 높아서 1년 내내 물이 솟는다. 이러한 샘통형 둠벙은 고립형이고, 주로 산지나 계곡에 있으며, 계절에 따라서도 수위 변동이 거의 없다. 모내기 철에 물을 쓰더라도 바로 수위가 회복된다. 이곳에 서식하는 희귀 생물로는 금개구리, 통발, 흑삼릉 등이 있다. 오랫동안 방치되었던 논에 다시 농사를 지을 수 있었던 것은 바로 이 샘통형 둠벙이 있었기 때문이다. 조사 지역의 둠벙 가운데 27.1퍼센트가 이 유형이며, 대표적인 예로 노하리 금개구리 둠벙, 반달 둠벙, 백연리 방개 둠벙, 정자리 벗풀 둠벙, 해마루촌 두꺼비 둠벙, 서곡리 금개구리 둠벙, 왕통발 둠벙이 있다.

② 물흐름형 둠벙: 논 가운데나 가장자리에 물이 잘 빠지지 않는 논에서 물을 끌어들이기 위해 파놓은 수로 형태의 둠벙으로 생태 환경이 논과 비슷하다. 항상 물이 흐르는 수로와 연결된 둠벙이다. 논 환경이 나빠지면 생물들이 쉽게 떠날 수 있고, 논에 물을 댈 때 정수 식물이 물을 정화하여 수질을 개선하는 효과가 있다. 지하수와 지표수를 이용하며, 수위 변화가 거의 없는 범람형이다. 논의 수위에 따라 자연스럽게 논으로 물이 들어오거나 논의 물이 둠벙으로 들어오는 순환적인 구조를 가진다. 조사 지역 안에 12.9퍼센트가 있으며, 거곡리 장단수로 둠벙, 노하리 참붕어 둠벙, 백연리 굴다리 둠벙, 방목리 물총새 둠벙, 해마루촌 애벌레 둠벙, 하포리 꽃창포 둠벙이 이들이다.

③ 괸물샘통형 둠벙: 이 유형은 42.4퍼센트로 지역 안의 대부분을 차지한다. 지하수위가 낮아서 모내기 철에 물을 퍼내면 한동안 수위가 낮아져 있으며, 비가 내려 주변에서 물이 들어와야 수위를 유지한다. 물

은 지하수와 지표수인데, 일정 수위를 유지하다가 지표수가 많이 들어오면 넘쳐흐른다. 이처럼 둠벙에 정체되었던 물이 산성화된 논에서 흘러넘치면 수생 식물에 나쁜 영향을 줄 수도 있지만, 조사지에서는 자체로 건전한 생태계를 만들어 유지하고 있다. 대표적인 예로는 거곡리 낚지다리 둠벙, 노하리 장외삼 둠벙, 황새 둠벙, 도라산리 평화 공원 둠벙, 점원리 방어선 둠벙, 호밀밭 둠벙, 해마루촌 해마루 둠벙, 부처꽃 둠벙, 스토리 천남성 둠벙이 있다.

④ 괸물형 둠벙: 조사 지역에서 이 유형은 17.6퍼센트로 숫자가 많지 않으나 샘통형 둠벙이 없는 곳에 빗물을 모아 만든 인공적인 유형이다. 흐르는 빗물을 모은 것이기에 계절에 따라 수위 변화가 심하고, 논에서는 범람형이거나 고립형이다. 장단 반도 피탄지의 물억새 군락 안에 괸물형 둠벙이 있다. 대표적인 예로 거곡리 피탄지 둠벙, 노하리 오디 둠벙, 도라산리 인삼밭 둠벙, 방목리 덕진산성 둠벙이 있다.

19장
옛 집 문의 이모저모
복은 열고 화는 닫는 우리 문

햇볕 따스한 봄날을 맞아 모처럼 시간을 내어 지방의 작은 도시로 나들이를 갔다가 아침 일찍 열리는 오일장에 가게 되었다. 지방의 작은 도시에서 열리는 장날에는 아침 일찍부터 아주머니와 어르신 들이 봄 냄새가 가득한 푸성귀를 장에 내고 돈을 사다가 필요한 때에 쓸 용돈이라도 만들어 귀여운 손주들에게 인심을 쓰기도 한다. 집에서 잘 길러 깨끗이 다듬은 채소는 물론이고 장날에 맞추어 하루 이틀 전부터 산과 들에서 딴 나물까지 장에 나와 풀어놓는다. 이런 장날에는 평소에 맛볼 수 없는 나물이나 푸성귀를 구하는 재미가 있다.

오랜만에 싱싱한 채소와 나물을 구해 뿌듯한 마음이었는데, 느지막이 한 아주머니가 싱싱한 나물 한 자루를 펼쳐 놓은 것이었다. 평소에 잘 보이지 않는 색다른 나물이었는데, 안사람이 무엇이냐고 물어보니 '엉개나물'이라고 했다. 이름도 생소했지만, 아주 싱싱해 보이기에 마음

먹고 가격이 얼마냐고 물었더니, 올해 처음 따가지고 나와 얼마를 받아야 할지 모르겠다는 것이었다. 안사람과 함께 간 친구가 주위 장사와 이야기해 본 끝에 가격을 정해 한 자루를 통째로 사서 친구와 나누어 집으로 가져왔다. 집에서 살짝 데쳐 나물로 먹어 보니 씁쌀하고 달콤하며 부드럽게 씹히는 맛이 그야말로 환상적이었다. 도대체 무슨 나물인가 의아하게 생각하고 찾아보았더니 아마도 엄나무 새순나물 같았다. 아주 어렸을 적에 한두 번 먹어 보았던 것인데도 오랫동안 맛보지 못해 그 맛을 잊어버렸고, 이름도 내가 아는 것과 다르게 말해 주니 몰라보았던 것이었다.

계절의 맛, 새순나물

나무의 새순을 따다 나물로 먹는 것은 몇 가지가 있는데 그 가운데 가장 널리 알려진 것이 두릅나무(*Aralia elata*) 새순이다. 더불어 가죽나무(*Ailanthus altissima*) 새순도 있고 엄나무 새순도 있는데, 봄에 나오는 나무의 새순은 얼른 보아서는 서로를 구별하기가 쉽지 않다. 두릅나무 새순과 엄나무 새순은 줄기 부분에 잔가시가 있으므로 그나마 쉽게 눈에 들어온다. 그렇지만 가죽나무 새순은 옻나무(*Rhus verniciflua*) 새순이나 붉나무(*Rhus chinensis*) 새순과 비슷하여 한번 보고 구분하기가 쉽지 않다. 자칫 옻나무 새순을 잘라다 나물로 먹다가는 몸에 옻이 올라 어려움을 겪기도 한다.

두릅나무 새순과 엄나무 새순 모두가 사람들이 좋아하는 맛과 향기를 지니고 있어 새봄에 맛볼 수 있는 별미이다. 이 나무들의 새순은 줄기에 잔가시가 난 것이 공통이지만, 두릅나무 새순의 줄기는 비교적 도톰한 편이고 엄나무 새순의 줄기는 조금 가늘고 날렵한 편이다. 물론 나물로 먹는 두 가지 맛의 차이는 한꺼번에 먹어 보면 확실히 드러나겠지만, 하나씩 먹다 보면 맛의 차이를 비교할 수 없다. 그것은 두 가지 새순이 모두 독특한 맛과 향을 지니고 있어서 모두가 다 맛있기 때문이다.

엄나무는 줄기에 가시가 많은 나무로 잘 알려져 있다. 나무줄기에 가시가 돋아난 나무로는 탱자나무(*Poncirus trifoliata*)와 아까시나무(*Robinia pseudoacacia*)도 있다. 탱자나무는 오래되어도 키가 크지 않으므로 집 둘레 담을 따라 심어 울타리를 대신하기도 한다. 나무의 키가 아주 크지 않고 가짓수가 많으며 이파리도 넓지 않고 줄기에는 가시가 많아 여러 그루를 촘촘히 심으면 울타리로 안성맞춤이다. 아까시나무는 우리나라에서 한국 전쟁 이후에 빠르게 잘 자라는 나무라고 해서 산림 녹화용으로 전국 산지에 많이 심었는데, 5월 중에 아카시아꽃이 그야말로 흐드러지게 피므로 아직도 꿀을 따기 위한 중요한 밀원(蜜源) 식물이다.

탱자나무와 아까시나무 외에 줄기에 가시가 많은 나무로 잘 알려진 음나무(*Kalopanax pictus* 또는 *Kalopanax septemlobus* (Thunb. ex Murray) Koidz.)가 있다. 국어 사전에는 음나무가 바른말이라고 나오지만, 사람들은 엄나무라고도 부른다. 물론 지역에 따라서는 음개나무라고도 하고 개두릅나무라고도 부르는데, 사람들이 이 나무의 새순 나물 맛을 한번 보면 좀처럼 잊지 못한다. 음나무 새순을 따서 살짝 데쳐 먹는 나물을 이야기할 때는 엄개나물 또는 엉개나물이라고도 부른다. 또

가시 돋은 음나무 줄기.

한 음나무의 나무껍질은 허리와 무릎이 시리고 저린 데나 피부병 약재로도 쓰는데, 생김새가 오동나무와 비슷하다고 해서 이것을 해동피(海桐皮)라고 부른다.

    사람들이 한번 맛보고 쉽게 잊지 못하는 정도이니, 초식 동물도 좋아할 수밖에 없는 맛이다. 그러니 봄이면 어김없이 음나무 새순이 잘려 계절의 맛으로 식도락가의 식탁에 오른다. 음나무는 새순이 나오자마자 꺾이는 고통을 이겨 내려면 아무래도 특별한 방법을 마련해야 할 것이다. 그래서 음나무는 줄기에 날카로운 가시를 촘촘히 박아놓은 것인지 모른다. 새순이 돋아나는 줄기 끝을 보호하고자 줄기 끝에 가까이

갈수록 촘촘하게 가시가 돋아나도록 계획한 것 같다. 한 가지 놀라운 사실은 나무가 크게 자라 줄기가 굵어지면 가시는 점점 없어진다. 음나무만이 아니라 아까시나무도 시간이 흘러 큰 나무로 자라면 나무줄기에는 가시가 없는데, 이것은 아마도 어려운 시절을 이겨 내고 나무가 크게 자랐다고 스스로 자랑스러워하는 것만 같다.

음나무에서 가져온 말로 '아쉬워 잡아 엄나무.'라는 말이 있다. 사람들이 일하다가 아쉬울 때는 가시 돋은 엄나무라도 손으로 잡는다는 말이다. 가시 돋은 나무줄기를 손으로 잡는다는 것이 얼마나 아픈 것인지 상상만으로도 끔찍하다. 그런데 얼마나 다급했으면 가시 줄기를 손으로 잡을까? 이와 비슷한 의미로 사람들이 쓰는 말로 '아쉬워 엄나무 방석이라.'라는 말도 있다. 이 말의 뜻도 앞서와 비슷하게 사람들이 안 좋은 일을 당할 때 하는 말로 가시가 많은 음나무로 만든 방석에 앉아 느끼는 고통을 빗대어 말하는 것이다.

음나무는 누가 뭐래도 줄기에 가시가 많은 나무로 사람들에게 알려져 있다. 이렇게 가시가 많은 음나무는 귀신을 쫓을 수 있다고 믿었기에, 사람들이 예로부터 귀신나무라고 하면서 가시 돋은 줄기를 안방 문 위에 걸어 두어 귀신이 안으로 들어오는 것을 막았다. 마찬가지로 무당이 액운을 물리치고자 굿할 때도 음나무 가지를 귀신을 막는 방귀(防鬼) 도구로 이용했다. 이와 함께 옛날부터 사람들은 음나무를 대문 옆에 심거나 무섭게 가시가 돋은 음나무 줄기를 대문 위에 가로로 걸어 두어 잡귀가 들어오는 것을 막았다. 옛사람들은 저승사자가 도포 자락을 펄럭이며 다니는 것처럼 잡귀들도 도포를 입었다고 생각해서, 험상궂게 생긴 가시가 펄럭거리는 도포 자락에 거추장스러울 것이라 믿었기에 이러한 풍습이 나왔을 것이다. 이처럼 음나무가 이른바 벽사(辟邪) 나무로 자리 잡으면서 전국 곳곳에 마을을 지켜 주는 당산나무로 보호받는 것이 50여 군데나 된다.

집안을 들고나는 통로

문은 안과 밖을 구별하는 경계이면서 동시에 안과 밖을 연결하는 통로가 된다. 사람들이 문을 통해 들고나는 것은 물론이고, 집안의 모든 살림살이가 문을 통해야만 들고날 수가 있다. 문은 이처럼 우리가 사는 집에서 중요한 역할을 하고 있다. 어느 순간에 문이 사라져 버린다면 우리는 어디로 들고나야 할까? 우선 대문이 없으니 집안에 들어가려면 담장을 뛰어넘어야겠고, 어렵사리 마당을 밟았더라도 방에는 또 어떻게 가야 한단 말인가? 이래저래 생각해 보면 불편하기가 그지없다.

    집을 한번 둘러보아도 문은 많고 문에 따라 쓰임새가 다르듯이 그 생김새도 모두가 다르다. 우선 바깥에서 안으로 들어가는 문은 대문이고, 대문을 통해 집안에서 바깥으로 나갈 수도 있다. 그래서 대문은 집에서 가장 크고 그만큼 중요한 문이다. 옛날부터 대문은 집의 얼굴 노릇을 하므로, 대문만 보고도 집의 규모나 살림 정도를 가늠해 볼 수 있었다. 고래등 같은 기와집이라면 으레 솟을대문을 세웠을 것이고, 초가삼간이라면 사립문으로 집 안팎을 나누었을 것이다. 또한 열두 대문을 세운 집은 양반이나 부잣집 사람이 사는 대갓집을 뜻했다. 집 안으로 들어가면 방마다 문이 있고, 부엌과 곳간 그리고 측간은 물론 마루에도 문을 달았으며, 이 문들의 쓰임새가 서로 다르듯이 문의 생김새도 서로 다를 수밖에 없다.

마을 안 여러 집에서 대문의 모양새가 똑같은 집은 거의 찾아보기 힘들다. 그만큼 모든 집 대문은 손으로 만든 것이기에 제각기 독특한 모양을 하고 있다. 물론 대문의 모양새는 비슷하더라도 크기나 위치가 똑같지 않다. 그러나 한 가지 공통점이라면 대문에 문턱을 만들지 않는다는 것이다. 대문을 통해서 사람들은 물론이고 크고 작은 살림살이와 심지어는 수레나 마차까지 들고나는 경우가 있으므로, 들고나기를 어렵게 만드는 문턱을 아예 없앤 것이라고 볼 수 있다.

그런가 하면 부엌문 아래에는 높지막한 문턱이 있는 경우가 많다. 부엌은 음식을 장만하는 곳이니 음식을 차려낸 상을 들고나야 하므로, 혹시라도 문턱이 사람들의 발길에 걸리적거리지 않아야 하는데, 높지막한 문턱을 만든 것이 무엇인가 잘못된 것이 아닌가 생각해 볼 수 있다. 그러나 이것을 조금만 뒤집어 생각하면 그럴 만한 이유가 있다. 만약에 부엌문에 문턱을 두지 않는다면 상을 들고 거침없이 들고날 수 있겠지만, 문턱이 있으면 조심스레 발을 내딛기 마련이다. 사람들이 음식을 놓은 상을 들고 옮길 때는 빠른 걸음보다는 오히려 조심스러운 발걸음이 훨씬 안심되기 때문이다.

부엌문에 문턱이 높은 것은 그밖에 좋은 점도 있다. 어렸을 적에 부엌에 들락거리는 것은 어머니나 할머니에게 누룽지라도 얻어먹기 위해서였다. 그러다가 부엌 문턱에서 폴짝 뛰어내리기라도 한다면 어른들로부터 호된 꾸지람을 들었다. 이렇듯 부엌 문턱에 올라서는 것은 어렸을 적부터 엄하게 훈련받은 금기 항목이었다. 부엌은 음식을 마련하는 곳이니 당연히 바깥으로부터 바람이나 먼지가 들어오지 않게 막아야 했으므로, 그만큼 문턱을 높인 것이라 하겠다. 이에 비해 방이나 마루의 문턱은 그다지 높지 않아 들고나기 좋은데, 이처럼 쓰임새에 맞추어 만든 문턱도 생활의 지혜라고 할 수 있다.

한편 문과 문턱에 관한 말이 우리 생활 속에서 두루 쓰이고 있다. 문안 사람과 문밖 사람이라는 말은 어디에서 사느냐에 따라 신분을 구별하는 말인데, 여기서 문은 성문을 뜻하고 성안에 사는 사람과 성밖에 사는 사람을 구분하는 의미로 쓰였다. 또한 문밖으로 나간다는 말은 집 밖, 즉 바깥세상을 뜻하지만, 대궐 문밖으로 나가는 것은 궁궐에서 쫓겨난다는 의미이다. 절에서도 절 안의 모든 곳이 부처님의 영역이라 여겨 신성시하고 있다. 일반 사람이 부처님의 나라인 불국정토(佛國淨土) 안으로 들어가려면 일주문(一柱門)부터 금강문(金剛門)과 천왕문(天王門)을 거치고 마지막으로 불이문(不二門)을 지나야 비로소 절간 안으로 들어갈 수 있다. 이런 문들을 통틀어 산문(山門)이라 부르는데, 산문을 나간다는 말은 스님 생활을 청산하고 속세로 돌아간다는 뜻으로 쓰인다.

문은 분명히 집의 안과 밖을 연결하면서 사람들이 들고나는 건축의 한 부분이다. 이러한 문도 위치와 크기에 따라 조금씩 다를 수밖에 없다. 우선 집의 안과 밖을 구분하는 가장 큰 문이라는 대문(大門)이 있고, 방마다 사람들이 들고나는 문은 방문(房門)이라고 하며, 방이나 집에서 햇빛을 받아들이고 바람이 잘 통하게 하는 창문(窓門)이 있다. 여기서 한 가지 짚고 갈 것은 외짝문과 두짝문을 어떻게 나누는가 하는 문제이다. 대문은 대부분 두짝문이고 부엌문도 대부분이 두짝문이다. 그런데 방문은 두짝문이 많기는 하지만 외짝문도 있는데, 대체로 작은 집이거나 오래되고 낡은 집에서 볼 수 있다. 여기에 덧붙여 문을 여닫는 방법에 따라 미닫이와 여닫이로 나눈다. 미닫이란 문을 옆으로 밀어서 여닫게 만든 것을 말하고, 여닫이란 앞으로 밀거나 당겨서 여닫는 문을 말한다.

문의 종류가 그러하다면 대문은 대부분이 두짝문이면서 여닫이문이다. 또한 부엌문이나 곳간문도 대문과 비슷하다. 그런데 마루문과 방문은 두 짝 이상이면서 대부분 미닫이문 방식이다. 다만 작은 집이나 작은 방의 문은 외짝이면서 여닫이 방식이 많이 보인다. 이렇게 볼 때 집에 있는 모든 문은 통틀어 문이라고 부르는데, 예전에는 문과 더불어 호(戶)라고도 불렀다. 문과 호는 사람이 들고나는 시설물로서 그 차이는 중국의 한자학 책인 『육서정온(六書精蘊)』에 다음과 같이 적혀 있다.

> 호는 방(室)의 출입에 필요한 시설물이고 문은 집(堂)의 출입에 필요한 시설물이다. 또 안에 있는 것을 호라 하고 밖에 있는 것을 문이라 하며, 외짝문으로 이루어진 것은 호이고 두짝문으로 이루어진 것은 문이다.

이와 같은 설명으로 미루어 보아 옛날 작은 집에서 방문은 외짝의 여닫이문이 많았지만, 시간이 흐르면서 집의 규모가 커지고 방문도 두 짝 이상으로 늘어나면서 미닫이문 방식으로 나아갔다고 본다. 문의 한 종류로 지게문이 있는데, 이것은 큰방과 작은 방 사이에 있는 외짝의 작은 문을 말하거나, 마루나 방 사이에 있는 외짝의 작은 문을 말한다. 지게문은 부엌과 안방 사이에 있는 외짝의 작은 문을 말할 때도 쓰는데, 이러한 지게문은 아마도 예전의 작은 집에서부터 이어진 호라고 불리던 외짝문이 남아 있는 것이라고 볼 수 있다.

모두의 평안을 바라는 마음으로

사람이 살면서 위험에 맞닥뜨리지 않고 편안히 살 수 있다는 것은 그야말로 복 받은 삶이다. 그러기 위해서 사람들은 큰일에서부터 자그마한 일까지 모든 일을 순리에 거스르지 않고 온갖 정성과 노력을 기울이며 열심히 살고자 한다. 사람이 사는 집도 그러한 정성과 노력이 한껏 들어간 결과가 고스란히 나타나 있다. 사람들은 우선 햇볕이 잘 드는 남쪽으로 집을 앉히고 자연스레 대문은 동쪽으로 내는데, 그러다 보면 부엌은 안방의 남쪽으로 붙어 부엌문은 자연스레 동쪽을 향해 있기 마련이다. 이런 집의 방향은 원래 그런가보다 대수롭지 않게 생각지만, 한눈에 보더라도 마냥 편안해 보인다.

남향집과 동향 대문의 방향이 그냥 편안해 보인다는 것으로 끝나지 않고, 조금 더 안으로 들어가 보면 또 다른 이유를 찾을 수 있다. 부엌의 아궁이에 얹힌 가마솥에 불을 때서 밥을 지은 다음에, 밥을 푸는 오른손이 대문 쪽을 향한다고 하면 말 그대로 '밥을 내푸는 집'이라고 한다. 밥을 푸는 방향만으로도 집안 살림을 불리는가 아니면 줄이는가를 따지는데, 밥을 내푸는 집을 풍수에서는 흉택(凶宅)이라고 보았다. 이처럼 집 구조의 자그마한 조건 하나까지 꼼꼼히 살피면서 집안의 모든 일이 평안하기를 바랐던 것이다.

집안의 평안과 행복을 바라는 마음은 그것만이 아니다. 옛사람들은 집으로 복(福)이 들어오는 곳이 바로 대문이라고 생각했다. 그래서 옛사람들은 봄의 시작을 알리는 절기인 입춘(立春, 매년 2월 4일)에 한 해 집안의 행운과 식구들의 건강을 기원하며 대문에 봄을 맞이하는 글을 써 붙였다. 이처럼 대문에 붙이는 글을 입춘방(立春榜)이라고 하는데 다른 말로 입춘첩(立春帖)이나 춘첩자(春帖子)라고도 한다.

입춘방에는 여러 가지 글귀가 있는데, 그 가운데에서 가장 널리 붙이는 글귀는 입춘대길(立春大吉)과 건양다경(建陽多慶)이다. '입춘을 맞이하여 크게 길하다.', '밝은 기운을 받아들이고 경사스러운 일이 많기를 기원한다.'라는 뜻이다. 이 밖에도 또 다른 평안과 행복을 바라는 글귀를 집안의 방문이나 기둥에 붙이기도 한다. 그런가 하면 풍수에서는 '좌청룡우백호(左靑龍右白虎)'라고 하여 대문의 왼쪽 문짝에는 용(龍) 자를 오른쪽 문짝에는 호(虎) 자를 붙여 바깥에서 들어오려는 나쁜 기운을 막고자 했다. 한편 집에 있는 모든 문이 밖으로 열리는 것이 대부분인데, 대문은 이와 반대로 안으로 열어야 한다. 또한 집에서 하인들이 비질할 때는 대문을 등지고 안쪽으로 쓸어가는 것은, 복은 비질처럼 쓸어 담고 액은 안으로 들어오지 못하게 내치려는 뜻이 있다. 이처럼 대문이란 집안과 밖을 구분하는 경계이자 복과 액을 들이거나 막는 장소로 생각했기 때문이다.

어쨌거나 사람들이 들고나는 대문을 통해서 복(福)만 들어오는 것이 아니라 때로는 해를 끼치는 액(厄)이 들어오기도 한다. 집안에서 식구가 아이를 낳으면 바깥사람들의 출입을 막고자 대문에 금(禁)줄을 쳐 놓는다. 금줄은 왼쪽으로 꼰 새끼줄 사이에 아들을 낳았으면 숯덩이와

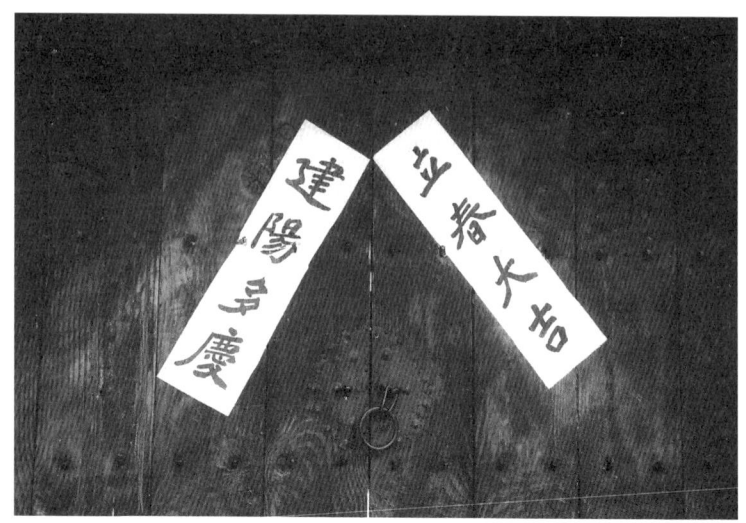

입춘방.

고추를 끼고, 딸을 낳았으면 숯덩이와 생솔가지를 끼워 어른의 키 높이로 대문 위에 걸어둔다. 금줄은 보통 아이를 낳고 세이레 동안 쳐놓는데, 지방에 따라서는 그보다 오래 쳐놓기도 한다. 금줄뿐만 아니라 액을 막기 위해서는 집안에서 안방 문 위쪽 인방(상인방(上引枋)이라 부른다.)에 음나무 가지를 다발로 묶은 것이나 호랑이뼈 또는 범게 등을 걸어 두는데, 모두가 액을 막으려는 뜻이다. 이것은 액을 가져오는 잡귀들이 집으로 들어오려다가 무서워 들어오지 못한다고 생각했기 때문이다. 한편 대문 옆에 아예 줄기에 가시가 돋는 음나무를 심은 것도 모두 같은 뜻이다.

물렀거라! 설 그림에 담긴 마음

사람들은 누구나 나쁜 일에서 멀어지고 좋은 일에는 가까이 다가가려고 노력한다. 그런데 일어나는 일이 나쁜 것인지 아니면 좋은 것인지 알 수가 없고, 또한 그런 일들이 언제 어디에서 어떻게 오는지 알지 못하는 경우가 많다. 어쩌면 시간이 한참 지나고서야 비로소 그것이 그랬었나 보다 하고 깨달을 때가 많다. 그래서 사람들이 생각해 낸 것은 아예 처음부터 나쁜 것은 내 곁에 가까이 오지 않도록 막아 버리고자 한다. 그러면 자연스레 좋은 일만 나에게 다가올 것이라고 믿기 때문이다. 이처럼 사악한 기운이 저절로 물러나고 경사스러운 일만 일어나도록 바라는 것을 벽사진경(辟邪進慶)이라고 한다.

우리가 사는 동안에 이러한 생각으로 특별한 일을 할 때가 있다. 이를테면 새해를 맞이하여 어른들께 세배를 올리거나 입춘에는 대문에 글귀를 써 붙이거나 단오에는 창포물에 머리를 감는 등의 절기에 맞추어 특별한 일을 한다. 우리는 해마다 때가 되면 되풀이하는 일이지만 항상 새로운 마음으로 절기에 맞추어 특별한 행사를 하는데, 우리는 이것을 세시풍속(歲時風俗)이라고 부른다. 새해를 맞이하면서 새로운 마음으로 벽사진경을 바라는 행사를 벌인다. 아마도 그 대표적인 행사는 한 해 마지막 밤에 벽사진경을 바라는 마음으로 대문에 세화(歲畫)를 붙이기도 한다.

우선 조선 시대에 널리 쓰였던 '설 그림'이라고도 부르는 세화가 어떤 것인지 알아보자. 세화는 삼국 시대부터 조선 시대에 이르기까지 여러 자료를 찾아볼 수 있기에 오랫동안 세화를 이용한 사실을 알 수 있다. 또한 세화가 도화서에서 시작되어 양반과 사대부 집안에서 쓰이다가, 일반 서민들까지 사용한 생활 그림이자 민화라는 것을 확인할 수 있다. 또한 민화가 세화로부터 점차 민간으로 확산하면서 널리 사용되었으며, 세화는 단순히 새해 첫날에만 그려 붙였던 것이 아니라 다른 세시풍속과도 관련하여 폭넓게 쓰였다는 사실도 알 수 있다.

세화가 언제 어떻게 생겨났는지 한마디로 말하기 어렵지만, 세화에서 중요한 소재로 사용되던 처용(處容)은 『삼국유사』 권2 「처용랑(處容郞) 망해사(望海寺)」 부분에 실렸으며, 『동국세시기』에서도 같은 내용이 있다. 『삼국유사』의 「처용 그림」과 『동국세시기』의 「처용 그림」은 똑같이 대문에 붙여 액막이 용도로 썼다는 기록을 보더라도, 조선 시대 이전부터 폭넓게 사용되었던 것이 분명하다. 이것은 역신(疫神)을 막아 준다는 의미를 가진 처용 그림이 벽사 의미로 쓰인 세화의 출현을 말해 주는 중요한 자료들이다.

한편 세시풍속을 보여 주는 세화가 쓰이던 시기는 조선 시대 전기로 보는데, 태종 때(1408년) 기록이나 성종 때(1483년) 기록에 매년 세화를 만들었다고 한다. 중종 때(1537년)도 매년 400여 장의 세화를 그려 신하들에게까지 나누어 주었다는 기록이 있다. 당시에는 세화를 붙이거나 선물하는 풍습은 궁중과 관료 사이에서 이루어졌는데, 이후에 민간으로 퍼져나갔다는 사실은 유희춘(柳希春, 1513~1577년)의 문집 『미암일기(眉巖日記)』와 이문건(李文楗, 1459~1567년)이 쓴 『묵재일기(黙齋日記)』를 통해 알 수 있다.

세화에 담긴 내용을 보면 세화와 함께 문배(門排) 및 민화 그리고 연화(年畫) 사이에서 나타나는 관계를 엿볼 수 있다. 문배와 세화는 벽사

(辟邪)와 길상(吉祥)이라는 뜻을 담아 따로따로 사용하기도 했지만, 결과적으로 벽사의 목적이 길상이므로 나중에는 이들이 하나로 사용되었다. 그리고 민화는 세화의 전통 속에서 만들어졌으므로 세화가 가진 소재나 의미가 민화에서도 자주 나타나고 있다. 현재 남아 있는 민화는 매우 다양한 성격을 가졌지만, 그 원류는 정월 초에 액을 막고 복을 받아들인다는 뜻으로 사용한 제액초복(除厄超福)의 세화로부터 비롯된 것이라 할 수 있다.

우리가 자주 보는 처용, 종규, 호랑이, 닭 등은 모두 잡귀를 쫓는 벽사를 상징하는 것으로, 민화 이전에는 모두가 세화였다. 특별히 '닭 그림'은 음력 정월 첫 닭날(上酉日) 행사에 사용되었고 '호랑이 그림' 역시 음력 정월의 첫 호랑이날(寅日)에 대문에 붙였다. 또한 '용 그림'은 음력 정월 첫째 용날(上辰日)에 사용되었다. 따라서 설날 아침 골목은 '해태 그림', '닭 그림', '개 그림', '호랑이 그림', '용 그림' 등이 붙여져 전시장으로 변했을 것이다. 이처럼 문배가 벽사의 의미를 지니고 있었다면, 세화는 당연히 벽사와 길상의 의미를 지니고 있었고, 더 나아가 민화는 벽사와 길상은 물론 감계(鑑戒)와 감상(鑑賞)의 의미와 역할까지 지니게 되었다.

문배도 이야기

사람이 사는 동안에 여러 가지 크고 작은 어려움이 있기 마련이다. 어려움을 극복하고 장수와 복록을 누리려는 생각은 누구나 한결같이 바라

문배도. 미국 스미스소니언 박물관 소장 자료.

는 마음이다. 사람들은 고통과 재앙을 가져오는 잡귀나 귀신 그리고 질병을 쫓으려고, 이들이 싫어하고 무서워하는 동물 그림을 매년 새해가 되면 잘 보이는 곳에 내붙였다. 이것이 바로 문배도이다. 새해를 맞이하면서 문에 붙이는 그림이다 보니, 문배도를 다른 말로 세화라고도 한다.

세화는 그림을 그려 붙이는 시기를 나타낸 말이고, 문배도는 그림을 붙이는 장소를 가리킨 것이어서 어디에 비중을 둘 것인지에 따라 서로를 구분하여 쓴다.

세화에는 용, 호랑이, 독수리, 닭, 해태 등을 그리며, 이들 동물은 길상(吉祥)과 악귀를 쫓는다고 옛사람들은 생각했다. 해마다 정초에 화재(火災)로 일을 당하거나 역신(疫神), 사신(邪神)이 드는 것을 막기 위하여 신장(神將) 화상을 그려 모두가 볼 수 있는 곳에 붙인 것을 문배(門排)라 하며, 그렇게 붙이는 그림을 문배도(門排圖)라 한다. 문배도에 그린 호랑이, 닭, 개, 해태 그림은 모두가 다른 의미가 있는 것이니, 그 의미에 따라 각각 대문, 중문, 광문, 부엌문에 붙였으니, 이러한 행사는 사악한 기운을 막으려는 뜻이었다. 더불어 상서로운 기운은 불러들여 복이 되게 하는 염원도 깃들어 있다.

문배도에 그리는 동물 그림은 계견사호(鷄犬獅虎)라 하여 닭, 개, 사자, 호랑이를 주로 그렸다. 호랑이는 용맹을 상징하며 잡신을 쫓아낸다고 하여 바깥을 향하는 대문에 붙였고, 새 아침을 제일 먼저 알려주므로 귀신이 싫어하는 닭은 안마당을 보고 있는 중문에 붙였으며, 집안에 드는 도둑을 쫓는 개는 곡식과 필요한 물건을 넣어 두는 곳간의 광문에 붙였고, 그리고 마지막으로 화재를 막아 준다는 해태 그림은 언제부터인가 사자를 대신하면서 불 때는 아궁이가 있는 부엌문에 붙였다.

부엌문에 붙이는 해태 그림에서 보는 것처럼 해태는 이제까지 사자가 지켜 온 벽사와 수호의 의미 이외에도 '화재 예방'이라는 새로운 임무를 갖게 된 것을 알 수 있다. 조선 후기에 들어 경복궁을 재건할 때 화재가 빈번히 발생했으므로, 화재를 예방하고자 광화문 앞에 해태를 조각하여 세웠다는 이야기가 전해 온다. 그리고 서울 관악산의 화기(火氣)를 제압하기 위해 광화문 앞에 해태상을 세웠으며, 관악산의 우물에 해태상을 만들어 넣었다는 이야기도 전해 오고 있다. 이러한 이야기들은 당시에 유행했던 풍수지리(風水地理)에 관한 믿음으로부터 비롯된 이야기들이다. 경복궁의 재건 때에 자주 발생한 화재는 건축에 동원된 백성들이 힘든 노동에 대한 화풀이로 일부러 불을 내고서 도깨비불이라고 소문냈다는 이야기도 함께 전하고 있다. 어느 것이 바른 내용인지 판단하기는 어렵지만, 모두가 그럴듯한 이유를 가져다가 설명하고 있다.

해태는 선악을 분별하고 벽사와 수호의 의미를 나타내는 동물로 사자나 해치와 함께 오랫동안 궁궐에서 사찰과 민간까지 같은 의미로 지켜져 내려왔다. 하지만 문배도에서 보는 것처럼 해태는 언제부터 벽사의 의미를 호랑이에게 건네주고 수호의 의미는 개에게 나누어주고 그저 홀가분한 마음으로 우리 곁에서 떠나간 것처럼 보인다. 만약에 해태가 가진 임무를 모두 떨쳐 버리고 더 이상 할 일이 없었다면 해태는 영원히 우리 곁에서 사라져 버렸을지도 모른다. 그렇지만 해태는 사람들의 곁을 떠나지 않고 '방화(防火)'라는 새로운 임무를 맡으면서 사람들과 더욱 가까이 어울리는 것은 분명히 흥미로운 일이라 하겠다.

다시 말하자면 벽사와 수호의 의미를 갖춘 사자가 오랜 시간이 흘러 해치나 해태로 모습을 바꾸었다고 하더라도 나름대로 임무를 잊지 않았기에 사라지지 않고 문화적인 동물로 살아남을 수 있었다. 더구나 자신이 맡은 임무를 다른 동물들에게 나누어주고도 사라지지 않은 해태는, 화마(火魔)를 막는다는 풍수 사상이 더해지면서 새로운 삶의 의미를 찾았기에, 우리 생활 속에서 신선한 모습으로 살아남은 것이다. 이렇게 해태가 새로운 임무를 찾아냄으로써 다시 힘을 얻어 새로운 모습으로 살아날 수 있었다는 것은 시대가 바뀌면서 새로운 문화가 탄생했다는 것을 보여 주는 하나의 예라고 할 수 있다.

집에서 사람들과 살림살이가 들고나는 문은 단순한 건축적인 구조물로 머무는 것이 아니라 사람의 마음을 상징하기도 한다. 문이 열리고 닫히는 것이 마치 사람들의 생각과 마음을 대신하는 것처럼 보이기 때문이다. '활짝 열린 마음의 문'이라거나 '마음의 문을 활짝 열고' 하는 것처럼 열린 마음을 나타내는 것은 개방적인 사람의 성격을 나타내는 것이고, '굳게 닫힌 마음'이거나 '마음의 문을 굳게 닫고' 등은 모두 폐쇄적인 사람의 성격을 말할 때 쓸 수가 있다. 이제 활짝 열린 대문을 나서면 금방 드넓은 세상이 눈앞에 드러난다. 마음의 문을 열고 어렵고 힘든 방에서 나와 아름답고 시원한 바깥바람을 쐬는 것처럼 가슴 가득히 꿈과 희망을 머금을 수 있을 것이다.

하나 더, 역신이여, 안녕히 가십시오!

매일 아침 얼굴을 마주치는 사람들끼리 나누는 짧은 인사말이 "안녕하십니까?"이다. 그리고 사람들이 헤어질 때면 으레 "안녕히 가십시오."라고 인사한다. 한 해가 새롭게 시작되는 날에 사람들끼리 가장 많이 나누는 새해 인사로는 "새해 복 많이 받으세요!"이다. 이렇게 사람들이 얼굴을 마주하며 반갑게 하는 인사는 그저 아무렇게나 하는 말이 아니라 그 안에는 사람들이 오랫동안 살아오면서 마음속으로 바라고 원하는 중요한 뜻이 담겼는데, 그것은 안녕(安寧)과 복(福)이다. 그래서 사람들은 간단히 주고받는 인사말에도 사람들이 가장 바라는 안녕과 복을 담아 놓았다고 할 수 있다.

안녕이라는 말에는 '아무 탈이나 걱정이 없이 편안한 것'이라는 뜻이 들어 있다. 그리고 복이라는 말에는 '생활에서 누리는 큰 행운과 오붓한 행복'이라는 뜻이 들어 있고, 이와 함께 '어떤 대상으로 하여 만족과 기쁨이 많음'을 뜻하는 말이다. 우리가 사는 동안에 함께할 수 있는 안녕과 평안 그리고 행운과 행복은 모두가 내 몸과 마음이 편해야 누릴 수 있다. 몸과 마음이 편하다는 것은 무엇보다도 사람들의 건강이 밑받침되어야 하니, 누구나 몸이 아프지 않고 병에 걸리지 않아야 한다. 이처럼 사람들마다 병에 걸리지 않고 아프지 않으면서 건강하게 그리고 오래오래 살고자 하는 것이 한결같은 바람이지만, 누구에게나 생각처럼 쉽지 않은 일이다.

요즘에는 과학과 의학의 발달에 힘입어 사람들은 병이 어떻게 일어나는지 그리고 병에 걸리면 어떻게 치료할 것인지에 대해 지식과 경험을 축적하여 어려움을 극복하고 있다. 예전에는 사람들이 병의 원인에 대해 잘 알지 못하고 사람의 힘으로는 어찌할 수 없다고 생각했기에, 정면으로 마주쳐 힘겹게 이겨 내는 것보다도 살살 어르고 달래어 탈 없이 넘어가는 방법을 찾았다. 사람들이 바라는 것이 수복강녕(壽福康寧)이기에 집안으로 복을 불러들이는 방법을 찾았고, 나쁜 기운을 내쫓고자 액막이 물건을 들고나는 곳에 잘 보이게 걸어 두거나, 더 나아가 잡귀를 막는 행사를 치렀다.

예전부터 사람들은 자연의 힘에 거스르는 일을 해서 노여움을 사는 것보다는 자연에 순응하며 따르는 것이 낫다고 생각했다. 사람들의 몸이 아픈 것도 어쩌면 병을 일으키는 역신의 노여움에 따른 것이라고 보았다. 그래서 사람들은 역신의 노여움을 풀어 주고 달래어 병을 일으키는 역신이 우리 곁에서 떠나가는 방법을 구했다. 그렇게 함으로써 사람들이 바라는 바를 얻을 수 있다고 보았기 때문이다. 오래전부터 우리가 해 왔던 역신을 떠나보내는 의례의 하나로 마마 배송굿이 있는데, 저자 이두현은 「특별 기고: 마마 배송굿」이란 제목의 논문에서 여러 가지 사실을 우리에게 알려주고 있다.

마마는 두창바이러스(poxvirus)로 발생하는 제1급 법정 감염병으로 천연두를 말한다. 천연두는 우리나라에서 두창(痘瘡)이라 불렀고, 다른 말로는 손님, 마마(媽媽), 포창(疱瘡), 호역(戶疫) 등 여러 이름으로 불렀다. 증세는 오한과 발열 및 두통과 요통 등의 전신증상과 피부 및 점막(粘膜)에서부터 구진(丘疹)과 수포(水疱) 및 농포(膿疱)와 가피(痂皮)로 이어지는 발진(發疹)이 나타나고, 예방접종을 하지 않은 사람에게서는 10~14일에 딱지가 떨어지는 급성 전염병이다. 이 병은 오래전에 인도에서 처음 시작되었다고 보는데, 지역 간에 교류가 일어나면서 여러 곳으로 퍼졌으며, 기원전 2세기경에 중국에 전파되었다가 6세기경에 불교 전래와 함께 신라에 들어왔다가, 8세기에는 일본에까지 건너갔다고 본다.

신라에 이은 고려 시대에도 두창은 유행했고, 조선 시대에도 그대로 이어졌으며, 세조 초에는 『창진집(瘡疹集)』이라는 두창에 관한 책이 발간되었다. 정조 말경에는 청나라에서 인두(人痘) 접종법이 들어와 조금은 수그러들었으나, 고종 13년(1876년)에 이르러 지석영이 일본에서 종두법을 들여와 전국적으로 실시하면서 그제야 비로소 사람들이 두창의 무서운 피해에서 벗어날 수 있었다. 그렇지만 조선 시대 말까지도 쉬지 않고 두창이 유행하자 조정에서는 무의(巫醫)에게 의원(醫員)과 함께 병을 다스리는 일에 종사할 수 있도록 하는 규정을 마련하기까지 했다.

서민들의 생각으로는 두창은 강남으로부터 건너온 외래신인 호구(胡鬼)가 병을 가져와 퍼트린 것이라고 믿었다. 그러므로 무격들이 아픈 사람을 위해 행하는 두신제(痘神祭)로는 마마굿 또는 손님굿이나 별상굿과 배송굿이 있다. 한편 무당굿의 기본이 되는 12거리 가운데 별상(別相, 別星)거리와 호구(胡鬼, 戶口)거리가 두창과 관계있는 신격이다. 신에 대한 두려움은 여러 가지 금기로 나타나는데, 아픈 사람에게는 침술이나 복약 따위의 의술적인 치료까지 금하며, 이름도 부르지 않고 '별상마마님'과 같은 최고 존칭으로 부른다. 춥다거나 덥다거나 하는 말도 삼가고, 바느질, 칼질, 도끼질은 물론 빨래까지 삼가며, 음식도 소찬만 먹고, 문밖 출입과 행동까지 삼가도록 한다. 이와 같은 서민들의 금기 사항을 만든 것은 이 병을 두려워했기 때문이라고 볼 수 있다.

병을 앓고 13일째 되는 날에 두신을 전송하는 굿으로 배송굿을 행한다. '배송' 또는 '배송내다.'라는 말로 불리는 배송굿은 말과 마부를 준비한 굿인데, 처음에는 관리들이 행차할 때와 똑같이 말과 마부를 준비했다가, 나중에는 짚이나 싸리로 만든 길이, 높이, 몸통이 각각 60, 45, 15센티미터의 말을 만들어 썼다. 사립문이나 대문 가까이에 짚으로 만든 말을 밖을 보도록 세우고 그 뒤에 손님굿상을 차려놓았다. 논문의 저자가 동해안 지방에서 1977년에 보았던 마마 배송굿에서는 김석출 일행 16명의 무녀와 무부가 17거리굿을 했는데, 그 가운데 13번 거리로 손님굿과 손님네를 배송하는 말놀이를 했다.

이처럼 마마배송굿으로 두창 신들을 잘 대접하여 집과 마을을 벗어나 멀리 떠나가기를 바랐다. 비록 두창 신들이 무섭기는 하지만, 잘 대접해 주면 복을 주는 신이 되기도 한다고 했다. 역신에게 환대 배송(歡待拜送)하는 내용은 이전부터 있던 처용 설화를 가져와 설명한다. 중요 무형 문화재 동해안 별신굿의 예능 보유자인 김석출의 무가(巫歌)에서는 '재산과 명복을 불려 주는 세존 손님'이 있다고 했으며, 다른 무가에서도 문신 손님이나 호반 손님 그리고 부인 호구 세 분이 조선국으로 나오는 내용이 있다는 것도 모두가 같은 맥락이다. 한편 손님굿에서 역신을 내보내는 상마거리에 무녀와 마부 사이에 주고받는 재담이 있었는데, 이것이 동해안 무속에서 '막동이 말놀이'라는 놀이로 바뀌어 지금까지 전한다. 아마도 무서운 두창 신을 배송하는 굿거리가 이러한 놀이로 바뀐 것은 무속이 예능화된 사례의 하나로 볼 수 있다.

지난 1979년에 세계 보건 기구(WHO)는 천연두라 불리는 두창은 이미 지구 상에는 더 이상 존재하지 않는, 없어진 병이라고 선언했다. 물론 이러한 선언의 바탕에는 백신이란 모습의 우두(牛痘) 접종 예방법을 1796년에 처음으로 찾아낸 에드워드 제너(Edward Jenner)의 노력과 헌신이 있었기에 가능했다. 두창은 사람들에게 지금까지 이 세상에 나타난 무서운 질병 가운데 하나로 기억되고 있다. 어쩌면 지금도 우리 주변에 떠돌고 있으면서 호시탐탐 침입할 기회를 엿보고 있는 코로나19도 그에 못지않은 영향을 미치고 있다고 할 수 있다. 다행히 과학과 의학의 힘을 빌려 백신과 치료제를 만들어 냈기에 우리는 이에 어렵게나마 대처할 수 있지만, 새로운 변이에 대해서는 전전긍긍할 수밖에 없다. 두창처럼 완전히 사라지지 않고 언제나 우리 곁에 머물러 있는 코로나19에 대해서는 마마 배송굿에서 보는 바와 같이 어쩔 수 없이 어르고 달래가며 피해를 줄이면서 서로가 공존해야만 하는 것이 아닐까 생각도 해본다.

나가며
작은 것이 아름답다

🔔 『작은 것이 아름답다』는 경제학자이자 환경 운동가인 독일 태생의 에른스트 프리드리히 슈마허(Ernst Friedrich Schumacher 1911~1977년)가 "경제학은 인간답게 살도록 하는 상식이 바탕이 되어야 한다."라는 주장을 하면서 1973년에 펴낸 책 이름으로부터 나온 말이다. "작은 것이 아름답다."라는 말 그대로 사람들이 스스로 조절하고 통제할 수 있을 만큼의 경제 규모를 운영할 때 쾌적한 자연 환경과 경제 규모를 확보할 수 있다는 것이 슈마허의 주장이다. 더불어 슈마허는 지역에서 활용할 수 있는 노동과 자원을 중심으로 소규모의 작업장을 만들어 운영하면서, 그에 맞는 중간 기술 체제를 활용하는 것이 진정한 경제 발전을 가져온다고 주장했다. 또한 이 말은 국가 단위의 경제 개발을 이야기하는 거시 경제나 가정의 경제를 중심으로 이야기하는 미시 경제와 더불어 지역 경제의 활성화를 위한 노력에 알맞은 경제 제도를 뜻하는 말로

널리 알려져 있다.

'작은 것이 아름답다.'라는 말이 지금도 우리에게 전혀 낯설지 않게 다가오는 이유는 무엇 때문일까? 사람들마다 서로 다른 이유를 들어 설명할 수 있겠지만, 무엇보다도 이 말이 우리 생활 속에서 필요한 것을 대신해 주는 것으로 느껴지기에 그만큼 낯설지 않은 모양이다. 다시 말해서 우리 생활 속에서 찾아볼 수 있는 작은 규모의 것들이 손쉽고 아름다워 보이기에 친근하게 다가오는 것처럼 느껴진다고 하겠다. 우리 생활을 좀 더 편하고 예쁘게 꾸며 주는 여러 종류의 도구들 가운데 큰 것보다는 작은 것들이 훨씬 가깝고 편하게 느껴지기 때문에 그러한 것처럼 보인다.

이 책에 담긴 여러 가지 소재도 우리가 사는 데에 필요한 의식주를 중심으로 찾아볼 수 있는 내용인데, 이들에 대해 조금만 더 따지고 들어가면 대부분이 규모가 엄청나게 큰 것이라기보다 비교적 자그마한 것에 관한 이야기이다. 물론 세상의 모든 것은 작은 것들이 모여 큰 것을 만들고, 큰 것은 작은 여러 개로 나뉠 수 있듯이 큰 것과 작은 것의 관계는 서로 떼려야 뗄 수 없는 관계이다. 더욱이 우리가 사는 데 꼭 필요한 의식주에 관한 문제는 생명이라는 큰 문제를 해결하는 데 필요하다. 그러므로 생명이라는 큰 문제를 보자면 의식주에 들어가는 크고 작은 모든 문제를 살펴보는 것이 너무나 당연하다.

사람들이 사는 동안에 기본적인 문제를 해결하는 것이 생활에서 중요하지만, 삶에서 정작 중요한 것은 오랜 시간 사는 장수 문제만이 아니라, 사는 동안에 느끼는 기쁨과 즐거움 그리고 아름다움이 함께하는 행복이 있어야 한다. 사람이 살아가는 동안에 사람답게 산다는 것은 생물학적인 수명 연장이 아니라 삶을 즐기는 생활이 이루어져야 한다는 것이다. 삶의 기본 조건을 충족시킬 수 있는 과학과 기술의 발전을 이룩해야 하는 것은 당연한 일이지만, 이와 더불어 사람들이 생각하는 행복을 누리도록 하자면 문화의 발전까지 이루어져야 한다. 그러기 때문에 우리 생활 속에서 쓰이는 살림 도구 가운데 작은 것과 큰 것이 떼려야 뗄 수 없는 관계인 것처럼, 우리 삶 속에서 도움을 주는 과학과 문화도 떼려야 뗄 수 없는 긴밀한 관계에 있다고 하겠다.

자연 속에서 자연과 더불어 즐겁게 살아가고자 노력하는 우리 살림살이 속에는 자연을 닮아 가려는 아름다운 마음도 깃들어 있다. 넉넉하고 풍족한 살림살이를 바라는 마음이야 사람들에게 한결같지만, 물질의 풍요로움이 자칫 사람들의 마음을 방종으로 이끌어갈지 모른다는 경계를 앞세우는 우리 정신 문화의 흐름이 있었기에, 부족한 살림 속에서도 넉넉한 마음을 누릴 수 있는 '살림의 지혜'를 추구해 온 것이 바로 우리 문화의 특징이라고 할 수 있다. 생활의 어려움 속에서도 희망을 찾고 마음의 여유를 갖는 것이 바로 우리가 바라는 물질과 정신의 균형을 잡아가는 '살림의 지혜'라고 생각한다. 그것은 마치 과학과 문화의 슬기로운 조화가 우리 삶을 아름답고 여유롭게 만들어 주는 것과도 같다.

'역사는 반복된다.'라고 역사가들은 말한다. 예전의 역사적인 사실이 오늘날에도 똑같이 일어난다는 이야기가 되겠지만, 역사는 사람들이 만드는 것이기에 같은 생각을 하는 사람들이 함께 만들어 가는 역사는 다시 또 같은 역사를 만든다고 생각할 수 있다. 같은 생각을 하는 사람들이 함께 살면서 만들어 내는 역사가 되풀이되는 것이라면, 역사와 함께 사람들이 만드는 문화까지도 같은 길을 걸을 수 있을 것이다. 그러기 때문에 예전에 사람들이 함께 만들어 낸 아름다운 역사와 문화가 오늘날에 다시 살아난다는 것도 전혀 새로운 일이 아니다. 자연 속에서 자연과 더불어 살아가는 우리 마음속에 살아 있는 '살림의 과학'은 세월이 흐른 지금에도 '담장 속의 과학'처럼 한결같이 우리 마음속에 살아 있다고 하겠다.

참고 문헌

1장 자연을 닮은 집
윤진영, 「조선 시대 계회도 연구」, 한국정신문화연구원 한국학대학원 박사 학위 논문, 2004년.
조성기, 『한국의 민가』, 한울, 2006년.
이광만, 『문화재 수리 기술자: 조경』, 나무와 문화, 2013년.
이승환, 박남신, 정수희, 『문화재 수리 보수 기술자 한국 건축 구조와 시공 2』, 예문사, 2020년
문선욱, 「한국 기후와 주거 환경에 적합한 패시브하우스 디자인 방향」, 《한국 디자인 포럼》, 52권, 2016년, 7~16쪽.

2장 삶의 지혜를 담은 책
강희맹 편, 『사시찬요초(四時纂要秒)』.
강희안, 서윤희 외 옮김, 『양화소록(養花小錄)』, 눌와, 1999년.
한복려 엮음, 『산가요록(山家要綠)』, 궁중음식연구원, 2011년.
염정섭, 「『산가요록(山家要綠)』 농서(農書) 부문의 편찬 과정과 서술 방식」, 《지역과 역사》, 28호, 2011년, 69~108쪽.

3장 음식 장만과 갈무리

최남선, 류시현 옮김, 『고사통(古事通)』, 경인문화사, 2013년.

정혜경, 『밥의 인문학』, 따비, 2015년.

최준식, 『한국인에게 밥은 무엇인가』, 휴머니스트, 2004년.

레이 태너힐, 손경희 옮김, 『음식의 역사』, 우물이있는집, 2006년.

전용호, 「익산 왕궁리 유적의 화장실에 대한 일고찰」, 《백제학보》, 2권, 2009년, 31~70쪽.

4장 여러 가지 그릇

윤용이, 이한승, 『한눈에 보는 옹기』, 한국공예·디자인문화진흥원, 2015년.

홍상순, 『숨 쉬는 도자기 옹기』, 서해문집, 2010년.

이훈석, 정명호, 『옹기』, 대원사, 1991년. (초판)

김석호, 「한국전통 옹기의 통기성」, 《한국콘텐츠학회 논문지》, 7권 10호, 2007년, 157~164쪽.

위인희 외 5명, 「옹기 필터를 이용한 무전원 정수 장치에 관한 연구」, 《한국세라믹학회지》, 51권 4호, 2014년, 332~336쪽.

5장 소금밭에 뒹굴어도

마크 쿨란스키, 이창식, 『소금』, 세종서적, 2003년.

피에르 리즐로, 김병욱, 『소금의 문화사』, 가람기획, 2001년.

장인용, 『식전: 팬더 곰의 밥상 견문록』, 뿌리와 이파리, 2010년.

박종오, 「전통 소금 생산 전시 시설의 운용: '하의 소금 전시관'을 대상으로」, 《호남학》, 47호, 2010년, 51~78쪽.

6장 이중독과 매병

강경숙, 『한국 도자사의 연구』, 시공사, 2000년.

장남원, 『고려 중기 청자 연구』, 혜안, 2006년.

윤용이, 『우리 옛 도자기의 아름다움』, 돌베개, 2007년.

김태은, 「고려 시대 매병의 용례와 조형적 특징」, 《미술사학 연구》 268호, 2010년, 139~167쪽.

서재인, 「안성 화곡리 출토 고려 도기 제작 방법에 관한 연구」, 《고문화古文化》, 57권 0호, 2001년, 195~210쪽.

7장 전통 술과 전통 식초

조정형, 조윤주, 『전통주 비법과 명인의 술』, 다온북스, 2021년.

김경섭, 『인문학으로 배우는 한국 전통주 소믈리에』, 한국경제신문i, 2021년.

정동효, 『한국의 전통주』, 유한문화사, 2010년.

이화선, 「조선 시대 古農書에 나타난 造醋法의 전승과 현대적 활용 가치」, 《온지논총》, 58권, 2019년, 367~400쪽.

8장 우리 옷 이야기

최승연, 『베틀로 옷감을 짜다』, 전남대학교출판부, 2014년.

민길자, 『전통 옷감』, 대원사, 2004년.

이옥희, 「진도 지역 면화(綿花) 관련 민속의 사회 문화적 맥락 고찰」, 《남도민속연구》, 30권, 2015년, 285~314쪽.

9장 민화를 찾아서

김세종, 『콜렉터의 맛 컬렉션의 맛』, 아트북스, 2018년, 312쪽.

정병모, 『무명화가들의 반란 민화』, 다할미디어, 2011년, 331쪽.

박근아, 「민화(民畵)와 인쇄(印刷) 그림의 관계 고찰」, 《한국민화》, 9호, 2018년, 108~129쪽.

10장 베갯모 자수

숙명여자대학교 박물관, 『수실과 마음이 함께한 한국의 자수 어제와 오늘』, 미진사, 2016년, 164쪽.

한영화, 『전통 자수』, 대원사, 1989년, 116쪽. (초판)

정인모, 이용우, 우순옥, 「전통직물의 천연 염료 염색에 관한 연구」, 《한국잠사곤충학회지》, 41권 1호, 1999년, 382~387쪽.

강병석, 허원실, 「심상시점(心像視點)에서 본 한국 전통 자수병풍(刺繡屛風)의 조형 특성 연구: 조선 시대 작품을 중심으로」, 《기초 조형학 연구》, 18권 1호, 2017년, 15~30쪽.

11장 소반 이야기

최공호, 김미라, 『한눈에 보는 소반』, 한국공예디자인문화진흥원, 2018년, 172쪽.

배만실, 『한국의 전통 공예 소반』, 이화여자대학교 출판부, 2006년, 112쪽.

정은미, 「한국의 전통 소반의 조형적 형태를 이용한 문화 상품 개발: 공고상의 조형적 특징을 중심으로」,《기초 조형학 연구》, 17권 6호, 2016년, 563~576쪽.

12장 반만 닫아 반닫이

박종민,『목가구 나무에 생명을 더하다』, 연두와파랑, 2011년.

홍성 씨앗 도서관,『우리 동네 씨앗 도서관』, 들녘, 2019년.

박영규, 김동우,『한국 미의 재발견: 목칠공예』, 솔출판사, 2005년.

정대영,『한국의 궤』, 동인방, 1993년.

박영규,『한국의 목가구』, 삼성출판사, 1982년

김동귀,「경남 지역의 반닫이에 관한 연구」,《한국가구학회지》, 28권 3호, 2017년, 169~184쪽.

13장 옛날 냉장고 이야기

톰 잭슨, 김희봉 옮김,『냉장고의 탄생』, MID, 2016년, 352쪽.

마이클 조던, 이한음 옮김,『초록 덮개』, 지호, 2004년, 364쪽.

김상협, 조현정, 김왕직, 김호수, 정성진, 김덕문,「조선 후기 석빙고 홍예 구조와 조성 방법 연구」,《대한건축학회 논문집: 계획계》, 29권 11호, 2013년, 181~188쪽.

14장 모자의 민족

이승우,『모자의 나라 조선』, 주류성, 2023년, 368쪽.

장경희,『조선 시대 관모 공예사 연구』, 경인문화사, 2004년, 450쪽.

류희경,『한국복식사연구』, 이화여자대학교 출판부, 1980년.

권은영, 이상은,「한국의 전통 엮음 직물에 관한 고찰」,《한국의상디자인학회지》, 10권 1호, 2008년, 45~53쪽.

15장 고려 금속 활자 논쟁

진순신, 조형균 옮김,『페이퍼로드』, 예담, 2002년, 293쪽.

장예푸, 오한나 옮김,『문명은 부산물이다』, 출판사378, 2018년, 528쪽.

강명관,『조선의 뒷골목 풍경』, 푸른역사, 2003년, 394쪽.

남권희,「고려 금속 활자에 대한 중국과 북한학자들의 최근 연구 동향」,《서지학 연구》, 77권, 2019, 145~172쪽.

남권희,『지식 정보의 소통과 한국 금속 활자 발달사-고려 시대-』, 경북 대학교 출판부,

2018년, 538쪽.

16장 『훈민정음 해례본』 수난사

한국학자료원 편집부, 『훈민정음 해례본』(영인본), 한국학자료원, 2021년, 80쪽.
김유범 외 8인, 『대한민국이 함께 읽는 훈민정음 해례본』, 역락, 2020년, 308쪽.
이충렬, 『간송 전형필』, 김영사, 2010년, 408쪽.
김주원, 남권희, 「훈민정음 해례본(상주본)의 서지와 묵서 내용」, 《어문론총》, 72권, 47~80
　　쪽, 2017년.
김주원, 「훈민정음 해례본의 뒷면 글 내용과 그에 관련된 몇 문제」, 《국어학(國語學)》, 45권,
　　2005년, 177~214쪽.

17장 돌로 만든 생활 문화

이선복, 『벼락도끼와 돌도끼』, 서울대학교 출판부, 2003년, 126쪽.
서복수, 『석수쟁이 2018 서복수 석공예의 길』, 류북스, 2018년, 160쪽.
김재호, 「도정 도구의 변천 과정과 연자방아의 도정 도구사적 의의」, 《민속학연구》 5권,
　　1998년, 97~113쪽.

18장 샘과 우물 그리고 수도

방용호, 『물과 하천의 이야기』, 북산책, 2012년, 288쪽.
제러미 리프킨, 이진수, 『수소 혁명』, 민음사, 2003년, 361쪽.
김승호, 김재현, 김재근, 「서부 민간인 통제 구역에 존재하는 둠벙의 유형 분류」, 《한국습지
　　학회지》, 13권 2호, 2011년, 275~289쪽.

19장 옛 집 문의 이모저모

주남철, 『한국의 문과 창호』, 대원사, 2000년.
조전환, 『한옥 전통에서 현대로 한옥의 구성 요소』, 주택문화사, 2008년.
이두현, 「특별기고 : 마마배송굿」, 《한국문화인류학》, 41권 2호, 2008년, 225~267쪽.
송기태, 「도깨비 신앙의 양가성과 의례의 상대성 고찰」, 《남도민속연구》, 22권, 2011년,
　　169~194쪽.

찾아보기

가
가람 배치 88
가양주 157, 166, 173~174, 176
가양초 173~174, 176
가옥 38
가을 추수 101
가정 38
가죽나무 488
가지김치 49
가체 337, 345
가축 49, 60, 66, 101, 112, 440, 443, 440, 462
각시붕어 102
각저총 벽화 252
간석기 435, 439
간송본(『훈민정음 해례본』) 405~408, 416, 424, 427~429
갈돌 74~75, 77, 442~443, 446, 450, 459~460
갓 338~339, 342~343
강릉 자수 233~235
강원반 255, 259~262, 275
강원도 반닫이 280, 286

강화 천도 시기 365
강희맹 67
강희안 45, 48
개구멍 반닫이 280
개다리 소반 263~265
개인 둠벙 127
개인상 248~252, 254, 275
갱저 77
결혼 예물 78
겹오가리 139~141
경기도 반닫이 280, 285~287
경무직 351
경복궁 212, 476~477, 503~504
경북 대학교 60~62, 369, 371, 373~374
경상 좌병영 60
경상도 반닫이 280, 287
경자자 61, 361
경질 토기 152
경판전 122
계미자 59~62, 361, 378~379
계회도 31~32

520 살림의 과학

고구려 151, 188, 240, 252, 392
고기찜 77
고두밥 157, 164
고려 금속 활자 지정 조사단 375
고려 시대 64, 80~81, 122, 138, 144~154, 232,
    352, 357~359, 361, 365~366, 369, 376, 378,
    380, 394, 398, 435, 454, 456, 507
고려지 64
「고사관수도」 48
『고사통』 76
고샅길 35
고종(조선) 507
고종(고려) 359, 363~364
곤충 채집 119~120
곤포 80
골동품 216
공고상 274~276
공동체 의식 86
공예 11, 224~225
곶감 82
과수 재배 49
관모 352
광다회 351
광두정 배꼽 장식 293
광합성 164
광흥사 413
교복 자율화 332~333
교자상 251~254, 258
구덕 479
구들 23
구리 활자 61
구석기 시대 74, 314, 435
구운 소금 116
구족반 255
구텐베르크, 요하네스 355, 358, 360, 362
구황 68
국가 지정 문화재 62, 370, 379, 391
국립 과학 수사 연구원 373
국립 문화재 연구소 87, 148, 374, 384,
    문화재 보존 과학 센터 374
국립 민속 박물관 220

국립 중앙 도서관 48
국수 49, 51
국제 정원 박람회 50
국화 48
국화수 473
굴구미(느티나무) 291
굴뚝 효과 42
궁녀 337
궁중 장식화 198, 210~211
권은영 350
규장각 48, 62
「규중칠우쟁론기」 184~185
귤수 48
그물 97~99
금기 60, 493, 508
금속 활자 59~62, 355~400
『금양잡록』 66~67
금줄 497~498
기계염 115, 124
기명절지 219
기생충 90
기호 식품 79
길거리 응원 11
김동귀 300
김복일 59, 62
김상협 322
김석출 509
김석호 104
김성일 59
김승호 482
김장 김치 82
김재근 482
김재현 482
김재호 459
김정은 388
김종춘 369
김치 49, 82, 107
김태준 404
꺼먹이 소성법 153
끈목 350~352

찾아보기 521

나

나주반 255~258, 275
나진옥 396
낙엽수 43
난모 340, 342, 344, 347
『난중일기』 65
남권희 59, 62, 369
『남명천화상송증도가』 364, 367, 369, 376, 398
남바위 341, 346
남북 공동 발굴 조사 368, 387~388, 393
남북 정상 회담 388
남악 종택 59
남향 배치 42
납설수 473
냉장고의 원리 316~321
노송 48
「농가월령가」 66
『농사직설』 66~67
농서 49, 59~60
『농서』(왕정의 책) 397
『농서』(진부의 책) 60
『농서집요』 66~67
누룩 155~157, 160, 164~165, 175~176
누룽지 129
누에치기 49, 68
능산리 고분군 189
니어링, 스콧 315
니어링, 헬렌 315

다

다각반 255
다듬잇돌 440
다보성 고미술 369, 371, 374, 383
다시마 80
다식 80
다회 351
다회장 352
닥나무 63~64
닥종이 51, 198
단각반 255
단발령 335
단발효 165
단열 41
담장 24~27
당초문 288
대나무숲 43
대변항 115
대수층 474
대청 25
대청마루 25
도기 23, 79, 83, 90, 104~105, 133~134, 150~154, 252
도깨비불 131
도자 공예 224~225
도쿄 국립 박물관 396
독살 94, 96~97
독상 248
독일 패시브 하우스 협회 40
돈궤 293
돌도끼 76, 436~440
돌절구 436, 440, 442
돌칼 74, 440
돌확 436, 440, 451, 454, 460, 480
동곳 334
『동국세시기』 500
『동국이상국집』 360, 364~365, 398~399
동다회 351
『동래선생교정북사상절』 62
동매염 241
동상수 473
『동의보감』 65, 113, 147, 473
동치미 49
된장국 80
두가헌 갤러리 214~215
두릅나무 488
두신제 508
두짝문 494~495
두창바이러스 507
둘레상 250
둠벙 102, 482~486
뒷간 89
떡(음식) 76~78

뗀석기 435

마

마당 24~25, 28~29, 33, 36
마도 2호선 144~145, 149
마루 23
마마굿 508
마제 석기 435
마족반 255
막걸리 157~160, 163~165, 168, 171, 174
막동이 말놀이 509
막병풍 220
만녀초방 176
만년송 48
만두 49, 80, 83
만선두리 341
만월대 367~368, 388~389, 393~394, 399
만자문 288
말총 334
망건 334
맞짜임 276
매병 141~149, 153
매우수 473
매화 48
맥적 77
맷돌 80, 435~436, 440~462
메탄올 162
메틸알코올 162
멸치젓 115
모란꽃 236
모심기 100~101
목간 145~146, 146
목공예 224, 289
목기 134
목종(고려) 151
목판 대장경 357
목화 60, 188~195
몽골 80, 358, 363~364
　문자 402
무기염 113
무왕 88

무용총 벽화 253
무의 508
『묵재일기』 500
문간채 36
문배도 500~505
문신 손님 509
문익점 188, 192
문인화 198, 210~211, 217
문재인 388
문화 상품 273
물구덕 479
물밭 100
물의 날(유엔 지정) 473
물 항아리 91~93
물화 480
미나모토 오쿄 220
미닫이문 495
미산 241
미생물 25, 72, 84~85, 129~131, 163~164,
　　 322, 465
미싱집 183
『미암일기』 500
미초법 175
민가 35
민화 197~198, 204~205, 210~221, 231,
　　 236~237, 500~501
　민화 병풍 209, 212~217
밀주 166~167

바

바느질집 183
바라지문 25
박근아 218
박병선 359~360
반가 35
반가 음식 73
반닫이 277~303
　종류 279~281, 301~303
반두 98
반월반 255
반짇고리 185~186

발포 스타이렌 311
발효 25, 54, 75, 77, 79, 81, 104, 157~165,
　168~176
방귀 도구 491
방사성 탄소 연대 측정 372, 376, 380~381, 398
방한모 340~346
배달 문화 83
배송굿 508~510
배접 199, 218, 427~428
백엽 48
백자 133~134
백제 87~88, 90, 189~190, 240, 309~310
백제 금동 대향로 189
백지 64
번사법 397
번상 275
법주사 448~449
법천 364
베갯모 213, 226~227, 236~238
벼농사 51, 442, 482~483
벼락도끼 438
벽사진경 499
변소 87
변효문 67
별상굿 508
병풍 199~221
보을지(보을리) 343
복발효 165
복식 351~352
복주머니 273
『본초강목』 113, 174
부엌 22, 36
부여 관북리 유적 309~310
부인 호구 509
부장품 79
부탄올 162
부틸알코올 162
부패 25
북한 반닫이 291~299
분청자 133~134
분홍바늘꽃 314

불국사 326
붉나무 488
붓꽃 236
브라질린 241
비녀 337
비단길 116
빙초산 173
뻗침대 294

사

사각반 255
사계화 48
사기 134
사랑방 36
사모 343
『사시찬요』 59~62, 379
사오기(벚나무) 291
사포서 68
『산가요록』 49~55, 59, 66~69
산다화 48
『산림경제』 173~176
산제비나비 119
살림의 지혜 9~10, 13, 15
『삼국사기』 78, 323
삼국 시대 78~80, 105, 137~138, 149, 174, 187,
　322, 380, 435, 438, 443, 448, 454, 499
『삼국유사』 500
삼베 188~189
상마거리 509
상보자기 229~231
상수리나무 240
상인방 498
『상정예문』 358~360, 363~364
상주본(『훈민정음 해례본』) 401~431
상춘원 50
상투 334~337, 346
상투관 336
새천년 10대 발명품 355
생태 연못 482
생활 과학 9
서긍 151

서울 대학교 62
서울 올림픽 282
서유구 48
서재인 150
서향화 48
석공예 224
석류화 48
석매염 241
석빙고 79~80, 305~311, 322~326
석주명 119
석창포 48
선교장 30
선조 59
『선화봉사고려도경』 151
설렁탕 80
설매수 473
섬반닫이 278
섯등(섯구덩이) 방식 125, 127~128
성종(조선) 340
성종(고려) 151
세계 보건 기구(WHO) 509
세시풍속 499
세조(조선) 507
세존 손님 509
『세종 실록 지리지』 192
세화 499~501
소금 111~128
소금개비 127
소금길 116
소목 241~242
소반 254~276, 274~276
　　종류 255~256
소쇄원 30
손님굿 508
쇠뿔항아리 137
쇠죽 120
수공예 224~225
수메르 문명 442
수보자기 234~235
수상 가옥 94
수소 이온 농도(pH) 116

수예 224~226
수정과 143
수타 고해 64
숙종(조선) 308
술맛 다스리기 49
술 문화 165
술빚기 49, 68
숭숭이 장석 292
슈나이더, 우르술라 42
슈마허, 에른스트 프리드리히 511
『승정원일기』 65
시루 76, 78, 153
식모 181
식초 빚기 49
식탁염 115
식해 49
식혜 143
신문왕 78
신 미술 220
신석기 시대 74, 76, 435, 442
『신증동국여지승람』 151
「심청전」 144
『십구사략언해』 429~431
『십칠사찬고금통요』 62
쌀가마 81

아
아궁이 22~23
아까시나무 489
아밀레이스 164~165
아얌 341~342, 353
아카보시 사시치 366~367
아파트 33
안견 48
안방 36
안홍량 145
알루미늄 매염 241
알반닫이 278
알코올 75, 158~164, 168, 170~171, 176
알코올 발효 75, 160, 164
암염 113, 118, 124, 128

찾아보기　525

애기 반닫이 278, 282, 292
애기 병풍 209
애기 장롱 282
애기구덕 479
액엄 345
야나기 무네요시 197~198, 209
야마모토쇼텐 60
약상 254
양념 73
양잠 68
양화서 49
『양화소록』 45~49
어의 49
엄나무 488~489
에탄올 162
에틸알코올 161~162
엘라그산 240
엠페도클레스 465
여의두 288
역신 509
연봉뚜껑 139
연산군 431
연엽주 155~159
연자방아 443, 459~462
연질 토기 152
연평균 강우량 467
연폭 병풍 201
연화 48, 500
연화반 255
염색 견뢰도 242~243
염장법 122~123
염전 113, 118, 124~128
염정섭 66
엽록채 164
엿기름 165
영조(조선) 193, 364
예천 박물관 59
예천반 255, 265~267
오반죽 48
『오성제자고』 407
오이지 49

오일장 487
오지그릇 104~105
오침안정법 428
옥공예 224
온돌 23, 68
온실 50~55
옹기 91~92, 99~108, 127, 134, 140, 153, 174, 297, 480
    옹기 통발 99~102
옻나무 488
와소 151
완모 343
왕정 397
외규장각 359, 425
    의궤 425
외암리 민속 마을 155
외양간 36
외짝문 494~496
요리책 49
요첼손, 블라디미르 313
용천사 453~454
용출수 474
우물 36
우보반 255, 265~269
우유 80
움집 21~22
원다회 351
원반 255
원앙이 반닫이 280
원종(고려) 364, 453
월계화 48
월령 60
위스키 162
유기 134
유네스코(세계 유산) 50, 64, 359~360, 363, 400, 405, 426
    유네스코 직지상 360
유리 공예 224
유모 181
유약 104~106, 153
유희춘 500

『육서정온』 495
육염 125
육지면 193~194
육포 78, 130
율저 82
은방울꽃 236
을미 개혁 335
음나무 489~491
음식 문화 12, 51, 72~73, 75~78, 80~83, 86~87, 104, 111, 123, 133, 136~137, 150, 248, 250~254, 274
의궤 65, 343, 359, 425
의성 김 씨 59
의열 453
이규보 358~359, 364
이두현 507
이득선 155
이문건 500
이상은 350
이앙법 461
이엄 340~345
이옥희 192
이왕가 박물관 366
이원수 179~180
이중독 139~141
이타미 준 297
이화선 173
이화여자 대학교 150
익산 왕궁리 유적 87~90
인두법 507
인방 498
인쇄 병풍 217, 220~221
인쇄술 356~358, 361~365, 368
일본 민예관 197
일본 제실 박물관 396
일본 척촉화 48
일제 강점기 117, 126, 134, 165, 167, 172, 193~194, 197, 249, 325, 330, 366, 389, 402~404
일주반 255
『임원경제지』 48

『임원십육지』 173~175
입춘첩 497

자

자가용주 166
자기 133, 150
자기소 151
자미화 48
자수 225~229, 231~239
자수장 225
자연 과학 9
자연 채광 41~42
자연 환기 41~42
자염 124~128
작삼 68
잡화병 219
장단지 140
장독대 24~25, 36
장맛 다스리기 49
장빙 제도 80
장서각(고려) 369
장석 273, 288
장아찌 25, 78
장원서 68~69
장판염 114
재봉틀 182~184
저승사자 491
저장 음식 25, 77, 79
저장혈 76
저지 51
전라도 반닫이 280, 289
전순의 49~52, 66, 69
전오염 125
전통 갯물 63~64
전형필 404~405, 428
젓갈 25, 79, 81~82, 139, 173
젓갈독 139
정미기 460
정은미 274
정인모 240
정자관 335

정제염 116
정조 347
정초 67
정형 도시 475
정화수 473, 475
제너, 에드워드 509
『제민요술』 60, 174
제비초리 289, 293
제빙기 312
제염소 113
제월당 30
제자해 407
제주도 반닫이 280, 291, 297~300
제지술 356
조리서 66
조바위 341~342, 346, 353
조선 시대 30, 45, 51~52, 54, 59, 61~62, 80~82, 99, 114, 138, 144~145, 149, 151, 173~176, 187~188, 192, 204, 213~217, 220, 226, 231~233, 240~241, 300, 308~310, 322~323, 334, 340~352, 364, 374, 377, 383, 435, 438, 440~441, 448, 450~452, 454, 459, 499~500, 507~508
『조선왕조실록』 51, 65, 438~439
조선 중앙 력사 박물관(개성) 367
조영 453
조운선 145
조저 82
조초법 173~175
족자 30~31, 199, 218
종갓집 59, 413
종목면법 60
좌식 생활 251, 274
주세령 165~167, 172
주자소(고려) 394
주정 163
죽(음식) 75
죽염 116
중국 화폐 박물관 397
중쇠 443
중종(조선) 500

증도가자 369~377, 379~389, 394~396, 398~399
지게미 175
『지봉유설』 341
지장수 473
지정지보 397
지증왕 79
지천년건오백 64
지하수면 467~468, 470
직물 349~350
『직지심체요절』 65, 359~363, 366, 369
『진도군읍지』 193
진부 60
『진산세고』 48
진양공 359
질그릇 77, 79, 81, 91, 104~105, 133, 140, 153, 252
집사 181
징거미 102
쪽머리 345
쪽집 127

차

차양 장치 41~42
차일 30
찬모 181
『창진집』 507
채륜 356
「책거리도」 345
책 반닫이 280, 292~296
처마 25, 42
처용 500~501
천리수 473
천수답 483
천연 염료 241~243
천일염 114~118, 124~125, 128
철공예 224
철기 시대 76, 149, 313, 435
청계천 고서점 49
청동기 시대 76, 149, 435~436
청염 125

청자 133~134
청자상감국화모란유로죽문매병 146, 148
청자상감운학문매병 142~143
청자음각연화절지문매병 143, 148
청주 고인쇄 박물관 371
초립 352
초산 발효 168~172
초산균 168, 170~171, 176
초피 341
촛불 혁명 11
최경 48
최남선 76
최유준 51
최이 359, 364~365
최충헌 359
최황규 155
추로수 473
춘우수 473
춘첩자 497
충무골무 187
충주반 255, 262~263, 275
충청도 반닫이 280, 286
치레거리 329
치자 241
치자화 48
친위 쿠데타 11
칠기 134
칠보문 288
침모 181
침선장 225

카
K-POP 12
코랴크 족 313~314
코로나19 12, 509~510
크로신 241
키스, 엘리자베스 344

타
타락죽 80
타제 석기 435

탁본 357
탄소 배출량 감축 40
탄화미 78
탈레스 465
탕건 334~336
태안선 144
태양 고도 42
태양염 125
태종(조선) 61, 66~67, 361, 476, 500
탱자나무 489
토기 79, 105, 133~134, 137~138, 152~153
토판염 114
통기대 467, 471
통기성 104, 107
통발 98, 100
통영반 255~258, 275
통일신라 87, 149
퇴비 68
투공 276
투망 97~98

파
파출부 181
팔괘문 288
팔레요 라보 사 376
패랭이 352
패랭이꽃 236
패시브 하우스 38, 40~43
편직 351
평안도 반닫이 280
평직 351
포도 호텔 297
포도당 164
포화대 467
풍속화 342, 348
풍수 496~497, 504
풍차(풍채) 340, 348
풍혈반 276
퓨전 음식 83
프랑스 만국 박람회 359
프레온 319~320

프로판올 162
프로필알코올 162
프루프 162~163
피견 340
피나무 292
피사리 101

하

하의도 125~127
한 달 살기 296
한국 고미술 협회 369
한국 전쟁 125
한글 창제 원리 402~403, 405, 420
한류 열풍 187
한미 경제 협정 194
한약 59
한옥 42~43
한일 월드컵 11
한지 63~65
한천수 473
함수 125, 127
해우소 87
해주반 255, 259~261, 275
행랑채 36
향신료 81
향토 음식 73
허벅 479~480
헛간 36
현각 364
현대 갤러리 212~213
현종(고려) 151
혜능 364
혜란 48
호반 손님 509
호액 345
호엄 340
호이엄 340~341
호족반 255, 268~271
혼밥(혼술) 248~250
혼수 281
홍성 씨앗 도서관 281

홍예 323~326
홍화 241~243
화강암 324, 436
화곡리 가마터 150~154
화덕 74
『화성성역의궤』 347
화염 124~125, 128
화장실 87~90
화조도 205~207, 212~214, 219
화조영모화 219~220
화형반 255
활래정 30
활자 59
황촉규 64
황토집 122
회암사지 451~453
효모 164
휘황 341
흉택 496
흑립 352
흘림뜨기 초지 64
희석주 163

살림의 과학
과학자가 풀어 주는 전통 문화의 멋과 지혜

1판 1쇄 찍음 2025년 10월 15일
1판 1쇄 펴냄 2025년 10월 31일

지은이 이재열
펴낸이 박상준
펴낸곳 (주)사이언스북스
출판등록 1997. 3. 24.(제16-1444호)
(06027) 서울시 강남구 도산대로1길 62 강남출판문화센터
대표전화 515-2000, 팩시밀리 515-2007
편집부 517-4263, 팩시밀리 514-2329
홈페이지 www.sciencebooks.co.kr

ⓒ 이재열, 2025. Printed in Seoul, Korea.

ISBN 979-11-94087-34-2 03400

★ 이 책 본문에는 친환경 용지가 사용되었습니다.